朝倉物理学大系
荒船次郎|江沢 洋|中村孔一|米沢富美子＝編集

統計物理学

西川恭治
森　弘之
[著]

朝倉書店

編集

荒船次郎
東京大学名誉教授

江沢　洋
学習院大学名誉教授

中村孔一
明治大学名誉教授

米沢富美子
慶応義塾大学名誉教授

まえがき

　統計力学は19世紀中葉に，クラウジウス（Clausius），マクスウェル（Maxwell），ボルツマン（Boltzmann）らの手によって，気体運動論が確立されたことに始まる．気体運動論は，ニュートン以来の力学の進歩を土台にして，当時台頭してきた原子論・分子論と，熱力学の誕生を機に，(1)物体はすべて原子・分子という微粒子から構成されていること，(2)これら微粒子の運動は力学の法則に従うこと，(3)熱現象はこれら微粒子のランダムな運動によるものであること，を基本概念として展開され，気体の速度分布や比熱，エントロピーなどの分子論的概念を作り上げ，有名なボルツマン方程式の導出とH定理により完成された．しかし，このH定理は，当時多くの反論の的となった．一つは，力学の可逆性と熱現象の非可逆性の関係に関することについて，いま一つは，原子・分子という当時としては目に見えない仮想的な微粒子を導入することに対する科学哲学上の観点から，それぞれ批判がなされた．原子・分子論に関しては，19世紀末には，電子の発見などにみられるように，ほぼ受容されるようになったが，可逆性と不可逆性の関係に関しては，その後も多くの議論の種となり，ようやく近年になってコンピュータの力を借りて，その本質が明らかになってきたところである．

　20世紀始め，ギブス（Gibbs）は，この問題を避けて，可逆過程のみを対象とする熱平衡状態に限定して，確率集団（probability ensemble）の概念を導入して，古典統計力学の骨組みを完成させた．しかし，反面，19世紀末には，熱放射スペクトルの問題や，低温における固体の比熱など，古典統計力学の限界を示す現象が次々と発見され，20世紀初頭の量子論の台頭を待つことになったのである．

　20世紀に入って，量子物理学の確立と共に，熱平衡状態の統計力学は著しい進展を見せた．すなわち，ゾンマーフェルト（Sommerfeld）の金属自由電子論，デニソン（Dennison）の水素分子比熱，ランダウ（Landau）の超流動理

論，等々，新しい概念や計算手法の進展がみられた．なかでも，金属・半導体を中心とする固体を舞台とした理論と実験との美しい対応は，熱平衡状態の量子統計力学にゆるぎなき基盤を与えた．

統計力学は，互いに相互作用をする多体系を対象とするので，その理論的計算手法の開発が重要な研究課題となる．20世紀中葉，マイヤー–マイヤー（Mayer-Mayer）によって不完全気体の状態方程式を求める理論的手法が開発されたのを始め，その後，場の理論で展開された高度の計算手法が統計力学へ導入され，摂動論の使える範囲で，統計力学は著しい進展を見せた．そして，新しい工夫を導入することにより，ボーム–パインズ（Bohm and Pines）による電子相関理論，バーディーン–クーパー–シュリーファー（Bardeen-Cooper-Schrieffer）による超伝導理論，遷移金属の抵抗極小に関する近藤理論など，熱平衡状態の標準的な統計力学の骨組みがほぼ完成された．

一方，非平衡状態の統計力学に関しては，20世紀中葉，チャップマン–エンスコッグ（Chapman-Enscog）によって，ボルツマン方程式を基礎にした粘性流体の輸送係数の計算法が確立され，実験結果との対応が得られ，その後この方法は固体中の輸送現象にも援用された．しかし，肝心のボルツマン方程式の固体における輸送現象への適用可能性について問題点が指摘され，ヨーロッパスクールを中心にボルツマン方程式やそこから導かれる H 定理の基礎付けに関する摂動論的理論が多く展開されたが，実りある成果はあまり得られなかった．それとは独立に，平衡状態の近傍に限定した線形応答理論が久保らによって展開され，電気伝導などの輸送係数の理論で著しい成果が得られた．

1960年代になって，これら基本的に摂動論で扱える問題の完成を受けて，新たに相転移に伴う臨界現象や，平衡状態から著しく離れた系に対する非線形現象などが研究の主題になってきた．当時，コンピュータの進歩に支えられて，計算機シミュレーションによる研究が始まり，従来の理論と実験という二つの研究手法に加えて，新たに計算機シミュレーション手法というものが発展し，これら複雑な体系に対する研究が加速されるようになった．たとえば，格子力学における非線形ダイナミックス，ランダム系の統計力学，レーザー発信，プラズマにおける非線形現象などがその例である．

コンピュータの進歩は，やがて非線形非平衡系の理論に新しい展開を生み出

した．すなわち，従来，確率過程というのは，多自由度系に本質的なものと考えられていたのが，少数自由度系でも，非線形効果により容易に発生することが明らかになった．いわゆる少数自由度系のカオスというのが大きな話題を呼ぶようになったのである．それとともに，非線形非平衡系の力学が，統計力学の中で主要な課題の一つとなり，その研究対象は，粘性流体や，化学反応系，生態系，社会現象など，幅広い分野に及ぶようになった．

　これら非線形非平衡統計力学と並んで，固体内での強相関電子系の状態に関する研究や，ランダム系の状態に関する研究も進展した．

　本書は，統計力学の専門書として，このような幅広い近年における研究の成果の中で，多体問題の手法を中心に，筆者（森）の得意とするところをまとめたものである．第1章では，まず，ギブスの確率集団理論について，古典統計力学と量子統計力学の立場から概説し，さらに経路積分法について説明を加えた．第2章では，量子統計力学における場の理論の方法を用いたいろいろな手法について，相関関数の立場から整理して解説した．第3章は，非平衡統計力学を取り上げ，ボルツマン方程式の説明と，線形応答理論について解説した．ここでは，特に電磁応答について節を設けて詳しく取り上げた．反面，いわゆる確率過程についての議論は，他書に譲って割愛した．そして第4章は，20世紀後半になって著しい進展を見せた相転移現象を扱う理論について詳説した．なかでも，低次元系の相転移について節を設けて論じた．最後に，第5章では，乱れた系に対する統計力学について概説した．当初，これに加えて，プラズマの非線形現象や流体乱流，さらには開放系における自己組織化に関する最近の研究成果も取り入れる予定にしていたが，筆者（西川）の怠慢により，これらについては割愛することとなった．その結果，原稿の執筆は，最初から最後まで，森によるものとなった．しかし，もしも内容について不備な点があるとすれば，それは，西川・森の共同責任である．

　最後に，原稿執筆が著しく遅れたにもかかわらず，根気強く対応していただいた朝倉書店に心から感謝の意を述べたい．

　2000年3月

西　川　恭　治

森　　　弘　之

目　　次

1　熱平衡の統計力学：準備編 ································· 1
　1.1　古典系の確率集団 ····································· 1
　　1.1.1　時間平均と集団平均 ······························ 1
　　1.1.2　ミクロカノニカル分布 ···························· 5
　　1.1.3　カノニカル分布 ································· 12
　　1.1.4　グランドカノニカル分布 ························· 16
　1.2　量子系の確率集団 ···································· 19
　　1.2.1　密　度　行　列 ··································· 19
　　1.2.2　ミクロカノニカル分布 ··························· 22
　　1.2.3　カノニカル分布 ································· 23
　　1.2.4　グランドカノニカル分布 ························· 24
　　1.2.5　理想量子気体の分布関数 ························· 25
　1.3　経路積分による定式化 ································ 26
　　1.3.1　コヒーレント状態 ······························· 26
　　1.3.2　分配関数と経路積分 ····························· 39
　　1.3.3　一般化座標表示での経路積分 ····················· 47

2　熱平衡の統計力学：応用編 ································ 50
　2.1　相　関　関　数 ·· 50
　　2.1.1　量子力学的表示 ································· 50
　　2.1.2　相関関数の性質 ································· 53

- 2.1.3 虚時間相関関数の性質 … 60
- 2.2 グリーン関数と摂動展開 … 63
  - 2.2.1 実時間グリーン関数と温度グリーン関数 … 64
  - 2.2.2 実時間グリーン関数の解析的性質 … 65
  - 2.2.3 温度グリーン関数の解析的性質 … 68
  - 2.2.4 グリーン関数と物理量 … 70
  - 2.2.5 自由粒子系のグリーン関数 … 73
  - 2.2.6 相互作用のある系に対する摂動論 … 77
  - 2.2.7 ウィックの定理 … 79
  - 2.2.8 ファインマンダイアグラム I … 83
  - 2.2.9 ファインマンダイアグラム II … 96
  - 2.2.10 経路積分における摂動展開 … 103
  - 2.2.11 ダイソン方程式 … 107
  - 2.2.12 自己エネルギー … 112
  - 2.2.13 自己エネルギーとバーテックス関数 … 118
  - 2.2.14 ハートリー–フォック近似 … 121
  - 2.2.15 分極部分 … 125
  - 2.2.16 ワード–高橋の恒等式 … 130
- 2.3 そのほかの近似法 … 132
  - 2.3.1 ハートリー–フォック–ボゴリュウボフ近似 … 132
  - 2.3.2 ストラトノビッチ–ハバード変換 … 142

3 非平衡の統計力学 … 151
- 3.1 ボルツマン方程式 … 151
  - 3.1.1 ボルツマン方程式 … 151
  - 3.1.2 H 定理 … 158
  - 3.1.3 線形化されたボルツマン方程式 … 164
  - 3.1.4 プラズマ振動 … 169
  - 3.1.5 固体中の電気伝導 … 174
- 3.2 線形応答理論と揺動散逸定理 … 183

3.2.1　線形応答理論 …………………………………… 183
　3.2.2　揺動散逸定理 …………………………………… 189
　3.2.3　クラマース–クローニッヒの関係 ……………… 190
　3.2.4　オンサガーの相反定理 ………………………… 192
　3.2.5　古典系との対応 ………………………………… 193
3.3　電磁場に対する応答 …………………………………… 195
　3.3.1　マクスウェル方程式 …………………………… 195
　3.3.2　線 形 応 答 ……………………………………… 199
　3.3.3　縦成分と横成分 ………………………………… 201
　3.3.4　ゲージ不変と電荷保存 ………………………… 201
　3.3.5　電気伝導度 ……………………………………… 203
　3.3.6　ドゥルーデの重みと超流体成分 ……………… 205
　3.3.7　圧　縮　率 ……………………………………… 206
　3.3.8　誘　電　率 ……………………………………… 207
　3.3.9　積分核の計算 …………………………………… 208
　3.3.10　構　造　因　子 ………………………………… 210
　3.3.11　総　和　則 ……………………………………… 211
　3.3.12　自由電子系の電磁応答 ………………………… 213
3.4　2粒子グリーン関数 …………………………………… 220
　3.4.1　感受率と2粒子温度グリーン関数 …………… 220
　3.4.2　スクリーニングとプラズマ振動 ……………… 223

4　相転移の統計力学 ……………………………………… 226
4.1　対称性の破れ …………………………………………… 226
　4.1.1　対称性と保存則 ………………………………… 226
　4.1.2　対称性の破れとオーダーパラメター ………… 229
　4.1.3　南部–ゴールドストーンの定理 ………………… 235
4.2　相転移と臨界現象 ……………………………………… 238
　4.2.1　相転移の分類 …………………………………… 238
　4.2.2　臨　界　指　数 ………………………………… 239

目次

- 4.3 平均場近似 241
  - 4.3.1 分子場近似 241
  - 4.3.2 ベーテ近似 245
- 4.4 現象論的相転移理論 249
  - 4.4.1 ランダウ理論 249
  - 4.4.2 ガウス近似 253
- 4.5 スケーリング 257
  - 4.5.1 次元解析 257
  - 4.5.2 スケール変換 258
- 4.6 繰り込み群の方法 262
  - 4.6.1 サイン–ゴルドンモデル 269
  - 4.6.2 1次元フェルミオン系 275
- 4.7 固定点と臨界指数 287
  - 4.7.1 相関距離 287
  - 4.7.2 固定点付近の振る舞い 287
- 4.8 低次元系の相転移 290
  - 4.8.1 低次元系における長距離秩序 291
  - 4.8.2 コステリッツ–サウレス転移 295
  - 4.8.3 朝永–ラッティンジャー液体 309

5 乱れの統計力学 323
- 5.1 不純物のダイアグラム的取り扱い 324
- 5.2 電子局在 332
- 5.3 コヒーレントポテンシャル近似 341
- 5.4 パーコレーション 346

索引 363

1
熱平衡の統計力学：準備編

1.1 古典系の確率集団

1.1.1 時間平均と集団平均

統計力学は，多体系の力学（または量子力学）を基礎に置いている．力学や量子力学の出発点は，孤立系のハミルトニアンである．孤立系というのは，粒子数 N，体積 V，全エネルギー E が与えられた系，すなわち断熱・剛体壁で囲まれた系である．各粒子の内部構造は問わないことにして，粒子は質量 m の質点として扱う．一般には，粒子間には相互作用が働いていてもよい．

以下で考える系は，その N や V が非常に大きいとする．しかしその比 N/V はある有限値であるとする．すなわち，

$$
\begin{aligned}
N &\to \infty \\
V &\to \infty \\
\frac{N}{V} &\to \text{有限}\,(=\rho)
\end{aligned}
\tag{1.1}
$$

という極限で考える．この極限を**熱力学的極限**（thermodynamic limit）という．

このような系の微視的な状態は，古典力学では，N 個の粒子の位置座標と運動量座標で定まる．これを $\{\boldsymbol{q}_j, \boldsymbol{p}_j\}$（以後これを簡単に (q,p) と書く）で表そう．$j = 1, 2, \cdots, N$ であり，$\{\}$ はそれらの集合を表す．$\boldsymbol{q}_j, \boldsymbol{p}_j$ ともに 3 次元ベクトルであるから，1 粒子あたり計 6 個の成分があり，系全体ではその状態が $6N$ 個の変数で表されることになる．この $6N$ 個の変数が張る空間を Γ–空間とよぶ．すると，系の微視的状態は Γ–空間上の点（**代表点**, representative point, とよぶ) で表され，また系の運動は，Γ–空間上の点の運動で表される．その運動は**正準方程式**（canonical equations of motion）

$$\begin{cases} \dot{\boldsymbol{p}}_j = -\dfrac{\partial H(p,q)}{\partial \boldsymbol{q}_j} \\ \dot{\boldsymbol{q}}_j = \dfrac{\partial H(p,q)}{\partial \boldsymbol{p}_j} \end{cases} \quad (1.2)$$

にしたがう．$H(p,q)$ は系の性質を記述するハミルトニアンである．

　Γ–空間上の点の運動を求めるには，$6N$ 個の変数に対するこの運動方程式を解く必要がある．しかし運動方程式は微分方程式であるから，その解を求めるにはまず初期条件を必要とする．そしてその初期条件は $6N$ 個の変数すべてについて必要だが，N が 10^{23} というような大きな数であると，とてもそれを全部知ることはできない．また仮にそれがわかったとしても，とても $6N$ 個の連立微分方程式を解くことはできない．そしてまた仮にそれが解けたとしても，その解をみただけではあまりにも情報量が多すぎて，巨視的な物理法則をそこから読みとるのは至難の技である．

　ところがわれわれは経験的に，巨視的な系は，少数の巨視的な物理量，たとえば温度や圧力などでよく記述されることを知っている．しかもそれらの巨視的な物理量の測定値は，十分時間が経てば，ある定常値に近づくことも知っている．その定常値が高度の再現性をもっていることも知っている．この再現性の上に物理法則が成り立っているのである．そして，熱平衡状態とは，この定常状態が実現した状態である．したがって，巨視的物理量の熱平衡状態における値というのは，その物理量（A としよう）の十分長時間にわたっての時間平均のことである．A は Γ–空間上の点で決まる量であるから，$A = A(\{\boldsymbol{q}_j, \boldsymbol{p}_j\})$ と表され，その時間変化は，$\boldsymbol{q}_j(t), \boldsymbol{p}_j(t)$ を通じて生ずる．T を十分長い時間にとれば，A の時間平均 $\langle A \rangle_t$ は，

$$\langle A \rangle_t = \frac{1}{T} \int_0^T dt\, A(\{\boldsymbol{q}_j(t), \boldsymbol{p}_j(t)\}) \quad (1.3)$$

と書かれる．しかしこれを計算するためには，$6N$ 個の連立微分方程式の解が必要であり，それを得るのは前にも述べたように事実上不可能である．

ギブスは,この単一の系の時間変化を考える代わりに,巨視的には同じだが,微視的には異なる状態にある(すなわち異なる代表点で表される)いろいろな系からなる**確率集団**(ensemble)を考え,単一系に対する時間平均を,その確率集団についての集団平均で置き換えることを提唱した.このような確率集団に属する一つ一つの系は,Γ–空間内のそれぞれに対応する代表点で表される.したがって,ある巨視的条件を満たす確率集団は,Γ–空間内でその巨視的条件を満たす代表点がどのように分布しているかによって特徴づけられる.その分布を表すものが,分布関数 $f(p,q,t)$ である.ここで $f(p,q,t)dpdq$ は,時刻 t において,Γ–空間における点 (p,q) 付近の体積片 $dpdq$ 内に含まれる代表点の数(すなわち微視的状態の数)を表す.つまり f は,時刻 t において (p,q) 付近の与えられた巨視的条件を満たす代表点の密度である.

この分布関数 f の時間発展を調べよう.ある時刻 t での Γ–空間内のある領域 G に含まれる代表点の数は

$$\int_G f dpdq \tag{1.4}$$

で与えられるが,その数の増加率は G 内に流れ込んでくる正味の代表点数に等しい.すなわち

$$\int_G \left(\frac{\partial f}{\partial t}\right) dpdq = -\int_G \boldsymbol{n}\cdot\boldsymbol{v} f dS \tag{1.5}$$

が成り立つ.ここで S は領域 G の表面を表し,$\boldsymbol{n}$ は S に垂直な単位ベクトル,$\boldsymbol{v}$ は $6N$ 次元ベクトルで

$$\boldsymbol{v} = (\dot{p}, \dot{q}) \tag{1.6}$$

で定義される.式 (1.5) の右辺をさらに書き直すと,

$$\int_G dpdq \left[\frac{\partial f}{\partial t} + \nabla\cdot(\boldsymbol{v}f)\right] = 0 \tag{1.7}$$

となる.∇ は $(\partial/\partial p, \partial/\partial q)$ である.領域 G は任意なので,結局

$$-\frac{\partial f}{\partial t} = \nabla\cdot(\boldsymbol{v}f) = \sum_{i=1}^{3N}\left[\frac{\partial}{\partial p_i}(\dot{p}_i f) + \frac{\partial}{\partial q_i}(\dot{q}_i f)\right]$$

$$= \sum_{i=1}^{3N}\left(\frac{\partial f}{\partial p_i}\dot{p}_i + \frac{\partial f}{\partial q_i}\dot{q}_i\right) \tag{1.8}$$

を得る．ここで式 (1.2) から，

$$\frac{\partial \dot{p}_i}{\partial p_i} + \frac{\partial \dot{q}_i}{\partial q_i} = 0 \tag{1.9}$$

が成り立つことを使った．こうして

$$\frac{df}{dt} = \frac{\partial f}{\partial t} + \sum_{i=1}^{3N} \left(\frac{\partial f}{\partial p_i} \dot{p}_i + \frac{\partial f}{\partial q_i} \dot{q}_i \right) = 0 \tag{1.10}$$

であることがわかった．これを**リウビル方程式**（Liouville's equation）とよぶ．これはさらに式 (1.2) を使えば

$$\frac{\partial f}{\partial t} = (H, f) \tag{1.11}$$

と書ける．ここで (A, B) は**ポアソン括弧式**（Poisson's bracket）

$$(A, B) = \sum_{i=1}^{3N} \left(\frac{\partial A}{\partial q_i} \frac{\partial B}{\partial p_i} - \frac{\partial B}{\partial q_i} \frac{\partial A}{\partial p_i} \right) \tag{1.12}$$

である．リウビル方程式はまた，**リウビル演算子**（Liouville operator）$\mathcal{L}$ を用いて

$$\frac{\partial f}{\partial t} = i\mathcal{L}f \tag{1.13}$$

の形に書かれることも多い．$\mathcal{L}$ の定義は次式である．

$$i\mathcal{L}f = (H, f) \tag{1.14}$$

リウビル方程式 $df/dt = 0$ が意味することは，Γ–空間内の代表点が非圧縮性流体のように運動するということである．これを**リウビルの定理**（Liouville's theorem）という．

なお，系が平衡状態にあるときは，f も H も t にあらわに依存しないので，リウビル方程式は

$$(H, f) = 0 \tag{1.15}$$

となる．以下の議論では，この場合を扱う．

さて，ギブスは，このような確率集団に対する先見的確率として，集団を構成する異なる微視的状態（代表点）がすべて等確率で起こるということを仮定

した．これを**等重率の原理**（principle of equal weight）という．そして，この等重率の原理と，時間平均と集団平均とが等しいということの二つが，統計力学の基本原理となっている．これより任意の物理量 A の平均値 $\langle A \rangle$ は，式 (1.3) の代わりに，

$$\langle A \rangle = \frac{\int A(p,q) f(p,q) dpdq}{\int f(p,q) dpdq} \tag{1.16}$$

で与えられる．

1.1.2　ミクロカノニカル分布

ここで問題になるのは，前項で述べた「巨視的に同じ」ということの定義である．いま考えているのは孤立系であるから，粒子数 N と体積 V とエネルギー E とが与えられている系である．このほかに系全体の運動量や角運動量も与えられているとみなせるが，これらは系が静止していれば 0 なので，熱学の立場からは考えなくてもよい．したがって，巨視的に同じ状態としては，N と V と E が定まった状態と考えることにする．ただし，なにしろ 10^{23} 個もの粒子からなっているので，N や E をきちんと決めることは不可能である．これらについては，本来一定の幅をもたせて，$N \sim N + \Delta N, E \sim E + \Delta E$ の間にあるとしなければならない．ここでは，簡単のため N は正確に与えられるとして，エネルギーについてだけ ΔE ($\Delta E \ll E$) の幅をもたせることにする．その効果は，N に幅をもたせたときにもまったく同じように扱える．

するとギブスの等重率の原理は次のように表現できる．

「粒子数 N，体積 V が一定で，系のエネルギー $H(p,q)$ が E から $E + \Delta E$ の間にあるすべての Γ–空間内の代表点は，みな等しい確率で起こる．」

この条件を満たす分布関数 f は

$$f(p,q) = \begin{cases} 1 & (E < H(p,q) < E + \Delta E) \\ 0 & (\text{それ以外}) \end{cases} \tag{1.17}$$

で与えられる．このような分布を**ミクロカノニカル分布**（microcanonical distribution）といい，ミクロカノニカル分布にしたがう確率集団を**ミクロカノニ**

カル集団（microcanonical ensemble）という．ミクロカノニカル分布において，任意の物理量 $A(p,q)$ の平均値を求めると，式 (1.16), (1.17) を使って，

$$\langle A \rangle = \Gamma(E)^{-1} \int_{E<H(p,q)<E+\Delta E} A(p,q) dp dq \qquad (1.18)$$

となる．ここで $\Gamma(E)$ は，系のエネルギーが E から $E+\Delta E$ の間にあるような代表点の数である．すなわち，

$$\Gamma(E) = \int_{E<H(p,q)<E+\Delta E} dp dq \qquad (1.19)$$

により与えられる．

Γ–空間内で $H(p,q) = E$ という '面' に囲まれた領域を $\Sigma(E)$ で表すと，

$$\Sigma(E) = \int_{H(p,q)<E} dp dq \qquad (1.20)$$

と書ける．また，$\Sigma' = \partial \Sigma / \partial E$ のことをエネルギー E における系の**状態密度**（density of states）という．

さて，以上のような孤立系におけるエントロピー S を次のように定義しておこう．

$$S(E) = k_B \ln \Gamma(E) \qquad (1.21)$$

この定義が妥当であることは，この S が熱力学的エントロピーのもつ性質をすべてもっているということからわかる．その性質とは，

① 加算性．すなわち，二つの独立な系のエントロピーをそれぞれ S_1, S_2 とすると，全系のエントロピーはその和 $S_1 + S_2$ で与えられる．

② 熱力学第二法則（エントロピー増大則）から要請される性質．

③ 示量変数としての状態量であること．

まず式 (1.21) で定義される S が ① の性質をもつことは，次のようにして示すことができる．二つの独立な系が，それぞれエネルギー $E_1 \sim E_1 + \Delta E_1$ と $E_2 \sim E_2 + \Delta E_2$ の状態にあるとする．式 (1.21) より，それぞれのエントロピーは $S_1 = k_B \ln \Gamma_1(E_1)$ と $S_2 = k_B \ln \Gamma_2(E_2)$ である．一方，二つの系

は互いに独立なので，両方を合わせて一つの系としてとらえた際の全代表点数 $\Gamma(E_1+E_2)$ は $\Gamma(E_1)\Gamma(E_2)$ で与えられる．したがってこの合成系のエントロピー $S=k_B\ln\Gamma(E_1+E_2)$ は，確かに $S=S_1+S_2$ の関係を満たしている．

ところで，熱平衡状態では，巨視的条件を満たすさまざまな状態のうち，最も実現確率の高いものが現れる．等重率の原理より，最も実現確率の高い巨視的状態は，最も多くの微視的状態（代表点）を含むものである．したがって Γ そして式 (1.21) で定義される S は，系が熱平衡状態にあるときに最大値をとる．系に何らかの変化を起こしたとしよう．系の状態は熱平衡状態へと落ち着いてゆくが，熱平衡状態でのエントロピーは最大の値をもつので，変化発生直後のエントロピーよりも必ず増大することになる．別の例でいえば，二つの独立な系を熱接触させたとすると，それまでそれぞれのエネルギーが $E_1\sim E_1+\Delta E_1, E_2\sim E_2+\Delta E_2$ の範囲に入っていた代表点数が $\Gamma_1(E_1)$ と $\Gamma_2(E_2)$ であったのに対し，熱接触後の合成系のエネルギーが $E_1+E_2\sim E_1+E_2+\Delta E_1+\Delta E_2$ である代表点数 $\Gamma(E_1+E_2)$ は $\Gamma(E_1)\Gamma(E_2)$ よりも大きい．これは二つの系が独立のあいだは，$\Gamma=\Gamma_1\Gamma_2$ であるが，熱接触という変化を起こすことにより，二つの系にエネルギーをどう配分するかという新たな自由度が加わるために，微視的状態の数（代表点数）が増えたためである．したがって二つの系を熱接触させると，それまで S_1+S_2 であったエントロピーがそれよりも大きくなるのである．もちろん熱接触させた状態がたまたま接触前の状態と同じということもありうるので，正確には熱接触によりエントロピーは変化しないかあるいは増大するというべきである．これにより ② の性質も示された．

最後に，式 (1.21) の S が示量変数であるという ③ の性質についてであるが，まず示量性の状態量をきちんと定義しておこう．熱平衡状態にある一様な系に壁を挿入して二つに分割しても，その二つの系は平衡なままである．このように，熱平衡状態にある系を熱平衡を保ったまま n 等分割した際に，大きさが $1/n$ となる状態量（熱平衡状態に応じて定まった値をとる物理量）を示量性があるという（熱平衡状態を保ったまま n 倍にサイズを大きくしてゆく場合には n 倍の大きさになる）．さて，熱平衡状態にある一様な系のエントロピーを $S_{前}$ とし，そこに仕切りを入れて二つの部分系に分けたとする．仕切り挿入後のエントロピーを $S_{後}$ とすると，仕切りを入れても熱平衡状態は保たれている

ので，エントロピーに変化はなく，$S_{前} = S_{後}$ である．一方，二つの部分系は壁で仕切られているので互いに独立であり，それぞれのエントロピーを S_1, S_2 とすると，$S_{後} = S_1 + S_2$ である．したがって，$S_{前} = S_1 + S_2$ が成り立ち，式 (1.21) で与えられる S は上記の示量性状態量の定義に当てはまる量であることがわかる．

以上より，$S = k_B \ln \Gamma$ が熱力学的エントロピーの性質をもつことがわかった．ただし，その比例係数がボルツマン定数 k_B で与えられるということに関してはこの時点では明らかではない．しかしこのエントロピーの表示を用いてたとえば理想気体のエントロピーを計算する．そしてそのエントロピーを体積で微分することで圧力を計算する．その結果と，実験で確認されている理想気体の状態方程式

$$PV = nRT \tag{1.22}$$

とを照らし合わせると，式 (1.21) に含まれる比例係数を，気体定数 R をアボガドロ数で割ったもの，すなわちボルツマン定数 k_B ととればよいということがわかるのである．

エントロピーをさらに別の形で表現しよう．分布関数 f を規格化したものを $\tilde{f}$ と書くと

$$\tilde{f}(p,q) = \begin{cases} \Gamma^{-1}(E) & (E < H(p,q) < E + \Delta E) \\ 0 & (\text{それ以外}) \end{cases} \tag{1.23}$$

である．$\tilde{f}(p,q)$ は，ギブスの等重率の原理より，E から $E + \Delta E$ の間のエネルギーをもつ系の状態が (p,q) である確率を表す．この確率を用いて，エントロピーは

$$S = k_B \langle -\ln \tilde{f} \rangle \tag{1.24}$$

と定義することができる．この式は書き換えると，

$$S = -k_B \int \tilde{f} \ln \tilde{f} \, dp dq = k_B \ln \Gamma(E) \tag{1.25}$$

となって，確かに式 (1.21) と一致する．しかし，式 (1.24) によるエントロピーの定義は，より一般的なものであり，他の確率分布でも成り立つ．

二つの系を熱接触させるとその間でエネルギーのやりとりがあり，熱平衡に達したときに合成系のエントロピーは最大になる．そのとき二つの部分系のエネルギーが，E_1^*, E_2^* になっているとすると，E_1^*, E_2^* は $E_1 + E_2 = E$ の条件のもとで合成系のエントロピー $S(E)$ を最大にするエネルギーとして決められる．これを式で書けば，

$$\delta S(E)|_{E_1=E_1^*, E_2=E_2^*} = 0$$
$$\delta (E_1 + E_2)|_{E_1=E_1^*, E_2=E_2^*} = 0 \tag{1.26}$$

である．熱平衡に達しているので $S(E) = S_1(E_1) + S_2(E_2)$ のため，式 (1.26) から，

$$\delta S_1 + \delta S_2 = 0 \tag{1.27}$$

が得られる．さらに $\delta E_1 = -\delta E_2$ を用いれば，

$$\left.\frac{\partial S_1(E_1)}{\partial E_1}\right|_{E_1=E_1^*} = \left.\frac{\partial S_2(E_2)}{\partial E_2}\right|_{E_2=E_2^*} \tag{1.28}$$

となる．

$$\frac{\partial S}{\partial E} = \frac{1}{T} \tag{1.29}$$

によって温度 T を定義すると，式 (1.28) は，接触によって平衡状態にある二つの部分系の温度が等しいということを表している．これは熱力学における「平衡」の意味と合致する．さらにエントロピーの極大条件から

$$\frac{\partial^2 S_1}{\partial E_1^2} + \frac{\partial^2 S_2}{\partial E_2^2} < 0 \tag{1.30}$$

が要請される．定積比熱 $C = \partial E/\partial T|_{V,N}$ を用いると，この式から

$$C_1^{-1} + C_2^{-1} > 0 \tag{1.31}$$

という関係が得られる．

また，$S(E, V)$ の変分をとると

$$\delta S(E, V) = \left.\frac{\partial S}{\partial E}\right|_V \delta E + \left.\frac{\partial S}{\partial V}\right|_E \delta V \tag{1.32}$$

となるが，$\partial S/\partial E|_V = 1/T$ を代入し，さらに

$$P = T \left.\frac{\partial S}{\partial V}\right|_E \tag{1.33}$$

によって圧力 P を定義すると

$$dE = TdS - PdV \tag{1.34}$$

という熱力学第一法則が得られる．これより，統計力学的エントロピー $S(E,V)$ を逆に解いた $E(S,V)$ は熱力学でいうところの内部エネルギー $U(S,V)$ に相当するものであるということがわかる．ということは，$E(S,V)$ を S,V,T などで微分すれば，他の熱力学量も導くことができる．

ギブスのパラドクス

理想気体を例にとって，ミクロカノニカル分布から熱力学量を計算してみよう．理想気体というのは，互いにほとんど自由に運動する粒子からなる系である．系のエネルギーは，各粒子の運動エネルギーの総和で，$H(p,q) = \sum_{i=1}^{N} \bm{p}_i^2/2m$ で与えられる．ここで $\bm{p}_i$ は i 番目の粒子の運動量である．定義より

$$\Sigma(E) = \int_{0<H(p,q)<E} \prod_{i=1}^{N} d\bm{p}_i d\bm{q}_i \tag{1.35}$$

であるが，q 積分は系の体積を V とすれば V^N を与えるだけである．p 積分は，$3N$ 次元空間における半径 $\sqrt{2mE}$ の球の体積を表す．それをいま $C_{3N}(\sqrt{2mE})$ と書こう．よって

$$\Sigma(E) = V^N C_{3N}(\sqrt{2mE}) \tag{1.36}$$

である．$C_N(R)$ は次のようにして計算できる．まず明らかに $C_N(R) = D_N R^N$ である．さらに，N 次元空間での半径 R の球面積を $S_N(R)$ とすると，$S_N(R) = dC_N(R)/dR = D_N N R^{N-1}$ である．ここで

$$\begin{aligned}\pi^{N/2} &= \int \prod_{i=1}^{N} dx_i \exp\left(-\sum_{i=1}^{N} x_i^2\right) = \int_0^R dR\, S_N(R) e^{-R^2} \\ &= D_N N \int_0^R dR\, R^{N-1} e^{-R^2} = \frac{N}{2} D_N \left(\frac{N}{2}-1\right)!\end{aligned} \tag{1.37}$$

なので，
$$C_N(R) = \frac{\pi^{N/2}}{(N/2)!} R^N \quad (1.38)$$
と求まる．これから $\Sigma(E)$ は，$(N/2)!$ に対してスターリングの公式
$$\ln(N!) \xrightarrow[N\to\infty]{} N\ln N - N + \frac{1}{2}\ln(2\pi N) \quad (1.39)$$
を適用し，
$$\Sigma(E) = \left[\left(\frac{4\pi emE}{3N}\right)^{3/2} V\right]^N \quad (1.40)$$
と求まる．ここで
$$\frac{\Sigma(E+\Delta E)}{\Sigma(E)} = \left(1 + \frac{\Delta E}{E}\right)^{3N/2} \quad (1.41)$$
であるが，$\Delta E/E$ は $1/N$ のオーダーよりも十分小さいという保証はないので，十分大きな N に対し $\Sigma(E+\Delta E) \gg \Sigma(E)$ である．しかし $\ln\Sigma(E+\Delta E)$ と $\ln\Sigma(E)$ は $\Delta E \ll E$ でさえあればほぼ等しいとみなせる．したがって理想気体のエントロピーは．

$$\begin{aligned}
S(E,V) &= k_B \ln \Gamma(E) \\
&= k_B \ln[\Sigma(E+\Delta E) - \Sigma(E)] \\
&\simeq k_B \ln \Sigma(E+\Delta E) \\
&\simeq k_B \ln \Sigma(E) \\
&= N k_B \left[\frac{3}{2}\ln\left(\frac{4\pi mE}{3N}\right) + \ln V + \frac{3}{2}\right]
\end{aligned} \quad (1.42)$$

となる．さてここで問題が起こる．まず，単純な問題は，ln の中身が無次元になっていないという点である．この原因は明らかで，$\Gamma(E)$ や $\Sigma(E)$ の定義で，Γ や Σ は代表点の数なので無次元であるべきなのに，その定義式 (1.19), (1.20) の右辺は，$[p]^{3N}[q]^{3N}$ の次元をもっているからである．この問題は，h^{-3N} を Γ や Σ の定義式に掛けることで解決する．h は（運動量 × 長さ）の次元をもつ定数であり，その具体的な値は実験と比較することで決定される．そして理

想気体の計算結果を高温ガスの実験結果と実際に比較してみると，h としてプランク定数を選べば両者が一致することが確認される．

もう一つ深刻な問題がある．S は示量変数であることから，1 粒子あたりのエントロピー S/N は熱力学的極限で有限値にとどまらなければならない．しかし，上式のエントロピーは，第二項の存在により，S/N は $V \to \infty$ において発散してしまう．この問題をギブスのパラドクス（Gibbs paradox）という．ギブスは，Γ や Σ の定義に対して，$(N!)^{-1}$ を掛けることによりこの問題を解決した．そうすれば，理想気体のエントロピーは

$$S \simeq N k_B \left[\frac{3}{2} \ln \left(\frac{4\pi m E}{3 N h^2} \right) + \ln \left(\frac{V}{N} \right) + \frac{5}{2} \right] \tag{1.43}$$

となって示量変数になる．ここで $N!$ に対してもスターリングの公式を用いた．$N!$ で Γ や Σ の定義を割るのは，粒子の同一性によるものである．逆にいえば，粒子が区別できる場合には，$N!$ で割る必要はない．

以上より，ミクロカノニカル分布での正しい Γ, Σ の定義は式 (1.19)，(1.20) に代わり，

$$\Gamma(E) = \frac{1}{N! h^{3N}} \int_{E < H(p,q) < E + \Delta E} dp dq \tag{1.44}$$

$$\Sigma(E) = \frac{1}{N! h^{3N}} \int_{H(p,q) < E} dp dq \tag{1.45}$$

となる．同様にして物理量 A の平均値 $\langle A \rangle$ は，式 (1.18) に代わり，

$$\langle A \rangle = \frac{1}{\Gamma(E)} \frac{1}{N! h^{3N}} \int_{E < H(p,q) < E + \Delta E} A(p,q) dp dq \tag{1.46}$$

で与えられることになる．今後はこの正しい表式を用いてゆくことにする．なお，再度強調しておくが，$N!^{-1}$ の因子がつくのは，粒子の区別がつかない場合のみである．

1.1.3　カノニカル分布

前項では孤立系を考えたが，実際の実験において観測対象となる系にはそのようなものはほとんどない．孤立系の場合はエネルギーが一定であり，エネ

ギーの関数として物理量が決まるわけであるが，実際に実験対象の系の全エネルギーを観測するということはない．それでは，実際の実験ではどのようなものが対象になっているかというと，それは熱浴と接した部分系，すなわち温度が与えられ，物理量が温度の関数として観測されるような系である．そのような系の確率集団を**カノニカル集団**（canonical ensemble）といい，それが示す分布を**カノニカル分布**（canonical distribution）という．

　カノニカル集団は，上に述べたように，巨大な熱浴に接した部分系を対象としている．このように二つの系が接し，熱平衡状態にある状況は，すでに前項のエントロピーの示量性の証明の際に扱った．そこでその議論をここでも利用し，いま対象としている部分系を 1，それが接している熱浴に相当する部分系を 2 と名づける．両者をあわせた全系は孤立系であり，その確率集団はミクロカノニカル分布にしたがう．それぞれの部分系のエネルギーを E_1, E_2 とし，全エネルギー $E_1 + E_2$ は E から $E + \Delta E$ の間に入っているものとする．前項ではこの全系に注目したが，本項では部分系 1 のみに注目する．

　部分系 1 に対する Γ_1–空間で点 (p_1, q_1) 付近の微小体積片 $dp_1 dq_1$ に含まれる代表点の数を $f_1(p_1, q_1) dp_1 dq_1$ とする．全系に対しても，$\Gamma_1 \otimes \Gamma_2$–空間において，点 $(p_1 q_1; p_2 q_2)$ 付近の微小体積 $dp_1 dq_1 dp_2 dq_2$ に含まれる代表点の数を $f(p_1 q_1; p_2 q_2) dp_1 dq_1 dp_2 dq_2$ とする．全体はミクロカノニカル分布にしたがうので，f は $E < H_1(p_1, q_1) + H_2(p_2, q_2) < E + \Delta E$ のときのみ 1 であり，それ以外では 0 である．よって

$$f_1(p_1, q_1) dp_1 dq_1 = \Gamma_2(E - H_1(p_1, q_1)) dp_1 dq_1 \tag{1.47}$$

である．いま，全体のエネルギー E に比べ，部分系 1 のエネルギー $E_1 = H_1(p_1, q_1)$ は十分小さいので，

$$\begin{aligned} k_B \ln f_1(p_1, q_1) &= S_2(E - H_1) \\ &= S_2(E) - H_1 \left.\frac{\partial S_2}{\partial E_2}\right|_{E_2 = E} + \cdots \\ &= S_2(E) - \frac{H_1}{T} + \cdots \end{aligned} \tag{1.48}$$

となり，よって

$$f_1(p_1, q_1) \propto \exp\left(-\frac{H_1(p_1, q_1)}{k_B T}\right) \tag{1.49}$$

が得られる．比例係数 $\exp(S_2(E)/k_B)$ は，$E_1(=H_1)$ とは無関係な定数である．

以上をまとめると，熱浴に接した系の状態が Γ–空間で点 (p, q) 付近の微小体積 $dpdq$ に見いだされる確率は，

$$Z^{-1} \exp\left(-\frac{H(p, q)}{k_B T}\right) \tag{1.50}$$

により与えられる．ここで，部分系 1 を表す '1' の文字は省略した．規格化定数 Z は **分配関数**（partition function）とよばれ，

$$Z(V, T) = \frac{1}{h^{3N}} \int \exp\left(-\frac{H(p, q)}{k_B T}\right) dpdq \tag{1.51}$$

により定義される．式 (1.50) を使えば，物理量 $A(p, q)$ の平均値 $\langle A \rangle$ は

$$\langle A \rangle = Z^{-1} \frac{1}{h^{3N}} \int A(p, q) \exp\left(-\frac{H(p, q)}{k_B T}\right) dpdq \tag{1.52}$$

によって計算される．ミクロカノニカルの場合と同様，粒子の区別がつかないときには，分配関数 Z も物理量 A の平均値 $\langle A \rangle$ も $N!$ で割る必要がある．

なお，密度が希薄な古典的気体の場合は粒子間相互作用の影響は小さく，N 粒子系の分布 $\tilde{f}_N$ は 1 粒子系の $\tilde{f}_1$ の N 乗として書ける（$\tilde{f}$ は f を規格化したものである）．そして $\tilde{f}_1$ は式 (1.50) から

$$\tilde{f}_1 = (2\pi m k_B T)^{-3/2} \exp\left(-\frac{\boldsymbol{p}^2}{2m k_B T}\right) \tag{1.53}$$

と書ける．この分布 $\tilde{f}_1$ を **マクスウェル分布**（Maxwell distribution）とよぶ．

カノニカル分布では，すべての熱力学量は分配関数 Z から導かれる．まず，Z がヘルムホルツの自由エネルギー F と

$$F(V, T) = -k_B T \ln Z(V, T) \tag{1.54}$$

という関係にあることを示そう．この F が，熱力学でいうところのヘルムホルツの自由エネルギーであるためには，F が示量変数であること，さらに F が

内部エネルギー U と温度 T とエントロピー S を使って

$$F = U - TS \tag{1.55}$$

と関係づかなければならない．まず，F が示量変数であることは，$S = k_B \ln \Gamma$ が示量変数であることを証明したのと同様にして進められる．式 (1.55) の関係については，エントロピーとして式 (1.24) の定義式を用いる．カノニカル分布の場合，確率 $\tilde{f}(p,q)$ は $\tilde{f}(p,q) = Z^{-1} \exp(-H(p,q)/k_B T)$ であるので，これを式 (1.24) に代入すると

$$S = \frac{\langle H \rangle - F}{T} \tag{1.56}$$

となる．これより，内部エネルギー U として

$$U = \langle H \rangle \tag{1.57}$$

を用いれば，式 (1.55) が得られる．一方，

$$\exp\left(-\frac{F(V,T)}{k_B T}\right) = \frac{1}{N! h^{3N}} \int \exp\left(-\frac{H}{k_B T}\right) dp dq \tag{1.58}$$

において，その両辺を $\beta = 1/k_B T$ で微分すると

$$\left(-\beta \frac{\partial F}{\partial \beta} - F\right) e^{-\beta F} = -\frac{1}{N! h^{3N}} \int H \exp\left(-\frac{H}{k_B T}\right) dp dq \tag{1.59}$$

すなわち

$$F = \langle H \rangle + T \left(\frac{\partial F(V,T)}{\partial T}\right)_V \tag{1.60}$$

となることが示される．したがって式 (1.55) より，

$$S = -\left(\frac{\partial F}{\partial T}\right)_V \tag{1.61}$$

であることがわかる．

こうして，ヘルムホルツの自由エネルギー F が分配関数 Z から計算できることがわかったので，そのほかの熱力学量もそこから求めることができる．

1.1.4 グランドカノニカル分布

カノニカル分布を考えた動機は，実験では系の全エネルギーを観測することがむずかしいという点にあった．その点，カノニカル分布は，対象とする系は熱浴と接しているために，温度 T（および体積 V）という実験で観測可能なパラメターが固定されていた．しかしそれだけでなく，カノニカル分布では，粒子数 N も固定されていた．これは，熱浴と粒子のやりとりをすることを許していなかったからである．しかし，系の全粒子数というものは，実験では観測できない．したがって，その点に対しても対処すべきである．すなわち，観測する系は，熱浴および粒子浴と接することで，エネルギーと粒子をやりとりしながら平衡状態に落ちついているという状況を考えるのである．このような部分系の確率集団を**グランドカノニカル集団**（grand canonical ensemble）といい，その確率分布を**グランドカノニカル分布**（grand canonical ditribution）という．その導出法は，カノニカル分布のときと同じである．すなわち，注目する部分系 1（粒子数 N_1，体積 V_1，エネルギー $H_1(p_1,q_1)$）の状態が，その Γ_1–空間内の点 (p_1,q_1) 付近の微小体積片 $dp_1 dq_1$ に見い出される確率は，$\Gamma_2(E-H_1(p_1,q_1))$ に比例する．ただし今回は，$\Gamma_2(E_2)$ がエネルギーだけでなく粒子数の関数であることもはっきり明示し，$\Gamma_2(E-H_1, N-N_1)$ と書くことにする．$E \gg H_1$，$N \gg N_1$ として Γ_2 を展開すると

$$\begin{aligned}
&k_B \ln \Gamma_2(E-H_1, N-N_1) \\
&= S_2(E-H_1, N-N_1) \\
&\sim S_2(E,N) - H_1 \left.\frac{\partial S_2}{\partial E_2}\right|_{E_2=E} - N_1 \left.\frac{\partial S_2}{\partial N_2}\right|_{N_2=N} + \cdots \\
&= S_2(E,N) - \frac{H_1}{T} + \frac{\mu}{T} N_1 + \cdots
\end{aligned} \qquad (1.62)$$

となる．ここで，化学ポテンシャル μ を

$$\frac{\mu}{T} = -\frac{\partial S(E,N)}{\partial N} \qquad (1.63)$$

により定義した．これより上述の確率は

$$\exp\left(-\frac{H_1(p_1,q_1) - \mu N_1}{k_B T}\right) \qquad (1.64)$$

1.1 古典系の確率集団

に比例することがわかる．これを規格化すると，観測対象となる系（1 という添字を省略する）の状態が Γ–空間の点 (p, q) 付近の微小体積 $dpdq$ 内に見い出される確率は

$$\Xi^{-1} \exp\left(-\frac{H(p,q) - \mu N}{k_B T}\right) \tag{1.65}$$

で与えられる．ここで Ξ は，N 粒子系の分配関数 Z_N を用いて

$$\Xi(T, \mu, V) = \sum_{N=0}^{\infty} Z_N(T, V) \exp\left(\frac{\mu N}{k_B T}\right) \tag{1.66}$$

$$Z_N(T, V) = \frac{1}{N! h^{3N}} \int \exp\left(-\frac{H(p,q)}{k_B T}\right) dpdq \tag{1.67}$$

により与えられる．Z を分配関数とよぶのに対し，Ξ は**大分配関数**（grand partition function）とよばれる．これにより，任意の物理量 $A_N(p, q)$ の平均値 $\langle A \rangle$ は

$$\langle A \rangle = \Xi^{-1} \sum_{N=0}^{\infty} \frac{1}{N! h^{3N}} \int A_N(p,q) \exp\left(-\frac{H(p,q) - \mu N}{k_B T}\right) dpdq \tag{1.68}$$

により計算される．

Z からヘルムホルツの自由エネルギーが得られたように，Ξ からは

$$\Omega(T, \mu, V) = -k_B T \ln \Xi(T, \mu, V) \tag{1.69}$$

により，**熱力学ポテンシャル**（thermodynamic potential）Ω が得られる．Ω は，内部エネルギー $U = \langle H \rangle$ と平均粒子数 $\langle N \rangle$ を用いて

$$\Omega = \langle H \rangle - TS - \mu \langle N \rangle \tag{1.70}$$

と書ける．これは S の定義として式 (1.24) を用い，$\tilde{f} = \Xi^{-1} \exp\left(-(H - \mu N)/k_B T\right)$ を代入すると，

$$S = \frac{\langle H \rangle - \Omega - \mu \langle N \rangle}{T} \tag{1.71}$$

となることから導ける．さらに，カノニカル分布の場合と同じようにして書き換えれば，

$$S = -\left(\frac{\partial \Omega}{\partial T}\right)_{V, \mu} \tag{1.72}$$

と書ける．

式 (1.70) に $F - \langle H \rangle - TS$ およびギブスの自由エネルギー $G = \mu \langle N \rangle$ を代入し，さらに $G = F + PV$ の関係を用いると，

$$\Omega = F - G = -PV \tag{1.73}$$

とも書ける．これより

$$d\Omega = dF - dG = -SdT - PdV - \langle N \rangle d\mu \tag{1.74}$$

となる．ここで

$$P = -\left(\frac{\partial \Omega}{\partial V}\right)_{T,\mu} \tag{1.75}$$

$$\langle N \rangle = -\left(\frac{\partial \Omega}{\partial \mu}\right)_{T,V} \tag{1.76}$$

である．式 (1.75), (1.76) は次のようにしても導くことができる．まず $\langle N \rangle$ を計算する．$\lambda = \exp(\mu/k_B T)$ とすると，

$$\begin{aligned}
\langle N \rangle &= \Xi^{-1} \sum_N N \lambda^N Z_N \\
&= \Xi^{-1} \sum_N Z_N \lambda \frac{d\lambda^N}{d\lambda} \\
&= k_B T \Xi^{-1} \left(\frac{\partial \Xi}{\partial \mu}\right)_{T,V} \\
&= -\left(\frac{\partial \Omega}{\partial \mu}\right)_{T,V}
\end{aligned} \tag{1.77}$$

より式 (1.76) を得る．さらに圧力の平均値 $\langle P \rangle$ を計算する．N 粒子系の圧力を P_N とすると，

$$P_N = -\left(\frac{\partial F}{\partial V}\right)_{T,N} = k_B T Z_N^{-1} \left(\frac{\partial Z_N}{\partial V}\right)_{T,N} \tag{1.78}$$

であるから，

$$\langle P \rangle = \Xi^{-1} \sum_N P_N \lambda^N Z_N$$

$$= k_B T \Xi^{-1} \left(\frac{\partial \sum_N \lambda^N Z_N}{\partial V} \right)_{T,\mu}$$
$$= - \left(\frac{\partial \Omega}{\partial V} \right)_{T,\mu} \tag{1.79}$$

となって式 (1.75) が示されたことになる．

1.2　量子系の確率集団

1.2.1　密度行列

古典系では，系の状態を Γ–空間内の点で表していたが，量子力学では，系を特徴づけるハミルトニアンが作用するヒルベルト空間内に張られた状態ベクトルにより，系の状態が表される．シュレディンガー方程式

$$H\psi_n = E_n \psi_n \tag{1.80}$$

の固有状態 ψ_n が，正規直交系をなしているとする．この $\psi_n = |n\rangle$ を用いて，任意の演算子 A の平均値 $\langle A \rangle$ を

$$\langle A \rangle = \sum_n \omega_n \langle n|A|n \rangle \tag{1.81}$$

により定義する．ここで ω_n は

$$\begin{aligned} \omega_n &\geq 0 \\ \sum_n \omega_n &= 1 \end{aligned} \tag{1.82}$$

という性質を満たす．$\langle n|A|n \rangle$ は，状態 ψ_n による A の量子力学的期待値を表すので，式 (1.81) における ω_n は，系が状態 ψ_n にある確率と解釈できる．ある n に対してのみ $\omega_n = 1$ で，それ以外の n' に対しては $\omega_{n'} = 0$ という場合，そのとき系は（一つの状態にあるという意味で）**純粋状態**（pure state）にあるという．そうでない場合は，系は（いろいろな状態を確率的にとりうるという意味で）**混合状態**（mixed state）にあるという．いま，演算子 ρ を

$$\rho = \sum_n \omega_n |n\rangle\langle n| \tag{1.83}$$

により定義すると，式 (1.81) は，

$$\langle A \rangle = \text{Tr}(\rho A) \tag{1.84}$$

と書くことができる．ここでトレース Tr の性質として，

$$\text{Tr}(ABC) = \text{Tr}(BCA) = \text{Tr}(CAB) \tag{1.85}$$

を用いている．この演算子 ρ を**密度行列**（density matrix）とよぶ．明らかに，

$$\text{Tr}\,\rho = 1 \tag{1.86}$$

である．なお，式 (1.83) ではなく，物理量 A の観測値が式 (1.84) で与えられるような正定値の演算子 ρ を密度行列の定義としてもよい．式 (1.84) をエネルギー状態で表示すれば

$$\begin{aligned}\langle A \rangle &= \sum_n \langle n|\rho A|n\rangle = \sum_{nm} \langle n|\rho|m\rangle\langle m|A|n\rangle \\ &= \sum_{nm} \rho_{nm} A_{mn}\end{aligned} \tag{1.87}$$

と書ける．同様に，式 (1.84) を座標で表せば

$$\begin{aligned}\langle A \rangle &= \int dx \langle x|\rho A|x\rangle \\ &= \int dx\,dx' \langle x|\rho|x'\rangle\langle x'|A|x\rangle \\ &\equiv \int dx\,dx' \rho(x,x') A(x,x')\end{aligned} \tag{1.88}$$

と書ける．ここで系は N 粒子系であるとし，座標 x は N 個の座標をまとめて書いたものとする．ただし

$$\begin{aligned}\rho(x,x') &= \langle x|\rho|x'\rangle \\ &= \sum_n \omega_n \langle x|n\rangle\langle n|x'\rangle \\ &= \sum_n \omega_n \psi_n(x)\psi_n^*(x')\end{aligned} \tag{1.89}$$

である．なお，N 粒子系の密度行列において，$N-n\,(n<N)$ 個の座標に関してトレースをとったもの（縮約したもの）

$$\rho_n(x_1,\cdots,x_n;x_1',\cdots,x_n') = \int dx_{n+1}\cdots dx_N$$
$$\times \rho(x_1,\cdots,x_n,x_{n+1},\cdots x_N;x_1',\cdots,x_n',x_{n+1},\cdots,x_N) \quad (1.90)$$

を n 体の密度行列という．

つぎに，ρ の時間依存性を調べてみよう．系が時間と共に発展するとき，それはシュレディンガー方程式

$$i\hbar \frac{\partial}{\partial t}\psi = H\psi \quad (1.91)$$

から決められ，その固有状態 $\psi_n(t)\,(=|n,t\rangle)$ を用いて，密度行列を式 (1.83) の形に定義すると

$$\rho(t) = \sum_n \omega_n |n,t\rangle\langle n,t| \quad (1.92)$$

となる．この $\rho(t)$ がしたがう時間発展方程式を導こう．まず式 (1.92) の両辺を t で微分すると

$$\frac{\partial \rho}{\partial t} = \sum_n \omega_n \left(\frac{\partial |n,t\rangle}{\partial t}\langle n,t| + |n,t\rangle \frac{\partial \langle n,t|}{\partial t} \right) \quad (1.93)$$

となるが，

$$i\hbar \frac{\partial \psi_n(t)}{\partial t} = H\psi_n(t) \quad (1.94)$$

より，

$$i\hbar \frac{\partial \rho}{\partial t} = \sum_n \omega_n [H|n,t\rangle\langle n,t| - |n,t\rangle\langle n,t|H] = [H,\rho] \quad (1.95)$$

となる．この式は，古典系におけるリウビル方程式 (1.11) の量子力学版であり，**フォン・ノイマン方程式**（von Neumann's equation）という．式 (1.95) は，ハイゼンベルグの運動方程式に似ているが，符号が逆である点に注意しよう．

なお，量子系のエントロピーは，古典系の式 (1.24) に対応して

$$S = k_B \langle -\ln \rho \rangle = -k_B \,\mathrm{Tr}\, \rho \ln \rho \quad (1.96)$$

で与えられる．

1.2.2 ミクロカノニカル分布

さて，式 (1.83) における ω_n が具体的にどのような形で与えられるかをみていこう．古典系の場合と同様，まず孤立系を対象に考える．同じ孤立系の確率集団を想定し，そのどれもが外界とエネルギーのやりとりをしていないことから，エネルギー E から $E + \Delta E$ の間におさまっているものとする．古典系における等重率の原理にならい，量子系でも E から $E + \Delta E$ の間に存在するすべての量子状態は同じ確率で実現されるものと仮定しよう．そうすると，系がエネルギー固有状態 n をとる確率 ω_n は

$$\omega_n = \begin{cases} 定数 & (E \leq E_n \leq E + \Delta E) \\ 0 & (それ以外) \end{cases} \quad (1.97)$$

となる．ただし ω_n には，規格化条件 $\sum_n \omega_n = 1$ がついているので，

$$\omega_n = \begin{cases} \Gamma^{-1}(E, N, V) & (E \leq E_n \leq E + \Delta E) \\ 0 & (それ以外) \end{cases} \quad (1.98)$$

である．ここで，Γ はエネルギー固有値が E から $E + \Delta E$ の間に含まれる状態の数の和

$$\Gamma(E, N, V) = \sum_{\substack{n \\ (E < E_n < E + \Delta E)}} 1 \quad (1.99)$$

である．

これより，密度行列 ρ は

$$\rho = \Gamma^{-1}(E, N, V) \sum_{n=1}^{\Gamma} |n\rangle\langle n| \quad (1.100)$$

と書ける．ただし，n は $E < E_n < E + \Delta E$ を満たす状態を表す．

エントロピーは，式 (1.96) より，

$$S = k_B \ln \Gamma(E, N, V) \quad (1.101)$$

により与えられる．

1.2.3 カノニカル分布

大きな熱浴に接し,エネルギーのやりとりをしながら熱平衡状態にある部分系を考える.粒子数 N と体積 V は,一定である.このとき ω_n は,古典系に対応した形で,

$$\omega_n = Z^{-1}(T,V,N) \exp\left(-\frac{E_n}{k_B T}\right) \tag{1.102}$$

で与えられる.ここで,Z は ω_n の規格化から決まり,

$$Z(T,V,N) = \sum_n \exp\left(-\frac{E_n}{k_B T}\right) = \mathrm{Tr}\,\exp\left(-\frac{H}{k_B T}\right) \tag{1.103}$$

と書ける.Z は量子統計力学における分配関数である.式 (1.102) から,密度行列は

$$\rho = Z^{-1} \sum_n e^{-\beta E_n} |n\rangle\langle n| \tag{1.104}$$

と書ける.ここで,$\beta = 1/k_B T$ である.これはさらに

$$\begin{aligned}\rho &= Z^{-1} e^{-\beta H} \sum_n |n\rangle\langle n| \\ &= Z^{-1} e^{-\beta H} = \frac{e^{-\beta H}}{\mathrm{Tr}\,e^{-\beta H}}\end{aligned} \tag{1.105}$$

とも書ける.この形の密度行列は,今後も非常によく用いられるものである.

古典系で分配関数がヘルムホルツの自由エネルギー F を決めるのと同様にして,量子系でも

$$F(T,V,N) = -k_B T \ln Z(T,V,N) \tag{1.106}$$

により F が求められる.そして F が求められれば,他の熱力学量も順次決めることができる.なお,この関係から式 (1.105) は

$$\rho = e^{\beta(F-H)} \tag{1.107}$$

と書くこともできる.

エントロピーは,式 (1.96) より,

$$S = \frac{\langle H \rangle - F}{T} \tag{1.108}$$

となる．古典系同様，これをさらに書き換えれば

$$S = -\left(\frac{\partial F}{\partial T}\right)_V \tag{1.109}$$

となる．

1.2.4 グランドカノニカル分布

注目する部分系が外界とエネルギーだけでなく粒子のやりとりもしている場合についても，古典系と同じようにして，

$$\omega_n = \Xi^{-1}(T,\mu,V)\exp\left(-\frac{E_n - \mu N}{k_B T}\right) \tag{1.110}$$

となる．ここで Ξ は大分配関数であり，

$$\Xi(T,\mu,V) = \sum_{n,N}\exp\left(-\frac{E_n - \mu N}{k_B T}\right) \tag{1.111}$$

により与えられる．

密度行列は，カノニカル分布の場合と同様にして，

$$\rho = \frac{e^{-\beta(H-\mu N)}}{\text{Tr}\,e^{-\beta(H-\mu N)}} \tag{1.112}$$

と書ける．ここで Tr は，粒子数についての和も含む．

熱力学ポテンシャル $\Omega(T,\mu,V)$ も

$$\Omega(T,\mu,V) = -k_B T \ln \Xi(T,\mu,V) \tag{1.113}$$

から求められる．

エントロピーについても式 (1.96) を用いて

$$S = \frac{\langle H\rangle - \Omega - \mu\langle N\rangle}{T} = -\left(\frac{\partial \Omega}{\partial T}\right)_{V,\mu} \tag{1.114}$$

であることがわかる．

以上のような量子統計力学が，高温極限では古典統計力学に帰着する．たとえば，量子統計力学の分配関数 Z は，$T \to \infty$ で古典統計力学の Z に一致し，その際，ギブスのパラドクスで問題になった $(N!h^{3N})^{-1}$ の因子も自然に現れる．この証明は，参考文献の (1-1) や (1-2) をみていただきたい．

1.2.5 理想量子気体の分布関数

ある量子力学的 1 粒子状態 α（エネルギー ε_α）に存在する粒子の数を n_α と書く．n_α は，フェルミオンならばパウリ原理より 0 または 1 以外の値はとれない．ボゾンの場合は，n_α は 0 以上の整数である．この n_α の熱平均値をグランドカノニカル分布を用いて求めてみよう．

まず全粒子数を N に固定して考える．そのときの分配関数 Z_N は

$$Z_N = \sum_{\{n_\alpha\}} \exp\left(-\beta \sum_\alpha \varepsilon_\alpha n_\alpha\right) \tag{1.115}$$

と書ける．ただし

$$N = \sum_\alpha n_\alpha \tag{1.116}$$

の拘束条件がつく．なお，式 (1.115) における $\sum_{\{n_\alpha\}}$ は，$n_1, n_2, \cdots$ のすべてに関しての和を式 (1.116) の拘束条件のもとで実行することを表す．大分配関数 Ξ は，この Z_N を用いて

$$\begin{aligned}
\Xi &= \sum_N e^{\beta N \mu} Z_N \\
&= \sum_N \sum_{\{n_\alpha\}} \exp\left(-\beta \sum_\alpha (\varepsilon_\alpha - \mu) n_\alpha\right) \\
&= \sum_{n_1} \sum_{n_2} \cdots \exp\left(-\beta \sum_\alpha (\varepsilon_\alpha - \mu) n_\alpha\right) \\
&= \prod_\alpha \sum_{n_\alpha} e^{-\beta(\varepsilon_\alpha - \mu) n_\alpha}
\end{aligned} \tag{1.117}$$

と書ける．さらに

$$\sum_{n_\alpha} e^{-\beta(\varepsilon_\alpha - \mu) n_\alpha} = \begin{cases} 1 + e^{-\beta(\varepsilon_\alpha - \mu)} & \text{フェルミオン } (n_\alpha = 0, 1) \\ [1 - e^{-\beta(\varepsilon_\alpha - \mu)}]^{-1} & \text{ボゾン } (n_\alpha = 0, 1, 2, \cdots) \end{cases} \tag{1.118}$$

なので，

$$\Xi = \prod [1 \mp e^{-\beta(\varepsilon_\alpha - \mu)}]^{\mp 1} \tag{1.119}$$

と書ける．ここで，上の符号はボゾンに対して，下の符号はフェルミオンに対するものである．これより n_α の熱平均は

$$\langle n_\alpha \rangle = \Xi^{-1} \sum_N \sum_{\{n_\alpha\}} n_\alpha \exp\left(-\beta \sum_\alpha (\varepsilon_\alpha - \mu) n_\alpha\right)$$

$$= \frac{\partial}{\partial(\beta\mu)} \ln[1 \mp e^{-\beta(\varepsilon_\alpha - \mu)}]^{\mp 1}$$

$$= \frac{1}{e^{\beta(\varepsilon_\alpha - \mu)} \mp 1} \tag{1.120}$$

となる．これをそれぞれ，**ボーズ分布関数**（Bose distribution function），**フェルミ分布関数**（Fermi distribution function）という．なお，ここではグランドカノニカル分布を使ったが，ミクロカノニカル分布やカノニカル分布からも同じ形の分布関数が得られる．そのときの μ は，全粒子数一定という拘束条件を取り入れるためのラグランジュの未定係数として導入される．

1.3　経路積分による定式化

本書の大部分は第2量子化にもとづいて話を進めているが，あとでみるように，経路積分にもとづいて理論を構築すると物理が明確になる場合や技術的に計算が容易になる場合がある．ここではまずその経路積分への準備として，コヒーレント状態の話からはじめよう．

1.3.1　コヒーレント状態

第2量子化では生成消滅演算子（あるいは場の演算子）が主役を演じる．いま，その生成消滅演算子一つに対する固有状態を考えてみよう．すなわち，たとえば消滅演算子 a に対して

$$a|\phi\rangle = \phi|\phi\rangle \tag{1.121}$$

を満たす $|\phi\rangle$ を考えるのである．この固有状態 $|\phi\rangle$ を**コヒーレント状態**（coherent state）とよぶ．当然 a がボーズ演算子かフェルミ演算子かによって $|\phi\rangle$ は異なる．そこで以下にボゾンの場合とフェルミオンの場合を別々に扱って話を進める．

ボゾンの場合

a がボーズ演算子の場合, $|\phi\rangle$ は

$$|\phi\rangle = e^{\phi a^\dagger}|0\rangle \tag{1.122}$$

であることがすぐにわかる. $e^{\phi a^\dagger}$ は $\sum_{n=0}^{\infty}(1/n!)\phi^n(a^\dagger)^n$ を意味し, $|0\rangle$ は真空である. ϕ は一般に複素数である. 実際, 式 (1.122) の左から a を作用させると, ボーズ演算子の交換関係を使って

$$\begin{aligned}
a|\phi\rangle &= \sum_{n=0}^{\infty} \frac{\phi^n}{n!} a(a^\dagger)^n |0\rangle \\
&= \sum_{n=1}^{\infty} \frac{\phi^n}{n!} [(a^\dagger)^{n-1} + a^\dagger a(a^\dagger)^{n-1}]|0\rangle \\
&= \phi \sum_{n=1}^{\infty} \frac{\phi^{n-1}}{(n-1)!} (a^\dagger)^{n-1}|0\rangle \\
&= \phi|\phi\rangle
\end{aligned} \tag{1.123}$$

となり, $|\phi\rangle$ が a の固有状態 (正確には右固有状態), ϕ が固有値であることが確かめられる. 式 (1.121) に共役な式

$$\langle\phi|a^\dagger = \langle\phi|\phi^* \tag{1.124}$$

から, $\langle\phi| = \langle 0|e^{\phi^* a}$ が生成演算子 $a^\dagger$ の左固有状態であることもわかる.

a の固有状態 $|\phi\rangle$ に $a^\dagger$ を作用させるとどうなるだろうか.

$$\begin{aligned}
a^\dagger |\phi\rangle &= a^\dagger e^{\phi a^\dagger}|0\rangle = \frac{\partial}{\partial \phi} e^{\phi a^\dagger}|0\rangle \\
&= \frac{\partial}{\partial \phi} |\phi\rangle
\end{aligned} \tag{1.125}$$

となる. 同様に,

$$\langle\phi|a = \frac{\partial}{\partial \phi^*}\langle\phi| \tag{1.126}$$

が成り立つ.

さらに,

$$
\begin{aligned}
\langle \phi | \phi' \rangle &= \langle 0 | e^{\phi^* a} e^{\phi' a^\dagger} | 0 \rangle \\
&= \sum_{n,m=0}^{\infty} \frac{(\phi^*)^n}{\sqrt{n!}} \frac{(\phi')^m}{\sqrt{m!}} \langle n | m \rangle \\
&= \sum_{n=0}^{\infty} \frac{(\phi^* \phi')^n}{n!} \\
&= e^{\phi^* \phi'} \quad (1.127)
\end{aligned}
$$

という関係をもつ. ここで

$$
\frac{1}{\sqrt{m!}} (a^\dagger)^m | 0 \rangle = | m \rangle \quad (1.128)
$$

を用いた.

もう一つ重要な関係式

$$
\int \frac{d\phi^* d\phi}{2\pi i} e^{-\phi^* \phi} | \phi \rangle \langle \phi | = 1 \quad (1.129)
$$

を導いておこう. まず, $\phi = |\phi| e^{i\theta}$ とおいて $|\phi|$ を r と書くと,

$$
\int \frac{d\phi^* d\phi}{2\pi i} = \int \frac{d(\mathrm{Re}\,\phi) d(\mathrm{Im}\,\phi)}{\pi} = \int \frac{dr d\theta}{\pi} r \quad (1.130)
$$

と書ける. すると式 (1.129) の左辺は, 式 (1.128) を用いて次のように書き直せる.

$$
\sum_{m,n=0}^{\infty} \frac{1}{\sqrt{m!n!}} \int \frac{dr d\theta}{\pi} r e^{-r^2} (r e^{i\theta})^m (r e^{-i\theta})^n | m \rangle \langle n |
$$

$$
= \sum_{m,n=0}^{\infty} \frac{1}{\sqrt{m!n!}} \int \frac{dr d\theta}{\pi} e^{-r^2} r^{m+n+1} e^{i(m-n)\theta} | m \rangle \langle n | \quad (1.131)
$$

θ 積分から $2\pi \delta_{mn}$ の因子が出るため, 結局, 式 (1.129) の左辺は

$$
\begin{aligned}
\sum_{m=0}^{\infty} \frac{1}{m!} \left(\int_0^\infty dx\, e^{-x} x^m \right) | m \rangle \langle m | &= \sum_m | m \rangle \langle m | \\
&= 1 \quad (1.132)
\end{aligned}
$$

となり，式 (1.129) が導かれたことになる．

式 (1.129) の関係を用いると，任意の演算子 A に対して

$$\begin{aligned}
\operatorname{Tr} A &= \sum_\psi \langle \psi | A | \psi \rangle \\
&= \int \frac{d\phi^* d\phi}{2\pi i} e^{-\phi^* \phi} \sum_\psi \langle \psi | \phi \rangle \langle \phi | A | \psi \rangle \\
&= \int \frac{d\phi^* d\phi}{2\pi i} e^{-\phi^* \phi} \sum_\psi \langle \phi | A | \psi \rangle \langle \psi | \phi \rangle \\
&= \int \frac{d\phi^* d\phi}{2\pi i} e^{-\phi^* \phi} \langle \phi | A | \phi \rangle
\end{aligned} \qquad (1.133)$$

が成立する．

任意の演算子 A が生成消滅演算子 $a, a^\dagger$ で書き表されており，しかも消滅演算子が生成演算子の右側にくるように並べてあるとすると，

$$\begin{aligned}
\langle \phi | A(a^\dagger, a) | \phi' \rangle &= A(\phi^*, \phi') \langle \phi | \phi' \rangle \\
&= A(\phi^*, \phi) e^{\phi^* \phi'}
\end{aligned} \qquad (1.134)$$

である．ここで $A(\phi^*, \phi)$ は $A(a^\dagger, a)$ において $a^\dagger \to \phi^*$, $a \to \phi'$ という置き換えを行ったものである．

以上の話を一般化しよう．証明はこれまで示したやり方と同様なので省くことにする．系の1粒子固有状態を α で番号づけすると，コヒーレント状態 $|\phi\rangle$ は

$$|\phi\rangle = \exp\left(\sum_\alpha \phi_\alpha a_\alpha^\dagger\right) |0\rangle \qquad (1.135)$$

と書ける．$\{\phi_\alpha\}$ はすべて複素数であり，ϕ は $\{\phi_\alpha\}$ 全体を表す．実際 $|\phi\rangle$ は，a_α の固有値 ϕ_α をもつ固有状態になっている：

$$a_\alpha |\phi\rangle = \phi_\alpha |\phi\rangle \qquad (1.136)$$

同様にして，

$$\langle \phi | a_\alpha^\dagger = \langle \phi | \phi_\alpha^* \qquad (1.137)$$

である．さらに

$$a_\alpha^\dagger |\phi\rangle = \frac{\partial}{\partial \phi_\alpha} |\phi\rangle \tag{1.138}$$

$$\langle \phi | a_\alpha = \frac{\partial}{\partial \phi_\alpha^*} \langle \phi | \tag{1.139}$$

が成り立つ．$\langle \phi|$ と $|\phi'\rangle$ の重なり積分は

$$\langle \phi | \phi' \rangle = \exp\left(\sum_\alpha \phi_\alpha^* \phi_\alpha'\right) \tag{1.140}$$

となり，また，重要な関係式として

$$\int \prod_\alpha \left(\frac{d\phi_\alpha^* d\phi_\alpha}{2\pi i}\right) \exp\left(-\sum_\alpha \phi_\alpha^* \phi_\alpha\right) |\phi\rangle\langle\phi| = 1 \tag{1.141}$$

$$\operatorname{Tr} A = \int \prod_\alpha \left(\frac{d\phi_\alpha^* d\phi_\alpha}{2\pi i}\right) \exp\left(-\sum_\alpha \phi_\alpha^* \phi_\alpha\right) \langle\phi|A|\phi\rangle \tag{1.142}$$

が得られる．任意の演算子 $A(\{a_\alpha^\dagger\},\{a_\alpha\})$ において，消滅演算子がすべて対応する生成演算子の右側に配置されていれば，

$$\langle\phi|A(\{a_\alpha^\dagger\},\{a_\alpha\})|\phi'\rangle = A(\{\phi_\alpha^\dagger\},\{\phi_\alpha'\}) \exp\left(\sum_\alpha \phi_\alpha^* \phi_\alpha'\right) \tag{1.143}$$

と書ける．なお，今後よく使う公式として，

$$\int \prod_\alpha \left(\frac{d\phi_\alpha^* d\phi_\alpha}{2\pi i}\right) \exp\left(-\sum_{\alpha\beta} \phi_\alpha^* M_{\alpha\beta} \phi_\beta + \sum_\alpha (J_\alpha^* \phi_\alpha + J_\alpha \phi_\alpha^*)\right)$$

$$= (\det M)^{-1} \exp\left(\sum_{\alpha\beta} J_\alpha^* (M^{-1})_{\alpha\beta} J_\beta\right) \tag{1.144}$$

をあげておく．さらにこれより，

$$\frac{\int \prod_\alpha (d\phi_\alpha^* d\phi_\alpha/2\pi i) \exp\left(-\sum_{\alpha\beta} \phi_\alpha^* M_{\alpha\beta} \phi_\beta\right) \phi_a \phi_b^*}{\int \prod_\alpha (d\phi_\alpha^* d\phi_\alpha/2\pi i) \exp\left(-\sum_{\alpha\beta} \phi_\alpha^* M_{\alpha\beta} \phi_\beta\right)}$$

$$
\begin{aligned}
&= \frac{\delta^2}{\delta J_a^* \delta J_b} \ln \int \prod_\alpha \left(\frac{d\phi_\alpha^* d\phi_\alpha}{2\pi i} \right) \\
&\quad \times \exp\left(-\sum_{\alpha\beta} \phi_\alpha^* M_{\alpha\beta} \phi_\beta + \sum_\alpha (J_\alpha^* \phi_\alpha + J_\alpha \phi_\alpha^*) \right)\bigg|_{J=0} \\
&= (M^{-1})_{ab}
\end{aligned} \tag{1.145}
$$

が得られる．

フェルミオンの場合

フェルミオンは演算子の交換に対して符合が反転するという性質をもつ．これを表現するためには，**グラスマン数**（Grassmann number）とよばれるものを導入する必要がある．グラスマン数 ψ は以下のような性質をもつ．

$$
\begin{aligned}
&\psi^2 = 0 \\
&\psi_\alpha \psi_\beta = -\psi_\beta \psi_\alpha \\
&\int d\psi\, \psi = -\int \psi d\psi = 1 \\
&\int d\psi\, 1 = 0 \\
&\frac{\partial}{\partial \psi_\alpha} \psi_\alpha \psi_\beta = -\frac{\partial}{\partial \psi_\alpha} \psi_\beta \psi_\alpha = \psi_\beta \frac{\partial}{\partial \psi_\alpha} \psi_\alpha = \psi_\beta
\end{aligned} \tag{1.146}
$$

このように，$d\psi$ や $\partial/\partial \psi$ もグラスマン数同様の反交換関係をもつ．ここで，任意のグラスマン数 ψ には，それに共役な ψ^* というグラスマン数があるとする．ψ^* に共役なグラスマン数 $(\psi^*)^*$ は ψ に等しいとする．ただし ψ^* は ψ と共役といっても，それは言葉と記号のうえでのことであって，両者は通常の複素共役とは異なり，あくまでも独立のグラスマン数である．したがって

$$
\psi \psi^* = -\psi^* \psi \tag{1.147}
$$

である．ψ^* についても，ψ に関する式 (1.146) のような性質が成り立つ．

ψ の任意の解析関数 $f(\psi)$ は ψ に対してテイラー展開できるが，$\psi^2 = 0$ なので

$$
f(\psi) = f_0 + f_1 \psi \tag{1.148}
$$

という形に必ず書ける．さらに，f が ψ と ψ^* の解析関数ならば，

$$f(\psi,\psi^*) = f_{00} + f_{10}\psi + f_{01}\psi^* + f_{11}\psi\psi^* \tag{1.149}$$

と展開できる．f が $\psi_\alpha, \psi_\alpha^*$ $(\alpha = 1, 2, \cdots, N)$ の解析関数の場合も

$$\begin{aligned}
&f(\{\psi_\alpha\}, \{\psi_\alpha^*\}) \\
&= f_0 + \sum_\alpha (f_\alpha \psi_\alpha + g_\alpha \psi_\alpha^*) \\
&\quad + \sum_{\alpha\beta}(f_{\alpha\beta}\psi_\alpha\psi_\beta + g_{\alpha\beta}\psi_\alpha^*\psi_\beta^* + h_{\alpha\beta}\psi_\alpha\psi_\beta^* + k_{\alpha\beta}\psi_\alpha^*\psi_\beta) + \cdots
\end{aligned} \tag{1.150}$$

といった具合に展開できる．いずれの場合も，同じグラスマン数は必ず1次までしか含まれない．

　グラスマン数の積分におけるヤコビアンには注意が必要である．例として次の積分を考える．

$$\int c\psi d\psi = -c \tag{1.151}$$

c は定数である．この積分は式 (1.146) の関係から明らかである．一方，$c\psi \equiv \phi$ として変数を ψ から ϕ へ変えてみよう．その際必要なヤコビアン $J(\psi,\phi)$ は通常の複素数なら $1/c$ だが，グラスマン数の場合

$$J(\psi,\phi) \int \phi d\phi = -c \tag{1.152}$$

より，$J(\psi,\phi) = c$ であることがわかる．さらに，複素数ならば $c\psi \to \phi$ と変換したのであれば，自動的に $c\psi^* \to \phi^*$ という変換が伴われるが，グラスマン数の場合は，すでに述べたように，ψ と ψ^* は独立なので一方を変数変換してももう一方は影響を受けない．たとえば

$$\int e^{-c\psi^*\psi} d\psi^* d\psi \tag{1.153}$$

という積分は，$e^{-c\psi^*\psi} = 1 - c\psi^*\psi$ であることから

$$\begin{aligned}
\int d\psi^* \int d\psi - c \int \psi^*\psi d\psi^* d\psi &= c \int \psi^* d\psi^* \int \psi d\psi \\
&= c
\end{aligned} \tag{1.154}$$

である．ここで 1 行目から 2 行目へは ψ と $d\psi^*$ を入れ換えたことによる符合の反転が含まれている（このガウス型の積分自体，通常の複素数の場合と異なる結果を与えることに注意しよう．ψ と ψ^* が複素数ならば答は $1/c$ に比例した形で出てくるからである）．さて，式 (1.153) をこんどは $c\psi = \phi$ として変数変換して求めよう．先ほどと同じくヤコビアンは c なので

$$\begin{aligned}
\int e^{-c\psi^*\psi}d\psi^*d\psi &= c\int e^{-\psi^*\phi}d\psi^*d\phi \\
&= c\int (1-\psi^*\phi)d\psi^*d\phi \\
&= c
\end{aligned} \quad (1.155)$$

となって答は一致する．このように，ψ^* については変数変換の必要はない．

ヤコビアンについてもう少し一般化した話をしておこう．$2N$ 個のグラスマン数 $\psi_\alpha, \psi_\alpha^*$ $(\alpha = 1, \cdots, N)$ をそれぞれ $\phi_\alpha, \phi_\alpha^*$ $(\alpha = 1, \cdots, N)$ に線形変換するとする．$2N \times 2N$ の変換行列を M とすると，

$$\begin{pmatrix} \{\phi_\alpha\} \\ \{\phi_\alpha^*\} \end{pmatrix} = M \begin{pmatrix} \{\psi_\alpha\} \\ \{\psi_\alpha^*\} \end{pmatrix} \quad (1.156)$$

と書ける．いま $f(\{\psi_\alpha\}, \{\psi_\alpha^*\})$ という任意の関数を積分することを考える．この積分は変数変換により

$$\int \prod_{\alpha=1}^N d\psi_\alpha^* \prod_{\beta=1}^N d\psi_\beta\, f(\{\psi_\alpha\}, \{\psi_\alpha^*\})$$
$$= J \int \prod_{\alpha=1}^N d\phi_\alpha^* \prod_{\beta=1}^N d\phi_\beta\, f(\{\psi(\{\phi_\alpha\}, \{\phi_\alpha^*\})\}, \{\psi^*(\{\phi_\alpha\}, \{\phi_\alpha^*\})\})$$
$$(1.157)$$

となる．ここで J が変数変換から現れるヤコビアンである．ψ が複素数であれば $J = |\partial(\{\psi_\alpha\}, \{\psi_\alpha^*\})/\partial(\{\phi_\alpha\}, \{\phi_\alpha^*\})|$ であるが，グラスマン数のときは 1 変数の例でみたように，そうはならない．以下，J を求めよう．

$f(\{\psi_\alpha\}, \{\psi_\alpha^*\})$ は式 (1.150) のようにべき展開できるが，式 (1.146) の積分ルールを用いると，積分値が 0 でないのは $\prod_{\alpha=1}^N \psi_\alpha \prod_{\beta=1}^N \psi_\beta^*$ に比例する項のみで

ある．この項の係数を A とすると，$f(\{\psi_\alpha\},\{\psi_\alpha^*\}) = A \prod_{\alpha=1}^{N} \psi_\alpha \prod_{\beta=1}^{N} \psi_\beta^*$ とおいて一般性を失わない．これを式 (1.157) に代入すると，左辺は A となる．右辺は

$$JA \int \prod_{\alpha=1}^{N} d\phi_\alpha^* \prod_{\beta=1}^{N} d\phi_\beta \left[\prod_{\gamma=1}^{2N} \sum_{\delta=1}^{2N} (M^{-1})_{\gamma\delta} \tilde{\phi}_\delta \right] \tag{1.158}$$

となる．ここで $\tilde{\phi}_\delta$ は，$1 \leq \delta \leq N$ のとき ϕ_δ，$N+1 \leq \delta \leq 2N$ のとき $\phi_{\delta-N}^*$ を表すものとする．式 (1.158) の $[\cdots]$ 内はさまざまな $\phi_\alpha, \phi_\alpha^*$ の積となるが，積分で残るのはやはり $\phi_\alpha, \phi_\alpha^*$ ($\alpha = 1, \cdots, N$) のそれぞれが1度だけ現れる項のみである．しかしその項は，$\phi_\alpha, \phi_\alpha^*$ の並べ方（$(2N)!$ 通り）の数だけ存在する．したがって式 (1.158) は

$$JA \int \prod_{\alpha=1}^{N} d\phi_\alpha^* \prod_{\beta=1}^{N} d\phi_\beta \left[\sum_P \prod_{\gamma=1}^{2N} (M^{-1})_{\gamma P(\gamma)} \tilde{\phi}_{P(\gamma)} \right]$$

$$= JA \sum_P \prod_\gamma (M^{-1})_{\gamma P(\gamma)} (-1)^P \int \prod_{\alpha=1}^{N} d\phi_\alpha^* \prod_{\beta=1}^{N} d\phi_\beta \prod_{\gamma=1}^{2N} \tilde{\phi}_\gamma$$

$$= JA \det(M^{-1})$$

$$= JA \left| \frac{\partial(\{\psi_\alpha\},\{\psi_\alpha^*\})}{\partial(\{\phi_\alpha\},\{\phi_\alpha^*\})} \right| \tag{1.159}$$

となる．ここで P は $(2N)!$ 通りの並び換えを表す．これを式 (1.157) に代入することにより，結局ヤコビアンとして

$$J = \left| \frac{\partial(\{\phi_\alpha\},\{\phi_\alpha^*\})}{\partial(\{\psi_\alpha\},\{\psi_\alpha^*\})} \right| \tag{1.160}$$

を得る．これは先に述べた複素数に対するヤコビアンの逆数となっている．

さて，フェルミオンに対するコヒーレント状態の話に移ろう．ボゾンの場合同様，フェルミオンの生成消滅演算子 $a^\dagger, a$ に対し

$$a|\psi\rangle = \psi|\psi\rangle \tag{1.161}$$

$$\langle\psi|a^\dagger = \langle\psi|\psi^* \tag{1.162}$$

で与えられる $|\psi\rangle$ をフェルミオンに対するコヒーレント状態とよぶ．ここに現れている固有値 ψ はグラスマン数である．$|\psi\rangle$ の具体的な表式はボゾンと同じ

ように
$$|\psi\rangle = e^{-\psi a^\dagger}|0\rangle = (1 - \psi a^\dagger)|0\rangle \tag{1.163}$$
である．1 行目から 2 行目へは $\exp(-\psi a^\dagger)$ を展開し，その 2 次以降がフェルミ演算子およびグラスマン数の性質から 0 になるということを用いている．ここでグラスマン数と生成消滅演算子の間にも
$$\psi a = -a\psi \tag{1.164}$$
といった入れ換えによる符合の反転があるものとする．これにより，実際に式 (1.163) の左から a と ψ を作用させれば，
$$a|\psi\rangle = a|0\rangle - a\psi a^\dagger|0\rangle = \psi a a^\dagger|0\rangle = \psi|0\rangle \tag{1.165}$$
$$\psi|\psi\rangle = \psi|0\rangle - \psi^2 a^\dagger|0\rangle = \psi|0\rangle \tag{1.166}$$
となって式 (1.161) の関係が満たされることがわかる．なお，$\langle\psi|$ については
$$\langle\psi| = \langle 0|e^{-a\psi^*} = \langle 0|(1 - a\psi^*) \tag{1.167}$$
と書くことができ，式 (1.162) も同様にして示される．$|\psi\rangle$ に $a^\dagger$ と作用させた場合も，ボゾンと似た形で
$$a^\dagger|\psi\rangle = -\frac{\partial}{\partial\psi}|\psi\rangle \tag{1.168}$$
$$\langle\psi|a = \frac{\partial}{\partial\psi^*}\langle\psi| \tag{1.169}$$
となる．また $\langle\psi|$ と $|\psi'\rangle$ の重なり積分は
$$\begin{aligned}\langle\psi|\psi'\rangle &= \langle 0|(1 - a\psi^*)(1 - \psi' a^\dagger)|0\rangle \\ &= \langle 0|(1 - a\psi^* - \psi' a^\dagger + a\psi^*\psi' a^\dagger)|0\rangle \\ &= 1 + \psi^*\psi' \\ &= e^{\psi^*\psi'}\end{aligned} \tag{1.170}$$
となってボゾンと同じ形になる．これよりボゾン同様，
$$\int d\psi^* d\psi\, e^{-\psi^*\psi}|\psi\rangle\langle\psi| = 1 \tag{1.171}$$

を示そう．式 (1.146) に示した積分のルールにしたがえば，

$$
\begin{aligned}
\int d\psi^* d\psi \, e^{-\psi^*\psi} |\psi\rangle\langle\psi| &= \int d\psi^* d\psi \, (1-\psi^*\psi)(1-\psi a^\dagger)|0\rangle\langle 0|(1-a\psi^*) \\
&= \int d\psi^* d\psi \, (1-\psi^*\psi-\psi a^\dagger)|0\rangle\langle 0|(1-a\psi^*) \\
&= |0\rangle\langle 0| + |1\rangle\langle 1| \\
&= 1 \quad\quad\quad\quad\quad\quad\quad\quad (1.172)
\end{aligned}
$$

である．ここで $a^\dagger|0\rangle = |1\rangle$ と書いた．

式 (1.171) の関係を用いると，任意の演算子 A に対し

$$
\begin{aligned}
\mathrm{Tr}\, A &= \sum_\phi \langle\phi|A|\phi\rangle \\
&= \int d\psi^* d\psi \, e^{-\psi^*\psi} \sum_\phi \langle\phi|\psi\rangle\langle\psi|A|\phi\rangle \\
&= \int d\psi^* d\psi \, e^{-\psi^*\psi} \langle-\psi|A|\psi\rangle \quad\quad (1.173)
\end{aligned}
$$

が成り立つ．ここで ψ がグラスマン数であることから，

$$
\begin{aligned}
\langle\phi|\psi\rangle\langle\psi|A|\phi\rangle &= -\langle\psi|A|\phi\rangle\langle\phi|\psi\rangle \\
&= \langle-\psi|A|\phi\rangle\langle\phi|\psi\rangle \quad\quad (1.174)
\end{aligned}
$$

という関係を使った．

また，A を生成消滅演算子 $a^\dagger, a$ で書き表し，それが a を $a^\dagger$ の右側に配置した形で書かれているとすると，

$$
\begin{aligned}
\langle\psi|A(a^\dagger,a)|\psi'\rangle &= A(\psi^*,\psi')\langle\psi|\psi'\rangle \\
&= A(\psi^*,\psi')e^{\psi^*\psi'} \quad\quad (1.175)
\end{aligned}
$$

である．ここで $A(\psi^*,\psi')$ は $A(a^\dagger,a)$ において $a^\dagger$ を ψ^* で，a を ψ でそれぞれ置き換えたものである．

以上の話は一つの状態のみで考えていたので，今度はそれを一般化しよう．ボゾンの場合と同じく，証明は省いて結果だけを示す．

1.3 経路積分による定式化

系の1粒子固有状態を α で番号づけると，コヒーレント状態 $|\psi\rangle$ は

$$|\psi\rangle = \exp\left(-\sum_\alpha \psi_\alpha a_\alpha^\dagger\right)|0\rangle = \left(1 - \sum_\alpha \psi_\alpha a_\alpha^\dagger\right)|0\rangle \quad (1.176)$$

$$\langle\psi| = \langle 0|\exp\left(\sum_\alpha -a_\alpha \psi_\alpha^*\right) = \langle 0|\left(1 - \sum_\alpha a_\alpha \psi_\alpha^*\right) \quad (1.177)$$

と書け，

$$a_\alpha|\psi\rangle = \psi_\alpha|\psi\rangle \quad (1.178)$$

$$\langle\psi|a_\alpha^\dagger = \langle\psi|\psi_\alpha^* \quad (1.179)$$

を満たす．さらに

$$a_\alpha^\dagger|\psi\rangle = -\frac{\partial}{\partial\psi_\alpha}|\psi\rangle \quad (1.180)$$

$$\langle\psi|a_\alpha = \frac{\partial}{\partial\psi_\alpha^*}\langle\psi| \quad (1.181)$$

である．$\langle\psi|$ と $|\psi'\rangle$ の重なり積分は

$$\langle\psi|\psi'\rangle = \exp\left(\sum_\alpha \psi_\alpha^* \psi_\alpha'\right) \quad (1.182)$$

となる．また，

$$\int \prod_\alpha d\psi_\alpha^* d\psi_\alpha \exp\left(-\sum_\alpha \psi_\alpha^* \psi_\alpha\right)|\psi\rangle\langle\psi| = 1 \quad (1.183)$$

が成立する．任意の演算子 A に対し

$$\mathrm{Tr}\, A = \int \prod_\alpha d\psi_\alpha^* d\psi_\alpha \exp\left(-\sum_\alpha \psi_\alpha^* \psi_\alpha\right)\langle-\psi|A|\psi\rangle \quad (1.184)$$

と書ける．

さらに，A がフェルミオンの生成消滅演算子 $\{a_\alpha^\dagger\}, \{a_\alpha\}$ で書かれ，しかも a_α がそれに対応する生成演算子 $a_\alpha^\dagger$ の右側に配置されている場合，

$$\langle\psi|A(\{a_\alpha^\dagger\},\{a_\alpha\})|\psi'\rangle = A(\{\psi_\alpha^*\},\{\psi_\alpha'\})\exp\left(\sum_\alpha \psi_\alpha^* \psi_\alpha'\right) \quad (1.185)$$

である．

式 (1.153) の積分の一般化もしておこう．エルミート行列 $(M_{\alpha\beta})$ に対し，

$$\int \prod_\alpha d\psi_\alpha^* d\psi_\alpha \exp\left(-\sum_{\beta\gamma} \psi_\beta^* M_{\beta\gamma} \psi_\gamma\right) = \det M \quad (1.186)$$

が成り立つ．この導出は，M を対角化するユニタリー行列 U を使って ψ と ψ^* を線形変換し（それによるヤコビアンは 1），指数関数をべき展開して式 (1.146) の積分のルールを使えばよい．なお，ψ がグラスマン数ではなく複素数ならば，同じ積分の答は $(\det M)^{-1}$ に比例することに注意しよう．さらに一般的に，

$$\int \prod_\alpha d\psi_\alpha^* d\psi_\alpha \exp\left(-\sum_{\alpha\beta} \psi_\alpha^* M_{\alpha\beta} \psi_\beta + \sum_\alpha (J_\alpha^* \psi_\alpha + \psi_\alpha^* J_\alpha)\right)$$
$$= (\det M) \exp\left(\sum_{\alpha\beta} J_\alpha^* (M^{-1})_{\alpha\beta} J_\beta\right) \quad (1.187)$$

が成立する．ここで J, J^* もグラスマン数なので，上式での J, J^* の順番などにも注意しよう．これより，

$$\frac{\int \prod_\alpha d\psi_\alpha^* d\psi_\alpha \exp\left(-\sum_{\alpha\beta} \psi_\alpha^* M_{\alpha\beta} \psi_\beta\right) \psi_a \psi_b^*}{\int \prod_\alpha d\psi_\alpha^* d\psi_\alpha \exp\left(-\sum_{\alpha\beta} \psi_\alpha^* M_{\alpha\beta} \psi_\beta\right)}$$
$$= \frac{\delta^2}{\delta J_a^* \delta J_b} \ln \int \prod_\alpha d\psi_\alpha^* d\psi_\alpha$$
$$\times \exp\left(-\sum_{\alpha\beta} \psi_\alpha^* M_{\alpha\beta} \psi_\beta + \sum_\alpha (J_\alpha^* \psi_\alpha + \psi_\alpha^* J_\alpha)\right)\bigg|_{J=0}$$
$$= (M^{-1})_{ab} \quad (1.188)$$

という公式も得られる．

1.3.2 分配関数と経路積分

いまハミルトニアン H では，すべての消滅演算子がそれに対応する生成演算子の右側に置かれているものとする．分配関数は式 (1.142) および式 (1.184) より，

$$Z = \text{Tr}\, e^{-\beta H}$$
$$= \int \prod_\alpha d\tilde{\psi}_\alpha^* d\tilde{\psi}_\alpha \exp\left(-\sum_\alpha \psi_\alpha^* \psi_\alpha\right) \langle \eta\psi | e^{-\beta H} | \psi \rangle \quad (1.189)$$

と書ける．ここで $\beta = 1/k_B T$,

$$d\tilde{\psi}_\alpha^* d\tilde{\psi}_\alpha = \begin{cases} \dfrac{d\psi_\alpha^* d\psi_\alpha}{2\pi i} & (\text{ボゾン}) \\ d\psi_\alpha^* d\psi_\alpha & (\text{フェルミオン}) \end{cases} \quad (1.190)$$

$$\eta = \begin{cases} 1 & (\text{ボゾン}) \\ -1 & (\text{フェルミオン}) \end{cases} \quad (1.191)$$

であり，ψ はボゾンの場合は複素数，フェルミオンの場合はグラスマン数である．式 (1.189) で，H では消滅演算子が生成演算子の右側に配置されていると仮定したが，だからといって $e^{-\beta H}$ という演算子では同じことは自動的には満たされていない．なぜなら

$$e^{-\beta H} = \sum_{k=0}^{\infty} \frac{(-\beta)^k}{k!} H^k \quad (1.192)$$

における $k \geq 2$ に対する H^k という演算子では，消滅演算子が生成演算子の左側に現れる箇所が出てくるからである．これにより式 (1.189) の段階で式 (1.143) や式 (1.185) といった公式は使えない．しかし

$$e^{-\beta H} = \lim_{N \to \infty} (e^{-\epsilon H})^N$$
$$\cong \lim_{N \to \infty} (1 - \epsilon H)^N \quad (1.193)$$

という関係に注目しよう．ここで $\epsilon = \beta/N$ である．すると，少なくとも H の 2 次以上の項が無視された $1 - \epsilon H$ という因子では，H に対する仮定より，消

滅演算子が必ず生成演算子の右側に来ている．式 (1.193) を式 (1.189) に代入し，さらに式 (1.141) または式 (1.183) を各 $(1-\epsilon H)$ の間に挿入すると，

$$\begin{aligned}
Z =& \lim_{N\to\infty} \int \prod_\alpha d\tilde{\psi}_\alpha^* d\tilde{\psi}_\alpha \\
& \times \exp\left(-\sum_\alpha \psi_\alpha^* \psi_\alpha\right) \langle \eta\psi|(1-\epsilon H)\cdots(1-\epsilon H)|\psi\rangle \\
=& \lim_{N\to\infty} \int \prod_\alpha d\tilde{\psi}_\alpha^* d\tilde{\psi}_\alpha \exp\left(-\sum_\alpha \psi_\alpha^* \psi_\alpha\right) \\
& \times \left[\prod_{i=1}^{N-1} \int \prod_\beta d\tilde{\psi}_{i\beta}^* d\tilde{\psi}_{i\beta} \exp\left(-\sum_\beta \psi_{i\beta}^* \psi_{i\beta}\right) \right.\\
& \times \langle \eta\psi|(1-\epsilon H)|\psi_{N-1}\rangle \langle \psi_{N-1}|\cdots|\psi_2\rangle \\
& \left. \times \langle \psi_2|(1-\epsilon H)|\psi_1\rangle \langle \psi_1|(1-\epsilon H)|\psi\rangle \right] \\
=& \lim_{N\to\infty} \int \prod_{i=1}^{N}\prod_\alpha d\tilde{\psi}_{i\alpha}^* d\tilde{\psi}_{i\alpha} \exp\left(-\sum_{i\alpha} \psi_{i\alpha}^* \psi_{i\alpha}\right) \\
& \times \langle \psi_N|(1-\epsilon H)|\psi_{N-1}\rangle \langle \psi_{N-1}|(1-\epsilon H)\cdots|\psi_1\rangle \langle \psi_1|(1-\epsilon H)|\psi_0\rangle
\end{aligned}$$
(1.194)

となる．3 行目では

$$\begin{aligned}
\psi_{N\alpha} &\equiv \eta\psi_\alpha \\
\psi_{N\alpha}^* &\equiv \eta\psi_\alpha^* \\
\psi_{0\alpha} &\equiv \psi_\alpha \\
\psi_{0\alpha}^* &\equiv \psi_\alpha^*
\end{aligned}$$

と書いた．これより，当然

$$\begin{cases} \eta\psi_{N\alpha} = \psi_{0\alpha} \\ \eta\psi_{N\alpha}^* = \psi_{0\alpha}^* \end{cases} \quad (1.195)$$

という条件がつけられる. $\langle \psi_i | (1-\epsilon H) | \psi_{i-1} \rangle$ という因子については, 式 (1.143) あるいは式 (1.185) により,

$$\begin{aligned}\langle \psi_i | (1-\epsilon H) | \psi_{i-1} \rangle &= \exp\left(\sum_\alpha \psi_{i\alpha}^* \psi_{i-1,\alpha}\right) [1 - \epsilon H(\psi_i^*, \psi_{i-1})] \\ &= \exp\left(\sum_\alpha \psi_{i\alpha}^* \psi_{i-1,\alpha}\right) \exp\left(-\epsilon H(\psi_i^*, \psi_{i-1})\right)\end{aligned} \tag{1.196}$$

と書ける. ここで $H(\psi_i^*, \psi_{i-1})$ は, ハミルトニアン H に含まれる生成・消滅演算子 $\{a_\alpha^\dagger\}, \{a_\alpha\}$ をそれぞれ $\{\psi_{i\alpha}^*\}, \{\psi_{i-1,\alpha}\}$ で置換したものを表す. この式を式 (1.194) に代入すれば

$$\begin{aligned}Z &= \lim_{N\to\infty} \int \prod_{i=1}^N \prod_\alpha d\tilde{\psi}_{i\alpha}^* d\tilde{\psi}_{i\alpha} \\ &\quad \times \exp\left(-\sum_{i\alpha} \psi_{i\alpha}^*(\psi_{i\alpha} - \psi_{i-1,\alpha})\right) e^{-\epsilon \sum_i H(\psi_i^*, \psi_{i-1})} \\ &= \lim_{N\to\infty} \int \prod_{i=1}^N \prod_\alpha d\tilde{\psi}_{i\alpha}^* d\tilde{\psi}_{i\alpha} \\ &\quad \times \exp\left[-\epsilon \sum_{i=1}^N \left\{\sum_\alpha \psi_{i\alpha}^* \frac{\psi_{i\alpha} - \psi_{i-1,\alpha}}{\epsilon} + H(\psi_i^*, \psi_{i-1})\right\}\right]\end{aligned} \tag{1.197}$$

となる.

ここで $\psi_\alpha(\tau), \psi_\alpha^*(\tau)$ という変数を用いて書き直す. $\tau_i = i\Delta\tau$ ($\Delta\tau = \epsilon = \beta/N$) とし, $\psi_{i\alpha}$ を $\psi_\alpha(\tau_i)$, $\psi_{i\alpha}^*$ を $\psi_\alpha^*(\tau_i)$ と書き直すと,

$$\begin{aligned}Z &= \lim_{N\to\infty} \int \prod_{i=1}^N \prod_\alpha d\tilde{\psi}_\alpha^*(\tau_i) d\tilde{\psi}_\alpha(\tau_i) \\ &\quad \times \exp\Bigg[-\Delta\tau \sum_{i=1}^N \bigg\{\sum_\alpha \psi_\alpha^*(\tau_i) \frac{\psi_\alpha(\tau_i) - \psi_\alpha(\tau_i - \Delta\tau)}{\Delta\tau} \\ &\quad + H(\psi^*(\tau_i), \psi(\tau_i - \Delta\tau))\bigg\}\Bigg]\end{aligned}$$

$$
\begin{aligned}
&= \int \mathcal{D}\tilde{\psi}^*(\tau)\mathcal{D}\tilde{\psi}(\tau) \\
&\quad \times \exp\left(-\int_0^\beta d\tau \left[\sum_\alpha \psi_\alpha^*(\tau)\frac{\partial}{\partial \tau}\psi_\alpha(\tau) + H(\psi^*(\tau),\psi(\tau))\right]\right)
\end{aligned}
\tag{1.198}
$$

となる．ここで $\tau_i = i\Delta\tau = i\beta/N\ (i=1,\cdots,N)$ は，$N\to\infty$ の極限で 0 から β までの値をとることを用いている．なお，$\eta\psi_{0\alpha} = \psi_{N\alpha}$ と $\eta\psi_{0\alpha}^* = \psi_{N\alpha}^*$ という条件は，ここでは

$$
\begin{cases}
\eta\psi_\alpha(0) = \psi_\alpha(\beta) \\
\eta\psi_\alpha^*(0) = \psi_\alpha^*(\beta)
\end{cases}
\tag{1.199}
$$

という条件に書き換えられる．$\int \mathcal{D}\tilde{\psi}^*(\tau)\int \mathcal{D}\tilde{\psi}(\tau)$ は，各 τ の値における $\{\psi_\alpha(\tau)\}$ について，式 (1.190) のボゾンおよびフェルミオンに対する定義に基づいて積分をとることを意味する．

グランドカノニカル分布では，分配関数は

$$
Z = \mathrm{Tr}\,e^{-\beta(H-\mu N)}
\tag{1.200}
$$

なので，式 (1.198) の H を $H-\mu N$ で置き換えればよい（1.1.4，1.2.4 項では，Ξ という記号を使って大分配関数とよんでいたが，以下では混同のおそれがないかぎり，グランドカノニカル分布でも Z という記号と分配関数という呼び名を使う）．粒子数演算子 N は，第 2 量子化では $\sum_\alpha a_\alpha^\dagger a_\alpha$ なので，$N(\psi^*(\tau),\psi(\tau)) = \sum_\alpha \psi_\alpha^*(\tau)\psi_\alpha(\tau)$ である．したがって

$$
\begin{aligned}
Z &= \int \mathcal{D}\psi^*(\tau)\mathcal{D}\psi(\tau) \\
&\quad \times \exp\left(-\int_0^\beta d\tau \left[\sum_\alpha \psi_\alpha^*(\tau)\left(\frac{\partial}{\partial \tau}-\mu\right)\psi_\alpha(\tau) + H(\psi^*(\tau),\psi(\tau))\right]\right)
\end{aligned}
\tag{1.201}
$$

となる．

式 (1.198) あるいは式 (1.201) が，統計力学の経路積分による定式化である．ただしフェルミオンの場合，注意しなければならない点がある．式 (1.198) において，$(\psi_\alpha(\tau) - \psi_\alpha(\tau - \Delta\tau))/\Delta\tau$（あるいはもとの表記に戻れば $(\psi_{i\alpha} - \psi_{i-1,\alpha})/\epsilon$）を $\partial\psi_\alpha(\tau)/\partial\tau$ と書いている点である．グラスマン数は通常の意味での '数' ではない．したがって ϵ を小さくしても $\psi_{i\alpha} - \psi_{i-1,\alpha}$ が小さくなる理由はない．このため τ 微分の形で書くのは，あくまで便宜のためであり，もともとの意味は $(\psi_{i\alpha} - \psi_{i-1,\alpha})/\epsilon$ であることを忘れてはならない．同じ理由で，$H(\psi^*(\tau_i), \psi(\tau_i - \Delta\tau))$ を $H(\psi^*(\tau_i), \psi(\tau_i))$ と近似しているが，これも $\Delta\tau$ を小さくしたからといって両者が同じものになる保証はない．そのためハミルトニアン $H(\psi^*(\tau), \psi(\tau))$ が経路積分の中に出てきたら，$\psi^*(\tau)$ における τ は $\psi(\tau)$ における τ よりもわずかに大きい値をとるということを念頭に置いておく必要がある．

さて分配関数を経路積分の形に書いたので，つぎは物理量の熱平均を経路積分を用いて表現しよう．代表的な物理量として n 粒子温度グリーン関数 $\tilde{G}(\alpha_1\tau_1, \alpha_2\tau_2, \cdots, \alpha_{2n}\tau_{2n})$ がある（2.2.1 項参照）．$\tilde{G}$ は

$$\begin{aligned}
\tilde{G}(\alpha_1\tau_1, \alpha_2\tau_2, \cdots, \alpha_{2n}\tau_{2n}) \\
= -\langle T_\tau [a_{\alpha_1}(\tau_1) a_{\alpha_2}(\tau_2) \cdots a_{\alpha_n}(\tau_n) \\
\times a^\dagger_{\alpha_{n+1}}(\tau_{n+1}) a^\dagger_{\alpha_{n+2}}(\tau_{n+2}) \cdots a^\dagger_{\alpha_{2n}}(\tau_{2n})] \rangle
\end{aligned} \quad (1.202)$$

によって定義されている．ここで

$$\begin{cases} a(\tau) \equiv e^{\tau(H-\mu N)} a e^{-\tau(H-\mu N)} \\ a^\dagger(\tau) \equiv e^{\tau(H-\mu N)} a^\dagger e^{-\tau(H-\mu N)} \end{cases} \quad (1.203)$$

である．T_τ は**時間順序演算子**（time ordering operator）であり，τ に依存する演算子を左から τ が大きい順に並び換える作用をもつ．その際，a がフェルミ演算子の場合は，隣合わせた $a(\tau)$ や $a^\dagger(\tau')$ の順序を入れ換えるたびに (-1) の因子をつけるという約束にする．たとえば

$$T_\tau[a_1(\tau_1) a^\dagger_2(\tau_2)] = \theta(\tau_1 - \tau_2) a_1(\tau_1) a^\dagger_2(\tau_2) \pm \theta(\tau_2 - \tau_1) a^\dagger_2(\tau_2) a_1(\tau_1)$$

$$(1.204)$$

である．±は，上がボゾン，下がフェルミオンの場合である．また $\tilde{G}$ の定義における $\langle\cdots\rangle$ は，グランドカノニカルでの熱平均 $\mathrm{Tr}[e^{-\beta(H-\mu N)}\cdots]/\mathrm{Tr}\,e^{-\beta(H-\mu N)}$ を表す．2.2 節でみるように，さまざまな物理量の熱平均がこの温度グリーン関数から求まる．

では n 粒子温度グリーン関数を経路積分表示しよう．いま，$\tau_1 > \tau_2 > \cdots > \tau_{2n}$ である場合について考える．$K = H - \mu N$ とすると，$\tilde{G}$ は

$$\begin{aligned}
&\tilde{G}(\alpha_1\tau_1,\cdots,\alpha_{2n}\tau_{2n}) \\
&= -Z^{-1}\mathrm{Tr}[e^{-\beta K}a_{\alpha_1}(\tau_1)\cdots a^{\dagger}_{\alpha_{2n}}(\tau_{2n})] \\
&= -Z^{-1}\mathrm{Tr}[e^{-(\beta-\tau_1)K}a_{\alpha_1}e^{-(\tau_1-\tau_2)K}a_{\alpha_2}\cdots \\
&\quad \times e^{-(\tau_{2n-1}-\tau_{2n})K}a^{\dagger}_{\alpha_{2n}}e^{-\tau_{2n}K}]
\end{aligned} \quad (1.205)$$

となる．分配関数 Z を経路積分したときと同じようにして，$e^{-\epsilon K} \cong (1-\epsilon K)$ の積に分解すると

$$\begin{aligned}
&\tilde{G}(\alpha_1\tau_1,\cdots,\alpha_{2n}\tau_{2n}) \\
&= -Z^{-1}\lim_{N\to\infty}\int\prod_{i\alpha}d\tilde{\psi}^*_{i\alpha}d\tilde{\psi}_{i\alpha}\exp\left(-\sum_{i\alpha}\psi^*_{i\alpha}\psi_{i\alpha}\right) \\
&\quad \times \langle\eta\psi_N|(1-\epsilon K)|\psi_{N-1}\rangle\langle\psi_{N-1}|(1-\epsilon K)|\psi_{N-2}\rangle \\
&\quad \times \cdots\langle\psi_{k+1}|(1-\epsilon K)a_{\alpha_1}|\psi_k\rangle \\
&\quad \times \cdots\langle\psi_l|a^{\dagger}_{\alpha_{2n}}(1-\epsilon K)|\psi_{l+1}\rangle\cdots\langle\psi_1|(1-\epsilon K)|\psi_0\rangle \\
&= -Z^{-1}\lim_{N\to\infty}\int\prod_{i\alpha}d\tilde{\psi}^*_{i\alpha}d\tilde{\psi}_{i\alpha}\exp\left(-\sum_{i\alpha}\psi^*_{i\alpha}\psi_{i\alpha}\right) \\
&\quad \times \left[\prod_i\exp\left(\sum_\alpha\psi^*_{i\alpha}\psi_{i-1\alpha}-\epsilon K(\psi^*_i,\psi_{i-1})\right)\right]\psi_{k\alpha_1}\cdots\psi^*_{l\alpha_{2n}} \\
&= -Z^{-1}\int\mathcal{D}\tilde{\psi}^*(\tau)\mathcal{D}\tilde{\psi}(\tau) \\
&\quad \times \exp\left(-\int_0^\beta d\tau\left[\sum_\alpha\psi^*_\alpha(\tau)\left(\frac{\partial}{\partial\tau}-\mu\right)\psi_\alpha(\tau)+H(\psi^*(\tau),\psi(\tau))\right]\right) \\
&\quad \times \psi_{\alpha_1}(\tau_1)\cdots\psi_{\alpha_n}(\tau_n)\psi^*_{\alpha_{n+1}}(\tau_{n+1})\cdots\psi^*_{\alpha_{2n}}(\tau_{2n})
\end{aligned} \quad (1.206)$$

が得られる．$\tilde{\psi}$ と η の定義は式 (1.190), (1.191) である．$\tau_1,\cdots,\tau_{2n}$ の大小

1.3 経路積分による定式化

関係が前述の仮定と異なる場合，たとえば，τ_1 と τ_2 に関して $\tau_2 > \tau_1$ の場合（そのほかは $\tau_1 > \tau_3 > \cdots > \tau_{2n}$）は

$$\tilde{G}(\alpha_1\tau_1,\cdots,\alpha_{2n}\tau_{2n}) = \mp Z^{-1}\,\text{Tr}[e^{-\beta K}a_{\alpha_2}(\tau_2)a_{\alpha_1}(\tau_1)\cdots a^\dagger_{\alpha_{2n}}(\tau_{2n})] \tag{1.207}$$

となり（∓ は上がボゾン，下がフェルミオン），式 (1.206) と同様にして経路積分表示すると

$$\begin{aligned}
&\tilde{G}(\alpha_1\tau_1,\cdots,\alpha_{2n}\tau_{2n}) \\
&= \mp Z^{-1}\int \mathcal{D}\tilde{\psi}^*(\tau)\mathcal{D}\tilde{\psi}(\tau) \\
&\quad \times \exp\left(-\int_0^\beta d\tau[\sum_\alpha \psi^*_\alpha(\tau)\left(\frac{\partial}{\partial \tau} - \mu\right)\psi_\alpha(\tau) + H(\psi^*(\tau),\psi(\tau))]\right) \\
&\quad \times \psi_{\alpha_2}(\tau_2)\psi_{\alpha_1}(\tau_1)\cdots\psi_{\alpha_n}(\tau_n)\psi^*_{\alpha_{n+1}}(\tau_{n+1})\cdots\psi^*_{\alpha_{2n}}(\tau_{2n}) \\
&= -Z^{-1}\int \mathcal{D}\tilde{\psi}^*(\tau)\mathcal{D}\tilde{\psi}(\tau) \\
&\quad \times \exp\left(-\int_0^\beta d\tau[\sum_\alpha \psi^*_\alpha(\tau)\left(\frac{\partial}{\partial \tau} - \mu\right)\psi_\alpha(\tau) + H(\psi^*(\tau),\psi(\tau))]\right) \\
&\quad \times \psi_{\alpha_1}(\tau_1)\psi_{\alpha_2}(\tau_2)\cdots\psi_{\alpha_n}(\tau_n)\psi^*_{\alpha_{n+1}}(\tau_{n+1})\cdots\psi^*_{\alpha_{2n}}(\tau_{2n}) \tag{1.208}
\end{aligned}$$

となって式 (1.206) に一致する．ここで $\psi_{\alpha_2}(\tau_2)\psi_{\alpha_1}(\tau_1) = \pm\psi_{\alpha_1}(\tau_1)\psi_{\alpha_2}(\tau_2)$ という関係を用いた．よって，$\tau_1,\cdots,\tau_{2n}$ がどのような大小関係にあろうとも，すべて式 (1.206) の形になり，結局任意の $\tau_1,\cdots,\tau_{2n}$ に対し

$$\begin{aligned}
&\tilde{G}(\alpha_1\tau_1,\cdots,\alpha_{2n}\tau_{2n}) \\
&= -\langle\text{Tr}\,[a_{\alpha_1}(\tau_1)\cdots a_{\alpha_n}(\tau_n)a^\dagger_{\alpha_{n+1}}(\tau_{n+1})\cdots a^\dagger_{\alpha_{2n}}(\tau_{2n})]\rangle \\
&= -\Bigg[\int \mathcal{D}\tilde{\psi}^*(\tau)\mathcal{D}\tilde{\psi}(\tau)\exp\left(-\int_0^\beta d\tau\Bigg[\sum_\alpha \psi^*_\alpha(\tau)(\partial/\partial\tau - \mu)\psi_\alpha(\tau)\right. \\
&\qquad\left. + H(\psi^*(\tau),\psi(\tau))\Bigg]\right)\psi_{\alpha_1}(\tau_1)\cdots\psi_{\alpha_n}(\tau_n)\psi^*_{\alpha_{n+1}}(\tau_{n+1})\cdots\psi^*_{\alpha_{2n}}(\tau_{2n})\Bigg] \\
&\qquad \Bigg/ \Bigg[\int \mathcal{D}\tilde{\psi}^*(\tau)\mathcal{D}\tilde{\psi}(\tau)\exp\left(-\int_0^\beta d\tau\Bigg[\sum_\alpha \psi^*_\alpha(\tau)(\partial/\partial\tau - \mu)\psi_\alpha(\tau)\right.
\end{aligned}$$

$$+ H(\psi^*(\tau), \psi(\tau))\Big]\Big)\Big] \tag{1.209}$$

が得られる.

ここまでの経路積分では,変数 τ を用いていたが,フーリエ変換した方が便利なことも多いので,ここでそのルールについてふれておく.経路積分には,式 (1.199) のような条件がつく.つまり $\psi_\alpha(\tau), \psi_\alpha^*(\tau)$ は,周期 β の(反)周期関数である.このような関数をフーリエ展開すると,整数 n を用いて

$$\psi(\tau) = \beta^{-1} \sum_n e^{-i\omega_n \tau} \psi(\omega_n) \tag{1.210}$$

$$\psi^*(\tau) = \beta^{-1} \sum_n e^{i\omega_n \tau} \psi^*(\omega_n) \tag{1.211}$$

$$\omega_n = \begin{cases} \dfrac{2n\pi}{\beta} & (\text{ボゾン}) \\ \dfrac{(2n+1)\pi}{\beta} & (\text{フェルミオン}) \end{cases} \tag{1.212}$$

と書ける.実際これが $\eta\psi(0) = \psi(\beta)$ の関係を満たしていることはすぐに確かめられる(η はボゾンのときは $+1$,フェルミオンのときは -1).逆フーリエ変換は,直交性

$$\int_0^\beta e^{i\omega_n \tau} e^{-i\omega_m \tau} d\tau = \frac{e^{i(\omega_n - \omega_m)\beta}}{i(\omega_n - \omega_m)} = \beta \delta_{nm} \tag{1.213}$$

に注意すれば,

$$\psi(\omega_n) = \int_0^\beta \psi(\tau) e^{i\omega_n \tau} d\tau \tag{1.214}$$

$$\psi^*(\omega_n) = \int_0^\beta \psi^*(\tau) e^{-i\omega_n \tau} d\tau \tag{1.215}$$

で与えられることがわかる.

さらに,$\Delta\omega_n = \beta^{-1} 2\pi$ なので,$\beta \to \infty$ $(T \to 0)$ の極限では,

$$\sum_{\omega_n} \to \beta \int_{-\infty}^\infty \frac{d\omega}{2\pi} \tag{1.216}$$

と書くことができる．これにより，たとえば

$$\int_0^\beta d\tau\, \psi^*(\tau)\psi(\tau) = \beta^{-1}\sum_{\omega_n}\psi^*(\omega_n)\psi(\omega_n)$$
$$= \int_{-\infty}^{\infty}\frac{d\omega}{2\pi}\psi^*(\omega)\psi(\omega)$$

といった書き換えができる．

1.3.3 一般化座標表示での経路積分

多粒子系の場合，第2量子化が便利なように，経路積分でもここまで示したコヒーレント状態を用いたアプローチが便利である．しかし問題によっては一般化座標を用いた方が便利なこともある．

いまハミルトニアン H が一般化座標 $\{q_\alpha\}$ とその共役な量である $\{p_\alpha\}$ で書き表されているとする．p_α と q_α は

$$[q_\alpha, p_\beta] = i\delta_{\alpha\beta} \tag{1.217}$$

という関係をもつ．以下，$\bm{q} = (q_1, q_2, \cdots)$, $\bm{p} = (p_1, p_2, \cdots)$ とベクトルの形で書くことにする．演算子 $\hat{\bm{q}}$ の固有状態を $|\bm{q}\rangle$，演算子 $\hat{\bm{p}}$ の固有状態を $|\bm{p}\rangle$ と書こう．これらは

$$\begin{aligned}
&\int d\bm{q}\, |\bm{q}\rangle\langle\bm{q}| = 1 \\
&\int d\bm{p}\, |\bm{p}\rangle\langle\bm{p}| = 1 \\
&\langle\bm{q}|\bm{q}'\rangle = \delta(\bm{q}-\bm{q}') \\
&\langle\bm{p}|\bm{p}'\rangle = \delta(\bm{p}-\bm{p}') \\
&\langle\bm{q}|\bm{p}\rangle = e^{i\bm{p}\cdot\bm{q}}
\end{aligned} \tag{1.218}$$

という関係をもつ．

系の分配関数は

$$Z = \mathrm{Tr}\, e^{-\beta H} = \int d\bm{q}\, \langle\bm{q}|e^{-\beta H}|\bm{q}\rangle \tag{1.219}$$

であるが，先ほどと同じく $e^{-\beta H}$ を N 個に分解し，間に新たな基底をはさんでゆくと，

$$Z = \lim_{N \to \infty} \int d\boldsymbol{q} \prod_{i=1}^{N-1} d\boldsymbol{q}_i \langle \boldsymbol{q} | (1-\epsilon H) | \boldsymbol{q}_{N-1} \rangle \langle \boldsymbol{q}_{N-1} | \cdots | \boldsymbol{q}_1 \rangle \langle \boldsymbol{q}_1 | (1-\epsilon H) | \boldsymbol{q} \rangle$$

$$= \lim_{N \to \infty} \int \prod_{i=1}^{N} [d\boldsymbol{q}_i \langle \boldsymbol{q}_i | (1-\epsilon H) | \boldsymbol{q}_{i-1} \rangle] \tag{1.220}$$

と書ける．ここで $\epsilon = \beta/N$ であり，$\boldsymbol{q}_0 = \boldsymbol{q}_N = \boldsymbol{q}$ である．ここでさらに

$$\langle \boldsymbol{q}_i | (1-\epsilon H) | \boldsymbol{q}_{i-1} \rangle = \int d\boldsymbol{p}_i \langle \boldsymbol{q}_i | \boldsymbol{p}_i \rangle \langle \boldsymbol{p}_i | (1-\epsilon H) | \boldsymbol{q}_{i-1} \rangle \tag{1.221}$$

と書くと，

$$Z = \lim_{N \to \infty} \int \prod_{i=1}^{N} [d\boldsymbol{p}_i d\boldsymbol{q}_i \, e^{i\boldsymbol{p}_i \cdot \boldsymbol{q}_i} \langle \boldsymbol{p}_i | (1-\epsilon H) | \boldsymbol{q}_{i-1} \rangle] \tag{1.222}$$

となる．ハミルトニアン $H(\hat{\boldsymbol{p}}, \hat{\boldsymbol{q}})$ において，$\hat{\boldsymbol{q}}$ はいつも $\hat{\boldsymbol{p}}$ の右側にあると仮定すれば

$$\langle \boldsymbol{p}_i | H(\hat{\boldsymbol{p}}, \hat{\boldsymbol{q}}) | \boldsymbol{q}_{i-1} \rangle = H(\boldsymbol{p}_i, \boldsymbol{q}_{i-1}) \langle \boldsymbol{p}_i | \boldsymbol{q}_{i-1} \rangle \tag{1.223}$$

である．よって式 (1.222) は

$$Z = \lim_{N \to \infty} \int \prod_{i=1}^{N} [d\boldsymbol{p}_i d\boldsymbol{q}_i \, e^{i\boldsymbol{p}_i \cdot (\boldsymbol{q}_i - \boldsymbol{q}_{i-1})} (1-\epsilon H(\boldsymbol{p}_i, \boldsymbol{q}_{i-1}))]$$

$$= \lim_{N \to \infty} \int \left(\prod_{i=1}^{N} d\boldsymbol{p}_i d\boldsymbol{q}_i \right) \exp \left(i \sum_i [\boldsymbol{p}_i \cdot (\boldsymbol{q}_i - \boldsymbol{q}_{i-1}) - \epsilon H(\boldsymbol{p}_i, \boldsymbol{q}_{i-1})] \right) \tag{1.224}$$

となる．コヒーレント状態に対する経路積分の場合と同様，i による番号づけから τ へ変換すると

$$Z = \int \mathcal{D}\boldsymbol{p}(\tau) \mathcal{D}\boldsymbol{q}(\tau) \exp \left(\int_0^\beta d\tau \left[i\boldsymbol{p}(\tau) \frac{\partial}{\partial \tau} \boldsymbol{q}(\tau) - H(\boldsymbol{p}, \boldsymbol{q}) \right] \right) \tag{1.225}$$

という結果が得られる．$q_0 = q_N$ の条件は，ここでは $q(0) = q(\beta)$ となる．

例として H が

$$H(\hat{\bm{p}}, \hat{\bm{q}}) = \frac{\hat{\bm{p}}^2}{2} + V(\hat{\bm{q}}) \tag{1.226}$$

という形をとっているとしよう．これを式 (1.225) に代入して $\bm{p}$ 積分を実行すると

$$\begin{aligned} Z &= \int \mathcal{D}\bm{p}(\tau)\mathcal{D}\bm{q}(\tau) \exp\left(\int_0^\beta d\tau \left[i\bm{p}(\tau)\frac{\partial}{\partial \tau}\bm{q}(\tau) - \frac{\bm{p}^2}{2} - V(\bm{q})\right]\right) \\ &= \int \mathcal{D}\bm{q}(\tau) \exp\left(-\int_0^\beta d\tau \left[\frac{1}{2}\left(\frac{\partial \bm{q}}{\partial \tau}\right)^2 + V(\bm{q})\right]\right) \end{aligned} \tag{1.227}$$

となる．ここで，$\bm{p}$ 積分により新たな定数係数が現れるが，分配関数に掛かる定数は物理的に意味がないので無視した．

参考文献

- 1.1, 1.2 節
  統計力学の確率集団に関する記述は，統計力学，統計物理学といった名のついた本には必ず載っているので，ここではとくに限定した文献を挙げない．ただし，量子統計力学が高温極限で古典統計力学に帰着する様子については，たとえば
  (1-1) K. Huang: Statistical Mechanics (John Wiley & Sons, 1987)
  (1-2) D. Zubarev: Nonequilibrium Statistical Thermodynamics (Plenum Pub, 1974)
  などに詳述されている．なお，本節の記述は
  (1-3) 西川恭治：広大統計力学（大学教育出版，1993）
  に沿った部分が多い．

- 1.3 節
  分配関数を経路積分表示する方法に関しては，たとえば以下のものを参照されるとよい．
  (1-4) J.W. Negele and H. Orland: Quantum Many Particle Systems (Addison-Wesley, 1998)
  (1-5) 永長直人：物性論における場の量子論（岩波書店，1995）

2
熱平衡の統計力学：応用編

2.1 相関関数

ここでは，今後何度も登場するさまざまな相関関数について，その性質をまとめておこう．そのためにまずはいくつかの準備をしておく必要がある．

2.1.1 量子力学的表示

2.2 節で主に用いる相互作用表示を含め，量子力学の三つの表示についてまとめておく．

シュレディンガー表示

この表示では状態ベクトルが時間に依存し，演算子は時間に依らない．状態ベクトル $\psi(t)$ はシュレディンガー方程式

$$i\hbar \frac{\partial}{\partial t} \psi(t) = H\psi(t) \tag{2.1}$$

を解くことで得られる．いまハミルトニアン H は時間にあらわに依存しないとする．式 (2.1) は形式的に

$$\psi(t) = e^{-iHt/\hbar} \psi(0) \tag{2.2}$$

と解くことができる．演算子 $O(\equiv O(0))$ に対する時刻 t での行列要素は

$$\langle \psi_1(t)|O(0)|\psi_2(t)\rangle = \langle \psi_1(0)|e^{iHt/\hbar} O(0) e^{-iHt/\hbar}|\psi_2(0)\rangle \tag{2.3}$$

と書ける．

ハイゼンベルグ表示

この表示では,今度は状態ベクトルは時間変化せず,演算子の方が時間依存性をもつ.その依存性はハイゼンベルグ方程式

$$i\hbar\frac{\partial}{\partial t}O(t) = [O(t), H] \tag{2.4}$$

で表され,形式的に

$$O(t) = e^{iHt/\hbar}O(0)e^{-iHt/\hbar} \tag{2.5}$$

と解くことができる.演算子 O の時刻 t での行列要素は

$$\langle\psi_1(0)|O(t)|\psi_2(0)\rangle = \langle\psi_1(0)|e^{iHt/\hbar}O(0)e^{-iHt/\hbar}|\psi_2(0)\rangle \tag{2.6}$$

で与えられる.これはシュレディンガー表示で与えられたものと同じ結果を与える.

相互作用表示

通常,ハミルトニアンは厳密に解ける部分 H_0 とそうでない部分 V の和の形に書くことができる.

$$H = H_0 + V \tag{2.7}$$

相互作用表示では,状態ベクトルも演算子も時間に依存するが,その依存性は式 (2.7) のように分けたハミルトニアン H_0 を用いて

$$\psi_I(t) = e^{iH_0t/\hbar}e^{-iHt/\hbar}\psi(0) \tag{2.8}$$

$$O_I(t) = e^{iH_0t/\hbar}O(0)e^{-iH_0t/\hbar} \tag{2.9}$$

で与えられる.ここで ψ と O は,上記の ψ や O と区別するために I をつけて書いた.ただし $O_I(0) = O(0)$ である.時刻 t での演算子 O の行列要素は

$$\langle\psi_{I1}(t)|O_I(t)|\psi_{I2}(t)\rangle = \langle\psi_1(0)|e^{iHt/\hbar}O(0)e^{-iHt/\hbar}|\psi_2(0)\rangle \tag{2.10}$$

と書け,これも他の二つの表示と同じ結果を与える.

つぎに,実時間 t を用いて書き表されたハイゼンベルグ表示での演算子 $O(t)$ と相互作用表示での演算子 $O_I(t)$ の定義をそれぞれ拡張し,虚時間 $\tau = it$ に

関する演算子のハイゼンベルグ表示と相互作用表示を次のように書く．

$$O(\tau) = e^{K\tau/\hbar}O(0)e^{-K\tau/\hbar} \tag{2.11}$$

$$O_I(\tau) = e^{K_0\tau/\hbar}O(0)e^{-K_0\tau/\hbar} \tag{2.12}$$

$O(0)$ は時間依存の因子を除いた裸の演算子である（あるいは，シュレディンガー表示での演算子といってもよい）．K と K_0 は

$$K = H - \mu N \tag{2.13}$$

$$K_0 = H_0 - \mu N \tag{2.14}$$

で定義される．すなわち式 (2.11)，(2.12) は，通常の時間 t に関するハイゼンベルグ表示と相互作用表示において，it を τ で置き換え，さらに今後多用するグランドカノニカル分布を意識して，ハミルトニアン H の代わりに K を用いた表示となっている．

式 (2.11)，(2.12) の関係を考えてみる．

$$U(\tau_1, \tau_2) = e^{K_0\tau_1/\hbar}e^{-K(\tau_1-\tau_2)/\hbar}e^{-K_0\tau_2/\hbar} \tag{2.15}$$

によって演算子 U を定義すると，

$$O(\tau) = U(0,\tau)O_I(\tau)U(\tau,0) \tag{2.16}$$

という関係が成り立つ．式 (2.15) の演算子 U は，今後何度も登場するので，もう少しその性質を調べてみよう．式 (2.15) から U の運動方程式を立てると

$$\hbar\frac{\partial}{\partial\tau}U(\tau,\tau') = -K_1(\tau)U(\tau,\tau') \tag{2.17}$$

となる．ここで

$$K_1(\tau) = e^{K_0\tau/\hbar}K_1 e^{-K_0\tau/\hbar} \tag{2.18}$$

$$K_1 = K - K_0 = V \tag{2.19}$$

である．式 (2.17) を τ' から τ まで積分すると

$$U(\tau,\tau') = 1 - \frac{1}{\hbar}\int_{\tau'}^{\tau} d\tau_0\, K_1(\tau_0)U(\tau_0,\tau') \tag{2.20}$$

となる．ここで $U(\tau',\tau')=1$ という関係を用いた．式 (2.20) の右辺に左辺の U を逐次代入してゆくと，

$$\begin{aligned}
U(\tau,\tau') =\ & 1 - \frac{1}{\hbar}\int_{\tau'}^{\tau} d\tau_0\, K_1(\tau_0) \\
& + \left(-\frac{1}{\hbar}\right)^2 \int_{\tau'}^{\tau} d\tau_0 \int_{\tau'}^{\tau_0} d\tau_1\, K_1(\tau_0)K_1(\tau_1) + \cdots \\
=\ & 1 - \frac{1}{\hbar}\int_{\tau'}^{\tau} d\tau_0\, K_1(\tau_0) \\
& + \left(-\frac{1}{\hbar}\right)^2 \frac{1}{2!}\int_{\tau'}^{\tau} d\tau_0 \int_{\tau'}^{\tau} d\tau_1\, T_\tau[K_1(\tau_0)K_1(\tau_1)] + \cdots \\
=\ & T_\tau\left[\exp\left(-\frac{1}{\hbar}\int_{\tau'}^{\tau} d\tau_0\, K_1(\tau_0)\right)\right]
\end{aligned} \qquad (2.21)$$

と書ける．ここで T_τ は式 (1.202) で導入した時間順序演算子で，カッコ内に含まれる時間 τ に依存する演算子を左から順に時間が遡るように並び換える働きをもつ．そしてその並び換えが奇数個のフェルミ演算子の入れ換えを伴うときは，いつでも (-1) の因子をつける．すなわち，奇数個のフェルミ演算子の入れ換えが p 回行われたときは，$(-1)^p$ の因子がつく．たとえば

$$T_\tau[\psi(x,\tau)\psi(x',\tau')] = \theta(\tau-\tau')\psi(x,\tau)\psi(x',\tau') \pm \theta(\tau'-\tau)\psi(x',\tau')\psi(x,\tau) \qquad (2.22)$$

である．ここで $+$ は ψ がボーズ演算子のとき，$-$ はフェルミ演算子のときである．$\theta(\tau)$ はステップ関数である．なお，実時間 t に対する時間順序演算子 T も同様に定義される．

また，$U(\tau,\tau')$ につぎの性質があることは容易に確かめられる．

$$U(\tau_1,\tau_2)U(\tau_2,\tau_3) = U(\tau_1,\tau_3) \qquad (2.23)$$

2.1.2 相関関数の性質

それでは，熱平衡系における時間依存性をもつ演算子に対して，その相関関数の有用な性質についてまとめておこう．

任意の演算子 $A(t)$ と $B(t)$ という二つの演算子を考える．どちらもハイゼ

ンベルグ表示での時間依存性をもっており,

$$\begin{aligned} A(t) &= e^{iHt/\hbar} A e^{-iHt/\hbar} \\ B(t) &= e^{iHt/\hbar} B e^{-iHt/\hbar} \end{aligned} \qquad (2.24)$$

である．ただし，以下では次節のグリーン関数の議論につなげるため，グランドカノニカル分布での熱平衡を考える．そのため，演算子の時間依存に関しても，式 (2.24) のようなハミルトニアンのみで決定される形ではなく，式 (2.13) で定義される K を用いて

$$\begin{aligned} A(t) &= e^{iKt/\hbar} A e^{-iKt/\hbar} \\ B(t) &= e^{iKt/\hbar} B e^{-iKt/\hbar} \end{aligned} \qquad (2.25)$$

というように化学ポテンシャル μ を含んだ形で定義することにする．しかしこの項で示すことは，K の代わりに H を用いても成立する．

いま両者の相関関数としてつぎのようなさまざまな形を考える．

$$S_{AB}(t,t') = \langle A(t)B(t') \rangle \qquad (2.26)$$
$$\rho^{\mp}_{AB}(t,t') = \langle [A(t), B(t')]_{\mp} \rangle \qquad (2.27)$$
$$G^{\mp}_{AB}(t,t') = -i\langle T[A(t)B(t')] \rangle \quad \begin{pmatrix} - \text{ は } p=0 \text{ のとき} \\ + \text{ は } p=1 \text{ のとき} \end{pmatrix} \qquad (2.28)$$
$$G^{R\mp}_{AB}(t,t') = -i\theta(t-t')\langle [A(t), B(t')]_{\mp} \rangle \qquad (2.29)$$
$$G^{A\mp}_{AB}(t,t') = i\theta(t'-t)\langle [A(t), B(t')]_{\mp} \rangle \qquad (2.30)$$

ここで $[A,B]_{\mp} = AB \mp BA$ である．また，T は式 (2.21) で導入した時間順序演算子の実時間に対するものであり，

$$T[A(t)B(t')] = \theta(t-t')A(t)B(t') + (-1)^p \theta(t'-t)B(t')A(t) \qquad (2.31)$$

である．ここで p は演算子 A, B の形によって決まり，A, B がともに奇数個のフェルミ演算子の積で書けている場合のみ $p=1$ であり，それ以外の場合では $p=0$ である．なお，$\langle \cdots \rangle$ は，グランドカノニカル分布での熱平均，すなわち，$\mathrm{Tr}(e^{-\beta K} \cdots)/\mathrm{Tr}\, e^{-\beta K}$ を意味する．今後，ハミルトニアン H は時間にあらわに依存せず，さらに粒子数 N はハミルトニアン H と交換するものとする．

2.1 相関関数

トレースのもつ性質

$$\text{Tr}(ABC) = \text{Tr}(BCA) = \text{Tr}(CAB) \tag{2.32}$$

を用いると,

$$\begin{aligned}
\langle A(t)B(t')\rangle &= \frac{\text{Tr}\,[e^{-\beta K}e^{iKt/\hbar}Ae^{-iK(t-t')/\hbar}Be^{-iKt'/\hbar}]}{\text{Tr}\,e^{-\beta K}} \\
&= \frac{\text{Tr}\,[e^{-\beta K}e^{iK(t-t')/\hbar}Ae^{-iK(t-t')/\hbar}B]}{\text{Tr}\,e^{-\beta K}} \\
&= \langle A(t-t')B(0)\rangle \tag{2.33}
\end{aligned}$$

となり, $S_{AB}(t,t')$ は t と t' に独立に依存するのではなく, その差 $t-t'$ の関数であることがわかる. したがって以下では $S_{AB}(t-t')$ と書くことにする. そのほかの相関関数についても同様であり, 今後それぞれ $\rho_{AB}^{\mp}(t-t'), G_{AB}^{\mp}(t-t'), G_{AB}^{R\mp}(t-t'), G_{AB}^{A\mp}(t-t')$ と書くことにする. さらに, これらの相関関数のフーリエ変換したものを $S_{AB}(\omega), \rho_{AB}^{\mp}(\omega), G_{AB}^{\mp}(\omega), G_{AB}^{R\mp}(\omega), G_{AB}^{A\mp}(\omega)$ と書く. フーリエ変換は

$$S_{AB}(\omega) = \int_{-\infty}^{\infty} dt\, S_{AB}(t)e^{i\omega t} \tag{2.34}$$

で定義するものとする.

さて, 以上の相関関数の間には次のような関係が成り立つ.

$$S_{BA}(\omega) = e^{-\beta\hbar\omega}S_{AB}(\omega) \tag{2.35}$$

$$S_{AA^\dagger}(\omega) \geq 0 \tag{2.36}$$

$$S_{AB}^*(\omega) = S_{B^\dagger A^\dagger}(\omega) \tag{2.37}$$

$$\int_{-\infty}^{\infty}|S_{AB}(\omega)|d\omega \leq \langle AA^\dagger\rangle^{1/2}\langle B^\dagger B\rangle^{1/2} \tag{2.38}$$

$$\int_{-\infty}^{\infty}|S_{AB}(\omega)|e^{\beta\hbar\omega}d\omega \leq \langle A^\dagger A\rangle^{1/2}\langle BB^\dagger\rangle^{1/2} \tag{2.39}$$

$$\rho_{AB}^{\mp}(\omega) = (1 \mp e^{-\beta\hbar\omega})S_{AB}(\omega) \tag{2.40}$$

$$G_{AB}^{\mp}(\omega) = \frac{1}{2\pi}\int_{-\infty}^{\infty}d\omega'\left[\frac{1}{\omega-\omega'+i\eta} \mp \frac{e^{-\beta\hbar\omega'}}{\omega-\omega'-i\eta}\right]S_{AB}(\omega')$$

$$= \frac{1}{2\pi}\int_{-\infty}^{\infty}d\omega'\left[\frac{1}{\omega-\omega'+i\eta}\mp\frac{e^{-\beta\hbar\omega'}}{\omega-\omega'-i\eta}\right](1\mp e^{-\beta\hbar\omega'})^{-1}\rho_{AB}^{\mp}(\omega')$$

$$= \frac{1}{2\pi}\int_{-\infty}^{\infty}d\omega'\rho_{AB}^{\mp}(\omega')\left[\frac{P}{\omega-\omega'}-i\pi\left\{\tanh\left(\frac{1}{2}\beta\hbar\omega'\right)\right\}^{\mp 1}\delta(\omega-\omega')\right]$$
(2.41)

$$G_{AB}^{R\mp}(\omega) = \frac{1}{2\pi}\int_{-\infty}^{\infty}\frac{\rho_{AB}^{\mp}(\omega')}{\omega-\omega'+i\eta}d\omega' \tag{2.42}$$

$$G_{AB}^{A\mp}(\omega) = \frac{1}{2\pi}\int_{-\infty}^{\infty}\frac{\rho_{AB}^{\mp}(\omega')}{\omega-\omega'-i\eta}d\omega' \tag{2.43}$$

$$\mathrm{Re}\, G_{AB}^{\mp}(\omega) = \mathrm{Re}\, G_{AB}^{R\mp}(\omega) = \mathrm{Re}\, G_{AB}^{A\mp}(\omega)$$
$$= \frac{1}{2\pi}P\int_{-\infty}^{\infty}\frac{\rho_{AB}^{\mp}(\omega')}{\omega-\omega'}d\omega' \tag{2.44}$$

$$\mathrm{Im}\, G_{AB}^{\mp}(\omega) = -\frac{1}{2}\left[\tanh\left(\frac{1}{2}\beta\hbar\omega\right)\right]^{\mp 1}\rho_{AB}^{\mp}(\omega) \tag{2.45}$$

$$\mathrm{Im}\, G_{AB}^{R\mp}(\omega) = -\mathrm{Im}\, G_{AB}^{A\mp}(\omega) = -\frac{1}{2}\rho_{AB}^{\mp}(\omega) \tag{2.46}$$

$$G_{AB}^{\mp}(\omega) = \frac{G_{AB}^{R\mp}(\omega)}{1\mp e^{-\beta\hbar\omega}}+\frac{G_{AB}^{A\mp}(\omega)}{1\mp e^{\beta\hbar\omega}} \tag{2.47}$$

$$G_{AB}^{R\mp}(\omega) = [G_{AB}^{A\mp}(\omega)]^* \tag{2.48}$$

$$\langle[B(t),B^{\dagger}(t)]_+\rangle \geq -\frac{2}{\beta\hbar}\mathrm{Re}\, G_{BB^{\dagger}}^{R-}(\omega=0)$$
$$\geq -\frac{2}{\beta\hbar}\frac{(\mathrm{Re}\, G_{AB^{\dagger}}^{R-}(\omega=0))^2}{\mathrm{Re}\, G_{AA^{\dagger}}^{R-}(\omega=0)} \tag{2.49}$$

ここで P は主値を表す．また，$S_{BA}(\omega)$ は $\langle B(t')A(t)\rangle$ のフーリエ変換であり，$\langle B(t)A(t')\rangle$ のフーリエ変換ではないものとする．以下でこれらの関係式を証明しよう．

H の固有関数を $|n\rangle$ とし，その固有エネルギーを E_n，そのときの粒子数を N_n とする．つまり，

$$H|n\rangle = E_n|n\rangle$$
$$N|n\rangle = N_n|n\rangle$$

である．これを用いて $S_{AB}(\omega)$ を書き換えてみよう．式 (2.33) より，

$$\langle A(t)B(t')\rangle$$

$$= \frac{\sum_{nm} e^{-\beta(E_n-\mu N_n)} e^{i\{E_n-E_m-\mu(N_n-N_m)\}(t-t')/\hbar}\langle n|A|m\rangle\langle m|B|n\rangle}{\sum_n e^{-\beta(E_n-\mu N_n)}} \tag{2.50}$$

なので,

$$S_{AB}(\omega) = \frac{2\pi \sum_{nm} e^{-\beta(E_n-\mu N_n)}\langle n|A|m\rangle\langle m|B|n\rangle \delta(\omega+\omega_{nm})}{\sum_n e^{-\beta(E_n-\mu N_n)}} \tag{2.51}$$

と書ける. ここで

$$\hbar\omega_{nm} = E_n - E_m - \mu(N_n - N_m) \tag{2.52}$$

である. 一方 $S_{BA}(\omega)$ は

$$\begin{aligned}S_{BA}(\omega) &= \frac{2\pi \sum_{nm} e^{-\beta(E_m-\mu N_m)}\langle n|A|m\rangle\langle m|B|n\rangle \delta(\omega+\omega_{nm})}{\sum_n e^{-\beta(E_n-\mu N_n)}} \\ &= \frac{2\pi \sum_{nm} e^{-\beta(E_n-\mu N_n)}\langle n|A|m\rangle\langle m|B|n\rangle \delta(\omega+\omega_{nm}) e^{\beta\hbar\omega_{nm}}}{\sum_n e^{-\beta(E_n-\mu N_n)}}\end{aligned} \tag{2.53}$$

と書ける. デルタ関数の存在から, 結局, 式 (2.35) を得る. なお, 式 (2.35) の関係は, 演算子 A, B がエルミートであるかどうかに関係なく成り立つことに注意しよう.

式 (2.36), (2.37) の関係式は明らかであろう.

式 (2.38), (2.39) の不等式の証明は以下のようにして示される. 式 (2.51) より,

$$\int_{-\infty}^{\infty} |S_{AB}(\omega)| d\omega \leq \frac{2\pi \sum_{nm} e^{-\beta(E_n-\mu N_n)} |\langle n|A|m\rangle\langle m|B|n\rangle|}{\sum_n e^{-\beta(E_n-\mu N_n)}} \tag{2.54}$$

である．ここで分子に対してコーシーの不等式

$$\sum_\nu a_\nu b_\nu < \left(\sum_\nu a_\nu^2\right)^{1/2} \left(\sum_\nu b_\nu^2\right)^{1/2} \tag{2.55}$$

を用いると，

$$\int_{-\infty}^{\infty} |S_{AB}(\omega)|d\omega$$

$$\leq \frac{2\pi \left[\sum_{nm} e^{-\beta(E_n-\mu N_n)}|\langle n|A|m\rangle|^2\right]^{1/2} \left[\sum_{nm} e^{-\beta(E_n-\mu N_n)}|\langle m|B|n\rangle|^2\right]^{1/2}}{\sum_n e^{-\beta(E_n-\mu N_n)}}$$

$$= \left[\int_{-\infty}^{\infty} |S_{AA^\dagger}(\omega)|d\omega\right]^{1/2} \left[\int_{-\infty}^{\infty} |S_{B^\dagger B}(\omega)|d\omega\right]^{1/2}$$

$$= \langle AA^\dagger\rangle^{1/2}\langle B^\dagger B\rangle^{1/2} \tag{2.56}$$

となり，式 (2.38) が証明される．式 (2.35) を用いれば，式 (2.39) も同様に示される．

式 (2.40) は式 (2.35) から明らかであろう．

式 (2.41)〜(2.43) については次のようにして示すことができる．まず，

$$\delta(t) = \frac{1}{2\pi}\int_{-\infty}^{\infty} e^{i\omega t}d\omega \tag{2.57}$$

より，

$$\theta(t) = \int \delta(t)dt$$
$$= \frac{1}{2\pi}\int_{-\infty}^{\infty} \frac{e^{i\omega t}}{i\omega + \eta}d\omega \quad (\eta = +0) \tag{2.58}$$

を得る．正の微小量 η は，積分を収束させるために導入した．これより任意の関数 $f(t)$ に関して，

$$\mp i\theta(\pm t)f(t) = \frac{\mp i}{(2\pi)^2}\int\int_{-\infty}^{\infty} \frac{f(\omega')}{i\omega + \eta} e^{i(\pm\omega - \omega')t}d\omega d\omega'$$

$$= \frac{\mp i}{(2\pi)^2} \int\int_{-\infty}^{\infty} \frac{f(\omega')}{\mp i(\omega-\omega')+\eta} e^{-i\omega t} d\omega d\omega'$$

$$= \frac{1}{(2\pi)^2} \int\int_{-\infty}^{\infty} \frac{f(\omega')}{\omega-\omega'\pm i\eta} e^{-i\omega t} d\omega d\omega' \qquad (2.59)$$

なので,

$$\mp i\theta(\pm t)f(t) \longleftrightarrow \frac{1}{2\pi}\int_{-\infty}^{\infty}\frac{f(\omega')}{\omega-\omega'\pm i\eta}d\omega' \quad (\text{フーリエ変換}) \qquad (2.60)$$

が成り立つ. これより式 (2.41)〜(2.43) の関係が得られる. 式 (2.41)〜(2.43) のような表式をレーマン表示 (Lehmann representation) という. またこれより, ω を複素平面に解析接続すると, G^R は上半面で解析的, G^A は下半面で解析的であるということがわかる.

さらにこれらのレーマン表示を使えば, 式 (2.44)〜(2.46) は簡単に示せる. また, そこから式 (2.47), (2.48) が導き出せる.

式 (2.49) はボゴリュウボフ (Bogoliubov) の**不等式**とよばれる. 第1の不等式は, 式 (2.40) から得られる関係式

$$\rho^+_{BB^\dagger}(\omega) = \left(\coth\frac{\beta\hbar\omega}{2}\right)\rho^-_{BB^\dagger}(\omega) \qquad (2.61)$$

と $|\coth x| \geq |x|^{-1}$ を使って, 式 (2.44) から

$$\begin{aligned}
\text{Re}\, G^{R-}_{BB^\dagger}(\omega=0) &= -\frac{1}{2\pi}P\int_{-\infty}^{\infty}\frac{\rho^-_{BB^\dagger}(\omega)}{\omega}d\omega \\
&\geq -\frac{1}{2\pi}\frac{\beta\hbar}{2}\int_{-\infty}^{\infty}\rho^+_{BB^\dagger}d\omega \\
&= -\frac{\beta\hbar}{2}\langle[B(t),B^\dagger(t)]_+\rangle \qquad (2.62)
\end{aligned}$$

のように得られる. 第2の不等式を導くには, まず $\text{Re}\,G^{R-}_{AA^\dagger}(\omega=0) \leq 0$ を示す必要がある. 式 (2.44) より,

$$\begin{aligned}
\text{Re}\,G^{R-}_{AA^\dagger}(\omega=0) &= -\frac{1}{2\pi}P\int_{-\infty}^{\infty}\frac{\rho^-_{AA^\dagger}(\omega)}{\omega}d\omega \\
&= -\frac{1}{2\pi}P\int_{-\infty}^{\infty}\frac{e^{i\omega t}}{\omega}d\omega\int_{-\infty}^{\infty}dt\,\langle[A(t),A^\dagger(0)]_-\rangle
\end{aligned}$$

$$
\begin{aligned}
&= -\frac{1}{2\pi}P\int_{-\infty}^{\infty}\frac{e^{i\omega t}}{\omega}d\omega\int_{-\infty}^{\infty}dt\\
&\quad\times\frac{\sum_{n}e^{-\beta(E_n-\mu N_n)}\langle n|[A(t),A^{\dagger}(0)]_{-}|n\rangle}{\mathrm{Tr}\,e^{-\beta K}}\\
&= -P\int_{-\infty}^{\infty}\frac{d\omega}{\omega}\frac{1}{\mathrm{Tr}\,e^{-\beta K}}\\
&\quad\times\sum_{n\neq m}(e^{-\beta(E_m-\mu N_m)}-e^{-\beta(E_n-\mu N_n)})\\
&\quad\times|\langle n|A|m\rangle|^2\delta(\omega-\omega_{nm})\\
&= \frac{\hbar}{\mathrm{Tr}\,e^{-\beta K}}\sum_{n\neq m}\frac{e^{-\beta(E_n-\mu N_n)}-e^{-\beta(E_m-\mu N_m)}}{E_n-E_m-\mu(N_n-N_m)}|\langle n|A|m\rangle|^2
\end{aligned}
\tag{2.63}
$$

となるが，

$$
\frac{e^{-\beta(E_n-\mu N_n)}-e^{-\beta(E_m-\mu N_m)}}{E_n-E_m-\mu(N_n-N_m)}<0 \tag{2.64}
$$

なので，$\mathrm{Re}\,G_{AA^{\dagger}}^{R-}(\omega=0)\leq 0$ がいえる（ω_{nm} の定義は式 (2.52))．これより任意の実数 λ に対し

$$
\begin{aligned}
0 &\geq \mathrm{Re}\,G_{\lambda A+B,\lambda A^{\dagger}+B^{\dagger}}^{R-}(\omega=0)\\
&= \lambda^2\,\mathrm{Re}\,G_{AA^{\dagger}}^{R-}(\omega=0)+2\lambda\,\mathrm{Re}\,G_{AB^{\dagger}}^{R-}(\omega=0)+\mathrm{Re}\,G_{BB^{\dagger}}^{R-}(\omega=0)
\end{aligned}
\tag{2.65}
$$

が成立するため，

$$
(\mathrm{Re}\,G_{AB^{\dagger}}^{R-}(\omega=0))^2\leq \mathrm{Re}\,G_{AA^{\dagger}}^{R-}(\omega=0)\,\mathrm{Re}\,G_{BB^{\dagger}}^{R-}(\omega=0) \tag{2.66}
$$

であり，式 (2.49) の第 2 の不等式が示される．

2.1.3　虚時間相関関数の性質

ここまでは，実時間でハイゼンベルグ表示した演算子 $A(t), B(t')$ の相関関数の性質をみてきた．こんどは虚時間でハイゼンベルグ表示した演算子 $A(\tau), B(\tau')$

$$
\begin{aligned}
A(\tau) &= e^{K\tau/\hbar}Ae^{-K\tau/\hbar}\\
B(\tau') &= e^{K\tau'/\hbar}Be^{-K\tau'/\hbar}
\end{aligned}
\tag{2.67}
$$

2.1 相関関数

に対して

$$\tilde{G}^{\mp}_{AB}(\tau,\tau') = -\langle T_\tau[A(\tau)B(\tau')]\rangle \quad \begin{pmatrix} -\text{ は } p=0 \text{ のとき} \\ +\text{ は } p=1 \text{ のとき} \end{pmatrix} \quad (2.68)$$

という相関関数を考えてみよう．T_τ は虚時間 τ に関して作用する時間順序演算子である．つまり，

$$T_\tau[A(\tau)B(\tau')] = \theta(\tau-\tau')A(\tau)B(\tau') + (-1)^p\theta(\tau'-\tau)B(\tau')A(\tau) \quad (2.69)$$

である．ここで先ほど同様，A, B がともに奇数個のフェルミ演算子の積で書けている場合のみ $p=1$ であり，それ以外の場合では $p=0$ である．

まず，$\tilde{G}_{AB}(\tau,\tau')$ は，前項の実時間の相関関数と同じく，$\tau-\tau'$ の関数であることはすぐに示せる．したがって，以下ではこれを $\tilde{G}_{AB}(\tau-\tau')$ と書くことにする．

つぎに，この相関関数の性質を先にまとめておく．

$$\tilde{G}^{\mp}_{AB}(\tau+\beta\hbar) = (-1)^p \tilde{G}^{\mp}_{AB}(\tau) \quad ((\text{反})\text{周期性}) \quad (2.70)$$

$$\tilde{G}^{\mp}_{AB}(\tau) = \frac{1}{\beta\hbar}\sum_n e^{-i\omega_n\tau}\tilde{G}^{\mp}_{AB}(\omega_n) \quad (\text{フーリエ級数展開})$$

$$(2.71)$$

$$\omega_n = \begin{cases} \dfrac{2n\pi}{\beta\hbar} & (p=0) \\ \dfrac{(2n+1)\pi}{\beta\hbar} & (p=1) \end{cases} \quad (2.72)$$

$$\tilde{G}^{\mp}_{AB}(\omega_n) = \int_0^{\beta\hbar} d\tau\, e^{i\omega_n\tau}\tilde{G}^{\mp}_{AB}(\tau) \quad (2.73)$$

$$\tilde{G}^{\mp}_{AB}(\omega_n) = \frac{1}{2\pi}\int_{-\infty}^{\infty} d\omega\, \frac{\rho^{\mp}_{AB}(\omega)}{i\omega_n-\omega} \quad (2.74)$$

$$\tilde{G}^{\mp}_{AB}(\omega_n)|_{i\omega_n=\omega+i\eta} = G^{R\mp}_{AB}(\omega) \quad (2.75)$$

$$\tilde{G}^{\mp}_{AB}(\omega_n)|_{i\omega_n=\omega-i\eta} = G^{A\mp}_{AB}(\omega) \quad (2.76)$$

まず，式 (2.70) で表される τ に関する重要な（反）周期性から証明をはじめよう．いま $\tau<\tau'<\tau+\beta\hbar$ とする．このとき，

$$\tilde{G}^{\mp}_{AB}(\tau,\tau') = -\langle T_\tau[A(\tau)B(\tau')]\rangle$$

$$\begin{aligned}
&= -(-1)^p \frac{\mathrm{Tr}\{e^{-\beta K} B(\tau')A(\tau)\}}{\mathrm{Tr}\, e^{-\beta K}} \\
&= -(-1)^p \frac{\mathrm{Tr}\{A(\tau)e^{-\beta K} B(\tau')\}}{\mathrm{Tr}\, e^{-\beta K}} \\
&= -(-1)^p \frac{\mathrm{Tr}\{e^{-\beta K}e^{\beta K}A(\tau)e^{-\beta K} B(\tau')\}}{\mathrm{Tr}\, e^{-\beta K}} \\
&= -(-1)^p \frac{\mathrm{Tr}\{e^{-\beta K}A(\tau+\beta\hbar) B(\tau')\}}{\mathrm{Tr}\, e^{-\beta K}} \\
&= -(-1)^p \langle T_\tau [A(\tau+\beta\hbar) B(\tau')]\rangle \\
&= (-1)^p \tilde{G}^{\mp}_{AB}(\tau+\beta\hbar, \tau') \quad (2.77)
\end{aligned}$$

により τ に関する（反）周期性が示される．τ' に関する（反）周期性も同様に示すことができる．これより，$\tilde{G}^{\mp}_{AB}(\tau,\tau')$ の値は，τ,τ' が $0 \sim \beta\hbar$ の範囲においてのみ独立で，その範囲外では（反）周期性により自動的に決定されるということがわかる．$\tilde{G}^{\mp}_{AB}(\tau,\tau')$ は，$\tau-\tau'$ の関数なので（反）周期性は式 (2.70) の形にまとめられる．

このように $\tilde{G}^{\mp}_{AB}(\tau)$ が（反）周期性をもつことから，それを式 (2.71), (2.72) のようにフーリエ級数に展開できるのは明らかである．また，そのときのフーリエ係数 $\tilde{G}^{\mp}_{AB}(\omega_n)$ は

$$\tilde{G}^{\mp}_{AB}(\omega_n) = \frac{1}{2}\int_{-\beta\hbar}^{\beta\hbar} d\tau\, e^{i\omega_n \tau} \tilde{G}^{\mp}_{AB}(\tau) \quad (2.78)$$

で与えられるが，

$$\begin{aligned}
&\frac{1}{2}\int_{-\beta\hbar}^{0} d\tau\, e^{i\omega_n \tau} \tilde{G}^{\mp}_{AB}(\tau) \\
&= (-1)^p \frac{1}{2}\int_{-\beta\hbar}^{0} d\tau\, e^{i\omega_n \tau} \tilde{G}^{\mp}_{AB}(\tau+\beta\hbar) \\
&= (-1)^p e^{-i\omega_n \tau}\frac{1}{2}\int_{0}^{\beta\hbar} d\tau\, e^{i\omega_n \tau} \tilde{G}^{\mp}_{AB}(\tau) \\
&= \frac{1}{2}\int_{0}^{\beta\hbar} d\tau\, e^{i\omega_n \tau} \tilde{G}^{\mp}_{AB}(\tau) \quad (2.79)
\end{aligned}$$

なので，式 (2.78) のフーリエ係数は式 (2.73) の形に書き換えられる．なお，この周波数 ω_n を**松原周波数**（Matsubara frequency）とよぶ．

式 (2.74) は次のようにして証明しよう. 式 (2.73) より,

$$\begin{aligned}
\tilde{G}_{AB}^{\mp}(\omega_n) &= -\int_0^{\beta\hbar} d\tau\, e^{i\omega_n\tau}\frac{\text{Tr}\,[e^{-\beta K}A(\tau)B(0)]}{\text{Tr}\,e^{-\beta K}} \\
&\quad + (-1)^p \int_0^{\beta\hbar} d\tau'\, e^{-i\omega_n\tau'}\frac{\text{Tr}\,[e^{-\beta K}B(\tau')A(0)]}{\text{Tr}\,e^{-\beta K}} \\
&= -\frac{1}{\text{Tr}\,e^{-\beta K}}\int_0^{\beta\hbar} d\tau \sum_{lm} e^{-\beta K_l}e^{(K_l-K_m)\tau/\hbar} \\
&\quad \times[\langle l|A|m\rangle\langle m|B|l\rangle e^{i\omega_n\tau} - (-1)^p\langle m|A|l\rangle\langle l|B|m\rangle e^{-i\omega_n\tau}] \\
&= \frac{1}{\text{Tr}\,e^{-\beta K}}\sum_{lm}\frac{e^{-\beta K_l}\mp e^{-\beta K_m}}{i\omega_n+\omega_{lm}}\langle l|A|m\rangle\langle m|B|l\rangle \quad (2.80)
\end{aligned}$$

と書ける. ω_{lm} の定義は, 式 (2.52) である.

一方, $\rho_{AB}^{\mp}(\omega)$ は,

$$\begin{aligned}
\rho_{AB}^{\mp}(\omega) &= \int_{-\infty}^{\infty} dt\, e^{i\omega t}\langle[A(t),B(0)]_{\mp}\rangle \\
&= \frac{1}{\text{Tr}\,e^{-\beta K}}\int_{-\infty}^{\infty} dt\, e^{i\omega t}\sum_{lm} e^{-\beta K_l} \\
&\quad \times[e^{i(K_l-K_m)t/\hbar}\langle l|A|m\rangle\langle m|B|l\rangle \mp e^{-i(K_l-K_m)t/\hbar}\langle l|B|m\rangle\langle m|A|l\rangle] \\
&= \frac{2\pi}{\text{Tr}\,e^{-\beta K}}\sum_{lm}\delta(\omega+\omega_{lm})(e^{-\beta K_l}\mp e^{-\beta K_m})\langle l|A|m\rangle\langle m|B|l\rangle
\end{aligned}$$
$$(2.81)$$

となる. 式 (2.80), (2.81) より, 式 (2.74) のレーマン表示が得られる. また, このレーマン表示と式 (2.42), (2.43) を見比べることにより式 (2.75), (2.76) が得られる.

2.2　グリーン関数と摂動展開

ハミルトニアンが式 (2.7) のように, 厳密に解ける部分 H_0 とそうでない部分 V の和の形に書くことができるとする.

$$H = H_0 + V \quad (2.82)$$

H_0 で記述される状態から出発して，V の影響を摂動論的にシステマティックに取り入れる手法がこれから述べるグリーン関数に対する摂動展開である．

2.2.1 実時間グリーン関数と温度グリーン関数

まず，次のように場の演算子 ψ を用いて，1粒子実時間グリーン関数 G と 1粒子温度グリーン関数 $\tilde{G}$ を定義する．

$$G(\boldsymbol{r}t, \boldsymbol{r}'t') = -i\langle T[\psi(\boldsymbol{r}t)\psi^\dagger(\boldsymbol{r}'t')]\rangle \tag{2.83}$$

$$\tilde{G}(\boldsymbol{r}\tau, \boldsymbol{r}'\tau') = -\langle T_\tau[\psi(\boldsymbol{r}\tau)\psi^\dagger(\boldsymbol{r}'\tau')]\rangle \tag{2.84}$$

ここで，T と T_τ は，実時間（虚時間）時間順序演算子である．式 (2.83), (2.84) における $\langle \cdots \rangle$ は，グランドカノニカル分布での熱平均 $\mathrm{Tr}(e^{-\beta K}\cdots)/\mathrm{Tr}\, e^{-\beta K}$ を表す．β は何度も用いているように，$\beta = 1/k_B T$ である．$\psi(\boldsymbol{r}t)$ と $\psi(\boldsymbol{r}\tau)$ は，それぞれ実時間と虚時間（$\tau = it$）に関する演算子 $\psi(\boldsymbol{r})$ のハイゼンベルグ表示であり，その際のハミルトニアンには $K = H - \mu N$ を用いている．すなわち，

$$\begin{aligned}
\psi(\boldsymbol{r}t) &= e^{iKt/\hbar}\psi(\boldsymbol{r})e^{-iKt/\hbar} \\
\psi^\dagger(\boldsymbol{r}t) &= e^{iKt/\hbar}\psi^\dagger(\boldsymbol{r})e^{-iKt/\hbar} \\
\psi(\boldsymbol{r}\tau) &= e^{K\tau/\hbar}\psi(\boldsymbol{r})e^{-K\tau/\hbar} \\
\psi^\dagger(\boldsymbol{r}\tau) &= e^{K\tau/\hbar}\psi^\dagger(\boldsymbol{r})e^{-K\tau/\hbar}
\end{aligned} \tag{2.85}$$

である．$\psi(\boldsymbol{r}\tau)$ は $\psi(\boldsymbol{r}t)$ において t に τ を代入したものとして定義されるのではなく，あくまで上式が定義である．そのため，$\psi(\boldsymbol{r}\tau)$ と $\psi^\dagger(\boldsymbol{r}\tau)$ は互いに共役の関係にないことに注意しよう．$\psi^\dagger(\boldsymbol{r}\tau)$ は，正確に書けば $[\psi^\dagger](\boldsymbol{r}\tau)$ なのである．

同様にして，n 粒子グリーン関数は

$$\begin{aligned}
&G(\boldsymbol{r}_1 t_1, \boldsymbol{r}_2 t_2, \cdots \boldsymbol{r}_{2n} t_{2n}) \\
&= (-i)^n \langle T[\psi(\boldsymbol{r}_1 t_1)\cdots\psi(\boldsymbol{r}_n t_n)\psi^\dagger(\boldsymbol{r}_{n+1} t_{n+1})\cdots\psi^\dagger(\boldsymbol{r}_{2n} t_{2n})]\rangle
\end{aligned} \tag{2.86}$$

$$\tilde{G}(\boldsymbol{r}_1\tau_1, \boldsymbol{r}_2\tau_2, \cdots \boldsymbol{r}_{2n}\tau_{2n})$$
$$= -\langle T_\tau[\psi(\boldsymbol{r}_1\tau_1)\cdots\psi(\boldsymbol{r}_n\tau_n)\psi^\dagger(\boldsymbol{r}_{n+1}\tau_{n+1})\cdots\psi^\dagger(\boldsymbol{r}_{2n}\tau_{2n})]\rangle \tag{2.87}$$

と定義される．

式 (2.83), (2.84) の実時間グリーン関数と温度グリーン関数は，2.1 節の相関関数 $G_{AB}^\mp, \tilde{G}_{AB}^\mp$ において $A \to \psi(\boldsymbol{r}), B \to \psi^\dagger(\boldsymbol{r}')$ としたものであり，$G_{AB}^\mp, \tilde{G}_{AB}^\mp$ の定義に現れた p は，ここでは ψ がボーズ演算子のとき $p=0$，フェルミ演算子のとき $p=1$ の値をとる．前節で示したようなさまざまな相関関数の性質が，ここでも成り立つ．まずそれらの性質のうち，重要なものを改めて実時間グリーン関数と温度グリーン関数に対してまとめておこう．

2.2.2 実時間グリーン関数の解析的性質

2.1.2 項にならって，つぎの相関関数を定義する．

$$\begin{aligned} S(\boldsymbol{r}t, \boldsymbol{r}'t') &= \langle \psi(\boldsymbol{r}t)\psi^\dagger(\boldsymbol{r}'t') \rangle \\ \rho(\boldsymbol{r}t, \boldsymbol{r}'t') &= \langle [\psi(\boldsymbol{r}t), \psi^\dagger(\boldsymbol{r}'t')]_\mp \rangle \\ G^R(\boldsymbol{r}t, \boldsymbol{r}'t') &= -i\theta(t-t')\langle [\psi(\boldsymbol{r}t), \psi^\dagger(\boldsymbol{r}'t')]_\mp \rangle \\ G^A(\boldsymbol{r}t, \boldsymbol{r}'t') &= i\theta(t'-t)\langle [\psi(\boldsymbol{r}t), \psi^\dagger(\boldsymbol{r}'t')]_\mp \rangle \end{aligned} \tag{2.88}$$

ここで，先にも定義した通り，$[A, B]_\mp = AB \mp BA$ であり，ψ がボーズ演算子のとき上の符号をとり，フェルミ演算子のとき下の符号をとる．これにより定義される G^R と G^A をそれぞれ**遅延グリーン関数**（retarded Green's function），**先進グリーン関数**（advanced Green's function）とよぶ．

いま系が一様で，かつハミルトニアンが時間に依存しなければ，G, ρ, G^R, G^A ともに $\boldsymbol{r}-\boldsymbol{r}'$, $t-t'$ の関数として書ける．そのうえで，それぞれのフーリエ変換 $G(\boldsymbol{k},\omega), \rho(\boldsymbol{k},\omega), G^R(\boldsymbol{k},\omega), G^A(\boldsymbol{k},\omega)$ を考える．式 (2.42), (2.43) から，ρ, G^R, G^A の間には

$$G^R(\boldsymbol{k},\omega) = \frac{1}{2\pi}\int_{-\infty}^{\infty}\frac{\rho(\boldsymbol{k},\omega')}{\omega-\omega'+i\eta}d\omega' \tag{2.89}$$

$$G^A(\boldsymbol{k},\omega) = \frac{1}{2\pi}\int_{-\infty}^{\infty}\frac{\rho(\boldsymbol{k},\omega')}{\omega-\omega'-i\eta}d\omega' \tag{2.90}$$

というレーマン表示が成り立つ．この表式から，ω を複素面に解析接続すると，$G^R(\boldsymbol{k},\omega)$ は $\mathrm{Im}\,\omega > 0$ において解析的であり，$G^A(\boldsymbol{k},\omega)$ は $\mathrm{Im}\,\omega < 0$ において解析的であることがわかる．

さらに実時間グリーン関数 G についても，式 (2.41) より，

$$\begin{aligned}
G(\boldsymbol{k},\omega) &= \frac{1}{2\pi}\int_{-\infty}^{\infty}d\omega'\left[\frac{1}{\omega-\omega'+i\eta}\mp\frac{e^{-\beta\hbar\omega'}}{\omega-\omega'-i\eta}\right]S(\boldsymbol{k},\omega') \\
&= \frac{1}{2\pi}\int_{-\infty}^{\infty}d\omega'\left[\frac{1}{\omega-\omega'+i\eta}\mp\frac{e^{-\beta\hbar\omega'}}{\omega-\omega'-i\eta}\right](1\mp e^{-\beta\hbar\omega'})^{-1}\rho(\boldsymbol{k},\omega') \\
&= \frac{1}{2\pi}\int_{-\infty}^{\infty}d\omega'\rho(\boldsymbol{k},\omega')\left[\frac{P}{\omega-\omega'}-i\pi\left\{\tanh\left(\frac{1}{2}\beta\hbar\omega'\right)\right\}^{\mp 1}\delta(\omega-\omega')\right]
\end{aligned} \tag{2.91}$$

というように，ρ を用いて書き表すことができる．P は主値を表す．ω を複素面に解析接続した場合は，上半面でも下半面でも $G(\boldsymbol{k},\omega)$ は解析的ではない．

さらに，

$$\mathrm{Re}\,G(\boldsymbol{k},\omega) = \frac{1}{2\pi}P\int_{-\infty}^{\infty}d\omega'\frac{\rho(\boldsymbol{k},\omega')}{\omega-\omega'} \tag{2.92}$$

$$\mathrm{Im}\,G(\boldsymbol{k},\omega) = -\frac{1}{2}\left[\tanh\left(\frac{1}{2}\beta\hbar\omega\right)\right]^{\mp 1}\rho(\boldsymbol{k},\omega) \tag{2.93}$$

$$\mathrm{Re}\,G^R(\boldsymbol{k},\omega) = \mathrm{Re}\,G^A(\boldsymbol{k},\omega) = \mathrm{Re}\,G(\boldsymbol{k},\omega) \tag{2.94}$$

$$\mathrm{Im}\,G^R(\boldsymbol{k},\omega) = -\mathrm{Im}\,G^A(\boldsymbol{k},\omega) = -\frac{1}{2}\rho(\boldsymbol{k},\omega) \tag{2.95}$$

$$G^R(\boldsymbol{k},\omega) = [G^A(\boldsymbol{k},\omega)]^* \tag{2.96}$$

といった関係がある．また，

$$\rho(\boldsymbol{k},\omega) = i[G^R(\boldsymbol{k},\omega)-G^A(\boldsymbol{k},\omega)] \tag{2.97}$$

も成り立つ．

また，

$$G(\boldsymbol{k},\omega) = \frac{G^R(\boldsymbol{k},\omega)}{1\mp e^{-\beta\hbar\omega}}+\frac{G^A(\boldsymbol{k},\omega)}{1\mp e^{\beta\hbar\omega}} \tag{2.98}$$

とも書くことができ，遅延グリーン関数，先進グリーン関数，実時間グリーン関数の関係が得られる．この式は，$T \to 0$ の極限では

$$G(\boldsymbol{k},\omega) = \theta(\omega)G^R(\boldsymbol{k},\omega) + \theta(-\omega)G^A(\boldsymbol{k},\omega) \tag{2.99}$$

を意味する．

　以上より，G，G^R，G^A の3つのグリーン関数は，いずれも統計力学的因子を除いて，$\rho(\boldsymbol{k},\omega)$ によって決定されることがわかった．$\rho(\boldsymbol{k},\omega)$ を**スペクトル関数**（spectral function）という．系のミクロな情報は $\rho(\boldsymbol{k},\omega)$ の中につめ込まれているといってよい．そこで，$\rho(\boldsymbol{k},\omega)$ について，もう少し詳しく調べる．

　式 (2.81) より，

$$\rho(\boldsymbol{k},\omega) = \frac{2\pi}{\mathrm{Tr}\, e^{-\beta K}} \sum_{lm} \delta(\omega + \omega_{lm})(e^{-\beta K_l} \mp e^{-\beta K_m})|\langle l|\psi_k|m\rangle|^2 \tag{2.100}$$

と書ける．ここで ω_{lm} は式 (2.52) で定義され，$K_l = E_l - \mu N_l$ である．また，ψ_k は $\psi(\boldsymbol{r})$ のフーリエ変換である．繰り返すが，$\mp$ の上の符号は ψ がボーズ演算子のとき，下の符号はフェルミ演算子の場合である．この式より，

$$\mathrm{sgn}(\omega)\rho(\boldsymbol{k},\omega) \geq 0 \quad (\text{ボゾン}) \tag{2.101}$$

$$\rho(\boldsymbol{k},\omega) \geq 0 \quad (\text{フェルミオン}) \tag{2.102}$$

という重要な性質がわかる．この式と式 (2.93) より，

$$\mathrm{Im}\, G(\boldsymbol{k},\omega) < 0 \quad (\text{ボゾン}) \tag{2.103}$$

$$\begin{cases} \mathrm{Im}\, G(\boldsymbol{k},\omega) > 0 & (\omega < 0) \\ \mathrm{Im}\, G(\boldsymbol{k},\omega) < 0 & (\omega > 0) \end{cases} \quad (\text{フェルミオン}) \tag{2.104}$$

である．式 (2.100) をさらに書き直せば，

$$\rho(\boldsymbol{k},\omega) = 2\pi \sum_{lm} \frac{e^{-\beta K_l}}{\mathrm{Tr}\, e^{-\beta K}}[|\langle m|\psi_k^\dagger|l\rangle|^2 \delta(\omega - \omega_{ml}) \mp |\langle m|\psi_k|l\rangle|^2 \delta(\omega + \omega_{ml})] \tag{2.105}$$

となる．第1項は，系（ここでは状態 $|l\rangle$）にエネルギー $\hbar\omega$（$\omega > \mu$）と運動量 $\hbar\boldsymbol{k}$ をもつ粒子を一つ加えることのできる確率を表し，第2項は，逆に

$\hbar\omega$ ($\omega < \mu$) と運動量 $\hbar\boldsymbol{k}$ をもつ粒子を一つ取り除くことのできる確率を表す. すなわち $\rho(\boldsymbol{k},\omega)$ は, エネルギー $\hbar\omega$, 運動量 $\hbar\boldsymbol{k}$ の状態密度という物理的意味をもつ.

スペクトル関数は次の総和則を満たす.

$$\frac{1}{2\pi}\int_{-\infty}^{\infty} d\omega\, \rho(\boldsymbol{k},\omega) = 1 \tag{2.106}$$

この証明は,

$$\begin{aligned}\frac{1}{2\pi}\int_{-\infty}^{\infty} d\omega\, \rho(\boldsymbol{k},\omega) &= \int_{-\infty}^{\infty} \langle [\psi(\boldsymbol{r}), \psi^{\dagger}(\boldsymbol{r}')]_{\mp}\rangle e^{i(\boldsymbol{r}-\boldsymbol{r}')\boldsymbol{k}} d(\boldsymbol{r}-\boldsymbol{r}') \\ &= \int_{-\infty}^{\infty} \delta(\boldsymbol{r}-\boldsymbol{r}') e^{i(\boldsymbol{r}-\boldsymbol{r}')\boldsymbol{k}} d(\boldsymbol{r}-\boldsymbol{r}') \\ &= 1 \end{aligned} \tag{2.107}$$

で与えられる. ここで $\psi(\boldsymbol{r})$ と $\psi^{\dagger}(\boldsymbol{r}')$ の (反) 交換関係を使った. これより, 式 (2.89), (2.90) から G^R, G^A の $\omega \to \infty$ での振る舞いは

$$G^R(\boldsymbol{k},\omega) \sim G^A(\boldsymbol{k},\omega) \sim \frac{1}{\omega} \tag{2.108}$$

となることがわかる. 以上の総和則, 漸近形は, 相互作用を含むどのような系に対しても成り立つ.

2.2.3 温度グリーン関数の解析的性質

まず, 重要な性質に τ,τ' に関する (反) 周期性

$$\tilde{G}(\boldsymbol{r}\tau+\beta\hbar, \boldsymbol{r}'\tau') = \tilde{G}(\boldsymbol{r}\tau, \boldsymbol{r}'\tau'+\beta\hbar) = \pm\tilde{G}(\boldsymbol{r}\tau, \boldsymbol{r}'\tau') \tag{2.109}$$

があることを思いだそう. 再び, 右辺の符号は上がボゾンの場合, 下がフェルミオンの場合である.

$\tilde{G}(\boldsymbol{r}\tau, \boldsymbol{r}'\tau')$ は $\tau-\tau'$ の関数であることから, 今後これを $\tilde{G}(\boldsymbol{r},\boldsymbol{r}',\tau-\tau')$ と書くと, (反) 周期性は

$$\tilde{G}(\boldsymbol{r},\boldsymbol{r}',\tau+\beta\hbar) = \pm\tilde{G}(\boldsymbol{r},\boldsymbol{r}',\tau) \tag{2.110}$$

と書ける.

$\tilde{G}$ をフーリエ級数に展開すると，

$$\tilde{G}(\boldsymbol{r},\boldsymbol{r}',\tau) = \frac{1}{\beta\hbar}\sum_n e^{-i\omega_n\tau}\tilde{G}(\boldsymbol{r},\boldsymbol{r}',\omega_n) \tag{2.111}$$

$$\omega_n = \begin{cases} \dfrac{2n\pi}{\beta\hbar} & (\text{ボゾン}) \\ \dfrac{(2n+1)\pi}{\beta\hbar} & (\text{フェルミオン}) \end{cases} \tag{2.112}$$

と書ける．このフーリエ係数 $\tilde{G}(\boldsymbol{r},\boldsymbol{r}',\omega_n)$ は

$$\tilde{G}(\boldsymbol{r},\boldsymbol{r}',\omega_n) = \int_0^{\beta\hbar} d\tau\, e^{i\omega_n\tau}\tilde{G}(\boldsymbol{r},\boldsymbol{r}',\tau) \tag{2.113}$$

で与えられる.

この温度グリーン関数もスペクトル関数を用いて書き表すことができる．すなわち，

$$\tilde{G}(\boldsymbol{r},\boldsymbol{r}',\omega_n) = \frac{1}{2\pi}\int_{-\infty}^{\infty} d\omega\, \frac{\rho(\boldsymbol{r},\boldsymbol{r}',\omega)}{i\omega_n - \omega} \tag{2.114}$$

あるいは波数空間で

$$\tilde{G}(\boldsymbol{k},\omega_n) = \frac{1}{2\pi}\int_{-\infty}^{\infty} d\omega\, \frac{\rho(\boldsymbol{k},\omega)}{i\omega_n - \omega} \tag{2.115}$$

というレーマン表示が成り立つ．これよりスペクトル関数 $\rho(\boldsymbol{k},\omega)$ は，G, G^R, G^A, $\tilde{G}$ のすべてを決定していることがわかる．各レーマン表示を見比べることにより

$$G^R(\boldsymbol{k},\omega) = \tilde{G}(\boldsymbol{k},\omega_n)|_{i\omega_n=\omega+i\eta} \tag{2.116}$$

$$G^A(\boldsymbol{k},\omega) = \tilde{G}(\boldsymbol{k},\omega_n)|_{i\omega_n=\omega-i\eta} \tag{2.117}$$

とも書ける．この関係式は，今後もよく使う便利なものである．すなわち，温度グリーン関数さえ求まれば，実時間グリーン関数，遅延グリーン関数，先進グリーン関数などはどれも計算できるのである．温度グリーン関数と他のグリーン関数とを結びつける関係式は，1粒子グリーン関数に限らず，一般に式 (2.86)，(2.87) のような n 粒子グリーン関数に対しても導き出すことができる．そしてそのいずれの場合も，後に述べるダイアグラム技法を用いて計算できるのは温度グリーン関数なのである．

2.2.4　グリーン関数と物理量

温度グリーン関数が計算できれば，そこからさまざまな物理量を導き出すことができる．上にあげた温度グリーン関数は1粒子グリーン関数なので，任意の1体の演算子 $\hat{A} = \int d\boldsymbol{r}\, \psi^\dagger(\boldsymbol{r}) A(\boldsymbol{r}) \psi(\boldsymbol{r})$ の平均値 $\langle \hat{A} \rangle$ は温度グリーン関数を使って次のようにして求まる．

$$\begin{aligned}
\langle \hat{A} \rangle &= \int d\boldsymbol{r}\, \langle \psi^\dagger(\boldsymbol{r}) A(\boldsymbol{r}) \psi(\boldsymbol{r}) \rangle \\
&= \int d\boldsymbol{r} \lim_{\boldsymbol{r}' \to \boldsymbol{r}} A(\boldsymbol{r}) \langle \psi^\dagger(\boldsymbol{r}') \psi(\boldsymbol{r}) \rangle \\
&= \pm \int d\boldsymbol{r} \lim_{\substack{\boldsymbol{r}' \to \boldsymbol{r} \\ \tau' \to \tau+0}} A(\boldsymbol{r}) \langle T_\tau \psi(\boldsymbol{r}\tau) \psi^\dagger(\boldsymbol{r}'\tau') \rangle \\
&= \mp \int d\boldsymbol{r} \lim_{\substack{\boldsymbol{r}' \to \boldsymbol{r} \\ \tau' \to \tau+0}} A(\boldsymbol{r}) \tilde{G}(\boldsymbol{r}\tau, \boldsymbol{r}'\tau') \qquad (2.118)
\end{aligned}$$

たとえば平均粒子数 N は $A(\boldsymbol{r}) = 1$ とおいて，

$$N = \mp \int d\boldsymbol{r} \lim_{\substack{\boldsymbol{r}' \to \boldsymbol{r} \\ \tau' \to \tau+0}} \tilde{G}(\boldsymbol{r}\tau, \boldsymbol{r}'\tau') = \mp \int d\boldsymbol{r}\, \tilde{G}(\boldsymbol{r}\tau, \boldsymbol{r}\tau+0) \qquad (2.119)$$

となる．実際右辺を計算してみると，$\tilde{G}(\boldsymbol{r}\tau, \boldsymbol{r}\tau+0) = \mp \langle \psi^\dagger(\boldsymbol{r}) \psi(\boldsymbol{r}) \rangle = \mp n(\boldsymbol{r})$ より，この式が正しいことがわかる．

2体の演算子の平均値は，一般に2粒子グリーン関数を必要とする．しかし熱力学ポテンシャルは，ハミルトニアンの相互作用項が2体の演算子であるにもかかわらず，1粒子グリーン関数を用いて書き表せる．熱力学ポテンシャルは，そこからあらゆる熱力学的物理量が計算できるので，非常に重要なものである．そこで熱力学ポテンシャルを1粒子温度グリーン関数を用いて表すやり方を以下で導いてみよう．

まずハミルトニアンの相互作用項 H_1 に係数 λ をつけて考える．これにより，

$$H(\lambda) = H_0 + \lambda H_1 \qquad (2.120)$$

$$K(\lambda) = K_0 + \lambda K_1 \qquad (2.121)$$

と書ける．このパラメター λ を含む $H(\lambda)$ あるいは $K(\lambda)$ で記述されるシステムでの熱平均を $\langle \cdots \rangle_\lambda$ と書くことにすると，$\lambda = 1$ のとき（すなわちもとも

とのシステム）の熱力学ポテンシャル Ω は，

$$\Omega - \Omega_0 = \int_0^1 \frac{d\lambda}{\lambda} \langle \lambda H_1 \rangle_\lambda \tag{2.122}$$

と書ける．ここで Ω_0 は，$\lambda = 0$ のときの熱力学ポテンシャルである．まずはこの式を証明しよう．$\Omega(\lambda)$ は

$$e^{-\beta\Omega(\lambda)} = \mathrm{Tr}\, e^{-\beta K(\lambda)} = \sum_{n=0}^\infty \frac{(-\beta)^n}{n!} \mathrm{Tr}\, (K_0 + \lambda K_1)^n \tag{2.123}$$

により定義される．両辺を λ で微分すると，

$$\begin{aligned}
-\beta e^{-\beta\Omega(\lambda)} \frac{\partial \Omega(\lambda)}{\partial \lambda} &= -\beta \sum_{n=1}^\infty \frac{(-\beta)^{n-1}}{(n-1)!} \mathrm{Tr}\, [(K_0 + \lambda K_1)^{n-1} K_1] \\
&= -\beta\, \mathrm{Tr}\, (e^{-\beta K(\lambda)} K_1) \tag{2.124}
\end{aligned}$$

となり，

$$\frac{\partial \Omega(\lambda)}{\partial \lambda} = \langle K_1 \rangle_\lambda = \frac{1}{\lambda} \langle \lambda K_1 \rangle_\lambda \tag{2.125}$$

と書ける．これを $\lambda = 0 \sim 1$ の範囲で積分し，$H_1 = K_1$ であることに注意すれば式 (2.122) を得る．

さて次に，$\langle \lambda H_1 \rangle_\lambda$ を温度グリーン関数で表す必要がある．いまハミルトニアンが具体的に

$$\begin{cases}
K_0 = \int d\boldsymbol{r}\, \psi^\dagger(\boldsymbol{r}) \left(\frac{-\hbar^2 \nabla^2}{2m} - \mu \right) \psi(\boldsymbol{r}) \\
K_1 = \frac{1}{2} \int d\boldsymbol{r} d\boldsymbol{r}'\, \psi^\dagger(\boldsymbol{r}) \psi^\dagger(\boldsymbol{r}') U(\boldsymbol{r} - \boldsymbol{r}') \psi(\boldsymbol{r}') \psi(\boldsymbol{r})
\end{cases} \tag{2.126}$$

と書かれるものとする．$U(\boldsymbol{r})$ は，2粒子間の相互作用を表す．ハイゼンベルグ表示では，場の演算子 $\psi(\boldsymbol{r}\tau)$ が

$$\hbar \frac{\partial}{\partial \tau} \psi(\boldsymbol{r}\tau) = [K, \psi(\boldsymbol{r}\tau)] \tag{2.127}$$

を満たすことは容易に確かめられる．ここに式 (2.126) を代入すると

$$\begin{aligned}
\hbar \frac{\partial}{\partial \tau} \psi(\boldsymbol{r}\tau) =\ & \left(\frac{\hbar^2 \nabla^2}{2m} + \mu \right) \psi(\boldsymbol{r}\tau) \\
& - \lambda \int d\boldsymbol{r}'\, \psi^\dagger(\boldsymbol{r}'\tau) \psi(\boldsymbol{r}'\tau) U(\boldsymbol{r} - \boldsymbol{r}') \psi(\boldsymbol{r}\tau) \tag{2.128}
\end{aligned}$$

を得る．これより，温度グリーン関数 $\tilde{G}_\lambda$

$$\tilde{G}_\lambda(\boldsymbol{r}\tau,\boldsymbol{r}'\tau') = -\langle \mathrm{Tr}\,\psi(\boldsymbol{r}\tau)\psi^\dagger(\boldsymbol{r}'\tau')\rangle_\lambda \tag{2.129}$$

の τ 微分を計算すると，

$$\begin{aligned}
&\lim_{\substack{\boldsymbol{r}'\to\boldsymbol{r}\\ \tau'\to\tau+0}} \hbar\frac{\partial}{\partial\tau}\tilde{G}_\lambda(\boldsymbol{r}\tau,\boldsymbol{r}'\tau') \\
&= \lim_{\substack{\boldsymbol{r}'\to\boldsymbol{r}\\ \tau'\to\tau+0}} \left(\frac{\hbar^2\nabla^2}{2m}+\mu\right)\tilde{G}_\lambda(\boldsymbol{r}\tau,\boldsymbol{r}'\tau') \\
&\pm \lim_{\substack{\boldsymbol{r}'\to\boldsymbol{r}\\ \tau'\to\tau+0}} \lambda\int d\boldsymbol{r}''\langle \psi^\dagger(\boldsymbol{r}'\tau')\psi^\dagger(\boldsymbol{r}''\tau')U(\boldsymbol{r}-\boldsymbol{r}'')\psi(\boldsymbol{r}''\tau)\psi(\boldsymbol{r}\tau)\rangle_\lambda
\end{aligned} \tag{2.130}$$

となる．したがって

$$\lambda\langle K_1\rangle_\lambda = \mp\frac{1}{2}\int d\boldsymbol{r}\lim_{\substack{\boldsymbol{r}'\to\boldsymbol{r}\\ \tau'\to\tau+0}}\left[-\hbar\frac{\partial}{\partial\tau}+\frac{\hbar^2\nabla^2}{2m}+\mu\right]\tilde{G}_\lambda(\boldsymbol{r}\tau,\boldsymbol{r}'\tau') \tag{2.131}$$

を得る．こうして式 (2.122) は

$$\Omega-\Omega_0 = \mp\int_0^1 \frac{d\lambda}{\lambda}\frac{1}{2}\int d\boldsymbol{r}\lim_{\substack{\boldsymbol{r}'\to\boldsymbol{r}\\ \tau'\to\tau+0}}\left[-\hbar\frac{\partial}{\partial\tau}+\frac{\hbar^2\nabla^2}{2m}+\mu\right]\tilde{G}_\lambda(\boldsymbol{r}\tau,\boldsymbol{r}'\tau') \tag{2.132}$$

と書き表せる．さらにフーリエ変換すれば，

$$\Omega-\Omega_0 = \mp\int_0^1 \frac{d\lambda}{\lambda}\frac{1}{2}\frac{1}{\beta\hbar}\frac{V}{(2\pi)^3}\sum_n\int d\boldsymbol{k}\,e^{i\omega_n\eta}\left(i\hbar\omega_n-\frac{\hbar^2k^2}{2m}+\mu\right)\tilde{G}_\lambda(\boldsymbol{k}\omega_n) \tag{2.133}$$

とも書ける．ここで η は正の微小量であり，V は系の体積を表す．

なお，式 (2.118) より，運動エネルギー $\langle H_0\rangle$ は

$$\langle H_0\rangle = \pm\int d\boldsymbol{r}\lim_{\boldsymbol{r}'\to\boldsymbol{r}}\frac{\hbar^2\nabla^2}{2m}\tilde{G}(\boldsymbol{r}\tau,\boldsymbol{r}'\tau+0) \tag{2.134}$$

と書けるので，式 (2.131) と合わせると内部エネルギー $E=\langle H\rangle$ は

$$E = \mp\frac{1}{2}\int d\boldsymbol{r}\lim_{\substack{\boldsymbol{r}'\to\boldsymbol{r}\\ \tau'\to\tau+0}}\left[-\hbar\frac{\partial}{\partial\tau}-\frac{\hbar^2\nabla^2}{2m}+\mu\right]\tilde{G}(\boldsymbol{r}\tau,\boldsymbol{r}'\tau') \tag{2.135}$$

あるいは,
$$E = \mp \frac{1}{2} \frac{V}{(2\pi)^3} \frac{1}{\beta\hbar} \int d\bm{k} \sum_n e^{i\omega_n \eta} \left(i\hbar\omega_n + \frac{\hbar^2 k^2}{2m} + \mu \right) \tilde{G}(\bm{k}, \omega_n) \quad (2.136)$$
と書ける.

2.2.5 自由粒子系のグリーン関数

自由粒子系に対しては,グリーン関数をただちに求めることができる.自由粒子系の固有関数を $\phi_\alpha^0(\bm{r})$ と書くことにする.α は固有状態を番号づけするインデックスであり,対応する固有エネルギーを ε_α とする.ただし,系が一様ならば,自由粒子系の波動関数は平面波 $\phi_{\bm{k}}^0(\bm{r}) = e^{i\bm{k}\bm{r}}/\sqrt{V}$ で与えられる.ここで V は系の体積である.第 2 量子化において演算子 $\psi, \psi^\dagger$ は

$$\psi_s(\bm{r}) = \sum_\alpha \phi_\alpha^0(\bm{r}) a_{\alpha s} \quad (2.137)$$

$$\psi_s^\dagger(\bm{r}) = \sum_\alpha \phi_\alpha^{0*}(\bm{r}) a_{\alpha s}^\dagger \quad (2.138)$$

と書ける.s はスピンを表す(スピンをもたない粒子についてはこのインデックスはないものとする).ψ と $\psi^\dagger$ に対して,実時間および虚時間のハイゼンベルグ表示をすると,

$$\begin{aligned}
\psi_s(\bm{r}t) &= \sum_\alpha \phi_\alpha^0(\bm{r}) e^{iK_0 t/\hbar} a_{\alpha s} e^{-iK_0 t/\hbar} \\
\psi_s^\dagger(\bm{r}t) &= \sum_\alpha \phi_\alpha^{0*}(\bm{r}) e^{iK_0 t/\hbar} a_{\alpha s}^\dagger e^{-iK_0 t/\hbar} \\
\psi_s(\bm{r}\tau) &= \sum_\alpha \phi_\alpha^0(\bm{r}) e^{K_0 \tau/\hbar} a_{\alpha s} e^{-K_0 \tau/\hbar} \\
\psi_s^\dagger(\bm{r}\tau) &= \sum_\alpha \phi_\alpha^{0*}(\bm{r}) e^{K_0 \tau/\hbar} a_{\alpha s}^\dagger e^{-K_0 \tau/\hbar}
\end{aligned} \quad (2.139)$$

となる.自由粒子系を考えているので,K には $K_0 = H_0 - \mu N$ を用いた.ハミルトニアン H_0 と粒子数演算子 N は,それぞれ

$$H_0 = \sum_{\alpha s} \varepsilon_\alpha a_{\alpha s}^\dagger a_{\alpha s} \quad (2.140)$$

$$N = \sum_{\alpha s} a_{\alpha s}^\dagger a_{\alpha s} \quad (2.141)$$

で与えられる．これより

$$\frac{\partial}{\partial x}(e^{xK_0}a_{\alpha s}e^{-xK_0}) = e^{xK_0}[K_0, a_{\alpha s}]e^{-xK_0}$$
$$= -(\varepsilon_\alpha - \mu)e^{xK_0}a_{\alpha s}e^{-xK_0} \quad (2.142)$$

すなわち,

$$e^{xK_0}a_{\alpha s}e^{-xK_0} = a_{\alpha s}e^{-x(\varepsilon_\alpha - \mu)} \quad (2.143)$$

という関係式を得る．同様にして

$$e^{xK_0}a_{\alpha s}^\dagger e^{-xK_0} = a_{\alpha s}^\dagger e^{x(\varepsilon_\alpha - \mu)} \quad (2.144)$$

が成り立つ．上記2式より，式 (2.139) は

$$\begin{aligned}
\psi_s(\boldsymbol{r}t) &= \sum_\alpha \phi_\alpha^0(\boldsymbol{r})e^{-i(\varepsilon_\alpha - \mu)t/\hbar}a_{\alpha s} \\
\psi_s^\dagger(\boldsymbol{r}t) &= \sum_\alpha \phi_\alpha^{0*}(\boldsymbol{r})e^{i(\varepsilon_\alpha - \mu)t/\hbar}a_{\alpha s}^\dagger \\
\psi_s(\boldsymbol{r}\tau) &= \sum_\alpha \phi_\alpha^0(\boldsymbol{r})e^{-(\varepsilon_\alpha - \mu)\tau/\hbar}a_{\alpha s} \\
\psi_s^\dagger(\boldsymbol{r}\tau) &= \sum_\alpha \phi_\alpha^{0*}(\boldsymbol{r})e^{(\varepsilon_\alpha - \mu)\tau/\hbar}a_{\alpha s}^\dagger
\end{aligned} \quad (2.145)$$

と書ける．これを実時間グリーン関数，温度グリーン関数の定義式 (2.83), (2.84) に代入すると，

$$\begin{aligned}
G_{ss'}^{(0)}(\boldsymbol{r}t, \boldsymbol{r}'t') &= -i\langle T[\psi_s(\boldsymbol{r}t)\psi_{s'}^\dagger(\boldsymbol{r}'t')]\rangle \\
&= -i\sum_{\alpha\alpha'}\phi_\alpha^0(\boldsymbol{r})\phi_{\alpha'}^{0*}(\boldsymbol{r}')e^{-i(\varepsilon_\alpha - \mu)t/\hbar}e^{i(\varepsilon_{\alpha'}' - \mu)t/\hbar} \\
&\quad \times [\theta(t-t')\langle a_{\alpha s}a_{\alpha' s'}^\dagger\rangle \pm \theta(t'-t)\langle a_{\alpha' s'}^\dagger a_{\alpha s}\rangle] \\
&= -i\sum_\alpha \phi_\alpha^0(\boldsymbol{r})\psi_\alpha^{0*}(\boldsymbol{r}')e^{-i(\varepsilon_\alpha - \mu)(t-t')/\hbar} \\
&\quad \times [\theta(t-t')(1\pm n_\alpha) \pm \theta(t'-t)n_\alpha]\delta_{ss'} \quad (2.146) \\
\tilde{G}_{ss'}^{(0)}(\boldsymbol{r}\tau, \boldsymbol{r}'\tau') &= -\sum_\alpha \phi_\alpha^0(\boldsymbol{r})\phi_\alpha^{0*}(\boldsymbol{r}')e^{-(\varepsilon_\alpha - \mu)(\tau - \tau')/\hbar} \\
&\quad \times [\theta(\tau - \tau')(1\pm n_\alpha) \pm \theta(\tau' - \tau)n_\alpha]\delta_{ss'} \quad (2.147)
\end{aligned}$$

2.2 グリーン関数と摂動展開

となる．これが自由粒子系のグリーン関数の具体的表式である．ここで，ψ にスピン s のインデックスがついているので，グリーン関数にも ss' のインデックスをつけた．符号 $\pm$ は，上がボゾン，下がフェルミオンの場合である．$n_\alpha = \langle a^\dagger_{\alpha s} a_{\alpha s} \rangle$ は，ボーズ（フェルミ）分布関数

$$n_\alpha = \frac{1}{e^{\beta(\varepsilon_\alpha - \mu)} \mp 1} \tag{2.148}$$

を表す．

つぎに，（虚）時間に対してフーリエ変換をしよう．虚時間に関するフーリエ変換は式 (2.113) から

$$\tilde{G}^{(0)}_{ss'}(\boldsymbol{r}, \boldsymbol{r}', \omega_n) = \int_0^{\beta\hbar} d\tau \, e^{i\omega_n \tau} \tilde{G}^{(0)}_{ss'}(\boldsymbol{r}, \boldsymbol{r}', \tau) \tag{2.149}$$

である．ここで $\tilde{G}^{(0)}_{ss'}(\boldsymbol{r}\tau, \boldsymbol{r}'\tau')$ は $\tau - \tau'$ の関数なので，それを $\tilde{G}^{(0)}_{ss'}(\boldsymbol{r}, \boldsymbol{r}', \tau - \tau')$ と書くことにした．ω_n は式 (2.112) で与えられるように

$$\omega_n = \begin{cases} \dfrac{2n\pi}{\beta\hbar} & （ボゾン） \\ \dfrac{(2n+1)\pi}{\beta\hbar} & （フェルミオン） \end{cases} \tag{2.150}$$

である．式 (2.147) を式 (2.149) に代入すると，

$$\tilde{G}^{(0)}_{ss'}(\boldsymbol{r}, \boldsymbol{r}', \omega_n) = -\sum_\alpha \frac{\phi^0_\alpha(\boldsymbol{r}) \phi^{0*}_\alpha(\boldsymbol{r}')}{i\omega_n - (\varepsilon_\alpha - \mu)/\hbar} (1 \pm n_\alpha)[e^{i\beta\hbar\omega_n - \beta(\varepsilon_\alpha - \mu)} - 1] \delta_{ss'} \tag{2.151}$$

を得るが，ω_n の定義により上式 $[\cdots]$ 内は，ボゾンの場合は $-(1 + n_\alpha)^{-1}$ に，フェルミオンの場合は $-(1 - n_\alpha)^{-1}$ にそれぞれ一致する．一方，実時間グリーン関数における時間 t に関するフーリエ変換は容易であり，結局，両グリーン関数は

$$\begin{aligned} G^{(0)}_{ss'}(\boldsymbol{r}, \boldsymbol{r}', \omega) = \sum_\alpha & \phi^0_\alpha(\boldsymbol{r}) \phi^{0*}_\alpha(\boldsymbol{r}') \\ & \times \left[\frac{1 \pm n_\alpha}{\omega - (\varepsilon_\alpha - \mu)/\hbar + i\eta} \mp \frac{n_\alpha}{\omega - (\varepsilon_\alpha - \mu)/\hbar - i\eta} \right] \delta_{ss'} \end{aligned} \tag{2.152}$$

$$\tilde{G}^{(0)}_{ss'}(\boldsymbol{r}, \boldsymbol{r}', \omega_n) = \sum_\alpha \frac{\phi^0_\alpha(\boldsymbol{r}) \phi^{0*}_\alpha(\boldsymbol{r}')}{i\omega_n - (\varepsilon_\alpha - \mu)/\hbar} \delta_{ss'} \tag{2.153}$$

と書ける．

系が一様の場合は，波動関数 ϕ_α^0 として $\phi_{\boldsymbol{k}}^0(\boldsymbol{r}) = e^{i\boldsymbol{k}\boldsymbol{r}}/\sqrt{V}$ を代入し，空間に関してもフーリエ変換を施すと，

$$G_{ss'}^{(0)}(\boldsymbol{k},\omega) = \left[\frac{1 \pm n_{\boldsymbol{k}}}{\omega - (\varepsilon_{\boldsymbol{k}} - \mu)/\hbar + i\eta} \mp \frac{n_{\boldsymbol{k}}}{\omega - (\varepsilon_{\boldsymbol{k}} - \mu)/\hbar - i\eta}\right]\delta_{ss'} \tag{2.154}$$

$$\tilde{G}_{ss'}^{(0)}(\boldsymbol{k},\omega_n) = \frac{\delta_{ss'}}{i\omega_n - (\varepsilon_{\boldsymbol{k}} - \mu)/\hbar} \tag{2.155}$$

と書ける．ここで $\varepsilon_{\boldsymbol{k}} = \hbar^2 k^2/2m$ である．遅延グリーン関数，先進グリーン関数は，式 (2.116)，(2.117) より，

$$G_{ss'}^{R(0)}(\boldsymbol{k},\omega) = \frac{\delta_{ss'}}{\omega - (\varepsilon_{\boldsymbol{k}} - \mu)/\hbar + i\eta} \tag{2.156}$$

$$G_{ss'}^{A(0)}(\boldsymbol{k},\omega) = \frac{\delta_{ss'}}{\omega - (\varepsilon_{\boldsymbol{k}} - \mu)/\hbar - i\eta} \tag{2.157}$$

となる．

このときスペクトル関数は

$$\begin{aligned}\rho^{(0)}(\boldsymbol{k},\omega) &= -2\,\mathrm{Im}\,G^{R(0)}(\boldsymbol{k},\omega) \\ &= 2\pi\delta(\omega - (\varepsilon_{\boldsymbol{k}} - \mu)/\hbar)\end{aligned} \tag{2.158}$$

となって，波数 $\boldsymbol{k}$，エネルギー $\varepsilon_{\boldsymbol{k}} - \mu$ の状態が存在するという当然の結果が出る．そして確かに総和則 (2.106) を満たしている．

平均粒子数 N は式 (2.119)，(2.147) より，

$$\begin{aligned}N &= \mp \int d\boldsymbol{r} \sum_{ss'} \tilde{G}_{ss'}^{(0)}(\boldsymbol{r}\tau, \boldsymbol{r}\tau + 0) \\ &= \int d\boldsymbol{r}\frac{1}{V}\sum_{\boldsymbol{k}ss'} n_{\boldsymbol{k}}\delta_{ss'} \\ &= (2S+1)\sum_{\boldsymbol{k}} n_{\boldsymbol{k}}\end{aligned} \tag{2.159}$$

となって，これも当然の結果となる．なお，いまの場合，スピンを考慮しているのでその自由度に関する和も取り入れている．スピンの大きさは S とした．

内部エネルギー E は式 (2.135) より，

$$\begin{aligned}
E &= \mp \frac{1}{2} \int d\boldsymbol{r} \lim_{\substack{\boldsymbol{r}'\to\boldsymbol{r} \\ \tau'\to\tau+0}} \left[-\hbar\frac{\partial}{\partial\tau} - \frac{\hbar^2\nabla^2}{2m} + \mu \right] \sum_{ss'} \tilde{G}^{(0)}_{ss'}(\boldsymbol{r}\tau,\boldsymbol{r}'\tau') \\
&= \frac{1}{2} \int d\boldsymbol{r} \frac{1}{V} \sum_{s\boldsymbol{k}} \left(\varepsilon_{\boldsymbol{k}} + \frac{\hbar^2 k^2}{2m} \right) n_{\boldsymbol{k}} \\
&= (2S+1) \sum_{\boldsymbol{k}} \varepsilon_{\boldsymbol{k}} n_{\boldsymbol{k}}
\end{aligned} \quad (2.160)$$

となり，これもよく知られた結果に一致する．

2.2.6　相互作用のある系に対する摂動論

本項および以下の項での目的は，相互作用を摂動として扱い，具体的な物理量を計算する手法を示すことである．しかしそのまま単純に摂動展開をしようとすると，摂動の1次や2次ならまだしも，高次の項となると，とたんに計算は複雑さを極め，実際上計算不可能である．そこでグリーン関数およびそのダイアグラム技法が登場するのである．グリーン関数の中でも温度グリーン関数に対する摂動展開は，これから述べるウィックの定理の助けを借りて簡単化され，さらにファインマンダイアグラムと呼ばれるものにより視覚的に非常にまとまった形に規則づけられる．また，摂動の無限次までその一部の和をとる方法もある．それでは以下に温度グリーン関数の摂動展開の手順をみていこう．ここでは，1粒子グリーン関数の摂動展開を扱うが，n 粒子グリーン関数の展開も同様に進められる．

まず，温度グリーン関数

$$\tilde{G}(\boldsymbol{r}\tau,\boldsymbol{r}'\tau') = -\langle T_\tau \psi(\boldsymbol{r}\tau)\psi^\dagger(\boldsymbol{r}'\tau')\rangle \quad (2.161)$$

におけるハイゼンベルグ表示の $\psi(\boldsymbol{r}\tau)$ を，相互作用表示の $\psi_I(\boldsymbol{r}\tau)$ を用いて書き換える．式 (2.16) より，

$$\psi(\boldsymbol{r}\tau) = U(0\tau)\psi_I(\boldsymbol{r}\tau)U(\tau 0) \quad (2.162)$$

なので，式 (2.161) は

$$\tilde{G}(\boldsymbol{r}\tau,\boldsymbol{r}'\tau') = -\langle T_\tau U(0\tau)\psi_I(\boldsymbol{r}\tau)U(\tau 0)U(0\tau')\psi_I^\dagger(\boldsymbol{r}'\tau')U(\tau' 0)\rangle \quad (2.163)$$

と書ける．式 (2.109) に示したように，$\tilde{G}(\tau,\tau')$ は τ と τ' に関して（反）周期関数なので，$0 < \tau(\tau') < \beta\hbar$ と仮定しても一般性を失わない．式 (2.15) より，

$$e^{-\beta K} = e^{-\beta K_0} U(\beta\hbar, 0) \tag{2.164}$$

なので，$\tau > \tau'$ のとき

$$\begin{aligned}\tilde{G}(\boldsymbol{r}\tau, \boldsymbol{r}'\tau') &= -\frac{\mathrm{Tr}\,[e^{-\beta K_0} U(\beta\hbar, \tau)\psi_I(\boldsymbol{r}\tau)U(\tau, \tau')\psi_I^\dagger(\boldsymbol{r}'\tau')U(\tau', 0)]}{\mathrm{Tr}\,[e^{-\beta K_0}U(\beta\hbar, 0)]} \\ &= -\frac{\mathrm{Tr}\,[e^{-\beta K_0}T_\tau\{\psi_I(\boldsymbol{r}\tau)\psi_I^\dagger(\boldsymbol{r}'\tau')U(\beta\hbar, 0)\}]}{\mathrm{Tr}\,[e^{-\beta K_0}U(\beta\hbar, 0)]}\end{aligned} \tag{2.165}$$

と書ける．ここで U に関して式 (2.23) の性質を用いた．$\tau < \tau'$ の場合も同様に式 (2.165) の形にまとめられる．式 (2.165) では，相互作用項がすべて $U(\beta\hbar, 0)$ の中に押し込められたことに注意しよう．したがって摂動展開は $U(\beta\hbar, 0)$ を展開することにほかならない．そして U の展開はすでに式 (2.21) で与えられている．すなわち

$$\begin{aligned}U(\beta\hbar, 0) &= T_\tau\left[\exp\left(-\frac{1}{\hbar}\int_0^{\beta\hbar} K_1(\tau)d\tau\right)\right] \\ &= \sum_{n=0}^\infty \frac{(-1)^n}{n!}\hbar^{-n}\int_0^{\beta\hbar} d\tau_1 \int_0^{\beta\hbar} d\tau_2 \cdots \int_0^{\beta\hbar} d\tau_n \\ &\quad \times T_\tau[K_1(\tau_1)K_2(\tau_2)\cdots K_n(\tau_n)]\end{aligned} \tag{2.166}$$

である．これにより式 (2.165) は，

$$\tilde{G}(\boldsymbol{r}\tau, \boldsymbol{r}'\tau') = -\frac{\mathrm{Tr}\left[e^{-\beta K_0}\sum_{n=0}^\infty \dfrac{(-1)^n}{n!}\hbar^{-n}\int_0^{\beta\hbar} d\tau_1 \cdots \int_0^{\beta\hbar} d\tau_n \right.}{\mathrm{Tr}\left[e^{-\beta K_0}\sum_{n=0}^\infty \dfrac{(-1)^n}{n!}\hbar^{-n}\int_0^{\beta\hbar} d\tau_1 \cdots \int_0^{\beta\hbar} d\tau_n \right.} \\ \left. \times T_\tau[\psi_I(\boldsymbol{r}\tau)\psi_I^\dagger(\boldsymbol{r}'\tau')K_1(\tau_1)\cdots K_1(\tau_n)]\right] \bigg/ \left. \times T_\tau[K_1(\tau_1)\cdots K_1(\tau_n)]\right] \tag{2.167}$$

となる.

この展開式の扱いを進める前に,場の演算子の熱平均に対する重要な定理を証明しておこう.

2.2.7 ウィックの定理

いま非摂動系に対する密度行列 $\rho_0 = e^{-\beta K_0}/\mathrm{Tr}\, e^{-\beta K_0}$ を使って熱平均をとる記号を $\langle \cdots \rangle_0$ と書くことにする.すなわち

$$\langle \cdots \rangle_0 = \mathrm{Tr}\,(\rho_0 \cdots) \tag{2.168}$$

である.相互作用表示における任意の場の演算子 $A(\tau), B(\tau'), \cdots$ に対し,

$$\langle T_\tau(ABC\cdots D)\rangle_0 \tag{2.169}$$

というものを考えよう.場の演算子の総数は偶数個とする.いま簡単のために二つの演算子に対しては

$$\overset{\frown}{AB} \equiv \langle T_\tau(AB)\rangle_0 \tag{2.170}$$

という記号を導入する.

ウィック（Wick）の定理

$$\langle T_\tau(ABC\cdots D)\rangle_0 = \overset{\frown}{AB}\overset{\frown}{C\cdots D} + \overset{\frown}{A\overset{\frown}{BC}\cdots D} + \cdots \tag{2.171}$$

が成立する.右辺は全演算子を二つずつの対に分けて記号 $\frown$ で結び,そのあらゆる組み合わせの和である.なお,

$$\overset{\frown}{A\overset{\frown}{BC}D} = \pm \overset{\frown}{A\overset{\frown}{CB}D} \tag{2.172}$$

と定義する.BC の交換で生じる符号 $\pm$ は,それがボーズ演算子の場合に $+$ を,フェルミ演算子の場合に $-$ をとるものとする.

証明

まず次の関係に注目しよう.

$$\langle ABC\cdots D\rangle_0 = \langle [A,B]_\mp C\cdots D\rangle_0 \pm \langle BAC\cdots D\rangle_0$$

$$= \langle [A,B]_\mp C \cdots D \rangle_0 \pm \langle B[A,C]_\mp \cdots D \rangle_0$$
$$+ \langle BCA \cdots D \rangle_0$$
$$= \cdots$$
$$= \langle [A,B]_\mp C \cdots D \rangle_0 \pm \langle B[A,C]_\mp \cdots D \rangle_0$$
$$+ \cdots + \langle BC \cdots [A,D]_\mp \rangle_0 \pm \langle BC \cdots DA \rangle_0 \quad (2.173)$$

ここで符号は演算子を入れ換えたことによって生じるもので，いままで同様，上がボーズ演算子の場合，下がフェルミ演算子の場合である．さらに，場の演算子が全部で偶数個あるという事実も使った．± の符号がつくのは，偶数番目の項のみである．次に二つの場の演算子の（反）交換関係 $[A,B]_\mp$ をみてみる．相互作用表示での場の演算子は，式 (2.139), (2.143), (2.144) から，非摂動系 K_0 の固有関数 ϕ_α^0 と固有値 $\epsilon_\alpha^0 - \mu$ を用いて

$$\psi_I(\boldsymbol{r}\tau) = \sum_\alpha \phi_\alpha^0(\boldsymbol{r}) e^{-(\epsilon_\alpha^0-\mu)\tau/\hbar} a_\alpha \quad (2.174)$$

$$\psi_I^\dagger(\boldsymbol{r}\tau) = \sum_\alpha \phi_\alpha^{0*}(\boldsymbol{r}) e^{(\epsilon_\alpha^0-\mu)\tau/\hbar} a_\alpha^\dagger \quad (2.175)$$

と書ける．したがって（反）交換関係は

$$[\psi_I(\boldsymbol{r}\tau), \psi_I(\boldsymbol{r}'\tau')]_\mp = [\psi_I^\dagger(\boldsymbol{r}\tau), \psi_I^\dagger(\boldsymbol{r}'\tau')]_\mp = 0 \quad (2.176)$$

$$[\psi_I(\boldsymbol{r}\tau), \psi_I^\dagger(\boldsymbol{r}'\tau')]_\mp = \sum_\alpha \phi_\alpha^0(\boldsymbol{r}) \phi_\alpha^{0*}(\boldsymbol{r}') e^{-(\epsilon_\alpha^0-\mu)(\tau-\tau')/\hbar} \quad (2.177)$$

である．つまり $[A,B]_\mp$ は 0 または式 (2.177) の右辺のような単なる数であり，式 (2.173) の熱平均 $\langle \cdots \rangle_0$ の外に取り出せる．よって式 (2.173) は

$$\langle ABC \cdots D \rangle_0 = [A,B]_\mp \langle C \cdots D \rangle_0 \pm [A,C]_\mp \langle B \cdots D \rangle_0$$
$$+ \cdots + [A,D]_\mp \langle BC \cdots \rangle_0 \pm \langle BC \cdots DA \rangle_0 \quad (2.178)$$

となる.さらに,式 (2.143), (2.144) から,非摂動の密度行列演算子 $\rho_0 = e^{-\beta K_0}/\text{Tr}\, e^{-\beta K_0}$ に対し,

$$a_\alpha \rho_0 = \rho_0 a_\alpha e^{-\beta(\epsilon_\alpha^0 - \mu)} \qquad (2.179)$$
$$a_\alpha^\dagger \rho_0 = \rho_0 a_\alpha^\dagger e^{\beta(\epsilon_\alpha^0 - \mu)} \qquad (2.180)$$

は容易にわかるので,式 (2.178) の最後の項は

$$\begin{aligned}
\pm \langle BC \cdots DA \rangle_0 &= \pm \text{Tr}\,(\rho_0 BC \cdots DA) \\
&= \pm \text{Tr}\,(A\rho_0 BC \cdots D) \\
&= \pm e^{\eta_A \beta(\epsilon_\alpha^0 - \mu)} \langle ABC \cdots D \rangle_0 \quad (2.181)
\end{aligned}$$

と書ける.ここで η_A は,A が生成演算子のとき $+1$,消滅演算子のとき -1 をとるものとする.式 (2.181) を式 (2.178) に代入すると,結局

$$\begin{aligned}
\langle ABC \cdots D \rangle_0 = \frac{1}{1 \mp e^{\eta_A \beta(\epsilon_\alpha^0 - \mu)}} &\Big[[A,B]_\mp \langle C \cdots D \rangle_0 \\
&\pm [A,C]_\mp \langle B \cdots D \rangle_0 + \cdots \\
&+ [A,D]_\mp \langle BC \cdots \rangle_0 \Big] \qquad (2.182)
\end{aligned}$$

を得る.式 (2.176), (2.177) より,$[A,B]_\mp / \{1 \mp e^{\eta_A \beta(\epsilon_\alpha^0 - \mu)}\}$ は A と B の一方が生成演算子,もう一方が消滅演算子のときのみ値をもつ.さらにそのとき,

$$\frac{1}{1 \mp e^{\beta(\epsilon_\alpha^0 - \mu)}} = \frac{\mp 1}{e^{\eta_A \beta(\epsilon_\alpha^0 - \mu)} \mp 1} = \mp n_\alpha^0 \qquad (2.183)$$

$$\frac{1}{1 \mp e^{-\beta(\epsilon_\alpha^0 - \mu)}} = 1 \pm n_\alpha^0 \qquad (2.184)$$

(n_α^0 はエネルギー ϵ_α^0 をもつ粒子のボーズまたはフェルミ分布関数)という関係を使うと,式 (2.147) の導出と見比べて,

$$\frac{[A,B]_\mp}{1 \mp e^{\eta_A \beta(\epsilon_\alpha^0 - \mu)}} = \langle AB \rangle_0 \qquad (2.185)$$

であることがわかる.よって式 (2.182) は,

$$\langle ABC \cdots D \rangle_0 = \langle AB \rangle_0 \langle C \cdots D \rangle_0$$

$$\pm \langle AC \rangle_0 \langle B \cdots D \rangle_0 + \cdots + \langle AD \rangle_0 \langle BC \cdots \rangle_0 \tag{2.186}$$

と書ける．右辺に同じことを繰り返して行えば，結局右辺は式 (2.171) の右辺において $\overline{AB} = \langle T_\tau \, AB \rangle_0$ の代わりに $\langle AB \rangle_0$ ($\equiv A^\bullet B^\bullet$) を用いた形にまとまる：

$$\langle ABC \cdots D \rangle_0 = A^\bullet B^\bullet C^{\bullet\bullet} \cdots D^{\bullet\bullet\bullet} + A^\bullet B^{\bullet\bullet} C^\bullet \cdots D^{\bullet\bullet\bullet} + \cdots \tag{2.187}$$

ここで $\overline{AB}$ 同様，$A^\bullet B^\bullet$ に対しても，

$$A^\bullet B^{\bullet\bullet} C^\bullet D^{\bullet\bullet} = \pm A^\bullet C^\bullet B^{\bullet\bullet} D^{\bullet\bullet} \tag{2.188}$$

と定義する．$\tau_A > \tau_B$ ならば $\overline{AB} = A^\bullet B^\bullet$ なので，式 (2.187) によって $\tau_A > \tau_B > \tau_C > \cdots > \tau_D$ という場合については式 (2.171) が証明されたことになる．他の時間並びの場合でも同様である．たとえば，τ_A と τ_B の大小関係が逆の場合，

$$\begin{aligned}
&\langle T_\tau \, (ABC \cdots D) \rangle_0 \\
&= \pm \langle BAC \cdots D \rangle_0 \\
&= \pm [B^\bullet A^\bullet C^{\bullet\bullet} \cdots D^{\bullet\bullet\bullet} + B^\bullet A^{\bullet\bullet} C^\bullet \cdots D^{\bullet\bullet\bullet} + \cdots] \\
&= \pm B^\bullet A^\bullet C^{\bullet\bullet} \cdots D^{\bullet\bullet\bullet} + A^{\bullet\bullet} B^\bullet C^\bullet \cdots D^{\bullet\bullet\bullet} \pm \cdots \\
&= \overline{ABC} \cdots \overline{D} + \overline{ABC} \cdots \overline{D} + \cdots
\end{aligned} \tag{2.189}$$

となって，やはり式 (2.171) が満たされる．こうしてウィックの定理 (2.171) が証明されたことになる．

式 (2.170) から，A, B の一方が生成演算子，もう一方が消滅演算子の場合，$\overline{AB}$ は符号を除いて，非摂動系の 1 粒子温度グリーン関数 $\tilde{G}_0$ に等しい．A, B ともに生成あるいは消滅演算子の場合は，0 である．したがってウィックの定理は，$\langle T_\tau \, (ABC \cdots D) \rangle_0$ が 1 粒子温度グリーン関数の積の和で書き表せることを示している．たとえば，

$$\langle T_\tau \, (\psi(\boldsymbol{r}_1, \tau_1) \psi(\boldsymbol{r}_2, \tau_2) \psi^\dagger(\boldsymbol{r}_3, \tau_3) \psi^\dagger(\boldsymbol{r}_4, \tau_4)) \rangle_0$$

$$
\begin{aligned}
&= \pm \overline{\psi(\boldsymbol{r}_1,\tau_1)\psi^\dagger(\boldsymbol{r}_3,\tau_3)}\, \overline{\psi(\boldsymbol{r}_2,\tau_2)\psi^\dagger(\boldsymbol{r}_4,\tau_4)} \\
&\quad + \overline{\psi(\boldsymbol{r}_1,\tau_1)\psi^\dagger(\boldsymbol{r}_4,\tau_4)}\, \overline{\psi(\boldsymbol{r}_2,\tau_2)\psi^\dagger(\boldsymbol{r}_3,\tau_3)} \\
&= \pm \tilde{G}_0(\boldsymbol{r}_1\tau_1,\boldsymbol{r}_3\tau_3)\tilde{G}_0(\boldsymbol{r}_2\tau_2,\boldsymbol{r}_4\tau_4) \\
&\quad + \tilde{G}_0(\boldsymbol{r}_1\tau_1,\boldsymbol{r}_4\tau_4)\tilde{G}_0(\boldsymbol{r}_2\tau_2,\boldsymbol{r}_3\tau_3) \tag{2.190}
\end{aligned}
$$

と書ける．ここで，たとえば $\overline{\psi(\boldsymbol{r}_1,\tau_1)\psi^\dagger(\boldsymbol{r}_3,\tau_3)}$ は $\langle T_\tau\,\psi(\boldsymbol{r}_1,\tau_1)\psi^\dagger(\boldsymbol{r}_3,\tau_3)\rangle_0 = -\tilde{G}(\boldsymbol{r}_1\tau_1,\boldsymbol{r}_3\tau_3)$ であることを用いた．ウィックの定理で現れる他の項，たとえば $\overline{\psi\psi}$ などを含む項は 0 である．

2.2.8 ファインマンダイアグラム I

さて，もともとの目的は，相互作用のある系での温度グリーン関数式 (2.167)

$$
\tilde{G}(\boldsymbol{r}\tau,\boldsymbol{r}'\tau') = -\frac{\displaystyle\sum_{n=0}^{\infty}\frac{(-1)^n}{n!}\hbar^{-n}\int_0^{\beta\hbar}d\tau_1\cdots d\tau_n \times \langle T_\tau\,[\psi_I(\boldsymbol{r}\tau)\psi_I^\dagger(\boldsymbol{r}'\tau')K_1(\tau_1)\cdots K_1(\tau_n)]\rangle_0}{\displaystyle\sum_{n=0}^{\infty}\frac{(-1)^n}{n!}\hbar^{-n}\int_0^{\beta\hbar}d\tau_1\cdots d\tau_n \times \langle T_\tau\,[K_1(\tau_1)\cdots K_1(\tau_n)]\rangle_0} \tag{2.191}
$$

を求めることであった．まず，この式に含まれる摂動項 K_1 をきちんと定義しておこう．

いま粒子間に相互作用が存在し，そのポテンシャルを $U(\boldsymbol{r})$ と書くとすると，K_1 は

$$
\begin{aligned}
K_1(\tau) &= H_1(\tau) \\
&= \frac{1}{2}\int d\boldsymbol{r}d\boldsymbol{r}'\psi_I^\dagger(\boldsymbol{r}\tau)\psi_I^\dagger(\boldsymbol{r}'\tau)U(\boldsymbol{r}-\boldsymbol{r}')\psi_I(\boldsymbol{r}'\tau)\psi_I(\boldsymbol{r}\tau)
\end{aligned}
\tag{2.192}
$$

と書かれる（K_1 が式 (2.126) で与えられるとき，式 (2.18) で定義される $K_1(\tau)$ がこのように書かれることは容易にわかる）．さらに，時間も変数として含む

一般化された粒子間ポテンシャル $V(\bm{r}\tau,\bm{r}'\tau') \equiv U(\bm{r}-\bm{r}')\delta(\tau-\tau')$ を定義すると,

$$K_1(\tau) = \frac{1}{2}\int d\bm{r}d\bm{r}' \int_0^{\beta\hbar} d\tau' \psi_I^\dagger(\bm{r}\tau)\psi_I^\dagger(\bm{r}'\tau')V(\bm{r}\tau,\bm{r}'\tau')\psi_I(\bm{r}'\tau')\psi_I(\bm{r}\tau) \tag{2.193}$$

と書き直せる.以後,$z \equiv (\bm{r},\tau)$ として,空間と虚時間をあわせた座標を z と書くことにする.

それではこの K_1 を用いて,まず式 (2.191) 分子の 1 次の項 ($n=1$) をみてみよう.$n=1$ 次の項は

$$\begin{aligned}
&-\frac{1}{\hbar}\int_0^{\beta\hbar} d\tau_1 \langle T_\tau [\psi_I(z)\psi_I^\dagger(z')K_1(\tau_1)]\rangle_0 \\
&= -\frac{1}{2\hbar}\int dz_1 dz_2\, V(z_1,z_2)\langle T_\tau\, \psi_I(z)\psi_I^\dagger(z')\psi_I^\dagger(z_1)\psi_I^\dagger(z_2)\psi_I(z_2)\psi_I(z_1)\rangle_0 \\
&= -\frac{1}{2\hbar}\int dz_1 dz_2\, V(z_1,z_2) \\
&\quad \times [-\tilde{G}_0(zz')\{\tilde{G}_0(z_1z_1)\tilde{G}_0(z_2z_2) \pm \tilde{G}_0(z_1z_2)\tilde{G}_0(z_2z_1)\} \\
&\quad \mp \tilde{G}_0(zz_1)\{\tilde{G}_0(z_1z')\tilde{G}_0(z_2z_2) \pm \tilde{G}_0(z_2z')\tilde{G}_0(z_1z_2)\} \\
&\quad -\tilde{G}_0(zz_2)\{\tilde{G}_0(z_1z')\tilde{G}_0(z_2z_1) \pm \tilde{G}_0(z_1z_1)\tilde{G}_0(z_2z')\}]
\end{aligned} \tag{2.194}$$

と書ける.ここで,$\int dz$ は $\int_{-\infty}^{\infty} d\bm{r}\int_0^{\beta\hbar} d\tau$ を表す.

この式を図形を使って表現してみよう.まず $\tilde{G}_0(zz')$ を点 z' から点 z への向きをもった実線で表し,$V(z,z')$ は波線で表すことにする.たとえば式 (2.194) 第 1 項は,点 z' から z への実線と,点 z_1 から z_2 への波線,および z_1 から z_1 へ戻る実線,z_2 から z_2 へ戻る実線として描く(図 2.1 (a)).このような図形を**ファインマンダイアグラム**(Feynman diagram)とよぶ.同じルールで式 (2.194) の計 6 つの項をファインマンダイアグラムに書き表したのが図 2.1 である.

式 (2.194) の中には,$\tilde{G}_0(z_1z_1)$ のような同時刻の温度グリーン関数が現れているが,T_τ 演算子の定義では同時刻の演算子の並び換えについてはふれられていない.したがって,ここでその場合の定義をしておく必要がある.式 (2.194)(あるいはさらに一般的に式 (2.191))をみればわかるように,同時刻の演算子

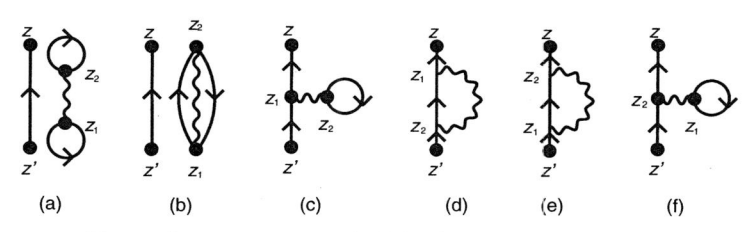

図 2.1 式 (2.194) の 6 つの項に対する各ファインマンダイアグラム

は必ず左側に $\psi^\dagger$ がきて右側に ψ がくる．そのため，同時刻温度グリーン関数 $\tilde{G}_0(\bm{r}\tau, \bm{r}'\tau)$ は $\tilde{G}_0(\bm{r}\tau, \bm{r}'\tau + 0)$ と解釈すべきである．

図 2.1 をみると，(a)，(b) はつながっていない二つの図形から成るが，それ以外はつながった一つの図形で描かれている．さらに (c) と (f)，そして (d) と (e) は，積分変数 z_1 と z_2 が入れ換わっているだけで，式 (2.194) をみればわかるように同じ値を与える．つまり，トポロジカルに同じ図形は，同じ寄与をするのである．さらにフェルミオンの場合，(c) と (d) は符号が異なるが，これは (c) にあるような閉じた輪が図に含まれているかどうかに関連している．

それでは式 (2.191) の分子の一般の次数を考えてみる．1 次の場合と同じようにして，ウィックの定理を用いて $\tilde{G}_0$ の積で書き表していく．それにより，式 (2.194) でみたように，$z = (\bm{r}\tau)$ と $z' = (\bm{r}'\tau')$ をつなぐ線に連結したダイアグラムと，連結してないダイアグラムとの積に分けられる（図 2.2）．これは式のうえでは，式 (2.191) の分子の n 次の項が

$$\frac{(-1)^n}{n!}\hbar^{-n}\int_0^{\beta\hbar} d\tau_1\cdots d\tau_m \langle T_\tau[\psi_I(\bm{r}\tau)\psi_I^\dagger(\bm{r}'\tau')K_1(\tau_1)\cdots K_1(\tau_m)]\rangle_{0c}$$
$$\times \int_0^{\beta\hbar} d\tau_{m+1}\cdots d\tau_n \langle T_\tau[K_1(\tau_{m+1})\cdots K_1(\tau_n)]\rangle_0 \quad (2.195)$$

と書けることを意味する．ここで $\langle\cdots\rangle_{0c}$ は，そこにウィックの定理を適用したときに，$z = (\bm{r}\tau)$ と $z' = (\bm{r}'\tau')$ につながったファインマンダイアグラムしか現れないことを意味する．すべてが完全につながったダイアグラムは，m が n に等しい場合である．

式 (2.195) において，K_1 の並びを変えたものも変数 τ を入れ換えれば再び式 (2.195) の形に戻る．n 個の演算子 K_1 を m 個と $n-m$ 個に分ける分け方

図 2.2 温度グリーン関数を表す式 (2.191) の分子の一般のダイアグラム z と z' につながった部分と離れた部分とからなる.

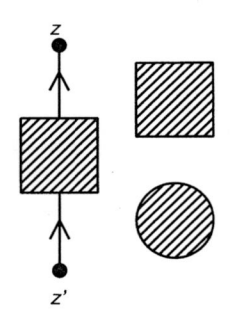

は $n!/(m!(n-m)!)$ 通りなので, 結局そのすべてが式 (2.195) と同じ寄与をもつ. したがって全部合わせると

$$\sum_{m=0}^{n} \frac{(-1)^n}{n!} \hbar^{-n} \frac{n!}{m!(n-m)!} \int_0^{\beta\hbar} d\tau_1 \cdots d\tau_m$$
$$\times \langle T_\tau [\psi_I(\boldsymbol{r}\tau)\psi_I^\dagger(\boldsymbol{r}'\tau')K_1(\tau_1)\cdots K_1(\tau_m)]\rangle_{0c}$$
$$\times \int_0^{\beta\hbar} d\tau_{m+1}\cdots d\tau_n \langle T_\tau [K_1(\tau_{m+1})\cdots K_1(\tau_n)]\rangle_0 \quad (2.196)$$

が式 (2.191) の分子の n 次の一般項の姿である. 式 (2.191) の分子は, これを n について和をとったものなので, $n-m$ を l と書けば,

$$\sum_{m=0}^{\infty} \frac{(-1)^m}{m!} \hbar^{-m} \int_0^{\beta\hbar} d\tau_1 \cdots d\tau_m \langle T_\tau [\psi_I(\boldsymbol{r}\tau)\psi_I^\dagger(\boldsymbol{r}'\tau')K_1(\tau_1)\cdots K_1(\tau_m)]\rangle_{0c}$$
$$\times \sum_{l=0}^{\infty} \frac{(-1)^l}{l!} \hbar^{-l} \int_0^{\beta\hbar} d\tau_1 \cdots d\tau_l \langle T_\tau [K_1(\tau_1)\cdots K_1(\tau_l)]\rangle_0 \quad (2.197)$$

となる. これを式 (2.191) に代入すると, つながっていないダイアグラム部分は式 (2.191) の分母と打ち消しあってしまい, 最終的に

$$\tilde{G}(\boldsymbol{r}\tau, \boldsymbol{r}'\tau') = \sum_{m=0}^{\infty} \frac{(-1)^m}{m!} \hbar^{-m} \int_0^{\beta\hbar} d\tau_1 \cdots d\tau_m$$
$$\times \langle T_\tau [\psi_I(\boldsymbol{r}\tau)\psi_I^\dagger(\boldsymbol{r}'\tau')K_1(\tau_1)\cdots K_1(\tau_m)]\rangle_{0c}$$
$$(2.198)$$

という表式が得られる．すなわち，温度グリーン関数 $\tilde{G}$ をウィックの定理で $\tilde{G}_0$ の積に分解してファインマンダイアグラムで書き表す際，つながったダイアグラムだけを考慮すればよいという重要な結論が導かれたことになる．しかも図 2.1 のところで書いたように，トポロジカルに同じファインマンダイアグラムは $\tilde{G}$ に対する同じ寄与を与えるということを考慮すれば，さらに簡単化される．

ここまでは粒子のスピンを考えなかったが，スピン自由度をもつ場合は，2.2.5 項でやったように，グリーン関数が 2 つのスピンインデックスをもつ $(2S+1) \times (2S+1)$ の行列として書ける．これは，いままで $z = (\bm{r}, \tau)$ としていたものを z にスピンインデックスも含めて，$z = (\bm{r}, \tau, s)$ とすれば表記が簡単になる．つまり $\tilde{G}(z, z')$ と書くことにより，$\tilde{G}_{ss'}(\bm{r}\tau, \bm{r}'\tau')$ を意味するものと決めておく．そして z での積分は $\int dz = \int d\bm{r} \int_0^{\beta\hbar} d\tau \sum_s$ を意味するものとする．さらに 2 体のポテンシャル V に関しては，スピンのない場合には

$$V(z, z') = V(\bm{r}\tau, \bm{r}'\tau') = U(\bm{r} - \bm{r}')\delta(\tau - \tau') \tag{2.199}$$

が定義だったが，スピンをもつ場合でも，その相互作用がスピンに依存しなければやはり同じ定義を用いることができる．これにより，ここまでの議論は，スピンをもつ粒子に対してもそのまま成り立つ．

さて，こうして図形と式との対応はできた．上では式を先に求めて，それに対応するファインマンダイアグラムを描いたが，逆に，ダイアグラムを先に描いて，それに対応する式を書き下すこともできる．むしろ，そのためにダイアグラムをもち出したわけである．実際，グリーン関数に対する相互作用の n 次の寄与のファインマンダイアグラムの描き方と，それに対応する式の書き下し方の一般的なルールをまとめることもできる．しかしその前に次のことに注意しよう．n 次の寄与には，式 (2.194) でみたように，$2n+1$ 個の非摂動グリーン関数の積が現れる．しかしそのそれぞれの非摂動グリーン関数は，式 (2.147) の形で与えられるように，虚時間の大小関係によって二つの項からなる．したがって n 次の寄与には多くの項が出現して，実際の計算は煩雑になってしまい現実的ではない．

一方,式 (2.153) あるいは式 (2.155) でみたように,虚時間に関してフーリエ変換を施した振動数表示でのグリーン関数は,一つの項で書ける(式 (2.153) は k による和を含むが,少なくとも式 (2.147) のときのように虚時間の大小関係で場合分けする手間はない).したがって実際の計算は,虚時間について式 (2.111) のようにフーリエ変換した表示ですべて行う方がはるかに容易である.

τ から ω_n への変換は,2体ポテンシャル $V(z,z') = U(\boldsymbol{r}-\boldsymbol{r}')\delta(\tau-\tau')$ についても行う必要がある. $-\beta\hbar < \tau < \beta\hbar$ の範囲で

$$\delta(\tau) = \frac{1}{\beta\hbar}\sum_{n=-\infty}^{\infty} e^{-2in\pi\tau/\beta\hbar} \tag{2.200}$$

より,

$$V(z,z') = \frac{1}{\beta\hbar}\sum_{n=-\infty}^{\infty} e^{-i\omega_n(\tau-\tau')} V(\boldsymbol{r},\boldsymbol{r}',\omega_n) \tag{2.201}$$

と展開される.ここで $\omega_n = 2n\pi/\beta\hbar$ であり,フーリエ係数 $V(\boldsymbol{r},\boldsymbol{r}',\omega_n)$ は

$$V(\boldsymbol{r},\boldsymbol{r}',\omega_n) = U(\boldsymbol{r}-\boldsymbol{r}') \tag{2.202}$$

である.

図 2.1 の図形 (c)〜(f) の内部の座標 z_1, z_2 は,式 (2.194) のうえでは積分を実行しなければならない変数である. τ から ω_n へ表示がかわり,グリーン関数を表す図中の実線には,それぞれ別の振動数 ω_n が割り当てられる.また相互作用を表す波線にも振動数が割り当てられる. z_1, z_2 積分のうち,虚時間 τ_1, τ_2 に対する積分からは,各交点でそこに流入する線の振動数の和と,流出する線の振動数の和とが一致しなければならないという条件が生まれる.グリーン関数がもつ振動数は,式 (2.112) から,粒子がフェルミオンかボゾンかによって奇数か偶数のいずれかを含み,相互作用の振動数は式 (2.201) からわかるように,偶数をもつ.ファインマンダイアグラムの各交点(これを**結節点**,vertex point とよぶ)には必ず 2 本のグリーン関数と 1 本の相互作用が集まっているので,つねに振動数の交点での保存を成立させることができる.

以下では $\tilde{G}_{ss'}(\boldsymbol{r},\boldsymbol{r}',\omega_n)$ に対する n 次の摂動項をファインマンダイアグラムから求める方法をまとめる.さらに,空間が一様で $\tilde{G}$ が $\boldsymbol{r}-\boldsymbol{r}'$ の関数のと

き，$r - r'$ に関してもフーリエ変換した $\tilde{G}_{ss'}(\boldsymbol{k}, \omega_n)$ に対するファインマンダイアグラムの方法もその次にまとめる．

座標空間でのダイアグラムの方法（$\tilde{G}_{ss'}(\boldsymbol{r}, \boldsymbol{r}', \omega_n)$ の n 次の摂動項の計算）

1. $2n$ 個の結節点，$2n+1$ 本の粒子線，n 本の相互作用線から成るトポロジー的に独立な図形をすべて描く．ただし，粒子線のうち，2本は外線とする．外線とは，粒子線の一方の端が結節点に結びついていないものである．粒子線，相互作用線には向きをつける．各結節点では，流入する1本の粒子線，流出する1本の粒子線，そして1本の相互作用線の合計3本が結びついているようにする．

2. 各結節点に番号をつけ，i 番目の結節点には座標 $z_i = (\boldsymbol{r}_i, s_i)$ （スピンがない場合は $z_i = \boldsymbol{r}_i$）を割り当てる．2本の外線の端には，$(\boldsymbol{r}, s)$ と $(\boldsymbol{r}', s')$ を割り当てる．ただし，外線は $(\boldsymbol{r}', s')$ からは流出する向きに走り，$(\boldsymbol{r}, s)$ へは流入する向きに走っているものとする．

3. 各粒子線には，粒子の統計にしたがって
$$\omega_m = \begin{cases} \dfrac{2m\pi}{\beta\hbar} & (\text{ボゾン}) \\ \dfrac{(2m+1)\pi}{\beta\hbar} & (\text{フェルミオン}) \end{cases} \quad (2.203)$$
で与えられる振動数 ω_m を割り当てる．各相互作用線には，$\omega_m = 2m\pi/\beta\hbar$ で与えられる振動数 ω_m を割り当てる．これらの線にはそれぞれ独立の振動数を割り当てるが，ただしその際，結節点に流入する線の振動数の和と，流出する線の振動数の和とが一致するようにする．2本の外線には振動数 ω_n を割り当てる．

4. 結節点 j から i へ向かって走る粒子線には，非摂動（自由粒子）温度グリーン関数（式 (2.153)）
$$\tilde{G}^{(0)}_{s_i s_j}(\boldsymbol{r}_i, \boldsymbol{r}_j, \omega_m) = \sum_\alpha \phi^0_\alpha(\boldsymbol{r}_i)\phi^{0*}_\alpha(\boldsymbol{r}_j) \frac{\delta_{s_i s_j}}{i\omega_m - (\varepsilon_\alpha - \mu)/\hbar} \quad (2.204)$$
を対応させる．

5. 結節点 i と j をつなぐ相互作用線には，2体ポテンシャル

$$V_{s_i s_j}(\bm{r}_i, \bm{r}_j, \omega_m) = U(\bm{r}_i - \bm{r}_j) \qquad (2.205)$$

を対応させる．

6. すべての z_i について積分する．外線以外の線に割り当てられた振動数について和をとる．

7. 因子 $(-1)^{n+F}(\beta\hbar^2)^{-n}$ を掛ける．F は，

$$F = \begin{cases} 0 & (\text{ボゾン}) \\ \text{閉じた粒子線の数} & (\text{フェルミオン}) \end{cases} \qquad (2.206)$$

である．

8. 振動数 ω_m を割り当てられた粒子線が，それのみで輪をつくっているとき，あるいは両端が1本の相互作用線でつながっているとき，収束因子として $e^{i\omega_m \eta}$ を掛ける．ここで，$\eta = +0$ である．

例として，1次の場合について計算してみよう．手順1～3より，図2.3ができあがる．(a)においては，2の結節点で振動数が保存するために，相互作用線に割り当てる振動数は0でなければならない．(b)においても同様の理由から，相互作用線には振動数 $\omega_n - \omega_m$ が割り当てられている．

つぎに手順4～8より，図2.3(a)が表す式は

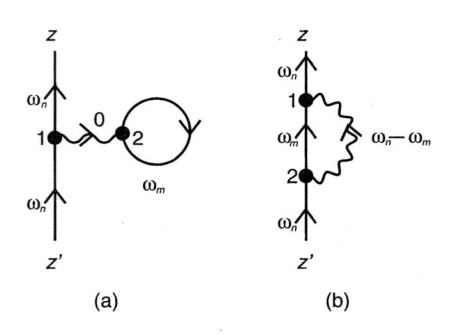

図 2.3　1次 $(n=1)$ のダイアグラム

$$\mp(\beta\hbar^2)^{-1}\int d\bm{r}_1 d\bm{r}_2 \sum_{s_1 s_2}\sum_{\omega_m} e^{i\omega_m \eta} U(\bm{r}_1-\bm{r}_2)$$

$$\times \sum_\alpha \phi_\alpha^0(\bm{r}_1)\phi_\alpha^{0*}(\bm{r}') \frac{\delta_{s_1 s'}}{i\omega_n-(\varepsilon_\alpha-\mu)/\hbar}$$

$$\times \sum_\beta \phi_\beta^0(\bm{r})\phi_\beta^{0*}(\bm{r}_1) \frac{\delta_{ss_1}}{i\omega_n-(\varepsilon_\beta-\mu)/\hbar}$$

$$\times \sum_\gamma |\phi_\gamma^0(\bm{r}_2)|^2 \frac{\delta_{s_2 s_2}}{i\omega_m-(\varepsilon_\gamma-\mu)/\hbar} \tag{2.207}$$

となり，(b) が表す式は，

$$-(\beta\hbar^2)^{-1}\int d\bm{r}_1 d\bm{r}_2 \sum_{s_1 s_2}\sum_{\omega_m} e^{i\omega_m \eta} U(\bm{r}_1-\bm{r}_2)$$

$$\times \sum_\alpha \phi_\alpha^0(\bm{r}_2)\phi_\alpha^{0*}(\bm{r}') \frac{\delta_{s_2 s'}}{i\omega_n-(\varepsilon_\alpha-\mu)/\hbar}$$

$$\times \sum_\beta \phi_\beta^0(\bm{r})\phi_\beta^{0*}(\bm{r}_1) \frac{\delta_{ss_1}}{i\omega_n-(\varepsilon_\beta-\mu)/\hbar}$$

$$\times \sum_\gamma \phi_\gamma^0(\bm{r}_1)\phi_\gamma^{0*}(\bm{r}_2) \frac{\delta_{s_1 s_2}}{i\omega_m-(\varepsilon_\gamma-\mu)/\hbar} \tag{2.208}$$

と書ける．式 (2.207) の $\mp$ は，これまで同様，上がボゾンで下がフェルミオンである．

式中の $\bm{r}_1,\bm{r}_2$ 積分や α, β, γ での和は，非摂動系の固有関数 $\phi_\alpha^0(\bm{r})$ の具体的な形が与えられないうちは実行できないが，ω_m の和については今後も登場するので計算しておこう．

式 (2.207)，(2.208) ともに

$$\sum_{\omega_m} \frac{e^{i\omega_m \eta}}{i\omega_m-(\varepsilon_\alpha-\mu)/\hbar} \tag{2.209}$$

という形の和が登場する．ここで $\sum_{\omega_m}$ は $\sum_{m=-\infty}^{\infty}$ を表す．ω_m は式 (2.112) のように定義されている．この和を計算する際には，次の事実が役に立つ．すなわち，ボーズ（フェルミ）分布関数と同じ形の $f(z)=(e^{\beta\hbar z}\mp 1)^{-1}$ は，$z=i\omega_n$

に 1 位の極をもち，その留数は $\pm(\beta\hbar)^{-1}$ であるという点である．ここで ω_n は，$f(z)$ がボーズ分布型かフェルミ分布型かによって，やはり式 (2.112) で定義される．そこで

$$I = \frac{\beta\hbar}{2\pi i} \oint_c dz\, f(z) \frac{e^{\eta z}}{z-x} \tag{2.210}$$

という積分を考えよう．積分路 C は，原点を中心とした半径 ∞ の左回りの円である（図 2.4）．被積分関数は，$z = i\omega_n$ ($n = $ 整数) と x に 1 位の極をもち，留数定理により

$$I = \pm \sum_n \frac{e^{i\omega_n \eta}}{i\omega_n - x} + \beta\hbar f(x) e^{\eta x} \tag{2.211}$$

となる．一方 z を極座標で表すと

$$\begin{aligned}
I &= \frac{\beta\hbar}{2\pi i} \lim_{r\to\infty} \int_0^{2\pi} d\theta\, rie^{i\theta} \frac{1}{e^{\beta\hbar r\cos\theta} e^{i\beta\hbar r\sin\theta} \mp 1} \frac{e^{\eta(r\cos\theta + ir\sin\theta)}}{re^{i\theta} - x} \\
&= \frac{\beta\hbar}{2\pi} \lim_{r\to\infty} \int_0^{2\pi} d\theta\, \left.\frac{e^{\eta z}}{e^{\beta\hbar z} \mp 1}\right|_{z=r\cos\theta + ir\sin\theta}
\end{aligned} \tag{2.212}$$

となるが，$0 < \theta < 2\pi$ の範囲において $\cos\theta > 0$ の領域では，$r \to \infty$ によって被積分関数は $e^{(\eta-\beta\hbar)r\cos\theta}$ の因子により 0 に近づく．一方，$\cos\theta < 0$ の領域では，$r \to \infty$ によって被積分関数は $\mp e^{\eta r\cos\theta}$ の因子により 0 に近づく．ここで η が正で，かつ，$\beta\hbar$ よりは小さいということを用いた．したがって $I = 0$ となり，式 (2.211) は

$$\lim_{\eta\to+0} \sum_n \frac{e^{i\omega_n \eta}}{i\omega_n - x} = \mp\beta\hbar f(x) \tag{2.213}$$

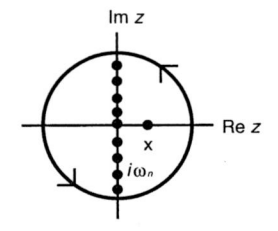

図 2.4 積分路 C. 黒点は極を表す.

2.2 グリーン関数と摂動展開

となる．これから式 (2.209) も

$$\lim_{\eta \to +0} \sum_m \frac{e^{i\omega_m \eta}}{i\omega_m - (\varepsilon_k - \mu)/\hbar} = \mp \beta \hbar n(\varepsilon_k) \tag{2.214}$$

と書ける．ここで $n(\varepsilon)$ は，ボーズ（フェルミ）分布関数

$$n(\varepsilon) = \frac{1}{e^{\beta(\varepsilon - \mu)} \mp 1} \tag{2.215}$$

である．

これより式 (2.207), (2.208) は，合わせて

$$\hbar^{-1} \delta_{ss'} \int d\bm{r}_1 d\bm{r}_2 U(\bm{r}_1 - \bm{r}_2) \sum_{\alpha\beta\gamma} \frac{n(\varepsilon_\gamma) \phi_\beta^0(\bm{r}) \phi_\alpha^{0*}(\bm{r}')}{\{i\omega_n - (\varepsilon_\alpha - \mu)/\hbar\}\{i\omega_n - (\varepsilon_\beta - \mu)/\hbar\}}$$
$$\times [(2S+1) \phi_\beta^{0*}(\bm{r}_1) \phi_\alpha^0(\bm{r}_1) |\phi_\gamma(\bm{r}_2)|^2 \pm \phi_\beta^{0*}(\bm{r}_1) \phi_\gamma^0(\bm{r}_1) \phi_\gamma^{0*}(\bm{r}_2) \phi_\alpha^0(\bm{r}_2)] \tag{2.216}$$

となる．これ以上の計算は，$\phi_\alpha^0(\bm{r})$ の具体的な形が与えられないと進められない．簡単のために，系が完全並進対称性をもつとして，$\phi_\alpha^0(\bm{r}) = \phi_k^0(\bm{r}) = e^{i\bm{k}\cdot\bm{r}}/\sqrt{V}$ としよう．この場合，式 (2.216) は

$$\hbar^{-1} \delta_{ss'} (2\pi)^{-6} \int d\bm{q}\, U(\bm{q}) \int d\bm{k} d\bm{k}' d\bm{k}''$$
$$\times \frac{n(\varepsilon_{k''}) e^{i\bm{k}\cdot\bm{r} - i\bm{k}\cdot\bm{r}'}}{\{i\omega_n - (\varepsilon_k - \mu)/\hbar\}\{i\omega_n - (\varepsilon_{k'} - \mu)/\hbar\}}$$
$$\times [(2S+1) \delta(\bm{q} - \bm{k}' + \bm{k}) \delta(-\bm{q}) \pm \delta(\bm{q} - \bm{k}' + \bm{k}'') \delta(-\bm{q} - \bm{k}'' + \bm{k})]$$
$$= \hbar^{-1} \delta_{ss'} \frac{1}{(2\pi)^3} \int d\bm{k}\, \frac{e^{i\bm{k}\cdot(\bm{r}-\bm{r}')}}{\{i\omega_n - (\varepsilon_k - \mu)/\hbar\}^2}$$
$$\times \left[(2S+1)\rho U(0) \pm (2\pi)^{-3} \int d\bm{k}' U(\bm{k} - \bm{k}') n(\varepsilon_{k'})\right] \tag{2.217}$$

となる．ここで $\sum_{\bm{k}} = (2\pi)^{-3} V \int d\bm{k}$ を用いた．ρ は粒子数密度である．これにより温度グリーン関数 $\tilde{G}_{ss'}(\bm{r}, \bm{r}', \omega_n)$ は，相互作用の 1 次までの範囲で

$$\tilde{G}_{ss'}(\bm{r}, \bm{r}', \omega_n) = \frac{1}{(2\pi)^3} \int d\bm{k} \frac{e^{i\bm{k}\cdot(\bm{r}-\bm{r}')}}{i\omega_n - (\varepsilon_k - \mu)/\hbar} \delta_{ss'}$$

$$+\hbar^{-1}\delta_{ss'}\frac{1}{(2\pi)^3}\int d\boldsymbol{k}\frac{e^{i\boldsymbol{k}\cdot(\boldsymbol{r}-\boldsymbol{r}')}}{\{i\omega_n-(\varepsilon_k-\mu)/\hbar\}^2}$$
$$\left[(2S+1)\rho U(0)\pm(2\pi)^{-3}\int d\boldsymbol{k}'U(\boldsymbol{k}-\boldsymbol{k}')n(\varepsilon_{k'})\right]$$
(2.218)

と書ける．右辺第1項は，非摂動の温度グリーン関数である．これはまた $\boldsymbol{r}-\boldsymbol{r}'$ に関して運動量空間へフーリエ変換すると，

$$\tilde{G}_{ss'}(\boldsymbol{k},\omega_n)=\frac{\delta_{ss'}}{i\omega_n-(\varepsilon_k-\mu)/\hbar}+\frac{1}{(2\pi)^3\hbar}\frac{\delta_{ss'}}{\{i\omega_n-(\varepsilon_k-\mu)/\hbar\}^2}$$
$$\times\left[(2\pi)^3(2S+1)\rho U(0)\pm\int d\boldsymbol{k}'U(\boldsymbol{k}-\boldsymbol{k}')n(\varepsilon_{k'})\right]$$
(2.219)

という形にまとまる．

系が並進対称であれば $\phi_k^0(\boldsymbol{r})=e^{i\boldsymbol{k}\cdot\boldsymbol{r}}/\sqrt{V}$ として，はじめから実空間ではなく運動量空間でダイアグラム展開した方が表式がコンパクトにまとまる．そこで以下に運動量空間でのファインマンダイアグラムの展開方法をまとめる．

運動量空間でのダイアグラムの方法（$\tilde{G}_{ss'}(\boldsymbol{k},\omega_n)$ の n 次の摂動項の計算）

1. $2n$ 個の結節点，$2n+1$ 本の粒子線，n 本の相互作用線から成るトポロジー的に独立な図形をすべて描く．ただし，粒子線のうち，2本は外線とする．粒子線，相互作用線には向きをつける．各結節点では，流入する1本の粒子線，流出する1本の粒子線，そして1本の相互作用線の合計3本が結びついているようにする．

2. 各粒子線と相互作用線に運動量と振動数を割り当てる．ただし2本の外線には運動量 $\boldsymbol{k}$ と振動数 ω_n を割り当てる．各結節点にはスピンを割り当てる．外線の二つの端には，s と s' のスピンを割り当てる．ただし，外線は s' からは流出する方向に，s へは流入する方向に走っているものとする．割り当てる振動数については，座標空間でのダイアグラムの方法の手順3と同じ．各結節点において，流入する運動量（振動数）の和が，流出する運動量（振動数）の和と一致するようにする．

3. 運動量 $\bm{k}$, 振動数 ω_n をもち, スピン s と s' をつなぐ粒子線には
$$\tilde{G}^{(0)}_{ss'}(\bm{k},\omega_n) = \frac{\delta_{ss'}}{i\omega_n - (\varepsilon_k - \mu)/\hbar} \tag{2.220}$$
を対応させる.

4. 運動量 $\bm{k}$, 振動数 ω_n をもち, スピン s と s' をつなぐ相互作用線には
$$V_{ss'}(\bm{k},\omega_n) = U(\bm{k}) \tag{2.221}$$
を対応させる.

5. すべての結節点のスピンについて和をとる. 外線以外のすべての線に割り当てられた運動量について積分し, 振動数について和をとる.

6. 因子 $(-1)^{n+F}(\beta\hbar^2)^{-n}(2\pi)^{-3n}$ をかける. F はボソンの場合 0, フェルミオンの場合は閉じた粒子線の数である.

7. 振動数 ω_m を割り当てられた粒子線が, それのみで輪を作っているとき, あるいは両端が 1 本の相互作用線でつながっているとき, 収束因子として $e^{i\omega_m \eta}$ をかける. ここで, $\eta = +0$ である.

このルールに基づいて, やはり相互作用の 1 次の項を求めてみよう. まず, 手順 1, 2 により, 図 2.5 のダイアグラムが描ける. 図 (a) のダイアグラムからは, 手順 3〜7 より,

$$\mp (\beta\hbar^2)^{-1} \frac{\sum_{s_1 s_2} \delta_{ss_1}\delta_{s's_2}}{\{i\omega_n - (\varepsilon_k - \mu)/\hbar\}^2} U(0) \int \frac{d\bm{k}'}{(2\pi)^3} \sum_{\omega_m} \frac{1}{i\omega_m - (\epsilon_{k'} - \mu)/\hbar}$$
$$= \hbar^{-1} \frac{(2S+1)\delta_{ss'}}{\{i\omega_n - (\varepsilon_k - \mu)/\hbar\}^2} \rho U(0) \tag{2.222}$$

という表式が得られる. また図 (b) からは

$$-(\beta\hbar^2)^{-1} \frac{\sum_{s_1 s_2} \delta_{s's_1}\delta_{ss_2}}{\{i\omega_n - (\varepsilon_k - \mu)/\hbar\}^2} \int \frac{d\bm{k}'}{(2\pi)^3} \sum_{\omega_m} \frac{U(\bm{k}'-\bm{k})\delta_{s_1 s_2}}{i\omega_m - (\epsilon_{k'} - \mu)/\hbar}$$
$$= \pm \hbar^{-1} \frac{\delta_{ss'}}{\{i\omega_n - (\varepsilon_k - \mu)/\hbar\}^2} \int \frac{d\bm{k}'}{(2\pi)^3} U(\bm{k}'-\bm{k}) n(\varepsilon_{k'}) \tag{2.223}$$

が得られる. これに 0 次の項を加えれば, 温度グリーン関数 $\tilde{G}_{ss'}(\bm{k},\omega_n)$ は式 (2.219) の形に一致することがわかる.

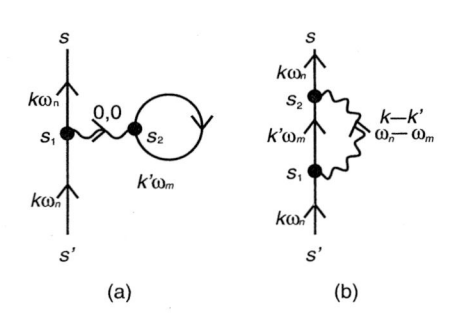

図 2.5 運動量空間での 1 次のダイアグラム

2.2.9 ファインマンダイアグラム II

相互作用項 $K_1(\tau)$ として，これまでは式 (2.192) や式 (2.193) の形を用いていた．問題によってはもっと対称的な

$$K_1(\tau) = \frac{1}{4}\int d\bm{r}_1 d\bm{r}_2 d\bm{r}_3 d\bm{r}_4 V(\bm{r}_1\bm{r}_2;\bm{r}_3\bm{r}_4)\psi_I^\dagger(\bm{r}_1\tau)\psi_I^\dagger(\bm{r}_2\tau)\psi_I(\bm{r}_4\tau)\psi_I(\bm{r}_3\tau) \tag{2.224}$$

といった形で与えられていることも多い．ダイアグラム展開の基本式 (2.198) をみると，$K_1(\tau)$ は必ず $\int_0^{\beta\hbar} K_1(\tau)d\tau$ という形で現れるので，式 (2.224) をさらに一般化して

$$\int_0^{\beta\hbar} K_1(\tau)d\tau = \frac{1}{4}\int dz_1 dz_2 dz_3 dz_4 V(z_1 z_2; z_3 z_4)\psi_I^\dagger(z_1)\psi_I^\dagger(z_2)\psi_I(z_4)\psi_I(z_3) \tag{2.225}$$

という形に書こう．ここで $z = (\bm{r},\tau)$, $\int dz = \int d\bm{r}\int_0^{\beta\hbar} d\tau$ を表す．スピンをもつ場合は，$z = (\bm{r},\tau,s)$, $\int dz = \int d\bm{r}\int_0^{\beta\hbar} d\tau \sum_s$ である．あるいは V が運動量空間で与えられることも多いだろうから，そのときは $z = (\bm{k},\tau)$, $\int dz = \sum_{\bm{k}}\int_0^{\beta\hbar} d\tau$ を表すと思えばよい．式 (2.225) の V は

$$V(z_1 z_2; z_3 z_4) = \pm V(z_2 z_1; z_3 z_4) = \pm V(z_1 z_2; z_4 z_3) = V(z_2 z_1; z_4 z_3) \tag{2.226}$$

という対称性をもつ．± は，上がボソンの場合，下がフェルミオンの場合である．式 (2.192) や式 (2.193) との関連は

$$V(z_1z_2;z_3z_4) = \langle z_1z_2|V|z_3z_4\rangle \pm \langle z_1z_2|V|z_4z_3\rangle \tag{2.227}$$

$$\langle z_1z_2|V|z_3z_4\rangle = U(\bm{r}_1-\bm{r}_2)\delta(\tau_1-\tau_2)\delta(\tau_2-\tau_3)\delta(\tau_3-\tau_4)$$
$$\times \delta(\bm{r}_1-\bm{r}_3)\delta(\bm{r}_2-\bm{r}_4)\delta_{s_1s_3}\delta_{s_2s_4} \tag{2.228}$$

である．

前説で述べた理由から，ダイアグラム計算は虚時間 τ で行うよりも，そのフーリエ空間の振動数 ω_n で行った方が簡単である．そこで $V(z_1z_2;z_3z_4)$ についても虚時間をフーリエ変換し，それを $V(\xi_1\xi_2;\xi_3\xi_4)$ と書く．ここで $\xi=(\bm{r},\omega_n)$ である．また，スピンをもつ場合は $\xi=(\bm{r},\omega_n,s)$ である．ただし散乱の前後で粒子のもつ振動数が保存しなければならないので，$\omega_{n_1}+\omega_{n_2}=\omega_{n_3}+\omega_{n_4}$ という条件がつく．空間座標についてもフーリエ変換をするのであれば，上記の ξ を $\xi=(\bm{k},\omega_n)$ あるいは $\xi=(\bm{k},\omega_n,s)$ と読みかえればよい．その際は，運動量についても保存則 $\bm{k}_1+\bm{k}_2=\bm{k}_3+\bm{k}_4$ が条件として必要になる．

式 (2.227) をダイアグラム上で図 2.6 のように表そう．すなわち相互作用をこれまで波線で描いていたが，ここでは点で表すのである．このダイアグラムの対応関係を用いると，たとえば z_2 と z_4 をつないだダイアグラムについては，図 2.7 に描いたように，これまでよく登場していた二つのダイアグラムを（符号を含めて）一つにまとめられることがわかる．したがって，このように相互作用を点で表す表記法を用いれば，描くダイアグラムの数が少なくてすみ，高次の計算には便利である．

以下に，このダイアグラムによる摂動計算の手順をまとめる．ここでも前節

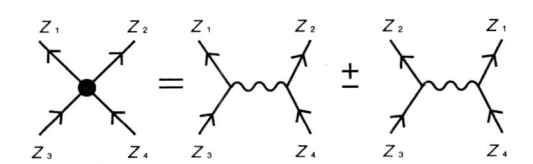

図 **2.6** 相互作用に関するファインマンダイアグラム II とファインマンダイアグラム I との対応関係

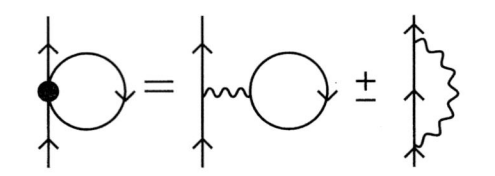

図 2.7 1 次のファインマンダイアグラム II とファインマンダイアグラム I との対応関係

のダイアグラム同様，τ ではなく ω_n 表示で計算する場合のみ考える．

実空間でのダイアグラムの方法（$\tilde{G}_{ss'}(\boldsymbol{r},\boldsymbol{r}',\omega_n)$ の n 次の摂動項の計算）

1. n 個の結節点，$2n+1$ 本の粒子線からなるトポロジー的に独立な図形をすべて描く．ただし外線を 2 本もつものとする．粒子線には向きをつける．各結節点には 2 本の粒子線が流れ込み，2 本の粒子線が流れ出るように描く．

2. 各粒子線の両端に番号をつけ，i 番目の端には座標 $z_i = (\boldsymbol{r}_i, s_i)$（スピンがない場合は $z_i = \boldsymbol{r}_i$）を割り当てる．ただし外線の外側の端には z と z' を割り当てる．外線は，z' からは流出する方向，z へは流入する方向に走っているとする．

3. 各粒子線に粒子の統計にしたがって

$$\omega_m = \begin{cases} \dfrac{2m\pi}{\beta\hbar} & (\text{ボゾン}) \\ \dfrac{(2m+1)\pi}{\beta\hbar} & (\text{フェルミオン}) \end{cases} \quad (2.229)$$

で与えられる振動数 ω_m を割り当てる．各線にはそれぞれ独立の振動数を割り当てるが，その際，結節点に流入する振動数の和と流出する振動数の和が一致するようにする．2 本の外線には，振動数 ω_n を割り当てる．

4. 結節点 j から i へ走る粒子線には非摂動（自由粒子）温度グリーン関数

$$\tilde{G}^{(0)}_{s_i s_j}(\boldsymbol{r}_i, \boldsymbol{r}_j, \omega_m) = \sum_\alpha \phi^0_\alpha(\boldsymbol{r}_i)\phi^{0*}_\alpha(\boldsymbol{r}_j)\frac{\delta_{s_i s_j}}{i\omega_m - (\varepsilon_\alpha - \mu)/\hbar} \quad (2.230)$$

を対応させる．

2.2 グリーン関数と摂動展開

5. i_1, i_2, i_3, i_4 の番号がつけられた結節点には $V(z_{i1}z_{i2}; z_{i3}z_{i4})$ を対応させる．ただし i_1, i_2 は流出する側の番号，i_3, i_4 は流入する側の番号である．ここで，$V(z_{i1}z_{i2}; z_{i3}z_{i4})$ を割り当てるか $V(z_{i1}z_{i2}; z_{i4}z_{i3})$ を割り当てるかの任意性があるが，ボゾンの場合はどちらも同じである．フェルミオンの場合は，両者で符合が異なり，どちらを選ぶかは，規則7の F と合わせて決める．

6. すべての z_i について積分し，外線以外の粒子線に割り当てられた振動数について和をとる．スピンがある場合には，スピンについても和をとる．

7. 因子 $(-1)^{n+F}(2\beta\hbar^2)^{-n}A$ をかける．A は，図 2.6（右辺の符合は関係ない）にしたがって，前節のファインマンダイアグラム I に描き直したときに，何通りの独立したダイアグラムが生まれるかを表す．F はボゾンのときは 0 である．フェルミオンの場合の F は，対応するファインマンダイアグラム I のうちのどれでも一つを選び，その中に存在する閉じた粒子線の数の和を表す．その際，規則5で保留になっていた V の内部変数の順番も同時に決める．V の内部変数の順番は，選んだ一つのファインマンダイアグラム I において，z_3 が z_1 に，z_4 が z_2 に散乱されているとすると，$V(z_1z_2; z_3z_4)$ と選ぶ．

8. 振動数 ω_n をもつ粒子線が，それのみで輪を作っているとき，収束因子として $e^{i\omega_n\eta}$ をつける．

それでは例として，図 2.8 のダイアグラムを計算してみよう．

$$-\frac{(-1)^F A}{2\beta\hbar^2}\sum_{\omega_m}\sum_{s_1\cdots s_4}\int d\mathbf{r}_1 d\mathbf{r}_2 d\mathbf{r}_3 d\mathbf{r}_4\, e^{i\omega_m\eta}V(\xi_4\xi_3; \xi_2\xi_1)$$

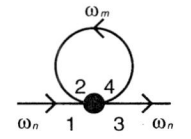

図 2.8　1次のダイアグラム II

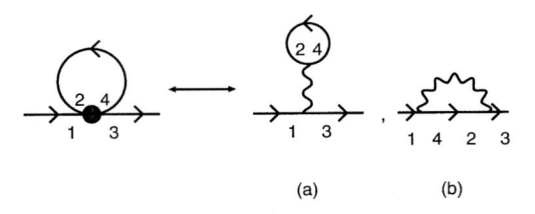

図 2.9 1次のファインマンダイアグラム II と，ファインマンダイアグラム I との対応関係

$$\times G^0_{s_1 s}(\boldsymbol{r}_1, \boldsymbol{r}, \omega_n) G^0_{s' s_3}(\boldsymbol{r}', \boldsymbol{r}_3, \omega_n) G^0_{s_2 s_4}(\boldsymbol{r}_2, \boldsymbol{r}_4, \omega_m) \qquad (2.231)$$

と書ける．ここで A については，図 2.9 からわかるように，図 2.8 に対応する前節のファインマンダイアグラム I は二つあるので，$A = 2$ である．さらにフェルミオンの場合の F については，図 2.9(a) のダイアグラムを選ぶと，輪が一つだけあるので $F = 1$ であり，さらに相互作用 V については，z_1 が z_3 へ，z_4 が z_2 へ散乱されているので，$V(z_4 z_3; z_2 z_1)$ である（図 2.10）．図 2.9(b) のダイアグラムを選んでも結果は同じである．すなわち，ここでは輪はないので $F = 0$ であり，V については，z_1 が z_4 へ，z_2 が z_3 へ散乱されているので，$V(z_4 z_3; z_1 z_2)$ である．F の因子とあわせると $(-1)^0 V(z_4 z_3; z_1 z_2)$ となるが，これは $(-1)^1 V(z_4 z_3; z_2 z_1)$ と等しい（図 2.10）．この例のように，F の値は，V の形を決めれば，対応する複数のファインマンダイアグラム I のどれを選んで F を計算しようと同じ値を与える．

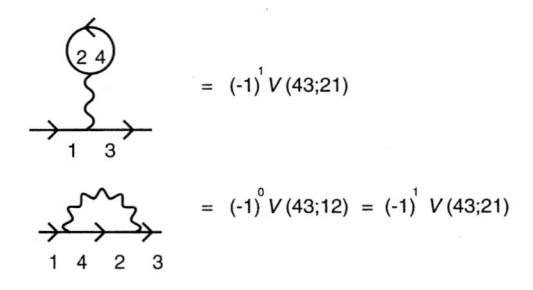

図 2.10 1次のダイアグラムに対する F と V

こうして式 (2.231) は

$$\hbar^{-1}\sum_{s_2}\int dr_1 dr_2 dr_3 dr_4\, V_{s_2 s' s_2 s}(r_4 r_3; r_2 r_1)$$
$$\times \sum_\alpha \frac{\phi^0_\alpha(r)\phi^{0*}_\alpha(r_1)}{i\omega_n - (\varepsilon_\alpha - \mu)/\hbar} \sum_{\alpha'} \frac{\phi^0_{\alpha'}(r_3)\phi^{0*}_{\alpha'}(r')}{i\omega_n - (\varepsilon_{\alpha'} - \mu)/\hbar}$$
$$\times \sum_\gamma \phi^0_\gamma(r_4)\phi^{0*}_\gamma(r_2) n(\varepsilon_\gamma) \qquad (2.232)$$

と書ける．ここで式 (2.226)〜(2.228) を用いると

$$V_{s_4 s_3 s_2 s_1}(r_4 r_3; r_2 r_1)$$
$$= U(r_1 - r_2)$$
$$\times [\delta(r_1 - r_3)\delta(r_2 - r_4)\delta_{s_1 s_3}\delta_{s_2 s_4} \pm \delta(r_1 - r_4)\delta(r_2 - r_3)\delta_{s_1 s_4}\delta_{s_2 s_3}]$$
$$\qquad (2.233)$$

である．これを式 (2.232) に代入すると，

$$\hbar^{-1}\delta_{ss'}\int dr_1 dr_2 U(r_1-r_2) \sum_{\alpha\alpha'\gamma} \frac{n(\varepsilon_\gamma)\phi^0_\alpha(r)\phi^{0*}_{\alpha'}(r')}{\{i\omega_n - (\varepsilon_\alpha - \mu)/\hbar\}\{i\omega_n - (\varepsilon_{\alpha'} - \mu)/\hbar\}}$$
$$\times [(2S+1)\phi^0_{\alpha'}(r_1)\phi^{0*}_\alpha(r_1)|\phi^0_\gamma(r_2)|^2 \pm \phi^{0*}_\alpha(r_1)\phi^0_\gamma(r_1)\phi^0_{\alpha'}(r_2)\phi^{0*}_\gamma(r_2)]$$
$$\qquad (2.234)$$

となる．これは確かに式 (2.216) と一致する．

A と $(-1)^F$ の決め方についてもう少し練習しておこう．図 2.11 の左側のダイアグラムを考える．図 2.6 の右辺のように，これには四つのファインマンダイアグラム I が対応しているので，$A=4$ である．また，フェルミオンの場合の F と V については，図 2.12 から，$(-1)^2 V(43;21)V(58;76)$ を対応させればよいことがわかる（図 2.12 には図 2.11 の (a)(b) についてのみ F と V を書いているが，(c) や (d) について行っても同じ結果になる）．

つぎに運動量空間での規則を書いておく．例については同じことのくり返しになるので，今回はわざわざ示す必要はないであろう．

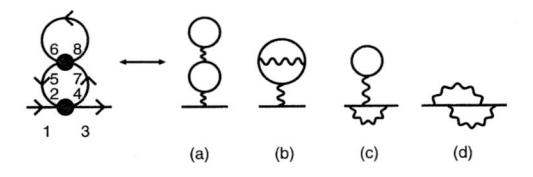

図 2.11 2 次のファインマンダイアグラム II と I との対応関係の一つ

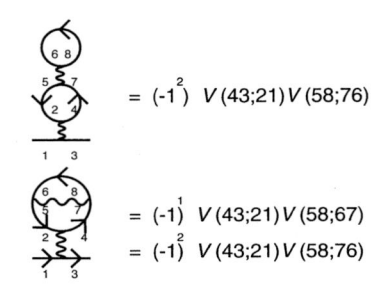

図 2.12 前図の (a), (b) について F と V の決定

運動量空間でのダイアグラムの方法 ($\tilde{G}_{ss'}(\boldsymbol{k},\omega_n)$ の n 次の摂動項の計算)

1. n 個の結節点, $2n+1$ 本の粒子線からなるトポロジー的に独立な図形をすべて描く. ただし外線を 2 本もつものとする. 粒子線には向きをつける. 各結節点には 2 本の粒子線が流れ込み, 2 本の粒子線が流れ出るように描く.

2. (スピンがない場合は, ここはとばす.) 各粒子線の両端に番号をつけ, i 番目の端にはスピンインデックス s_i を割り当てる. ただし外線の外側の端には s と s' をつける. 外線は, s' からは流出する方向, s へは流入する方向に走っているものとする.

3. 各粒子線に波数と振動数を割り当てる. その際, 各結節点で流入する波数 (および振動数) の和と, 流出する波数 (および振動数) の和が一致するように選ぶ. 2 本の外線には波数 $\boldsymbol{k}$ と振動数 ω_n を割り当てる.

4. 運動量 $\boldsymbol{k}$, 振動数 ω_n をもち, スピン s と s' をつなぐ粒子線には

$$\tilde{G}^{(0)}_{ss'}(\boldsymbol{k},\omega_n) = \frac{\delta_{ss'}}{i\omega_n - (\varepsilon_k - \mu)/\hbar} \tag{2.235}$$

5. i_1, i_2, i_3, i_4 の番号がつけられ，それぞれ $\bm{k}_1, \bm{k}_2, \bm{k}_3, \bm{k}_4$ ($\bm{k}_1 + \bm{k}_2 = \bm{k}_3 + \bm{k}_4$), $\omega_{n_1}, \omega_{n_2}, \omega_{n_3}, \omega_{n_4}$ ($\omega_{n_1} + \omega_{n_2} = \omega_{n_3} + \omega_{n_4}$) の波数と振動数が流入流出している結節点には $V(\xi_{i1}\xi_{i2};\xi_{i3}\xi_{i4})$ を対応させる．ただし，i_1, i_2 は流出する側，i_3, i_4 は流入する側とする．なお，$V(\xi_{i1}\xi_{i2};\xi_{i3}\xi_{i4})$ と $V(\xi_{i1}\xi_{i2};\xi_{i4}\xi_{i3})$ のどちらを対応させるかは，7番の規則と合わせて決める．

6. 外線以外の $\bm{k}_i$ と ω_{n_i} について和をとる．スピンがある場合には，スピンについても和をとる．

7. 因子 $(-1)^{n+F}(2\beta\hbar^2)^{-n}(2\pi)^{-3n}A$ をかける．F, A の決め方は，座標空間での規則7と同じ．

8. 振動数 ω_n をもつ粒子線が，それのみで輪を作っているとき，収束因子として $e^{i\omega_n \eta}$ をつける．

2.2.10 経路積分における摂動展開

ここまでは第2量子化を用いて，グリーン関数などの摂動展開をダイアグラムを利用して行う方法をみてきた．同じことを1.3節で紹介した経路積分を用いても実行することができる．両者の違いは単に熱平均 $\langle A \rangle = Z^{-1}\,\mathrm{Tr}\,(e^{-\beta H}A)$ を第2量子化した演算子で計算するか，経路積分で計算するかだけである．したがって，ファインマンダイアグラムを用いて相互作用系の温度グリーン関数を自由粒子系のグリーン関数の積の形に摂動展開するやり方は同じである．ここでは単に，経路積分で用いた自由粒子系の温度グリーン関数の計算，およびウィックの定理の導出にとどめておく．

経路積分では，1粒子温度グリーン関数 $\tilde{G}(\bm{r}\tau, \bm{r}'\tau')$ は，

$$\begin{aligned}\tilde{G}(\bm{r}\tau, \bm{r}'\tau') &= -\langle T_\tau\,\psi(\bm{r}\tau)\psi^\dagger(\bm{r}'\tau')\rangle \\ &= -Z^{-1}\int \mathcal{D}\tilde{\psi}^* \mathcal{D}\tilde{\psi}\end{aligned}$$

$$\times \exp\left(-\int_0^{\beta\hbar} d\tau \left[\int d\bm{r}\, \psi^*(\bm{r}\tau)(\partial/\partial\tau - \mu)\psi(\bm{r}\tau) + H(\psi^*, \psi)\right]\right)$$
$$\times \psi(\bm{r}\tau)\psi^*(\bm{r}'\tau') \tag{2.236}$$

$$Z = \int \mathcal{D}\tilde{\psi}^* \mathcal{D}\tilde{\psi}$$
$$\times \exp\left(-\int_0^{\beta\hbar} d\tau \left[\int d\bm{r}\, \psi^*(\bm{r}\tau)(\partial/\partial\tau - \mu)\psi(\bm{r}\tau) + H(\psi^*, \psi)\right]\right) \tag{2.237}$$

と書ける．ここで1行目の ψ は場の演算子であるが，2行目以降の ψ は複素数（ボゾンの場合）あるいはグラスマン数（フェルミオンの場合）である．$\mathcal{D}\tilde{\psi}^*\mathcal{D}\tilde{\psi}$ は，各 τ の値に対して

$$\begin{cases} \dfrac{d\psi^*(\tau)d\psi(\tau)}{2\pi i} & （ボゾンの場合）\\ d\psi^*(\tau)d\psi(\tau) & （フェルミオンの場合）\end{cases} \tag{2.238}$$

による積分を行うことを意味する．さらにこの積分には $\epsilon\psi(\beta\hbar) = \psi(0)$, $\epsilon\psi^*(\beta\hbar) = \psi^*(0)$ の条件がつく．ここで $\epsilon = \pm 1$（上がボゾン，下がフェルミオン）である．

自由粒子の場合について $\tilde{G}_0$ を求めてみよう．第2量子化表示したハミルトニアンは

$$H_0 = \sum_\alpha \varepsilon_\alpha a_\alpha^\dagger a_\alpha \tag{2.239}$$

である．実際の計算には τ よりも ω_n の方が便利である．式 (1.210)〜(1.212)，さらに式 (1.145), (1.188) を使うと，

$$\tilde{G}_0(\bm{r}\tau, \bm{r}'\tau')$$
$$= -Z^{-1}(\beta\hbar)^{-2} \sum_{\omega_m}\sum_{\omega_l}$$
$$\times \exp\left(-i\omega_m\tau/\hbar + i\omega_l\tau'/\hbar\right) \sum_{\beta\gamma} \phi_\beta^0(\bm{r}) \phi_\gamma^{0*}(\bm{r}')$$
$$\times \int \mathcal{D}\tilde{\psi}^* \mathcal{D}\tilde{\psi}$$

$$\times \exp\left(-(\beta\hbar)^{-1}\sum_{\omega_n}\sum_\alpha [\psi_\alpha^*(\omega_n)\{-i\omega_n + (\varepsilon_\alpha-\mu)/\hbar\}\psi_\alpha(\omega_n)]\right)$$
$$\times \psi_\beta(\omega_m)\psi_\gamma^*(\omega_l)$$
$$= (\beta\hbar)^{-1}\sum_{\omega_m}\sum_\alpha \frac{e^{-i\omega_m(\tau-\tau')/\hbar}\phi_\alpha^0(\boldsymbol{r})\phi_\alpha^{0*}(\boldsymbol{r}')}{i\omega_m-(\varepsilon_\alpha-\mu)/\hbar} \tag{2.240}$$

となる．ここで ϕ_α^0 は 1 粒子状態 α の波動関数である．これより $\tilde{G}_0(\boldsymbol{r}\tau,\boldsymbol{r}'\tau')$ が $\tau-\tau'$ の関数であることがわかり，$\tau-\tau'$ に関してフーリエ変換した $\tilde{G}_0(\boldsymbol{r},\boldsymbol{r}',\omega_n)$ が

$$\tilde{G}_0(\boldsymbol{r},\boldsymbol{r}',\omega_n) = \sum_\alpha \frac{\phi_\alpha^0(\boldsymbol{r})\phi_\alpha^{0*}(\boldsymbol{r}')}{i\omega_n-(\varepsilon_\alpha-\mu)/\hbar} \tag{2.241}$$

と書け，第 2 量子化の手法で求めた式 (2.153) に一致する（ここでは，スピンの自由度は考えていない）．

ウィック (Wick) の定理

式 (2.171) のウィックの定理は，経路積分を使うと簡単に証明できる．まず式 (2.171) の左辺を経路積分で書くと，

$$\langle T_\tau (ABC\cdots D)\rangle_0$$
$$= Z^{-1}\int \mathcal{D}\tilde{\psi}^*\mathcal{D}\tilde{\psi}$$
$$\times \exp\left(-\int_0^{\beta\hbar}d\tau\left[\sum_\alpha \psi_\alpha^*(\tau)(\partial/\partial\tau - \mu/\hbar)\psi_\alpha(\tau) + H_0(\psi^*,\psi)\right]\right)$$
$$\times A(\tau_a)B(\tau_b)C(\tau_c)\cdots D(\tau_d) \tag{2.242}$$

となる．H_0 は自由粒子のハミルトニアン式 (2.239) で，$H_0(\psi^*,\psi)$ は

$$H_0(\psi^*,\psi) = \sum_\alpha \varepsilon_\alpha \psi_\alpha^*(\tau)\psi_\alpha(\tau) \tag{2.243}$$

と書ける．

式 (2.242) において，$ABC\cdots D$ の半数が ψ で，残る半数が ψ^* でなければ，右辺の積分は 0 を与える．したがって式 (2.242) の左辺で有限の値をとりうるのは

$$\langle T_\tau (\psi_1(\tau_1)\cdots\psi_n(\tau_n)\psi_{n+1}^*(\tau_{n+1})\cdots\psi_{2n}^*(\tau_{2n}))\rangle_0 \tag{2.244}$$

という形，あるいはその並び換えたもののみである．そしてこれは，

$$
\begin{aligned}
&\langle T_\tau \left(\psi_1(\tau_1)\cdots\psi_n(\tau_n)\psi^*_{n+1}(\tau_{n+1})\cdots\psi^*_{2n}(\tau_{2n}) \right) \rangle_0 \\
&= Z^{-1} \int \mathcal{D}\psi^* \mathcal{D}\psi \exp\left(-\int_0^{\beta\hbar} d\tau \sum_\alpha \psi^*_\alpha(\tau)\{\partial/\partial\tau + (\varepsilon_\alpha - \mu)/\hbar\}\psi_\alpha(\tau) \right) \\
&\quad \times \psi_1(\tau_1)\cdots\psi_n(\tau_n)\psi^*_{n+1}(\tau_{n+1})\cdots\psi^*_{2n}(\tau_{2n}) \\
&= \frac{\epsilon^n \delta^{2n}}{\delta J^*_1(\tau_1)\cdots\delta J^*_n(\tau_n)\delta J_{n+1}(\tau_{n+1})\cdots\delta J_{2n}(\tau_{2n})} \\
&\quad \times \ln \int \mathcal{D}\psi^* \mathcal{D}\psi \exp\left(-\int_0^{\beta\hbar} d\tau d\tau' \sum_{\alpha\gamma} \psi^*_\alpha(\tau)(M)_{(\alpha\tau)(\gamma\tau')}\psi_\gamma(\tau') \right. \\
&\quad \left. - \int_0^{\beta\hbar} d\tau \sum_\alpha (J^*_\alpha(\tau)\psi_\alpha(\tau) + \psi^*_\alpha(\tau)J_\alpha(\tau)) \right)\bigg|_{J=0} \quad (2.245)
\end{aligned}
$$

と書ける．ここで行列 M は

$$
(M)_{(\alpha\tau)(\gamma\tau')} = \delta_{\alpha\gamma}\left[\frac{\partial}{\partial\tau} + \frac{\varepsilon_\alpha - \mu}{\hbar}\right]_{\tau\tau'} \quad (2.246)
$$

である．J は，ボゾンの場合は複素数，フェルミオンの場合はグラスマン数である．係数の ϵ^n は，グラスマン数においては

$$
\begin{aligned}
\frac{\delta}{\delta J} e^{\psi^* J} &= \frac{\delta}{\delta J}(1 + \psi^* J) \\
&= \frac{\delta}{\delta J}(1 - J\psi^*) \\
&= -\psi^* \\
&= -\psi^*(1 + \psi^* J) \\
&= -\psi^* e^{\psi^* J} \quad (2.247)
\end{aligned}
$$

により，J 微分を行うたびに -1 の因子が出るからである．J^* 微分にはこの因子は出ないことにも注意しよう．

式 (2.245) はさらに，式 (1.144) および式 (1.187) を用いて

$$
\langle T_\tau \left(\psi_1(\tau_1)\cdots\psi_n(\tau_n)\psi^*_{n+1}(\tau_{n+1})\cdots\psi^*_{2n}(\tau_{2n}) \right) \rangle_0
$$

$$= \left. \frac{\epsilon^n \delta^{2n} \int_0^{\beta\hbar} d\tau d\tau' \sum_{\alpha\gamma} J_\alpha^*(\tau)(M^{-1})_{(\alpha\tau)(\gamma\tau')} J_\gamma(\tau')}{\delta J_1^*(\tau_1)\cdots\delta J_n^*(\tau_n)\delta J_{n+1}(\tau_{n+1})\cdots\delta J_{2n}(\tau_{2n})} \right|_{J=0} \qquad (2.248)$$

と書ける．ここでもまた J 微分によりフェルミオンには -1 の因子が出るので，ϵ^n の因子は最終的に消え，結局

$$\begin{aligned}
&\langle T_\tau\,(\psi_1(\tau_1)\cdots\psi_n(\tau_n)\psi_{n+1}^*(\tau_{n+1})\cdots\psi_{2n}^*(\tau_{2n}))\rangle_0 \\
&= \overline{\psi_1(\tau_1)\cdots\psi_n(\tau_n)\psi_{n+1}^*(\tau_{n+1})\cdots\psi_{2n}^*(\tau_{2n})} \\
&\quad + \overline{\psi_1(\tau_1)\cdots\psi_n(\tau_n)\psi_{n+1}^*(\tau_{n+1})\cdots\psi_{2n}^*(\tau_{2n})} + \cdots
\end{aligned}$$

となる．ここで

$$\overline{\psi_\alpha(\tau_\alpha)\psi_\gamma^*(\tau_\gamma)} = (M^{-1})_{(\alpha\tau_\alpha)(\gamma\tau_\gamma)} \qquad (2.249)$$

である．さらに式 (2.246) より

$$\begin{aligned}
(M^{-1})_{(\alpha\tau_\alpha)(\gamma\tau_\gamma)} &= \delta_{\alpha\gamma}\left(\frac{1}{\partial/\partial\tau + (\varepsilon_\alpha-\mu)/\hbar}\right)_{\tau_\alpha\tau_\gamma} \\
&= (\beta\hbar)^{-1}\sum_n \frac{\delta_{\alpha\gamma}}{-i\omega_n + (\varepsilon_\alpha-\mu)/\hbar} e^{-i\omega_n(\tau_\alpha-\tau_\gamma)} \\
&= -(\beta\hbar)^{-1}\sum_n \tilde{G}_0(\alpha,\gamma,\omega_n) e^{-i\omega_n(\tau_\alpha-\tau_\gamma)} \\
&= -\tilde{G}_0(\alpha\tau_\alpha,\gamma\tau_\gamma) \\
&= \langle T_\tau\,\psi_\alpha(\tau_\alpha)\psi_\gamma^\dagger(\tau_\gamma)\rangle_0 \qquad (2.250)
\end{aligned}$$

である．よって式 (2.249), (2.250) より，ウィックの定理（式 (2.171)）が証明された．

2.2.11 ダイソン方程式

温度グリーン関数の摂動展開を眺めてみると，温度グリーン関数の 2 次以上のダイアグラムは，つねに外線が 2 本出ている．ダイアグラムで描けば図 2.13

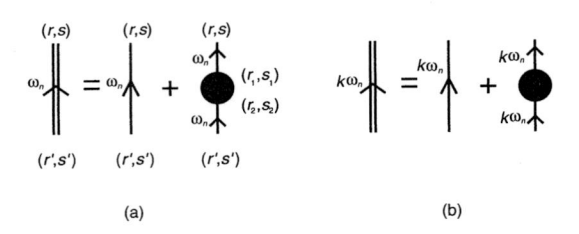

図 2.13 $\tilde{G}$(2重線)は,$\tilde{G}^{(0)}$(細線)が必ず2本外に出ている(2次以上の場合)
(a)は座標空間表示,(b)は運動量空間表示.

の形になる.式で書けば,温度グリーン関数はつねに

$$\tilde{G}_{ss'}(\boldsymbol{r},\boldsymbol{r}',\omega_n) = \tilde{G}^{(0)}_{ss'}(\boldsymbol{r},\boldsymbol{r}',\omega_n) + \int d\boldsymbol{r}_1 d\boldsymbol{r}_2 \tilde{G}^{(0)}_{ss_1}(\boldsymbol{r},\boldsymbol{r}_1,\omega_n)$$
$$\times \Sigma^*_{s_1 s_2}(\boldsymbol{r}_1,\boldsymbol{r}_2,\omega_n) \tilde{G}^{(0)}_{s_2 s'}(\boldsymbol{r}_2,\boldsymbol{r}',\omega_n)$$
$$(座標空間表示) \qquad (2.251)$$
$$\tilde{G}_{ss'}(\boldsymbol{k},\omega_n) = \tilde{G}^{(0)}_{ss'}(\boldsymbol{k},\omega_n) + \tilde{G}^{(0)}_{ss_1}(\boldsymbol{k},\omega_n) \Sigma^*_{s_1 s_2}(\boldsymbol{k},\omega_n) \tilde{G}^{(0)}_{s_2 s'}(\boldsymbol{k},\omega_n)$$
$$(運動量空間表示)$$

という形になっている.ここで同じスピンインデックスについては和をとるものとする.図 2.13 の未知の黒塗り部分が Σ^* であり,これを**自己エネルギー**(self energy)とよぶ.

自己エネルギー Σ^* の中で,1本の粒子線 ($\tilde{G}^{(0)}$) を切っても二つに分離することはないものを Σ と書こう.これを**既約自己エネルギー**(irreducible self energy)という.これを使うと Σ^* は図 2.14 にあるように

$$\Sigma^*_{ss'}(\boldsymbol{r},\boldsymbol{r}',\omega_n) = \Sigma_{ss'}(\boldsymbol{r},\boldsymbol{r}',\omega_n)$$

図 2.14 自己エネルギー Σ^* は既約自己エネルギー Σ を用いて表せる

$$+ \int d\bm{r}_1 d\bm{r}_2 \, \Sigma_{ss_1}(\bm{r}, \bm{r}_1, \omega_n) \tilde{G}^{(0)}_{s_1 s_2}(\bm{r}_1, \bm{r}_2, \omega_n) \Sigma_{s_2 s'}(\bm{r}_2, \bm{r}', \omega_n)$$
$$+ \cdots \quad (座標空間表示) \tag{2.252}$$

$$\begin{aligned}
\Sigma^*_{ss'}(\bm{k}, \omega_n) = {} & \Sigma_{ss'}(\bm{k}, \omega_n) \\
& + \Sigma_{ss_1}(\bm{k}, \omega_n) \tilde{G}^{(0)}_{s_1 s_2}(\bm{k}, \omega_n) \Sigma_{s_2 s'}(\bm{k}, \omega_n) \\
& + \cdots \quad (運動量空間表示)
\end{aligned}$$

と書ける（このように書けることは，Σ の定義から明らかであろう）．この Σ を用いると式 (2.251) は

$$\begin{aligned}
\tilde{G}_{ss'}(\bm{r}, \bm{r}', \omega_n) = {} & \tilde{G}^{(0)}_{ss'}(\bm{r}, \bm{r}', \omega_n) + \int d\bm{r}_1 d\bm{r}_2 \, \tilde{G}^{(0)}_{ss_1}(\bm{r}, \bm{r}_1, \omega_n) \\
& \times \Sigma_{s_1 s_2}(\bm{r}_1, \bm{r}_2, \omega_n) \tilde{G}_{s_2 s'}(\bm{r}_2, \bm{r}', \omega_n) \\
& (座標空間表示)
\end{aligned} \tag{2.253}$$

$$\begin{aligned}
\tilde{G}_{ss'}(\bm{k}, \omega_n) = {} & \tilde{G}^{(0)}_{ss'}(\bm{k}, \omega_n) \\
& + \tilde{G}^{(0)}_{ss_1}(\bm{k}, \omega_n) \Sigma_{s_1 s_2}(\bm{k}, \omega_n) \tilde{G}_{s_2 s'}(\bm{k}, \omega_n) \\
& (運動量空間表示)
\end{aligned}$$

というように書ける．座標空間表示の場合，$\tilde{G}_{ss'}(\bm{r}, \bm{r}', \omega_n)$ を $\tilde{G}(\bm{r}, \bm{r}', \omega_n)$ 行列の $(\bm{r}s), (\bm{r}'s')$ 成分とみなし，運動量空間の場合も $\tilde{G}_{ss'}(\bm{k}, \omega_n)$ を $\tilde{G}(\bm{k}, \omega_n)$ 行列の s, s' 成分とみなせば，式 (2.253) はどちらも

$$\tilde{G} = \tilde{G}^{(0)} + \tilde{G}^{(0)} \Sigma \tilde{G} \tag{2.254}$$

と書ける（図 2.15）．これよりさらに

$$\tilde{G}^{-1} = (\tilde{G}^{(0)})^{-1} - \Sigma \tag{2.255}$$

あるいは

$$\tilde{G} = \frac{1}{(\tilde{G}^{(0)})^{-1} - \Sigma} \tag{2.256}$$

と書ける．以上を**ダイソン方程式**（Dyson's equation）という．以後，簡単のために，既約自己エネルギーのことを，単に自己エネルギーとよぶことにする．

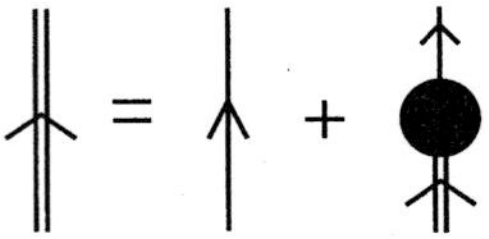

図 2.15 ダイソン方程式

　Σ は，外線を 2 本接続できるような構造のダイアグラムのうち，1 本の粒子線を切っただけでは二つに分離しないようなダイアグラムなので，摂動の 1 次や 2 次では図 2.16 のようなものがある．ここで例として，Σ の 1 次の項を計算しておこう．ダイアグラムから Σ を計算する方法は，温度グリーン関数に対する手順と同じである（もちろん外線に関する記述は，Σ については無視する）．結局 Σ の 1 次の項 $\Sigma^{(1)}$ は，図 2.17 から

$$\begin{aligned}
\Sigma^{(1)}_{ss'}(\bm{r},\bm{r}',\omega_n) =& \mp(\beta\hbar^2)^{-1}\delta_{ss'}\delta(\bm{r}-\bm{r}')\int d\bm{r}_1 V(\bm{r}-\bm{r}_1)\\
& \times \sum_m e^{i\omega_m\eta}\sum_{s_1}\tilde{G}^{(0)}_{s_1 s_1}(\bm{r}_1,\bm{r}_1,\omega_m)\\
& -(\beta\hbar^2)^{-1}V(\bm{r}-\bm{r}')\sum_m e^{i\omega_m\eta}\tilde{G}^{(0)}_{ss'}(\bm{r},\bm{r}',\omega_m)\\
& \text{(座標空間表示)} \quad (2.257)
\end{aligned}$$

$$\begin{aligned}
\Sigma^{(1)}_{ss'}(\bm{k},\omega_n) =& \mp(\beta\hbar^2)^{-1}\delta_{ss'}V(0)\int\frac{d\bm{k}'}{(2\pi)^3}\sum_m e^{i\omega_m\eta}\sum_{s_1}\tilde{G}^{(0)}_{s_1 s_1}(\bm{k}',\omega_m)\\
& -(\beta\hbar^2)^{-1}\int\frac{d\bm{k}'}{(2\pi)^3}V(\bm{k}-\bm{k}')\sum_m e^{i\omega_m\eta}\tilde{G}^{(0)}_{ss'}(\bm{k}',\omega_m)\\
& \text{(運動量空間表示)} \quad (2.258)
\end{aligned}$$

となる．

$$\begin{aligned}
\tilde{G}^{(0)}_{ss'}(\bm{r},\bm{r}',\omega_n) &= \sum_\alpha \phi^0_\alpha(\bm{r})\phi^{0*}_\alpha(\bm{r}')\frac{\delta_{ss'}}{i\omega_n-(\varepsilon_\alpha-\mu)/\hbar}\\
\tilde{G}^{(0)}_{ss'}(\bm{k},\omega_n) &= \frac{\delta_{ss'}}{i\omega_n-(\varepsilon_{\bm{k}}-\mu)/\hbar}
\end{aligned} \quad (2.259)$$

を代入すると，

$$\Sigma^{(1)}_{ss'}(\bm{r},\bm{r}',\omega_n) = \hbar^{-1}(2S+1)\delta_{ss'}\delta(\bm{r}-\bm{r}')\sum_\alpha\int d\bm{r}_1 V(\bm{r}-\bm{r}_1)|\phi^0_\alpha(\bm{r}_1)|^2 n(\varepsilon_\alpha)$$

図 2.16 Σ の 1 次と 2 次を表すダイアグラム

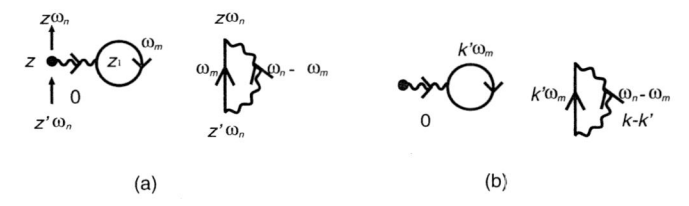

図 2.17 座標空間 (a) および運動量空間 (b) での自己エネルギーに対する摂動の 1 次のダイアグラム

$$\pm \hbar^{-1} \delta_{ss'} V(\bm{r}-\bm{r}') \sum_\alpha \phi_\alpha^0(\bm{r}) \phi_\alpha^{0*}(\bm{r}') n(\varepsilon_\alpha)$$
$$\text{(座標空間表示)} \tag{2.260}$$

$$\Sigma_{ss'}^{(1)}(\bm{k},\omega_n) = \hbar^{-1}(2S+1)\delta_{ss'} V(0) \int \frac{d\bm{k}'}{(2\pi)^3} n(\varepsilon_{\bm{k}'})$$
$$\pm \hbar^{-1} \int \frac{d\bm{k}'}{(2\pi)^3} V(\bm{k}-\bm{k}') n(\varepsilon_{\bm{k}'})$$
$$\text{(運動量空間表示)} \tag{2.261}$$

となる．ここで振動数の和について式 (2.214) を用いた．$n(\varepsilon)$ は，ボーズあるいはフェルミ分布関数である．このように，1 次の範囲では，自己エネルギーは振動数 ω_n に依存しない．

ここで重要なことは以下の点である．これまで $\tilde{G}$ に対する摂動展開を考えてきたが，そのためにある次数で実際上の計算を打ち切らざるを得なかった．すなわち，有限個のダイアグラムの寄与しか取り込むことができなかった．しかし $\tilde{G}$ ではなく，Σ の摂動展開（図 2.16）を考え，それを有限次で打ち切っても，Σ を式 (2.256) に代入して得られる $\tilde{G}$ は

$$\tilde{G} = \tilde{G}^{(0)} + \tilde{G}^{(0)} \Sigma \tilde{G}^{(0)} + \tilde{G}^{(0)} \Sigma \tilde{G}^{(0)} \Sigma \tilde{G}^{(0)} + \cdots \quad (2.262)$$

であるから，無限次までのダイアグラムを取り込むことになる．もちろん Σ の計算を有限次で打ち切って近似しているので，$\tilde{G}$ の摂動展開としてみれば，各次数で一部のダイアグラムのみを取り出して和をとったという形になる．

Σ の計算に意味があるのは，$\tilde{G}$ からみればこのような無限次までの計算を行うことに相当するという技術的な点だけではない．次に述べるように，Σ 自身が物理的に重要な量なのである．そもそも式 (2.255) からわかるように，$\tilde{G}$ の多体効果はすべて Σ に押し込められているからである．

2.2.12 自己エネルギー
自己エネルギーの数学的性質

式 (2.255) を自己エネルギー Σ の定義とみると，実時間グリーン関数，遅延グリーン関数，先進グリーン関数を用いて，同じように実時間自己エネルギー $\Sigma(\omega)$，遅延自己エネルギー $\Sigma^R(\omega)$，先進自己エネルギー $\Sigma^A(\omega)$ を定義できる（実時間自己エネルギーに関しては，これまでの Σ と同じ記号を用いるが，ω_n の関数か ω の関数かで両者を区別することにする）．

$$\begin{aligned}
\tilde{G}^{-1}(\omega_n) &= (\tilde{G}^{(0)})^{-1}(\omega_n) - \Sigma(\omega_n) \\
G^{-1}(\omega) &= (G^{(0)})^{-1}(\omega) - \Sigma(\omega) \\
(G^R)^{-1}(\omega) &= (G^{R(0)})^{-1}(\omega) - \Sigma^R(\omega) \\
(G^A)^{-1}(\omega) &= (G^{A(0)})^{-1}(\omega) - \Sigma^A(\omega)
\end{aligned} \quad (2.263)$$

ここで，式 (2.116)，(2.117) より

$$\begin{aligned}
\Sigma^R(\omega) &= \Sigma(\omega_n)|_{i\omega_n = \omega + i\eta} \\
\Sigma^A(\omega) &= \Sigma(\omega_n)|_{i\omega_n = \omega - i\eta}
\end{aligned} \quad (2.264)$$

また，式 (2.94)，(2.95) より

$$\begin{aligned}
\operatorname{Re} \Sigma^R(\omega) &= \operatorname{Re} \Sigma^A(\omega) \\
\operatorname{Im} \Sigma^R(\omega) &= -\operatorname{Im} \Sigma^A(\omega)
\end{aligned} \quad (2.265)$$

すなわち,
$$\Sigma^R(\omega) = [\Sigma^A(\omega)]^* \tag{2.266}$$
である. $G^{R(0)}, G^{A(0)}$ は,運動量表示で式 (2.156), (2.157) で与えられるので,
$$G^R(\boldsymbol{k},\omega) = \frac{1}{\omega - (\varepsilon_{\boldsymbol{k}} - \mu)/\hbar - \Sigma^R(\boldsymbol{k},\omega)} \tag{2.267}$$
$$G^A(\boldsymbol{k},\omega) = \frac{1}{\omega - (\varepsilon_{\boldsymbol{k}} - \mu)/\hbar - \Sigma^A(\boldsymbol{k},\omega)} \tag{2.268}$$
と書ける.

スペクトル関数 $\rho(\boldsymbol{k},\omega)$ は,式 (2.95) を用いて
$$\rho(\boldsymbol{k},\omega) = \frac{-2\,\mathrm{Im}\,\Sigma^R(\boldsymbol{k},\omega)}{[\omega - (\varepsilon_{\boldsymbol{k}} - \mu)/\hbar - \mathrm{Re}\,\Sigma^R(\boldsymbol{k},\omega)]^2 + (\mathrm{Im}\,\Sigma^R(\boldsymbol{k},\omega))^2} \tag{2.269}$$
と書ける. 式 (2.102) より
$$\begin{aligned} \mathrm{sgn}(\omega)\,\mathrm{Im}\,\Sigma^R(\boldsymbol{k},\omega) &\leq 0 \quad (\text{ボゾン}) \\ \mathrm{Im}\,\Sigma^R(\boldsymbol{k},\omega) &\leq 0 \quad (\text{フェルミオン}) \end{aligned} \tag{2.270}$$
である.

式 (2.93) からわかるように,実時間グリーン関数の虚部は,$\omega > 0$ で負であり,$\omega < 0$ で正の値を与える.
$$\mathrm{Im}\,G = \frac{\mathrm{Im}\,\Sigma}{(G_0^{-1} - \mathrm{Re}\,\Sigma)^2 + (\mathrm{Im}\,\Sigma)^2} \tag{2.271}$$
なので
$$\mathrm{Im}\,\Sigma(\boldsymbol{k},\omega) \begin{cases} < 0 & (\omega > 0) \\ > 0 & (\omega < 0) \end{cases} \tag{2.272}$$
である.

物理的性質

スペクトル関数 $\rho(\boldsymbol{k},\omega)$ は,エネルギー ω 運動量 $\hbar\boldsymbol{k}$ の状態密度を表すものであるが,それが式 (2.269) の形で与えられるということは,いろいろな示唆に富んでいる. まず,G^R の極を考えてみよう. 極は,ω に対する方程式
$$\omega - (\varepsilon_{\boldsymbol{k}} - \mu)/\hbar - \Sigma^R(\boldsymbol{k},\omega) = 0 \tag{2.273}$$

から決められる．その一つの解を $\omega = E_{\bm{k}}/\hbar$ としよう．すなわち $E_{\bm{k}}$ は

$$E_{\bm{k}} - (\varepsilon_{\bm{k}} - \mu) - \hbar \Sigma^R(\bm{k}, E_{\bm{k}}/\hbar) = 0 \qquad (2.274)$$

を満たす．$E_{\bm{k}}$ は，一般に複素数である．$\omega \sim E_{\bm{k}}/\hbar$ 付近では，

$$\Sigma^R(\bm{k}, \omega) \sim \Sigma^R(\bm{k}, E_{\bm{k}}/\hbar) + (\omega - E_{\bm{k}}/\hbar) \left. \frac{\partial \Sigma^R}{\partial \omega} \right|_{\omega = E_{\bm{k}}/\hbar} + \cdots \qquad (2.275)$$

と展開される．したがって $\omega \sim E_{\bm{k}}/\hbar$ 付近では，G^R は

$$G^R(\bm{k}, \omega) \sim \frac{Z_{\bm{k}}}{\omega - E_{\bm{k}}/\hbar} \qquad (2.276)$$

$$Z_{\bm{k}} = \left[1 - \left. \frac{\partial \Sigma^R(\bm{k}, \omega)}{\partial \omega} \right|_{\omega = E_{\bm{k}}/\hbar} \right]^{-1} \qquad (2.277)$$

と書けることがわかる．この $Z_{\bm{k}}$ を，**繰り込み因子**（renormalization factor）とよぶ．

とくに，$\omega \sim E_{\bm{k}}/\hbar$ 付近で $\mathrm{Im}\,\Sigma^R(\bm{k}, \omega) \sim 0$ としよう．そのとき $E_{\bm{k}}$ も実数となり，スペクトル関数 $\rho(\bm{k}, \omega)$ は $\omega \sim E_{\bm{k}}/\hbar$ 付近では

$$\rho(\bm{k}, \omega) = 2\pi Z_{\bm{k}} \delta(\omega - E_{\bm{k}}/\hbar) \qquad (2.278)$$

$$Z_{\bm{k}} = \left[1 - \left. \frac{\partial \,\mathrm{Re}\, \Sigma^R(\bm{k}, \omega)}{\partial \omega} \right|_{\omega = E_{\bm{k}}/\hbar} \right]^{-1} \qquad (2.279)$$

となる．自由粒子系であれば $\Sigma = 0$ なので，$Z_{\bm{k}} = 1$ である．さらに $\Sigma \neq 0$ の場合でも，$\rho(\bm{k}, \omega)$ に対する総和則の式 (2.106) より

$$Z_{\bm{k}} \leq 1 \qquad (2.280)$$

であることがわかる（式 (2.278) の形で，ほかに極がなければ $Z_{\bm{k}} = 1$，すなわち $\partial \Sigma^R / \partial \omega |_{E_{\bm{k}}/\hbar} = 0$ でなければならない）．式 (2.278) のように，状態密度が鋭いデルタ関数的ピークをもつということは，多体効果があっても，系は自由粒子的に記述できるということである．ただしそのピークの位置は，完全な自由粒子系に対するピーク位置 $(\varepsilon_{\bm{k}} - \mu)/\hbar$ と比較すると，$\mathrm{Re}\,\Sigma^R(\bm{k}, E_{\bm{k}}/\hbar)$ の分だけずれている．つまり，自己エネルギーの実部は，1粒子エネルギー $\varepsilon_{\bm{k}}$ へ

の多体効果による補正を与えるという物理的意味をもつ．このような多体効果が繰り込まれた1粒子的励起を**準粒子**（quasiparticle）という．

それでは，自己エネルギーの虚部はどのような意味をもつのだろうか．Im Σ が0でないとすると，式 (2.269) から，スペクトル関数 ρ は $\omega \sim E_{\boldsymbol{k}}/\hbar$ 付近で，

$$\rho(\boldsymbol{k},\omega) \sim \frac{-2\,\mathrm{Im}\,\Sigma^R(\boldsymbol{k}, E_{\boldsymbol{k}}/\hbar)}{(\omega - E_{\boldsymbol{k}}/\hbar)^2 + (\mathrm{Im}\,\Sigma^R(\boldsymbol{k}, E_{\boldsymbol{k}}/\hbar))^2} \tag{2.281}$$

となって，ローレンツ型の分布を示す．そして Im Σ は，その幅を与える．幅とは，すなわち，1粒子励起の寿命の逆数を意味する．これは次のようにして実時間で考えるとよい．まず

$$G^R(\boldsymbol{k},\omega) = \frac{A}{\omega - E_{\boldsymbol{k}}/\hbar - i\,\mathrm{Im}\,\Sigma^R(\boldsymbol{k}, E_{\boldsymbol{k}}/\hbar)} \tag{2.282}$$

と書けるとする．G^A はその複素共役である．実時間グリーン関数 $G(\boldsymbol{k},\omega)$ は，$T \to 0$ で式 (2.99) の形に書けるので，

$$G(\boldsymbol{k},t) = \int_{-\infty}^{0} \frac{d\omega}{2\pi} G^A(\boldsymbol{k},\omega) e^{-i\omega t} + \int_{0}^{\infty} \frac{d\omega}{2\pi} G^R(\boldsymbol{k},\omega) e^{-i\omega t} \tag{2.283}$$

となる．$t > 0$ では，複素 ω 平面の下半面への大きな半円形積分路からの寄与は 0 になるので，図 2.18 の積分路から，

$$\begin{aligned} G(\boldsymbol{k},t) &= \int_{-i\infty}^{0} \frac{d\omega}{2\pi} (G^R - G^A) e^{-i\omega t} - iA e^{-iE_{\boldsymbol{k}}t/\hbar} e^{-|\mathrm{Im}\,\Sigma^R|t} \\ &= 2i \int_{-i\infty}^{0} \frac{d\omega}{2\pi} \mathrm{Im}\,G^R(\boldsymbol{k},\omega) e^{-i\omega t} - iA e^{-iE_{\boldsymbol{k}}t/\hbar} e^{-|\mathrm{Im}\,\Sigma^R|t} \end{aligned} \tag{2.284}$$

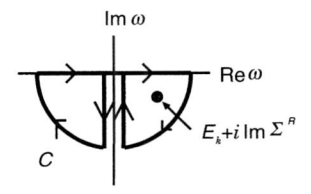

図 **2.18** 積分路 C

となる．$\text{Im}\,\Sigma^R$ が $E_{\bm{k}}/\hbar$ よりも十分小さいとすれば，第1項は無視できるので，

$$G(\bm{k}, t) \sim -iAe^{-iE_{\bm{k}}t/\hbar}e^{-|\text{Im}\,\Sigma^R|t} \tag{2.285}$$

を得る．$T \to 0$ の実時間グリーン関数は，$t > 0$ の場合，ある時刻に系に波数 $\bm{k}$ の粒子を一つ加え，t だけ時間が経過したのち，やはり波数 $\bm{k}$ の粒子を一つ見い出す確率振幅を与える．したがって式 (2.285) は，$|\text{Im}\,\Sigma^R|^{-1}$ が，1粒子を加えたことによって生じる励起状態の寿命を与えるということを意味する．

式 (2.281) では，$\text{Im}\,\Sigma^R(\bm{k}, \omega)$ の $\omega \sim E_{\bm{k}}/\hbar$ 付近での ω 依存性を無視したためにローレンツ分布となったが，それが成り立つのは，あくまでも $\omega \sim E_{\bm{k}}/\hbar$ のごく近傍である．そこから少し離れると，$\text{Im}\,\Sigma^R(\bm{k}, \omega) \sim \text{Im}\,\Sigma^R(\bm{k}, E_{\bm{k}}/\hbar)$ という近似が悪くなり，$\rho(\bm{k}, \omega)$ の形はローレンツ分布からはずれる．

以上から，G^R の極付近での自己エネルギーは，1粒子励起状態のエネルギー補正とその寿命に関する情報を与えることがわかった．Σ から得られることはこれだけではない．いま，自由粒子系のエネルギー $\varepsilon_{\bm{k}}$ を

$$\varepsilon_{\bm{k}} = \frac{\hbar^2 k^2}{2m} \tag{2.286}$$

とする．m は粒子の質量である．$\text{Im}\,\Sigma^R$ が十分小さい（寿命が長い）とすると，先に述べたように，準粒子は自由粒子的に振る舞い，そのエネルギー $E_{\bm{k}}$ は $\varepsilon_{\bm{k}}$ と同じような $\bm{k}$ 依存性をもつだろう（ただし $E_{\bm{k}}$ は，μ から測ったエネルギーである）．そこで

$$E_{\bm{k}} = \frac{\hbar^2 k^2}{2m^*} - \mu \tag{2.287}$$

とおいて m^* を定義する．m^* を準粒子の**有効質量**（effective mass）という．一方，$E_{\bm{k}}$ の定義より，

$$E_{\bm{k}} = \frac{\hbar^2 k^2}{2m} - \mu + \hbar \Sigma^R(\bm{k}, E_{\bm{k}}/\hbar) \tag{2.288}$$

である．これより $dE_{\bm{k}}/dk$ を求めると，

$$\frac{dE_{\bm{k}}}{dk} = Z_{\bm{k}} \left(\frac{\hbar^2 k}{m} + \hbar \frac{\partial \Sigma^R(\bm{k}, \omega)}{\partial k} \bigg|_{\omega = E_{\bm{k}}/\hbar} \right) \tag{2.289}$$

となり，
$$\frac{m}{m^*} = Z_{\bm{k}} \left[1 + \frac{m}{\hbar k} \left. \frac{\partial \Sigma^R(\bm{k},\omega)}{\partial k} \right|_{\omega=E_{\bm{k}}/\hbar} \right] \quad (2.290)$$
が得られる．これが準粒子の有効質量 m^* を自己エネルギーから求める式である．

自己エネルギーを使うと，熱力学ポテンシャル Ω の表式 (2.133) や内部エネルギー E の表式 (2.136) をさらに書き換えることができる．Ω については

$$\begin{aligned}
\Omega - \Omega_0 &= \mp \int_0^1 \frac{d\lambda}{\lambda} \frac{1}{2} \frac{1}{\beta\hbar} \frac{V}{(2\pi)^3} \sum_n \int d\bm{k} \\
&\quad \times e^{i\omega_n \eta} \frac{i\hbar\omega_n - (\hbar^2 k^2/2m) + \mu}{i\omega_n - (\varepsilon_{\bm{k}} - \mu)/\hbar - \Sigma^\lambda(\bm{k},\omega_n)} \\
&= \mp \int_0^1 \frac{d\lambda}{\lambda} \frac{1}{2} \frac{1}{\beta\hbar} \frac{V}{(2\pi)^3} \sum_n \int d\bm{k} \\
&\quad \times e^{i\omega_n \eta} \left[\hbar + \frac{\hbar \Sigma^\lambda(\bm{k},\omega_n)}{i\omega_n - (\varepsilon_{\bm{k}} - \mu)/\hbar - \Sigma^\lambda(\bm{k},\omega_n)} \right]
\end{aligned} \quad (2.291)$$

となる．ここで $\epsilon = 0$ (ボゾン), 1 (フェルミオン) とすると，

$$\begin{aligned}
\sum_{n=-\infty}^{\infty} e^{i\omega_n \eta} &= [e^{i\pi\eta/\beta\hbar}]^\epsilon \left[\sum_{n=-\infty}^{0} e^{i2\pi n\eta/\beta\hbar} + \sum_{n=0}^{\infty} e^{i2\pi n\eta/\beta\hbar} - 1 \right] \\
&= e^{i\epsilon\pi\eta/\beta\hbar} \left[\frac{1}{1 - e^{-i2\pi\eta/\beta\hbar}} + \frac{1}{1 - e^{i2\pi\eta/\beta\hbar}} - 1 \right] \\
&= 0
\end{aligned} \quad (2.292)$$

なので，結局

$$\Omega - \Omega_0 = \mp \int_0^1 \frac{d\lambda}{\lambda} \frac{1}{2} \frac{V}{\beta\hbar} \sum_n \int \frac{d\bm{k}}{(2\pi)^3} e^{i\omega_n \eta} \hbar \Sigma^\lambda(\bm{k},\omega_n) \tilde{G}^\lambda(\bm{k},\omega_n) \quad (2.293)$$

と書ける．同様にして，内部エネルギーは

$$E = \mp \frac{V}{\beta\hbar} \sum_n \int \frac{d\bm{k}}{(2\pi)^3} e^{i\omega_n \eta} \left(\varepsilon_{\bm{k}} + \frac{1}{2} \hbar \Sigma(\bm{k},\omega_n) \right) \tilde{G}(\bm{k},\omega_n) \quad (2.294)$$

図 **2.19** 熱力学ポテンシャル Ω を表すダイアグラム

と書ける．

ところで式 (2.293) は，熱力学ポテンシャルが自己エネルギーと温度グリーン関数を使って，図 2.19 のようなダイアグラムから計算されることを意味している．これは，端をもたない閉じた全ダイアグラムを表す．

2.2.13　自己エネルギーとバーテックス関数

自己エネルギーは，2 本の粒子線（一つは流入，一つは流出）と接続する部分をもった既約ダイアグラム（1 本の粒子線を切断しても二つに分離することのないダイアグラム）の総和であった．同じようにして，4 本の粒子線（二つは流入，二つは流出）と接続する部分をもった既約ダイアグラムの総和を**バーテックス関数**（vertex function）という（図 2.20）．外とのつながりが 4 点あるので，4 点バーテックス関数とよぶこともある（これに対し，二つの粒子線，一つの相互作用線と接続する部分をもった既約ダイアグラムを，3 点バーテックス関数という．以下では 4 点バーテックス関数を扱う）．バーテックス関数は，一般に $\Gamma_{s_1 s_2 s_3 s_4}(\boldsymbol{r}_1 \omega_{n_1}, \boldsymbol{r}_2 \omega_{n_2}, \boldsymbol{r}_3 \omega_{n_3}, \boldsymbol{r}_4 \omega_{n_4})$ または $\Gamma_{s_1 s_2 s_3 s_4}(\boldsymbol{k}_1 \omega_{n_1}, \boldsymbol{k}_2 \omega_{n_2}, \boldsymbol{k}_3 \omega_{n_3}, \boldsymbol{k}_4 \omega_{n_4})$ と書けるが，運動量とエネルギーの保

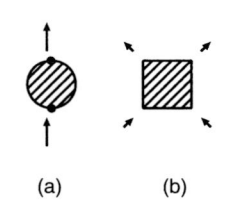

図 **2.20**　自己エネルギー (a) とバーテックス関数 (b)

存から,
$$\begin{aligned} \bm{k}_1 + \bm{k}_2 &= \bm{k}_3 + \bm{k}_4 \\ \omega_{n_1} + \omega_{n_2} &= \omega_{n_3} + \omega_{n_4} \end{aligned} \tag{2.295}$$
という条件がつく.

バーテックス関数の最低次の項は,$z = (\bm{r}, \omega_n, s)$,$q = (\bm{k}, \omega_n, s)$ として,

$$\begin{aligned} \Gamma^{(0)}(z_1 z_2; z_3 z_4) = \ & V(\bm{r}_1 - \bm{r}_2)\delta(\bm{r}_1 - \bm{r}_4)\delta(\bm{r}_2 - \bm{r}_3) \\ & \times \delta_{s_1 s_4}\delta_{s_2 s_3}\delta(\omega_{n_1} + \omega_{n_2} - \omega_{n_3} - \omega_{n_4}) \\ & \pm V(\bm{r}_1 - \bm{r}_2)\delta(\bm{r}_1 - \bm{r}_3)\delta(\bm{r}_2 - \bm{r}_4) \\ & \times \delta_{s_1 s_3}\delta_{s_2 s_4}\delta(\omega_{n_1} + \omega_{n_2} - \omega_{n_3} - \omega_{n_4}) \\ & \text{(座標空間表示)} \end{aligned} \tag{2.296}$$

$$\begin{aligned} \Gamma^{(0)}(q_1 q_2; q_3 q_4) = \ & V(\bm{k}_4 - \bm{k}_1)\delta(\bm{k}_1 + \bm{k}_2 - \bm{k}_3 - \bm{k}_4) \\ & \times \delta_{s_1 s_4}\delta_{s_2 s_3}\delta(\omega_{n_1} + \omega_{n_2} - \omega_{n_3} - \omega_{n_4}) \\ & \pm V(\bm{k}_3 - \bm{k}_1)\delta(\bm{k}_1 + \bm{k}_2 - \bm{k}_3 - \bm{k}_4) \\ & \times \delta_{s_1 s_3}\delta_{s_2 s_4}\delta(\omega_{n_1} + \omega_{n_2} - \omega_{n_3} - \omega_{n_4}) \\ & \text{(運動量空間表示)} \end{aligned} \tag{2.297}$$

と書ける.ダイアグラムで描けば,図 2.21 のように描ける.ここで $\pm$ は,上がボゾン,下がフェルミオンである.これより $\Gamma^{(0)}(12;34)$ は,1 と 2,あるいは 3 と 4 の入れ替えに対してボゾンは対称,フェルミオンは反対称ということになる.とくにこの最低次のバーテックス関数 $\Gamma^{(0)}$ を用いれば,ハミルトニアンの相互作用項は

$$\int_0^{\beta\hbar} K_1(\tau) d\tau$$

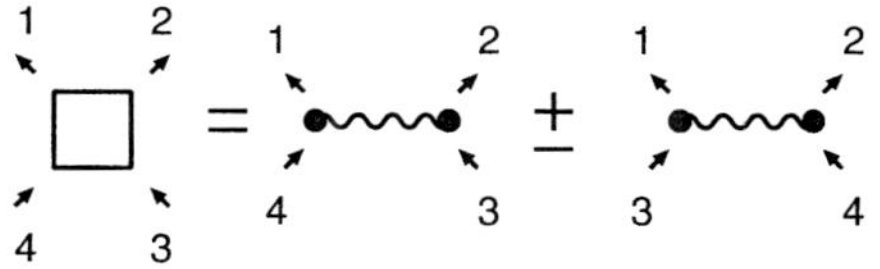

図 **2.21** バーテックス関数の最低次項

$$= \frac{1}{4} \int \Gamma^{(0)}(z_1 z_2; z_3 z_4) \psi^\dagger(z_1) \psi^\dagger(z_2) \psi(z_4) \psi(z_3)$$
(座標空間表示) (2.298)

$$\int_0^{\beta\hbar} K_1(\tau) d\tau$$
$$= \frac{1}{4} \int \Gamma^{(0)}(q_1 q_2; q_3 q_4) \psi^\dagger(q_1) \psi^\dagger(q_2) \psi(q_4) \psi(q_3)$$
(運動量空間表示) (2.299)

と書ける．ここで積分記号は，全変数の積分および和を表す．これより，$\Gamma^{(0)}(z_1 z_2; z_3 z_4)$ は，ファインマンダイアグラム II の記法で用いた $V(z_1 z_2; z_3 z_4)$ そのものである．

この $\Gamma^{(0)}$ を用いて，バーテックス関数 Γ はダイアグラムで図 2.22 のように展開される．

さて，自己エネルギーは，このバーテックス関数を使って図 2.23 のように書き表すことができる．実際，図 2.16 の Σ の 1 次の項は，図 2.23 の右辺第 1 項の中に含まれ，図 2.16 の 2 次の項のうち，最初の 3 つは図 2.23 の右辺第 1 項，あとの 2 つは図 2.23 の右辺第 2 項に含まれることがわかる．図 2.23 を

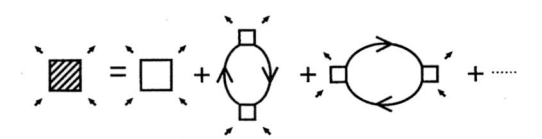

図 2.22　バーテックス関数の 1 次と 2 次のダイアグラム

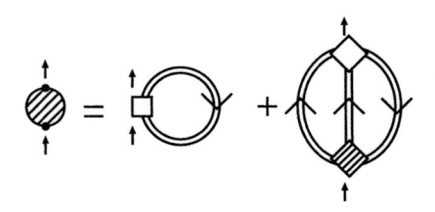

図 2.23　自己エネルギー Σ をバーテックス関数で表したもの
2 重線は温度グリーン関数 $\tilde{G}$ を表す．

具体的に式で書くと，

$$\Sigma_{ss'}(\boldsymbol{r},\boldsymbol{r}',\omega_n) = \sum_{s_1 s_1'} \int d\boldsymbol{r}_1 d\boldsymbol{r}_1' (\beta\hbar)^{-1}$$
$$\times \sum_{\omega_{n_1}} \Gamma^{(0)}_{ss_1 s' s_1'}(\boldsymbol{r}\omega_n, \boldsymbol{r}_1\omega_{n_1}; \boldsymbol{r}'\omega_n, \boldsymbol{r}_1'\omega_{n_1}) G_{s_1' s_1}(\boldsymbol{r}_1', \boldsymbol{r}_1, \omega_{n_1})$$
$$- \frac{1}{2} \sum_{s_1 s_2 s_3} \int \left(\prod_{i=1}^{3} d\boldsymbol{r}_i d\boldsymbol{r}_i'\right) (\beta\hbar)^{-3}$$
$$\times \sum_{\omega_{n_1}\omega_{n_2}\omega_{n_3}} \Gamma^{(0)}_{ss_3 s_1 s_2}(\boldsymbol{r}\omega_n, \boldsymbol{r}_3\omega_{n_3}; \boldsymbol{r}_1\omega_{n_1}, \boldsymbol{r}_2\omega_{n_2})$$
$$\times G_{s_3' s_3}(\boldsymbol{r}_3', \boldsymbol{r}_3, \omega_{n_3})$$
$$\times G_{s_2 s_2'}(\boldsymbol{r}_2, \boldsymbol{r}_2', \omega_{n_2}) G_{s_1 s_1'}(\boldsymbol{r}_1, \boldsymbol{r}_1', \omega_{n_1})$$
$$\times \Gamma_{s_1' s_2' s' s_3'}(\boldsymbol{r}_1'\omega_{n_1}, \boldsymbol{r}_2'\omega_{n_2}; \boldsymbol{r}'\omega_n, \boldsymbol{r}_3'\omega_{n_3})$$
(座標空間表示) (2.300)

$$\Sigma_{ss'}(\boldsymbol{k},\omega_n) = \sum_{s_1 s_1'} \sum_{\boldsymbol{k}_1} (\beta\hbar)^{-1}$$
$$\times \sum_{\omega_{n_1}} \Gamma^{(0)}_{ss_1 s' s_1'}(\boldsymbol{k}\omega_n, \boldsymbol{k}_1\omega_{n_1}; \boldsymbol{k}\omega_n, \boldsymbol{k}_1\omega_{n_1}) G_{s_1' s_1}(\boldsymbol{k}_1, \omega_{n_1})$$
$$- \frac{1}{2} \sum_{s_1 s_2 s_3} \sum_{\boldsymbol{k}_1 \boldsymbol{k}_2 \boldsymbol{k}_3} \sum_{\omega_{n_1}\omega_{n_2}\omega_{n_3}}$$
$$\times \Gamma^{(0)}_{ss_3 s_1 s_2}(\boldsymbol{k}\omega_n, \boldsymbol{k}_3\omega_{n_3}; \boldsymbol{k}_1\omega_{n_1}, \boldsymbol{k}_2\omega_{n_2}) G_{s_3' s_3}(\boldsymbol{k}_3, \omega_{n_3})$$
$$\times G_{s_2 s_2'}(\boldsymbol{k}_2, \omega_{n_2}) G_{s_1 s_1'}(\boldsymbol{k}_1, \omega_{n_1})$$
$$\times \Gamma_{s_1' s_2' s' s_3'}(\boldsymbol{k}_1\omega_{n_1}, \boldsymbol{k}_2\omega_{n_2}; \boldsymbol{k}\omega_n, \boldsymbol{k}_3\omega_{n_3}) \delta_{\boldsymbol{k}_1 + \boldsymbol{k}_2, \boldsymbol{k} + \boldsymbol{k}_3}$$
(運動量空間表示) (2.301)

となる．この表示を式 (2.253) に代入すれば，温度グリーン関数をバーテックス関数を使って書き表すこともできる．

2.2.14 ハートリー–フォック近似

すでに述べたように，自己エネルギーとして何らかのダイアグラムを計算するだけで，$\tilde{G} = ((\tilde{G}^{(0)})^{-1} - \Sigma)^{-1}$ で与えられる温度グリーン関数にとってみ

れば，無限個のダイアグラムを考慮したことになる．これは，摂動項が小さくなく，摂動展開を有限次で打ち切ることが悪い近似になるような場合にとくに魅力のある計算方法である．量子力学の基本的近似法である**ハートリー–フォック**（Hartree–Fock）近似も，自己エネルギーとしてある形を選んだものに相当する．ここではそれを詳しくみていこう．

先に Σ の 1 次の計算を行ったが，それに類似した図 2.24 のダイアグラムを Σ として採用してみよう．これは，図 2.23 でいえば，右辺第 1 項のみを考慮し，第 2 項の形のダイアグラムは無視するという近似である．1 次のダイアグラム図 2.17 と異なるのは，粒子線が非摂動の温度グリーン関数ではなく，本来これから計算すべき温度グリーン関数そのものが入っているという点である．そこで式 (2.257), (2.258) において，$\tilde{G}^{(0)}$ の代わりに $\tilde{G}$ を代入すると，図 2.24 のダイアグラムが表す自己エネルギー Σ は

$$\Sigma_{ss'}(\boldsymbol{r},\boldsymbol{r}',\omega_n) = \mp (\beta\hbar^2)^{-1}\delta_{ss'}\delta(\boldsymbol{r}-\boldsymbol{r}')\int d\boldsymbol{r}_1 V(\boldsymbol{r}-\boldsymbol{r}_1)$$
$$\times \sum_m e^{i\omega_m\eta}\sum_{s_1}\tilde{G}_{s_1 s_1}(\boldsymbol{r}_1,\boldsymbol{r}_1,\omega_m)$$
$$-(\beta\hbar^2)^{-1}V(\boldsymbol{r}-\boldsymbol{r}')\sum_m e^{i\omega_m\eta}\tilde{G}_{ss'}(\boldsymbol{r},\boldsymbol{r}',\omega_m)$$
$$\text{（座標空間表示）} \qquad (2.302)$$

$$\Sigma_{ss'}(\boldsymbol{k},\omega_n) = \mp (\beta\hbar^2)^{-1}\delta_{ss'}V(0)\int \frac{d\boldsymbol{k}'}{(2\pi)^3}\sum_m e^{i\omega_m\eta}\sum_{s_1}\tilde{G}_{s_1 s_1}(\boldsymbol{k}',\omega_m)$$
$$-(\beta\hbar^2)^{-1}\int \frac{d\boldsymbol{k}'}{(2\pi)^3}V(\boldsymbol{k}-\boldsymbol{k}')\sum_m e^{i\omega_m\eta}\tilde{G}_{ss'}(\boldsymbol{k}',\omega_m)$$
$$\text{（運動量空間表示）} \qquad (2.303)$$

となる．どちらも実際には ω_n に依存していないことがわかる．さらに $\Sigma_{ss'}$ は s について対角的であると仮定し，$\Sigma_{ss'}=\delta_{ss'}\Sigma$ とおく．座標空間表示，運

図 **2.24** ハートリー–フォック近似での自己エネルギーのダイアグラム 2 重線は $\tilde{G}$ を表す．

動量空間表示のどちらも第 1 項は確かにスピンに関して対角的であるが, 第 2 項には未知の $\tilde{G}_{ss'}$ が含まれる. しかし $\tilde{G}_{ss'} = ((\tilde{G}^{(0)})^{-1} - \delta_{ss'}\Sigma)^{-1}$ なので, $\tilde{G}_{ss'}$ も対角的であり, 結局 $\Sigma_{ss'} = \delta_{ss'}\Sigma$ という形は式 (2.302), (2.303) を共に満足している.

ここで先に運動量空間表示での Σ を考える (座標空間表示と運動量空間表示は, 単なる表示の違いだけでなく, 運動量空間表示では系に並進対称性があることを仮定していることを思い出そう). $\Sigma_{ss'}(\bm{k},\omega_n) = \delta_{ss'}\Sigma(\bm{k})$ とおき,

$$\tilde{G}_{ss'}(\bm{k},\omega_m) = \frac{\delta_{ss'}}{i\omega_m - (\varepsilon_{\bm{k}} - \mu)/\hbar - \Sigma(\bm{k})} \tag{2.304}$$

とおくと, 式 (2.303) に含まれる m に関する和は式 (2.214) を用いて

$$(\beta\hbar)^{-1}\sum_m e^{i\omega_m \eta}\sum_{s_1}\tilde{G}_{s_1 s_1}(\bm{k},\omega_m) = \mp(2S+1)n(E_{\bm{k}}) \tag{2.305}$$

と計算される. ここで

$$E_{\bm{k}} = \varepsilon_{\bm{k}} + \hbar\Sigma(\bm{k}) \tag{2.306}$$

である. 粒子数密度 ρ は

$$\rho = \frac{N}{V} = (2S+1)\int\frac{d\bm{k}}{(2\pi)^3}n(E_{\bm{k}}) \tag{2.307}$$

なので, 式 (2.303) 第 1 項は, $\hbar^{-1}\delta_{ss'}\rho V(0)$ と書ける. 第 2 項も同じようにして, $\hbar^{-1}\delta_{ss'}\int (d\bm{k}'/(2\pi)^3)V(\bm{k}-\bm{k}')n(E_{\bm{k}'})$ となる. 以上より, 式 (2.303) は

$$\hbar\Sigma(\bm{k}) = \rho V(0) \pm \int\frac{d\bm{k}'}{(2\pi)^3}V(\bm{k}-\bm{k}')n(E_{\bm{k}'}) \tag{2.308}$$

となる. 式 (2.306) と式 (2.308) を連立させることにより, 1 粒子励起エネルギー $E_{\bm{k}}$ が決まる. ただし, ボーズ (フェルミ) 分布関数 $n(E_{\bm{k}})$ には, 化学ポテンシャルがパラメーターとして含まれており, それは式 (2.307) から粒子数密度の関数として決める.

さて, 座標空間表示の方へ戻ろう. くり返すが, 座標空間表示は, 系が不均一な場合でも成立する, より一般的なものである. まず, Σ が振動数 ω_n に依

存しない場合に成り立つことを述べよう．いま，$i\hbar\omega_n - K_0(\boldsymbol{r})$ という演算子を考える．ここで，$K_0(\boldsymbol{r})$ は化学ポテンシャルを含めた非摂動のハミルトニアン

$$K_0(\boldsymbol{r}) = -\frac{\hbar^2 \nabla^2}{2m} - \mu + U_0(\boldsymbol{r}) \tag{2.309}$$

である．$U_0(\boldsymbol{r})$ は，1粒子ポテンシャルである．この演算子を非摂動の温度グリーン関数に作用させると，$K_0(\boldsymbol{r})\phi_\alpha^0(\boldsymbol{r}) = (\varepsilon_\alpha - \mu)\phi_\alpha^0(\boldsymbol{r})$ より，

$$\begin{aligned}[i\hbar\omega_n - K_0(\boldsymbol{r})]\tilde{G}^{(0)}(\boldsymbol{r},\boldsymbol{r}',\omega_n) &= \sum_\alpha \frac{\{i\hbar\omega_n - (\varepsilon_\alpha - \mu)\}\phi_\alpha^0(\boldsymbol{r})\phi_\alpha^{0*}(\boldsymbol{r}')}{i\omega_n - (\varepsilon_\alpha - \mu)/\hbar} \\ &= \hbar\delta(\boldsymbol{r} - \boldsymbol{r}') \end{aligned} \tag{2.310}$$

となる．同じ演算子を $\tilde{G}(\boldsymbol{r},\boldsymbol{r}',\omega_n)$ に作用させると式 (2.253) より，

$$[i\hbar\omega_n - K_0(\boldsymbol{r})]\tilde{G}(\boldsymbol{r},\boldsymbol{r}',\omega_n) = \hbar\delta(\boldsymbol{r} - \boldsymbol{r}') + \int d\boldsymbol{r}_1 \Sigma(\boldsymbol{r},\boldsymbol{r}_1)\tilde{G}(\boldsymbol{r}_1,\boldsymbol{r}',\omega_n) \tag{2.311}$$

となる（$\Sigma(\boldsymbol{r},\boldsymbol{r}_1,\omega_n)$ が ω_n に依存しないために $\Sigma(\boldsymbol{r},\boldsymbol{r}_1)$ と書いた）．いま $K_0(\boldsymbol{r}) + \int d\boldsymbol{r}_1 \Sigma(\boldsymbol{r},\boldsymbol{r}_1)$ の固有関数を ϕ_α とし，固有値を $E_\alpha - \mu$ とする．つまり

$$\left[-\frac{\hbar^2\nabla^2}{2m} + U_0(\boldsymbol{r}) + \int d\boldsymbol{r}_1 \Sigma(\boldsymbol{r},\boldsymbol{r}_1)\right]\phi_\alpha(\boldsymbol{r}) = E_\alpha \phi_\alpha(\boldsymbol{r}) \tag{2.312}$$

である．この ϕ_α を使って $\tilde{G}(\boldsymbol{r},\boldsymbol{r}',\omega_n)$ を展開すると，$\tilde{G}(\boldsymbol{r},\boldsymbol{r}',\omega_n) = \sum_{\alpha\gamma} A_{\alpha\gamma}(\omega_n)\phi_\alpha(\boldsymbol{r})\phi_\gamma^*(\boldsymbol{r}')$ という形に書ける．これを式 (2.311)（そして $\boldsymbol{r}'$ に関する同様の式）に代入すると，$A_{\alpha\gamma}(\omega_n) = \delta_{\alpha\gamma}/\{i\omega_n - (E_\alpha - \mu)/\hbar\}$ であることがわかる．結局，

$$\tilde{G}(\boldsymbol{r},\boldsymbol{r}',\omega_n) = \sum_\alpha \frac{\phi_\alpha(\boldsymbol{r})\phi_\alpha^*(\boldsymbol{r}')}{i\omega_n - (E_\alpha - \mu)/\hbar} \tag{2.313}$$

と書け，$\phi_\alpha(\boldsymbol{r})$ は式 (2.312) から決定される．式 (2.312)，(2.313) を導出する際の仮定は，Σ が振動数 ω_n に依存しないという点だけである．式 (2.302) の Σ は，この仮定を満たす．そこで式 (2.313) を式 (2.302) に代入する．振動数和をとることにより，

$$\hbar\Sigma(\boldsymbol{r},\boldsymbol{r}') = (2S+1)\delta(\boldsymbol{r}-\boldsymbol{r}')\int d\boldsymbol{r}_1 V(\boldsymbol{r}-\boldsymbol{r}_1)\sum_\alpha |\phi_\alpha(\boldsymbol{r}_1)|^2 n(E_\alpha)$$

$$\pm V(\bm{r}-\bm{r}')\sum_\alpha \phi_\alpha(\bm{r})\phi_\alpha^*(\bm{r}')n(E_\alpha) \tag{2.314}$$

と書ける．ここで，位置 $\bm{r}$ における粒子数密度 $\rho(\bm{r})$ は

$$\begin{aligned}\rho(\bm{r}) &= (2S+1)\langle\psi^\dagger(\bm{r})\psi(\bm{r})\rangle \\ &= \mp(2S+1)(\beta\hbar)^{-1}\sum_n e^{i\omega_n\eta}\tilde{G}(\bm{r},\bm{r},\omega_n) \\ &= (2S+1)\sum_\alpha |\phi_\alpha(\bm{r})|^2 n(E_\alpha)\end{aligned} \tag{2.315}$$

なので，式 (2.314) は

$$\begin{aligned}\hbar\Sigma(\bm{r},\bm{r}') &= \int d\bm{r}_1 V(\bm{r}-\bm{r}_1)\rho(\bm{r}_1) \\ &\quad \pm V(\bm{r}-\bm{r}')\sum_\alpha \phi_\alpha(\bm{r})\phi_\alpha^*(\bm{r}')n(E_\alpha)\end{aligned} \tag{2.316}$$

となる．これを式 (2.312) に代入することで ϕ_α を求める式が完成するが，それはまさに有限温度におけるハートリー–フォック方程式である．

系が一様なとき（つまり $U_0(\bm{r})=0$ のとき），自己エネルギー $\Sigma(\bm{r},\bm{r}')$ は $\Sigma(\bm{r}-\bm{r}')$ と書けるはずである．このとき式 (2.312) および式 (2.316)（または式 (2.314)）の解 $\phi_\alpha(\bm{r})$ は，$e^{i\bm{k}\cdot\bm{r}}$ の形をとることがわかる．それを式 (2.316) に代入しフーリエ変換をとれば，式 (2.308) になることはすぐに確かめられる．

以上より，自己エネルギーのダイアグラムとして図 2.24 を選べば，それがハートリー–フォック近似に相当することが示された．

2.2.15 分極部分

2.2.11 項で示したように，温度グリーン関数は，自己エネルギーあるいは既約自己エネルギーを用いて表される（図 2.25）．

同様のことを，粒子間相互作用についても考えてみよう．外線として2本の相互作用線がでているようなダイアグラムをすべて集めたものを2重波線で表し，それを**有効相互作用**（effective interaction）とよぶ．有効相互作用は，図 2.25 に類似させて，図 2.26 のようにまとめることができる．グリーン関数に対する自己エネルギー Σ^* と既約自己エネルギー Σ に相当するものが，ここでは**分極**

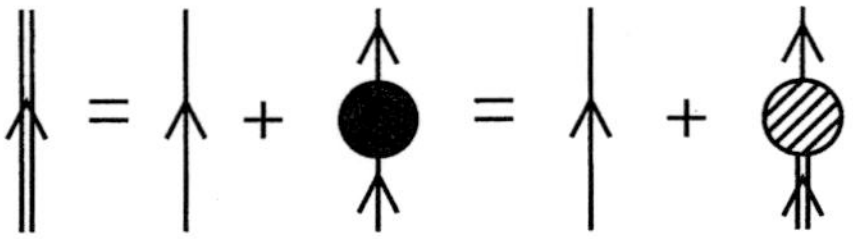

図 2.25 温度グリーン関数は自己エネルギーおよび既約自己エネルギーで表せる

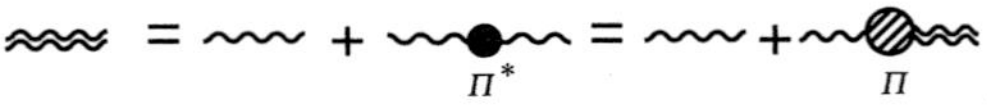

図 2.26 有効相互作用（2重波線）と分極 Π^* および既約分極 Π の関係

（polarization）Π^* と既約分極 Π である．1本の粒子線を切っても2つに分離しないような自己エネルギーを既約自己エネルギーとよんだように，既約分極とは，1本の相互作用線を切っても2つに分かれないような分極を表す．分極 Π^* と既約分極 Π とは，ダイソン方程式

$$\Pi^*(\boldsymbol{k}, \omega_n) = \frac{\Pi(\boldsymbol{k}, \omega_n)}{1 - V(\boldsymbol{k}, \omega_n)\Pi(\boldsymbol{k}, \omega_n)} \tag{2.317}$$

によって結びつけられる．

有効相互作用（$\tilde{V}$ と書く）と既約分極の関係を具体的に式で表すと，

$$\begin{aligned}\tilde{V}(\boldsymbol{r}\tau, \boldsymbol{r}'\tau') =\ & V(\boldsymbol{r}\tau, \boldsymbol{r}'\tau') + \int d\boldsymbol{r}_1 d\boldsymbol{r}_2 \int_0^\beta d\tau_1 d\tau_2 \\ & \times V(\boldsymbol{r}\tau, \boldsymbol{r}_1\tau_1)\Pi(\boldsymbol{r}_1\tau_1, \boldsymbol{r}_2\tau_2)\tilde{V}(\boldsymbol{r}_2\tau_2, \boldsymbol{r}'\tau')\end{aligned} \tag{2.318}$$

となる．ここで V は生の相互作用であり，$V(\boldsymbol{r}\tau, \boldsymbol{r}'\tau') = U(\boldsymbol{r} - \boldsymbol{r}')\delta(\tau - \tau')$ である．虚時間に対してフーリエ変換したもの，さらに系が一様として $\boldsymbol{r} - \boldsymbol{r}'$ に関してもフーリエ変換したものは，それぞれ

$$\tilde{V}(\boldsymbol{r}, \boldsymbol{r}', \omega_n) =\ U(\boldsymbol{r} - \boldsymbol{r}') + \int d\boldsymbol{r}_1 \boldsymbol{r}_2 U(\boldsymbol{r} - \boldsymbol{r}_1)\Pi(\boldsymbol{r}_1, \boldsymbol{r}_2, \omega_n)\tilde{V}(\boldsymbol{r}_2, \boldsymbol{r}', \omega_n)$$
$$\text{(座標空間表示)} \tag{2.319}$$

$$\tilde{V}(\boldsymbol{k}, \omega_n) =\ U(\boldsymbol{k}) + U(\boldsymbol{k})\Pi(\boldsymbol{k}, \omega_n)\tilde{V}(\boldsymbol{k}, \omega_n)$$
$$\text{(運動量空間表示)} \tag{2.320}$$

と書ける．運動量空間表示の場合，とくに $\tilde{V}$ は簡単にまとめられ，

$$\tilde{V}(\boldsymbol{k},\omega_n) = \frac{U(\boldsymbol{k})}{1-U(\boldsymbol{k})\Pi(\boldsymbol{k},\omega_n)} \tag{2.321}$$

と書ける.

スピン自由度がある場合は,

$$\tilde{V}_{ss'} = V_{ss'} + \sum_{s_1 s_2} U_{ss_1}\Pi_{s_1 s_2}U_{s_2 s'} + \sum_{s_1\cdots s_4} U_{ss_1}\Pi_{s_1 s_2}U_{s_2 s_3}\Pi_{s_3 s_4}U_{s_4 s'} + \cdots \tag{2.322}$$

と書けるが, 相互作用 U は通常スピンに依存しないので, $\tilde{V}$ もスピンに依存しないことになり,

$$\begin{aligned}\tilde{V} &= U + U\left(\sum_{s_1 s_2}\Pi_{s_1 s_2}\right)U + U\left(\sum_{s_1 s_2}\Pi_{s_1 s_2}\right)U\left(\sum_{s_3 s_4}\Pi_{s_3 s_4}\right)U + \cdots \\ &= U + U\left(\sum_{s_1 s_2}\Pi_{s_1 s_2}\right)\tilde{V} \end{aligned} \tag{2.323}$$

と書ける. したがって, スピン自由度があるときは, $\sum_{s_1 s_2}\Pi_{s_1 s_2}$ を新たに Π と書けば, 式 (2.319), (2.320) にふたたびまとめられる.

Π の最低次の項は, 図 2.27 から, 2 本のグリーン関数が結合したものとして表され, その表式はスピン自由度も含めて考えると,

$$\begin{aligned}\hbar\Pi^{(0)}(\boldsymbol{r},\boldsymbol{r}',\omega_n) &= \sum_{ss'}(\beta\hbar)^{-1}\sum_m \tilde{G}^{(0)}_{s's}(\boldsymbol{r}',\boldsymbol{r},\omega_m)\tilde{G}^{(0)}_{ss'}(\boldsymbol{r},\boldsymbol{r}',\omega_m-\omega_n) \\ &= (2S+1)(\beta\hbar)^{-1}\sum_m\sum_{\alpha\gamma} \\ &\quad \times \frac{\phi^0_\alpha(\boldsymbol{r}')\phi^{0*}_\alpha(\boldsymbol{r})}{i\omega_m - (\varepsilon_\alpha-\mu)/\hbar}\frac{\phi^0_\gamma(\boldsymbol{r})\phi^{0*}_\gamma(\boldsymbol{r}')}{i(\omega_m-\omega_n) - (\varepsilon_\gamma-\mu)/\hbar}\end{aligned}$$

図 2.27 分極 Π の低次の項

$$
\begin{aligned}
&= (2S+1)(\beta\hbar)^{-1}\sum_{m}\sum_{\alpha\gamma}\frac{\phi_\alpha^0(\bm{r}')\phi_\alpha^{0*}(\bm{r})\phi_\gamma^0(\bm{r})\phi_\gamma^{0*}(\bm{r}')}{-i\omega_n - (\varepsilon_\gamma - \varepsilon_\alpha)/\hbar}\\
&\quad\times \left[\frac{1}{i\omega_m - (\varepsilon_\alpha - \mu)/\hbar} - \frac{1}{i(\omega_m - \omega_n) - (\varepsilon_\gamma - \mu)/\hbar}\right]\\
&= \pm(2S+1)\sum_{\alpha\gamma}\frac{\phi_\alpha^0(\bm{r}')\phi_\alpha^{0*}(\bm{r})\phi_\gamma^0(\bm{r})\phi_\gamma^{0*}(\bm{r}')}{i\omega_n - (\varepsilon_\alpha - \varepsilon_\gamma)/\hbar}[n(\varepsilon_\alpha) - n(\varepsilon_\gamma)]
\end{aligned}
$$
(座標空間表示) \hfill (2.324)

$$
\begin{aligned}
\hbar\Pi^{(0)}(\bm{k},\omega_n) &= \sum_{ss'}(\beta\hbar)^{-1}\sum_{m}\sum_{\bm{k}'}\tilde{G}^{(0)}_{s's}(\bm{k}',\omega_m)\tilde{G}^{(0)}_{ss'}(\bm{k}'-\bm{k},\omega_m - \omega_n)\\
&= \pm(2S+1)\sum_{\bm{k}'}\frac{n(\varepsilon_{\bm{k}'}) - n(\varepsilon_{\bm{k}'-\bm{k}})}{i\omega_n - (\varepsilon_{\bm{k}'} - \varepsilon_{\bm{k}'-\bm{k}})/\hbar}
\end{aligned}
$$
(運動量空間表示) \hfill (2.325)

となる.ここで振動数和は,収束因子をつけて式 (2.214) にしたがって実行した.Π ではなく,$\hbar\Pi$ がこのように書かれるということは,ファインマンダイアグラムの手順をもう一度読めば理解できるであろう.

フェルミオン系に話を限って,$\Pi^{(0)}(\bm{k},\omega_n)$ の計算をもう少し進めよう.有限温度での計算はこれ以上困難なので,$T=0$ の場合に話を限ることにする.そうすると,フェルミ分布関数 $n(\varepsilon_{\bm{k}})$ は $\theta(k_F - k)$ となるので,

$$
\begin{aligned}
\Pi^{(0)}(\bm{k},\omega_n) &= 2\int\frac{d\bm{k}'}{(2\pi)^3}\frac{\theta(k_F - k') - \theta(k_F - |\bm{k}+\bm{k}'|)}{i\hbar\omega_n - \hbar^2(k^2 + 2\bm{k}\cdot\bm{k}')/2m}\\
&= 2\int\frac{d\bm{k}'}{(2\pi)^3}\theta(k_F - k')\\
&\quad\times\left[\frac{1}{i\hbar\omega_n - \varepsilon_{\bm{k}} - \hbar^2\bm{k}\cdot\bm{k}'/m} - \frac{1}{i\hbar\omega_n + \varepsilon_{\bm{k}} - \hbar^2\bm{k}\cdot\bm{k}'/m}\right]\\
&= 2\int_0^{k_F}\frac{k'^2 dk'}{4\pi^2}\int_{-1}^{1}dx\\
&\quad\times\left[\frac{1}{i\hbar\omega_n - \varepsilon_{\bm{k}} - \hbar^2 kk'x/m} - \frac{1}{i\hbar\omega_n + \varepsilon_{\bm{k}} - \hbar^2 kk'x/m}\right]\\
&= -\frac{m}{2\pi^2\hbar^2 k}\int_0^{k_F}k'dk'\\
&\quad\times\left[\ln\left|\frac{i\hbar\omega_n - \varepsilon_{\bm{k}} - \hbar^2 kk'/m}{i\hbar\omega_n - \varepsilon_{\bm{k}} + \hbar^2 kk'/m}\right| - \ln\left|\frac{i\hbar\omega_n + \varepsilon_{\bm{k}} - \hbar^2 kk'/m}{i\hbar\omega_n + \varepsilon_{\bm{k}} + \hbar^2 kk'/m}\right|\right]
\end{aligned}
$$

$$= \frac{mk_F}{2\pi^2 \hbar^2} F\left(\frac{k}{k_F}, \frac{i\hbar\omega_n}{2\varepsilon_F}\right) \tag{2.326}$$

と書ける．ここで，$F(x,y)$ は

$$\begin{aligned}F(x,y) = &-1 + \frac{1}{2x}\left[1 - \left(\frac{y}{x} - \frac{x}{2}\right)^2\right] \ln\left|\frac{1 + (y/x - x/2)}{1 - (y/x - x/2)}\right| \\ &- \frac{1}{2x}\left[1 - \left(\frac{y}{x} + \frac{x}{2}\right)^2\right] \ln\left|\frac{1 + (y/x + x/2)}{1 - (y/x + x/2)}\right|\end{aligned} \tag{2.327}$$

である．なお，$F(x,y) = F(x,-y)$ なので，$\Pi^{(0)}(\boldsymbol{k},\omega_n)$ は実数であることに注意しよう．また，$F(x,y)$ は，$x \to 0, y \to 0$ に対し特異的であり，どちらを先に 0 に近づけるかで結果が異なる．先に y を 0 にすると

$$F(x,0) = -1 + \frac{1}{x}\left(1 - \frac{x^2}{4}\right) \ln\left|\frac{1 - x/2}{1 + x/2}\right| \tag{2.328}$$

となり，そのうえで x を 0 に近づけると

$$\lim_{x \to 0} F(x,0) = -2 \tag{2.329}$$

となる．しかし一方

$$\lim_{x \to 0} F(x,y) = \frac{2}{3}\left(\frac{x}{y}\right)^2 \tag{2.330}$$

であることから，

$$F(0,y) = 0 \tag{2.331}$$

である．

さて，有効相互作用 (2.321) は厳密な式であるが，その中の Π を $\Pi^{(0)}$ で近似することで，具体的に $\tilde{V}(\boldsymbol{k},\omega_n)$ を求めてみよう．なお，この近似は **RPA 近似** (random phase approximation) に相当するものである．簡単のため $\omega_n = 0$ とすると，$\boldsymbol{k} \sim 0$ 付近で

$$\begin{aligned}\tilde{V}(\boldsymbol{k}) &= \frac{U(\boldsymbol{k})}{1 - U(\boldsymbol{k})(mk_F/2\pi^2\hbar^2)F(k/k_F, 0)} \\ &\simeq \frac{4\pi e^2}{k^2 + (4mk_F e^2/\pi\hbar^2)} \\ &\equiv \frac{4\pi e^2}{k^2 + q_{TF}^2}\end{aligned} \tag{2.332}$$

と書ける．ここで，q_{TF}^{-1} はトーマス–フェルミの**遮蔽距離**（Thomas–Fermi screening length）とよばれる量である．式 (2.332) をフーリエ変換すれば，RPA 近似での静的有効相互作用の実空間での関数形として，$r \to \infty$ で

$$\tilde{V}(r) \to e^2 \frac{e^{-q_{TF}r}}{r} \tag{2.333}$$

という湯川型ポテンシャルになることがわかる．これは物理的には，クーロン型の長距離相互作用が，他の電子の存在により遮蔽されて，短距離型になったためである．

分極は，以上のような有効相互作用を与えるだけでなく，3.4 節で示すように，系の外場からの応答に関する情報も含んでいる重要な量である．そのことについては，3.4 節で詳しく扱うことにしよう．

2.2.16 ワード–高橋の恒等式

系がもつ対称性から現れる保存則により，グリーン関数やバーテックス関数などに，満たさなければならない関係式が存在する．状況によりさまざまな形の関係式があるが，それらを総称して**ワード–高橋の恒等式**（Ward–Takahashi's identity）とよぶ．ここでは，その 1 例を示すことにする．

2 粒子実時間グリーン関数を考えよう．

$$G_2(z_1 z_2; z_3 z_4) = -\langle T(\psi_1 \psi_2 \psi_3^\dagger \psi_4^\dagger) \rangle \tag{2.334}$$

ここで，$z = (\bm{r}, t)$ であり，ψ_1 は $\psi(z_1)$ を表す．ダイアグラムで表せば，図 2.28 のように描ける．式 (2.334) の G_2 の真ん中の 2 つの座標を一致させた $G_2(z_1 z_2; z_2 z_3)$ は，図 2.29 に描かれるように，3 点バーテックス関数 Γ に 2 本の外線がついた形をしている．すなわち，

$$G_2(z_1 z_2; z_2 z_3) = \int dz_1' dz_3' \, G(z_1 z_1') G(z_3' z_3) \Gamma(z_2; z_1 z_3) \tag{2.335}$$

という形に書ける．さて，この G_2 あるいは Γ に対し，系がもつ保存則，粒子数保存

$$\frac{\partial \rho}{\partial t} + \nabla \cdot \bm{j} = 0 \tag{2.336}$$

2.2 グリーン関数と摂動展開

図 2.28 2粒子実時間グリーン関数 $G_2(z_1z_2;z_3z_4)$

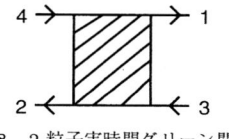

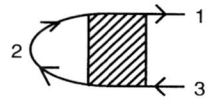

図 2.29 $G_2(z_1z_2;z_2z_3)$ のダイアグラム

から要請される関係式を導こう．$G_2(z_1z_2;z_2z_3)$ の t_2 微分をとると

$$\frac{\partial}{\partial t_2}G_2(z_1z_2;z_2z_3) = -\langle T(\dot{\rho}_2\psi_3^\dagger\psi_1)\rangle$$
$$-\delta(t_2-t_3)\langle T([\rho_2,\psi_3^\dagger]\psi_1)\rangle - \delta(t_2-t_1)\langle T(\psi_3^\dagger[\rho_2,\psi_1])\rangle$$
(2.337)

となる．これを導く際，任意の演算子の時間順序積

$$T(A(t)B_1(t_1)B_2(t_2)\cdots B_n(t_n)) \tag{2.338}$$

に対し，

$$\frac{\partial}{\partial t}T(A(t)B_1(t_1)B_2(t_2)\cdots B_n(t_n))$$
$$= T\left[\frac{\partial A(t)}{\partial t}B_1(t_1)B_2(t_2)\cdots B_n(t_n)\right]$$
$$+ \sum_{j=1}^n \delta(t-t_j)T[B_1(t_1)\cdots[A(t),B_j(t_j)]\cdots B_n(t_n)]$$
(2.339)

が成り立つことを使った．式 (2.339) の証明は，T の定義を $\theta(t)$ 関数を用いて表せば，その時間微分から式 (2.339) のような δ 関数が現れることが簡単な計算から確かめられる．ここで

$$[\rho_2,\psi_3^\dagger]\delta(t_2-t_3) = \psi_2^\dagger\delta(z_2-z_3) \tag{2.340}$$

$$[\rho_2,\psi_1]\delta(t_1-t_2) = -\psi_1\delta(z_1-z_2) \tag{2.341}$$

を使い，式 (2.336) も代入すると，式 (2.337) は

$$\frac{\partial}{\partial t_2}G_2(z_1z_2;z_2z_3) = \langle T(\nabla_2\cdot\boldsymbol{j}_2\psi_3^\dagger\psi_1)\rangle - \delta(z_2-z_3)\langle T(\psi_2^\dagger\psi_1)\rangle$$

$$+ \delta(z_1 - z_2)\langle T(\psi_3^\dagger \psi_2)\rangle$$
$$= \nabla_2 \cdot \langle T(\boldsymbol{j}_2 \psi_3^\dagger \psi_1)\rangle - \delta(z_2 - z_3)iG(z_1 z_2)$$
$$+ \delta(z_1 - z_2)iG(z_2 z_3) \tag{2.342}$$

となる．ここで $G(z_1 z_2)$ は，1 粒子実時間グリーン関数である．

系の並進対称性を仮定すれば，$G_2(z_1 z_2 ; z_3 z_4)$ は，$z_2 - z_1, z_3 - z_1, z_4 - z_1$ の関数である．G_2 のフーリエ変換したものは，$G_2(p-q, p'+q; p', p)$ と書ける．ここで，$p = (\boldsymbol{p}, \omega)$ である．さらに，$G_2(z_1 z_2 ; z_2 z_3)$ をフーリエ変換したものは，$\sum_{p'} G_2(p-q, p'+q; p', p)$ と書ける．また，電流密度演算子 $\boldsymbol{j}(\boldsymbol{r}) = (\hbar/2mi)[\psi^\dagger \nabla \psi - (\nabla \psi^\dagger)\psi]$ のフーリエ変換は

$$\boldsymbol{j}(\boldsymbol{k}) = \frac{\hbar}{m} \sum_{\boldsymbol{p}} \left(\boldsymbol{p} + \frac{\boldsymbol{k}}{2}\right) \psi_{\boldsymbol{p}}^\dagger \psi_{\boldsymbol{p}+\boldsymbol{k}} \tag{2.343}$$

である．以上を用いて式 (2.342) をフーリエ変換すると

$$\sum_{\boldsymbol{p}'\omega'}\left[\omega - \frac{\hbar}{m}\boldsymbol{q}\cdot\left(\boldsymbol{p}'+\frac{\boldsymbol{q}}{2}\right)\right] G_2(p-q, p'+q; p', p) = G(p) - G(p-q) \tag{2.344}$$

という関係式が得られる．これは，G_2 が粒子保存則を満たすために要請される恒等式である．式 (2.335) をフーリエ変換すれば，3 点バーテックス関数 Γ に対しても，同じような恒等式を導ける．これらの恒等式が，ワード–高橋の恒等式の 1 例である．グリーン関数やバーテックス関数を近似する際に，これらの恒等式を破らないようにすれば，粒子保存則を満足させることができ，その源であるゲージ対称性を保つことができる．

なお，2 粒子グリーン関数については，3.4 節でさらに詳しくその物理的重要性を掘り下げることにする．

2.3 そのほかの近似法

2.3.1 ハートリー–フォック–ボゴリュウボフ近似

系の基底状態からの励起は，準粒子という概念で表されるが，その数学的定義は明確ではない．そこで，近似的ではあるが，準粒子を現実の粒子と直接結び

付ける技法がある．それは，ハートリー–フォック近似の拡張版ともいうべきもので，基本的には平均場近似の一つである．この近似を**ハートリー–フォック–ボゴリュウボフ近似**（Hartree–Fock–Bogoliubov approximation）という．

まず，つぎの演算子の恒等式に注目する．

$$T(ABC\cdots D) = \;:\overline{ABC}\cdots D: + :A\overline{BC}\cdots D:$$
$$+ :\overline{ABC}\cdots D: + :\overline{AB}\overline{C}\cdots D:$$
$$+ :\overline{AB}C\cdots \overline{D}: + \cdots \qquad (2.345)$$

右辺は，$\overline{AB}$ というペアをあらゆる組み合わせに対してとったものの和である．ここで，$A, B, C, \cdots$ は，相互作用表示での場の演算子を表し，T は，2.1, 2.2 節で導入した（実時間に対する）時間順序演算子である．$\overline{AB}$ は，2.2 節では式 (2.170) を定義としていたが，ここでは基底状態 $|\Phi_0\rangle$ を用いて

$$\overline{AB} = \langle\Phi_0|T(AB)|\Phi_0\rangle \qquad (2.346)$$

と定義される．さらに $:ABC\cdots:$ は，**N–積**（normal ordering）とよばれるもので，基底状態 $|\Phi_0\rangle$ に作用させると 0 を与えるような場の演算子を，0 を与えないような場の演算子の右側にすべて移動するという意味をもつ．大切なことは，$|\Phi_0\rangle$ はあくまでもハミルトニアンの基底状態であって，真空ではないということである．$|\Phi_0\rangle$ が真空であれば，それに作用させると 0 を与えるような演算子とは，すなわちすべての消滅演算子である．しかし $|\Phi_0\rangle$ は基底状態なので，たとえば自由電子系を例に考えれば，フェルミエネルギー以下の電子をつくりだす生成演算子を $|\Phi_0\rangle$ に作用させると，すでにそこには電子が詰まっているので，0 を与える．このように，N–積は，基底状態によって具体的な演算子の配列が変わる．しかし，いずれにしても

$$\langle\Phi_0|:ABC\cdots:|\Phi_0\rangle = 0 \qquad (2.347)$$

がつねに成り立つ．

式 (2.345) は，ウィックの定理とよばれる．2.2.7 項に登場したウィックの定理は，式 (2.345) の有限温度版である（ただし 2.2.7 項の定理は，式 (2.345) と

異なり，演算子の恒等式ではなく，その熱平均に関する恒等式なので，より限定されたものである）．式 (2.345) の証明については，参考文献（たとえば (2-1)）に譲って，ここでは省略する．

$\overrightarrow{AB}$ は，式 (2.346) からわかるように，単なる数なので，式 (2.345) において N-積の中に入っている $\overrightarrow{AB}$ をすべて外に出すことができる．ただしその際，フェルミ演算子の入れ替えを伴う場合には，入れ替えるたびに (-1) の因子をつけなければならない．たとえば

$$: \overrightarrow{ABCD}: = -\overrightarrow{AC}: BD : \tag{2.348}$$

である．ボーズ演算子の場合には，そのような符号の変化はない．

さて，式 (2.345) の恒等式を利用して，一般的なハミルトニアン

$$H = \sum_{\alpha\beta} \varepsilon_{\alpha\beta} c_\alpha^\dagger c_\beta + \frac{1}{4} \sum_{\alpha\cdots\gamma} V(\alpha\beta;\delta\gamma) c_\alpha^\dagger c_\beta^\dagger c_\gamma c_\delta \tag{2.349}$$

を書き換えてみよう．まず，

$$c_\alpha^\dagger c_\beta = \lim_{t\to 0} T(c_\alpha^\dagger(t+0) c_\beta(t)) \tag{2.350}$$

である．ここで，$c_\alpha(t)$ は，相互作用表示での場の演算子であるが，$t \to 0$ の極限をとっているので，実際は生の場の演算子そのものである．右辺に対し式 (2.345) を適用すると，

$$\begin{aligned}
c_\alpha^\dagger c_\beta &= \lim_{t\to 0} \left[\overrightarrow{c_\alpha^\dagger(t+0) c_\beta}(t) + : c_\alpha^\dagger(t+0) c_\beta(t) : \right] \\
&= \langle c_\alpha^\dagger c_\beta \rangle + : c_\alpha^\dagger c_\beta :
\end{aligned} \tag{2.351}$$

となる．ここで，$\langle \Phi_0 | \cdots | \Phi_0 \rangle$ を $\langle \cdots \rangle$ と書いた．同様にして，

$$\begin{aligned}
c_\alpha^\dagger c_\beta^\dagger c_\gamma c_\delta = &: c_\alpha^\dagger c_\beta^\dagger c_\gamma c_\delta : + \langle c_\alpha^\dagger c_\beta^\dagger \rangle : c_\gamma c_\delta : + : c_\alpha^\dagger c_\beta^\dagger : \langle c_\gamma c_\delta \rangle \\
&+ \langle c_\alpha^\dagger c_\delta \rangle : c_\beta^\dagger c_\gamma : + : c_\alpha^\dagger c_\delta : \langle c_\beta^\dagger c_\gamma \rangle \\
&- \langle c_\alpha^\dagger c_\gamma \rangle : c_\beta^\dagger c_\delta : - : c_\alpha^\dagger c_\gamma : \langle c_\beta^\dagger c_\delta \rangle \\
&+ \langle c_\alpha^\dagger c_\delta \rangle \langle c_\beta^\dagger c_\gamma \rangle - \langle c_\alpha^\dagger c_\gamma \rangle \langle c_\beta^\dagger c_\delta \rangle + \langle c_\alpha^\dagger c_\beta^\dagger \rangle \langle c_\gamma c_\delta \rangle
\end{aligned} \tag{2.352}$$

と書くことができる．したがって，ハミルトニアンは

$$\begin{aligned}
H = \ & \bar{H} + \sum_{\alpha\beta}(\varepsilon_{\alpha\beta} + V^{HF}_{\alpha\beta}) : c^\dagger_\alpha c_\beta : \\
& + \frac{1}{2}\sum_{\alpha\beta}(V^S_{\alpha\beta} : c^\dagger_\alpha c^\dagger_\beta : + V^{S*}_{\alpha\beta} : c_\alpha c_\beta :) \\
& + \frac{1}{4}\sum_{\alpha\cdots\delta} V(\alpha\beta;\delta\gamma) : c^\dagger_\alpha c^\dagger_\beta c_\gamma c_\delta : \quad (2.353)
\end{aligned}$$

となる．ここで，

$$\begin{aligned}
\bar{H} = \ & \sum_{\alpha\beta}\varepsilon_{\alpha\beta}\langle c^\dagger_\alpha c_\beta\rangle \\
& + \frac{1}{4}\sum_{\alpha\cdots\delta} V(\alpha\beta;\delta\gamma)(\langle c^\dagger_\alpha c_\delta\rangle\langle c^\dagger_\beta c_\gamma\rangle - \langle c^\dagger_\alpha c_\gamma\rangle\langle c^\dagger_\beta c_\delta\rangle + \langle c^\dagger_\alpha c^\dagger_\beta\rangle\langle c_\gamma c_\delta\rangle)
\end{aligned}$$
(2.354)

$$V^{HF}_{\alpha\beta} = \sum_{\gamma\delta} V(\alpha\gamma;\beta\delta)\langle c^\dagger_\gamma c_\delta\rangle \qquad (2.355)$$

$$V^S_{\alpha\beta} = \frac{1}{2}\sum_{\gamma\delta} V(\alpha\beta;\delta\gamma)\langle c_\gamma c_\delta\rangle \qquad (2.356)$$

である．なお，$V(\alpha\beta;\delta\gamma) = -V(\beta\alpha;\delta\gamma) = -V(\alpha\beta;\gamma\delta) = V(\beta\alpha;\gamma\delta)$ の対称性を用いた．ここまでは，恒等式 (2.345) を使ってハミルトニアンを書き換えただけなので，何の近似も行っていない．

式 (2.353) の第 1 項は定数なので，今後は無視しよう．残りの項は，基底状態 $|\Phi_0\rangle$ に作用させると 0 になるような項である．準粒子は基底状態からの励起を表すので，基底状態は準粒子にとっての真空に相当する．したがって，式 (2.353) の第 2 項以降は，準粒子が存在するときに値をもつ項ということもできる．とくに $:c^\dagger c:$ の項は，準粒子の 1 体のエネルギーを表す項であり，最後の項は，準粒子間の相互作用を表す項である．そしてこの準粒子の相互作用を無視するのが，ハートリー–フォック–ボゴリュウボフ（HFB）近似である．こうして HFB 近似でのハミルトニアンは，

$$H = \sum_{\alpha\beta} T_{\alpha\beta} : c^\dagger_\alpha c_\beta : + \frac{1}{2}\sum_{ij}(V^S_{\alpha\beta} : c^\dagger_\alpha c^\dagger_\beta : + h.c.) \qquad (2.357)$$

と書かれる．$h.c.$ はエルミート共役を表す．ここで $T_{\alpha\beta} = \varepsilon_{\alpha\beta} + V_{\alpha\beta}^{HF}$ である．以下では，演算子 $c^\dagger, c$ を線形変換することにより，ハミルトニアンを対角化することを考える．

まず扱いやすいように，全状態に対する生成・消滅演算子からなるベクトル $\boldsymbol{c}^\dagger = (c_1^\dagger \cdots c_N^\dagger c_1 \cdots c_N)$ を導入してハミルトニアンを行列表示すれば

$$H = \frac{1}{2} : \boldsymbol{c}^\dagger \begin{pmatrix} T & V \\ V^* & \pm T \end{pmatrix} \boldsymbol{c} : + 定数 \tag{2.358}$$

となる．ここで

$$T = (T_{\alpha\beta})$$
$$V = (V_{\alpha\beta}^S)$$

であり，$\pm$ のうちの $+$ は $\boldsymbol{c}$ がボゾンの場合，$-$ はフェルミオンの場合を表す．$\boldsymbol{c}$ に対して行列 W による線形変換

$$\boldsymbol{c} \to \boldsymbol{d} = W\boldsymbol{c} \tag{2.359}$$

を施す．H を対角化するためには

$$(W^{-1})^\dagger \begin{pmatrix} T & V \\ V^* & \pm T \end{pmatrix} W^{-1} \tag{2.360}$$

が対角行列になるという条件以外に，対角後のハミルトニアンが意味をもつために，$\boldsymbol{d}$ で表される新しい粒子がフェルミ統計またはボーズ統計に従わなければならないという要請が必要である．すなわち，$\boldsymbol{c}$ がフェルミオンならば $\boldsymbol{d}$ もフェルミオン，$\boldsymbol{c}$ がボゾンならば $\boldsymbol{d}$ もボゾンでなければならない．$\boldsymbol{c}$ がフェルミオンで $\boldsymbol{d}$ がボゾンになったり，その逆であったりするようなことは，容易に確かめられるように，存在しない．この条件を W に対する条件とみなせば

$$WW^\dagger = W^\dagger W = \boldsymbol{1} \quad (\boldsymbol{c}\text{ がフェルミオンの場合}) \tag{2.361}$$
$$WNW^\dagger = W^\dagger NW = N \quad (\boldsymbol{c}\text{ がボゾンの場合}) \tag{2.362}$$
$$N = \begin{pmatrix} 1 & 0 \\ 0 & -1 \end{pmatrix}$$

と書ける.したがってこの条件を満たす W の中で,式 (2.360) が対角行列になるものを探せばハミルトニアンは演算子 d に対して対角的になる.

$$H = \sum_\lambda E_\lambda d_\lambda^\dagger d_\lambda + \text{const.} \tag{2.363}$$

ここで,H の基底状態 $|\Phi_0\rangle$ を $d|\Phi_0\rangle = 0$ で定義し,N–積記号をはずした.こうして得られた準粒子エネルギー E_λ を使って,$V_{\alpha\beta}^{HF}$ や $V_{\alpha\beta}^{S}$ の値が決まる.E_λ 自身は,$V_{\alpha\beta}^{HF}$ や $V_{\alpha\beta}^{S}$ の関数として書かれているので,結局両者の自己無撞着な方程式を解くことで,E_λ の具体的な値が決まる.なお,注意すべきことは,フェルミオンの場合,式 (2.361) の条件より W はユニタリー行列であることがわかるので,式 (2.360) は単なるユニタリー行列によるエルミート行列の対角化にほかならず,対角成分の E_λ は行列 $\begin{pmatrix} T & V \\ V^* & -T \end{pmatrix}$ の固有値である.しかしボゾンの場合は,式 (2.362) から W が N という計量のもとでのユニタリー行列であり,E_λ は $\begin{pmatrix} T & V \\ V^* & T \end{pmatrix}$ の固有値ではない.そして場合によっては対角化できないこともある.

式 (2.359) のような変換を**ボゴリュウボフ変換**(Bogoliubov transformation)という.ハミルトニアン (2.363) は演算子 d で生成消滅する粒子に対して対角化されている.これは系の基底状態からの 1 粒子的励起を表しており,その意味で d-粒子は準粒子である.ボゴリュウボフ変換 (2.359) はまさにこの準粒子ともとの粒子とのつながりを明確に示すものであり,ランダウのフェルミ液体論にはない利点といえよう.しかし HFB 近似は,あくまでも V^{HF} および V^S という平均場を導入してつくられた平均場近似であるということも忘れてはならない.ちなみにこの d–粒子のことを**ボゴロン**(bogolon)とよぶ場合もある.

以下ではフェルミオン系を例にとり,式 (2.357) の形を導く過程を含め,詳しくみてみる.

相互作用しているフェルミオン系(斥力の場合)

ハミルトニアン

$$H = \sum_{k\sigma} \epsilon_k c_{k\sigma}^\dagger c_{k\sigma} + \frac{1}{2} \sum_{kk',q,\sigma\sigma'} V(q) c_{k+q\sigma}^\dagger c_{k'-q\sigma'}^\dagger c_{k'\sigma'} c_{k\sigma} \tag{2.364}$$

で記述される系を考えよう．ϵ_k は $(\hbar^2 k^2/2m) - \mu$ を表し，$V(q)$ は相互作用 $V(\boldsymbol{r})$ のフーリエ変換である．相互作用項に対して平均場近似（HFB 近似）を用いることにより，多体問題を一体問題に焼き直す．

一般には，平均場 V^{HF} と V^S を用いて式 (2.364) を式 (2.363) の形にもってゆき，V^{HF} と V^S に対する自己無撞着な方程式を解くわけであるが，V^{HF} と V^S はどちらもたくさんの成分をもっており，そのすべてに対する解をみつけることは困難である．したがって通常は，物理的考察を交えて，あらかじめ V^{HF} や V^S の中で有限の値に残るものを予想したうえで平均場として採用する．

ここでは次のように平均場を選んでみよう．$V(q)$ が弱い斥力だと考え，系の状態はほとんど k で番号づけされる非摂動状態にとどまっているとする．すなわち，相互作用が存在しても状態はやはり自由粒子的であり，たかだかその固有エネルギーが相互作用項の影響を繰り込んで変更を受ける程度であると仮定する．その場合，$c^\dagger_{k\sigma} c_{k\sigma}$ という演算子の平均値は，相互作用があっても有限な値をとるであろう．そこで $\langle c^\dagger_{k\sigma} c_{k\sigma} \rangle = n_k$ という平均場は採用することにして，それ以外の平均場は 0 とおく（仮に V^S の平均場が有限に残ると予想してそれを導入しても，最終的に V^S に対する自己無撞着方程式を解くと 0 という解しかでてこない）．

相互作用項をこの平均場のあらゆる組み合わせで書き表すと

$$
\begin{aligned}
& c^\dagger_{k+q\sigma} c^\dagger_{k'-q\sigma'} c_{k'\sigma'} c_{k\sigma} \\
& \simeq \langle c^\dagger_{k+q\sigma} c_{k\sigma} \rangle : c^\dagger_{k'-q\sigma'} c_{k'\sigma'} : + : c^\dagger_{k+q\sigma} c_{k\sigma} : \langle c^\dagger_{k'-q\sigma'} c_{k'\sigma'} \rangle \\
& \quad - \langle c^\dagger_{k+q\sigma} c_{k'\sigma'} \rangle : c^\dagger_{k'-q\sigma'} c_{k\sigma} : - : c^\dagger_{k+q\sigma} c_{k'\sigma'} : \langle c^\dagger_{k'-q\sigma'} c_{k\sigma} \rangle \\
& \quad + \text{定数項} \\
& = \delta_{q0} (n_k : c^\dagger_{k'\sigma'} c_{k'\sigma'} : + n_{k'} : c^\dagger_{k\sigma} c_{k\sigma} :) \\
& \quad - 2\delta_{k+q,k'} \delta_{\sigma\sigma'} n_{k+q} c^\dagger_{k\sigma} c_{k\sigma} + \text{定数項} \quad\quad (2.365)
\end{aligned}
$$

となる．ここで HFB 近似として $:c^\dagger c^\dagger cc:$ の項は無視した．したがってハミルトニアンは，定数項を除いて，

$$
H = \sum_{k\sigma} \tilde{\epsilon}_k c^\dagger_{k\sigma} c_{k\sigma} \quad\quad (2.366)
$$

$$\tilde{\epsilon}_k = \epsilon_k + V(0)\sum_k n_k - \sum_{k'} V(k'-k) n_{k'} \tag{2.367}$$

で与えられ，エネルギー $\tilde{\epsilon}_k$ をもったフェルミオンの一体問題に帰着する．そして式 (2.367) を解くことによりエネルギー $\tilde{\epsilon}_k$ が得られる．

式 (2.367) 第 2 項は，平均粒子密度を ρ とすると

$$\rho \int V(\boldsymbol{r}) d\boldsymbol{r} \tag{2.368}$$

と書けるが，これは一様な粒子密度分布がつくるポテンシャルエネルギーを表している．クーロンポテンシャルで相互作用している電子系の場合などは，この積分は発散するが，現実の系では背景に同じ電荷密度の陽イオンが存在し，そのポテンシャルエネルギーが式 (2.368) を打ち消して電子エネルギーの発散をくいとめる．

以上のような平均場近似は，まさにハートリー-フォック近似であり，相互作用によるエネルギー変化分のうち，式 (2.367) 第 2 項が直接項あるいはハートリー項，第 3 項が交換項あるいはフォック項にあたる．

相互作用しているフェルミオン系（引力の場合）

引力相互作用の場合を考え，$V(q)$ の代わりに $-V(q)$ と書く．今回は平均場として，$\langle c_{k\sigma}^\dagger c_{k\sigma}\rangle$ に加えて，V^S も考慮する．ただし，式 (2.356) の V^S は，この場合

$$V^S_{k\sigma,k'\sigma'} = \sum_q V(q) \langle c_{k'+q,\sigma'} c_{k-q,\sigma}\rangle \tag{2.369}$$

と書けるが，そのすべてを有限と仮定するのではなく，この中で $V^S_{k\sigma,-k-\sigma}(\equiv \Delta(k))$ のみ有限とし，それ以外の成分は 0 とする．この二つの平均場を用いて，やはり HFB 近似を施すと，

$$\begin{aligned} H &= \sum_{k\sigma} \tilde{\varepsilon}_k : c_{k\sigma}^\dagger c_{k\sigma} : - \sum_k \Delta(k) : c_{k\uparrow}^\dagger c_{-k\downarrow}^\dagger : + h.c. \\ &= \sum_k : (c_{k\uparrow}^\dagger \; c_{-k\downarrow}) \begin{pmatrix} \tilde{\varepsilon}_k & -\Delta(k) \\ \Delta^*(k) & -\tilde{\varepsilon}_k \end{pmatrix} \begin{pmatrix} c_{k\uparrow} \\ c_{-k\downarrow}^\dagger \end{pmatrix} : \end{aligned} \tag{2.370}$$

となる．ここで $\tilde{\varepsilon}_k$ は，斥力相互作用の場合と同じく，ハートリー–フォック近似での 1 粒子エネルギー

$$\tilde{\varepsilon}_k = \varepsilon_k - V(0)\sum_k n_k + \sum_{k'} V(k'-k) n_{k'} \tag{2.371}$$

である．$\Delta(k)$ は，その定義から

$$\Delta(k) = \sum_q V(q)\langle c_{-k+q,-\sigma} c_{k-q,\sigma}\rangle \tag{2.372}$$

で与えられる．

さて，このハミルトニアンをボゴリュウボフ変換により対角化する．式 (2.359) のユニタリー変換行列 W を

$$W = \begin{pmatrix} u_k^* & -v_k^* \\ v_k & u_k \end{pmatrix} \tag{2.373}$$

$$|u_k|^2 + |v_k|^2 = 1 \tag{2.374}$$

と書くと，簡単な計算の後に u_k, v_k を決定する式として

$$2\tilde{\varepsilon}_k u_k v_k + \Delta(k) v_k^2 - \Delta^*(k) u_k^2 = 0 \tag{2.375}$$

が得られる．両辺を $u_k v_k$ で割ると，

$$2\tilde{\varepsilon}_k + \Delta(k) v_k/u_k - \Delta^*(k) u_k/v_k = 0 \tag{2.376}$$

となる．$\Delta(k) = |\Delta(k)| e^{i\phi}, u_k = |u_k| e^{i\eta}, v_k = |v_k| e^{i\gamma}$ とおき，両辺の虚部をとると

$$\sin(\phi - \eta + \gamma)|\Delta(k)|(|v_k|/|u_k| + |u_k|/|v_k|) = 0 \tag{2.377}$$

となる．平均場 Δ が 0 でないためには，

$$\phi - \eta + \gamma = 0, \pi \tag{2.378}$$

でなければならない．よって式 (2.375) は

$$2\tilde{\varepsilon}_k |u_k||v_k| = \pm|\Delta(k)|(|u_k|^2 - |v_k|^2) \tag{2.379}$$

となる．ここで，+ は $\phi - \eta + \gamma = 0$ の場合，− は $\phi - \eta + \gamma = \pi$ の場合である．この式と $|u_k|^2 + |v_k|^2 = 1$ を組み合わせると，

$$|u_k|^2 = \frac{1}{2}\left(1 + \frac{\tilde{\varepsilon}_k}{E_k}\right), \quad |v_k|^2 = \frac{1}{2}\left(1 - \frac{\tilde{\varepsilon}_k}{E_k}\right) \tag{2.380}$$

$$E_k = \pm\sqrt{\tilde{\varepsilon}_k^2 + |\Delta(k)|^2} \tag{2.381}$$

が得られ，ハミルトニアンは

$$H = \sum_k E_k(\alpha_k^\dagger \alpha_k + \beta_k^\dagger \beta_k) \tag{2.382}$$

となる．相互作用ゼロの極限で，すなわち $\Delta(k) \to 0, \tilde{\varepsilon} \to \varepsilon$ で，ハミルトニアンがもとの自由粒子系に戻ることを要請し，さらに u, v, Δ の相対的位相差は，$\phi - \eta + \gamma = 0$ を守る限りハミルトニアンを変化させないので，u, v, Δ のすべてを実数にとると，

$$u_k^2 = \frac{1}{2}\left(1 + \frac{\tilde{\varepsilon}_k}{E_k}\right), \quad v_k^2 = \frac{1}{2}\left(1 - \frac{\tilde{\varepsilon}_k}{E_k}\right) \tag{2.383}$$

$$E_k = \sqrt{\tilde{\varepsilon}_k^2 + \Delta(k)^2} \tag{2.384}$$

となる．c を u, v を用いて α, β にユニタリー変換すると，式 (2.372) は

$$\begin{aligned}
\Delta_k &= \sum_q V(q)\langle(-v_{k-q}\alpha_{k-q}^\dagger + u_{k-q}\beta_{k-q})(u_{k-q}\alpha_{k-q} + v_{k-q}\beta_{k-q}^\dagger)\rangle \\
&= \sum_q V(q)u_{k-q}v_{k-q}(-\langle\alpha_{k-q}^\dagger\alpha_{k-q}\rangle + \langle\beta_{k-q}\beta_{k-q}^\dagger\rangle) \\
&= \sum_q V(k-q)\frac{\Delta_q}{E_q}
\end{aligned} \tag{2.385}$$

という形にその自己無撞着方程式が得られる．なお，$\langle\alpha^\dagger\alpha\rangle, \langle\beta^\dagger\beta\rangle$ は，準粒子数を基底状態（準粒子にとっての真空）で期待値をとったものなので，0 であるということを用いた．この式 (2.385) こそ，電子系の超伝導に関する BCS 方程式である．

2.3.2 ストラトノビッチ–ハバード変換

2.2 節では，温度グリーン関数の摂動展開を行った．摂動項が小さいパラメーターを含んでいるときは，展開を有限次で打ち切ればよいが，摂動項が小さくないときは，無限次までとらなければならない．そこで自己エネルギーを導入し，自己エネルギーに対する何らかの近似を行うことで温度グリーン関数に対しては無限次までの項を取り込むことができた．たとえばその一例がハートリー–フォック近似であった．

ダイアグラムを用いた摂動展開は，経路積分を用いてもできるということはすでに述べた．ここでは同じ経路積分でも，異なるアプローチから近似法を考えてみよう．これはとくに摂動が小さいパラメーターを含んでいない場合に便利な方法であり，ハートリー–フォック近似や RPA 近似は，このアプローチからも現れる．

いま簡単のために，次のような積分を考えよう．

$$Z = \int d\phi\, e^{-S(\phi)} \tag{2.386}$$

$$S(\phi) = \frac{a}{2}\phi^2 + \frac{b}{4}\phi^4 \tag{2.387}$$

この積分は ϕ^4 項を含んでいるので，厳密には計算できない．この $S(\phi)$ に対して摂動論などを適用することもできるが，ここでは

$$e^{-(b/4)\phi^4} = \frac{1}{\sqrt{4\pi b}}\int d\Delta \exp\left(-\frac{1}{4b}\Delta^2 + \frac{i}{2}\phi^2\Delta\right) \tag{2.388}$$

という関係を用いる．これより，

$$Z = \int d\phi\, d\Delta \exp\left(-\frac{a}{2}\phi^2\right)\exp\left(-\frac{1}{4b}\Delta^2\right)\exp\left(\frac{i}{2}\phi^2\Delta\right) \tag{2.389}$$

と書ける．積分の前につく係数は今後意味をもたなくなるので無視した．重要な点は，見かけ上 ϕ^4 項が消えたということである．このように導入された Δ を**補助場**（auxiliary field）といい，その補助場を用いて式 (2.389) のような形に Z を変換することを**ストラトノビッチ–ハバード**（Stratnovich–Hubbard）**変換**とよぶ．

式 (2.389) の分配関数をみると，ϕ という場と Δ という場があり，両者が $i\phi^2\Delta/2$ という項で相互作用しているとみなすことができる．つまり $S(\phi)$ に含まれる $(b/4)\phi^4$ という ϕ 同士の相互作用は，この段階では場 Δ を介して行われているとみなすのである．

さて分配関数を整理して

$$Z = \int d\Delta\, e^{-S(\Delta)} \tag{2.390}$$
$$S(\Delta) = S_0(\Delta) + S_1(\Delta)$$
$$S_0(\Delta) = \frac{\Delta^2}{4b}$$
$$e^{-S_1(\Delta)} = \int d\phi\, e^{-(a-i\Delta)\phi^2/2}$$

と書こう．これまでの摂動論などでは，すべて $S(\phi)$ を中心に近似法を考えていたが，ここではストラトノビッチ–ハバード変換により生まれた場 Δ に対する作用 $S(\Delta)$ についての近似法を考えることができる．もっとも簡単なのは**鞍点法**（saddle-point approximation）である．すなわち，Z の Δ 積分で，停留条件

$$\frac{\partial S(\Delta)}{\partial \Delta} = 0 \tag{2.391}$$

を満たす $\Delta = \Delta_0$ がもっとも積分への寄与が大きいと考え，Δ を Δ_0 で置き換えるのである．これにより，Δ の自由度は Δ_0 という値に固定されるので，

$$Z \sim Z_H = \int d\phi\, e^{-(a-i\Delta_0)\phi^2/2} \tag{2.392}$$

と書ける．やはり無用な係数は省略した．ここで Δ_0 の値は式 (2.391) から決定される．すなわち，

$$\begin{aligned}
0 &= \frac{\partial S(\Delta)}{\partial \Delta} \\
&= \frac{\partial S_0(\Delta)}{\partial \Delta} - \frac{\partial}{\partial \Delta}\ln\int d\phi\, e^{-(a-i\Delta)\phi^2/2} \\
&= \frac{\Delta}{2b} - \frac{i}{2}Z_H^{-1}\int d\phi\, \phi^2 e^{-(a-i\Delta)\phi^2/2}
\end{aligned} \tag{2.393}$$

となり，

$$\Delta_0 = ib\langle\phi^2\rangle_H \tag{2.394}$$

を得る．ここで $\langle \cdots \rangle_H$ は，分配関数 Z_H を使っての平均を表す．$-i\Delta_0$ を $b\tilde{\Delta}_0$ と書き直せば，

$$Z_H = \int d\phi \, e^{-(a+b\tilde{\Delta}_0)\phi^2/2} \qquad (2.395)$$
$$\tilde{\Delta}_0 = \langle \phi^2 \rangle_H$$

と書ける．これはまさに最初の作用 $S(\phi)$ において，相互作用項に対し平均場近似を施したものにほかならない．いいかえれば，式 (2.389) のように補助場を導入し，その補助場に対して鞍点法を用いて近似を行うと，それはもとの場 ϕ に対して平均場近似を行ったことに相当するのである．

これをダイアグラムを使って描いてみよう．式 (2.389) の形から，ϕ に対する非摂動項を $S_0(\phi) = a\phi^2/2$，Δ に対する非摂動項を $S_0(\Delta) = \Delta^2/4b$，$\phi$ と Δ の相互作用項を $S_{int}(\phi, \Delta) = i\phi^2\Delta/2$ とする．ϕ と Δ に対するそれぞれ非摂動のグリーン関数を

$$G^0_\phi = \langle \phi^2 \rangle_0 \qquad (2.396)$$
$$G^0_\Delta = \langle (\Delta - \langle \Delta \rangle_0)^2 \rangle_0 \qquad (2.397)$$

で定義すると，

$$G^0_\phi = a^{-1} \qquad (2.398)$$
$$G^0_\Delta = 2b \qquad (2.399)$$

と求まる（ここで，ϕ についてはつねに $\langle \phi \rangle = 0$ だが，$\langle \Delta \rangle$ については 0 とは限らないので，その分を差し引いてグリーン関数を定義している．ただし非摂動のレベルでは $\langle \Delta \rangle_0 = 0$ である）．これらをダイアグラムで図 2.30 のように表そう．一方，式 (2.395) より，近似的に相互作用の効果も含めて求めた ϕ のグリーン関数 $G_\phi = \langle \phi^2 \rangle_H$ は

$$G_\phi = (a + b\tilde{\Delta}_0)^{-1} = (a - i\Delta_0)^{-1} \qquad (2.400)$$

である．ダイソン方程式 $G_\phi^{-1} = (G^0_\phi)^{-1} - \Sigma$ により自己エネルギー Σ を定義すると（図 2.31(a)），式 (2.398)，(2.400) より，

$$\Sigma = i\Delta_0 \qquad (2.401)$$

2.3 そのほかの近似法

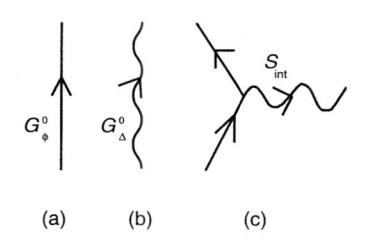

図 2.30 グリーン関数 G_ϕ^0 と G_Δ^0, および相互作用 S_{int} を表現するダイアグラム

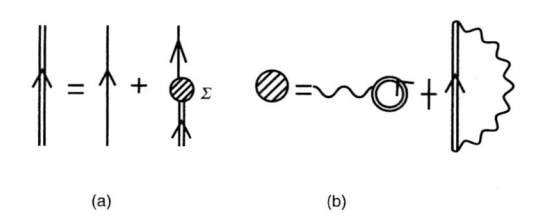

図 2.31 ダイソン方程式 (a) と自己エネルギー (b) 自己エネルギーの二つの項はどちらも同じ値 $(i/2)^2 G_\Delta^0 G_\phi$ を与える.

となるが, さらに式 (2.394) を使えば

$$\Sigma = -bG_\phi = 2\left(\frac{i}{2}\right)^2 G_\Delta^0 G_\phi \tag{2.402}$$

となる. これをダイアグラムで描けば図 2.31(b) のようになり, ハートリー–フォック的な平均場近似を行っていることがわかる.

つぎにハートリー–フォック状態を非摂動状態にとり ($G_H \to G^0$), そこからのゆらぎを取り入れよう. すなわち, 上では $S(\Delta) \sim S(\Delta_0)$ としたが, こんどはさらに

$$S(\Delta) \sim S(\Delta_0) + \frac{1}{2}S''(\Delta_0)(\Delta - \Delta_0)^2 \tag{2.403}$$

というようにゆらぎの2次まで取り入れてみる. ここで式 (2.390) から $S''(\Delta_0)$ を計算すると,

$$S''(\Delta_0) = \frac{1}{2b} - \left(\frac{i}{2}\right)^2 (\langle\phi^4\rangle_H - \langle\phi^2\rangle_H^2) \tag{2.404}$$

となる．したがって分配関数 Z は

$$Z \sim e^{-S(\Delta_0)} \int d\Delta \, \exp\left(-\frac{1}{2}S''(\Delta_0)(\Delta-\Delta_0)^2\right) \tag{2.405}$$

となる．この分配関数を用いて $\langle(\Delta-\langle\Delta\rangle)^2\rangle = G_\Delta$ を計算すると，$\langle\Delta\rangle = \Delta_0$ より，

$$\begin{aligned} G_\Delta &= (S''(\Delta_0))^{-1} \\ &= \frac{G_\Delta^0}{1 - G_\Delta^0 \, (i/2)^2 \, (\langle\phi^4\rangle_H - \langle\phi^2\rangle_H^2)} \end{aligned} \tag{2.406}$$

あるいは

$$G_\Delta^{-1} = (G_\Delta^0)^{-1} - \left(\frac{i}{2}\right)^2 (\langle\phi^4\rangle_H - \langle\phi^2\rangle_H^2) \tag{2.407}$$

となる．これをダイアグラムで表すと，$\langle\phi^4\rangle_H - \langle\phi^2\rangle_H^2$ がつながった 2 本の ϕ-粒子線を表すことから（$\langle\phi^2\rangle_H^2 = (G_\phi^0)^2$ は，つながっていない 2 本線を表す），図 2.32 のようになる．これはまさに 2.2.15 項で行った RPA 近似に相当する．

さて，以上の手法を実際の量子系に適用しようとすると，補助場の選び方が一意的でないことに気づく．つまり，鞍点法から平均場近似などにもっていくとして，その平均場のとり方が幾通りか存在しうるということである．したがって，問題の系の物理的背景を見きわめて補助場を選ばないと，本質をとらえら

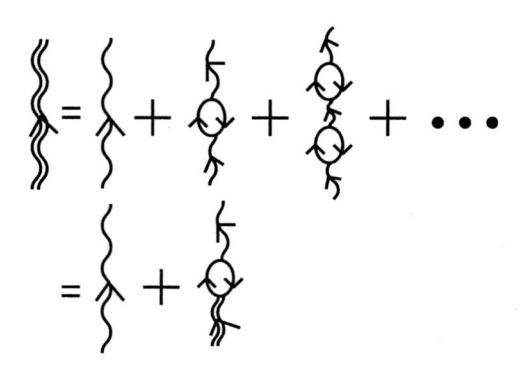

図 **2.32** ゆらぎを取り入れた G_Δ（2 重波線）

2.3 そのほかの近似法

れないこともある．たとえば有名なモデルの一つ，ハバードモデルを例にとって考えてみよう．ハミルトニアンは

$$H = -t\sum_{i\sigma} c_{i+1\sigma}^\dagger c_{i\sigma} + h.c. + U\sum_i c_{i\uparrow}^\dagger c_{i\downarrow}^\dagger c_{i\downarrow} c_{i\uparrow} \quad (2.408)$$

と書ける．$h.c.$ はエルミート共役を表す．経路積分にのせれば

$$Z = \int \mathcal{D}\tilde{\psi}^* \mathcal{D}\tilde{\psi} \exp\left(-\int_0^\beta d\tau \left[\sum_{i\sigma}\psi_{i\sigma}^*(\partial_\tau - \mu)\psi_{i\sigma} + H(\psi^*, \psi)\right]\right)$$

$$H(\psi^*, \psi) = -t\sum_{i\sigma}\psi_{i+1\sigma}^*(\tau)\psi_{i\sigma}(\tau) + c.c. + U\sum_i \psi_{i\uparrow}^*(\tau)\psi_{i\downarrow}^*(\tau)\psi_{i\downarrow}(\tau)\psi_{i\uparrow}(\tau)$$
$$(2.409)$$

となる（複素共役の記号 $c.c.$ を便宜上用いたが，ここでの意味はグラスマン数 $\psi_{i+1}^*\psi_i$ に共役な項 $\psi_i^*\psi_{i+1}$ である）．

ここで ψ の 4 次の項に関して式 (2.388) にならって補助場を導入する．ただし 4 次の項は $d\tau(=\epsilon=\beta/N)$ がかかっていることを忘れないようにする．

まずは $U<0$ の場合を考えよう．このとき系が超伝導になることが考えられる．そこで ψ の 4 次の項を

$$e^{-\epsilon U \psi_{i\uparrow}^*(\tau)\psi_{i\downarrow}^*(\tau)\psi_{i\downarrow}(\tau)\psi_{i\uparrow}(\tau)}$$
$$= \frac{\epsilon}{|U|}\int \frac{d\Delta_i^*(\tau)d\Delta_i(\tau)}{2\pi i}e^{\epsilon(|\Delta(\tau)|^2/U - \Delta_i(\tau)\psi_{i\uparrow}^*(\tau)\psi_{i\downarrow}^*(\tau) - \Delta_i^*(\tau)\psi_{i\downarrow}(\tau)\psi_{i\uparrow}(\tau))}$$
$$(2.410)$$

と書き換える．Δ は複素数である．これより Z は

$$Z = \int \mathcal{D}\tilde{\psi}^* \mathcal{D}\tilde{\psi} \mathcal{D}\Delta^* \mathcal{D}\Delta$$
$$\times \exp\left\{-\int_0^\beta d\tau\left[\sum_{i\sigma}\psi_{i\sigma}^*(\partial_\tau-\mu)\psi_{i\sigma} - t\sum_{i\sigma}(\psi_{i+1\sigma}^*(\tau)\psi_{i\sigma}(\tau) + c.c.)\right]\right\}$$
$$\times \exp\left\{\int_0^\beta d\tau |\Delta|^2/U\right\}$$
$$\times \exp\left\{-\int_0^\beta d\tau \sum_i (\Delta_i(\tau)\psi_{i\uparrow}^*(\tau)\psi_{i\downarrow}^*(\tau) + \Delta_i^*(\tau)\psi_{i\downarrow}(\tau)\psi_{i\uparrow}(\tau))\right\}$$
$$(2.411)$$

となる．ここで

$$Z = \int \mathcal{D}\Delta^* \mathcal{D}\Delta \, e^{-S(\Delta)} \tag{2.412}$$

$$S(\Delta) = S_0(\Delta) + S_1(\Delta)$$

$$S_0(\Delta) = -\frac{|\Delta|^2}{U}$$

$$\begin{aligned}e^{-S_1(\Delta)} = \int \mathcal{D}\tilde{\psi}^* \mathcal{D}\tilde{\psi} \exp\Bigg\{ &-\int_0^\beta d\tau \Bigg[\sum_{i\sigma} i\sigma \psi_{i\sigma}^*(\partial_\tau - \mu)\psi_{i\sigma} \\ &- t \sum_{i\sigma}(\psi_{i+1\sigma}^*(\tau)\psi_{i\sigma}(\tau) + c.c.) + \sum_i \Delta_i(\tau)\psi_{i\uparrow}^*(\tau)\psi_{i\downarrow}^*(\tau) \\ &+ \sum_i \Delta_i^*(\tau)\psi_{i\downarrow}(\tau)\psi_{i\uparrow}(\tau) \Bigg] \Bigg\}\end{aligned}$$

で定義される $S(\Delta)$ に対して鞍点法を使う．すると，

$$0 = \frac{\delta S(\Delta)}{\delta \Delta_i^*(\tau)} = -\frac{\Delta_i(\tau)}{U} + \langle \psi_{i\downarrow}(\tau)\psi_{i\uparrow}(\tau) \rangle_H \tag{2.413}$$

となる．ここで $\langle \cdots \rangle_H$ は

$$\begin{aligned}Z_H = \int \mathcal{D}\tilde{\psi}^* \mathcal{D}\tilde{\psi} \exp\Bigg\{ &-\int_0^\beta d\tau \Bigg[\sum_{i\sigma} i\sigma \psi_{i\sigma}^*(\partial_\tau - \mu)\psi_{i\sigma} \\ &- t \sum_{i\sigma}(\psi_{i+1\sigma}^*(\tau)\psi_{i\sigma}(\tau) + c.c.) + \sum_i \Delta_i(\tau)\psi_{i\uparrow}^*(\tau)\psi_{i\downarrow}^*(\tau) \\ &+ \sum_i \Delta_i^*(\tau)\psi_{i\downarrow}(\tau)\psi_{i\uparrow}(\tau) \Bigg] \Bigg\}\end{aligned} \tag{2.414}$$

を分配関数とする熱平均を表す．式 (2.413) を満たす Δ を Δ_0 と書くと，Δ_0 は

$$\Delta_i^0(\tau) = U \langle \psi_{i\downarrow}(\tau)\psi_{i\uparrow}(\tau) \rangle_H \tag{2.415}$$

で与えられる．この Δ^0 で Δ を置き換えた ψ に対する分配関数は

$$Z \sim Z_H = \int \mathcal{D}\tilde{\psi}^* \mathcal{D}\tilde{\psi} \exp\left(-\int_0^\beta d\tau \left[\sum_{i\sigma} \psi_{i\sigma}^*(\partial_\tau - \mu)\psi_{i\sigma} + H_0(\psi^*, \psi) \right] \right) \tag{2.416}$$

$$H_0(\psi^*, \psi) = -t \sum_{i\sigma} \psi^*_{i+1\sigma}(\tau)\psi_{i\sigma}(\tau) + c.c.$$
$$+ \sum_i (\Delta_i^0(\tau)\psi^*_{i\uparrow}\psi^*_{i\downarrow} + \Delta_i^{0*}(\tau)\psi_{i\downarrow}\psi_{i\uparrow})$$

で与えられる．式(2.415), (2.416)は，まさに式(2.372), (2.370)と同形である．

つぎに $U > 0$ の場合を考えよう．このときは式(2.410)は成立しない．右辺の $|\Delta|^2$ 項の係数が正になってしまって積分が発散してしまうからである．そこで次のような関係式を代わりに用いる．

$$e^{-\epsilon U \psi^*_\uparrow \psi^*_\downarrow \psi_\downarrow \psi_\uparrow} = \frac{\epsilon}{\pi U} \int d\Delta_c d\Delta_s \, \exp\left(-\frac{\epsilon}{U}(\Delta_c^2 + \Delta_s^2) + i\epsilon\Delta_c n + \epsilon\Delta_s \sigma_z\right) \tag{2.417}$$

ここで，

$$\begin{aligned} n &= \psi^*_\uparrow \psi_\uparrow + \psi^*_\downarrow \psi_\downarrow \\ \sigma_z &= \psi^*_\uparrow \psi_\uparrow - \psi^*_\downarrow \psi_\downarrow \end{aligned} \tag{2.418}$$

であり，Δ_c, Δ_s は実数である．これより式(2.409)は

$$\begin{aligned} Z = &\int \mathcal{D}\tilde{\psi}^* \mathcal{D}\tilde{\psi} \mathcal{D}\Delta_c \mathcal{D}\Delta_s \\ &\times \exp\left(-\int_0^\beta d\tau \sum_{i\sigma}[\psi^*_{i\sigma}(\partial_\tau - \mu)\psi_{i\sigma} - t(\psi^*_{i+1\sigma}\psi_{i\sigma} + c.c.)]\right) \\ &\times \exp\left(-\int_0^\beta \frac{d\tau}{U} \sum_i (\Delta_{ci}^2(\tau) + \Delta_{is}^2(\tau))\right) \\ &\times \exp\left(\int_0^\beta d\tau \sum_i [i\Delta_{ci}(\tau)n_i(\tau) + \Delta_{si}(\tau)\sigma_{zi}(\tau)]\right) \end{aligned} \tag{2.419}$$

と書ける．$U < 0$ の場合と同様にして，Δ_c, Δ_s に対する停留点を求めると，

$$\begin{cases} \Delta_{ci}^0(\tau) = i\dfrac{U}{2} n_i(\tau) \\ \Delta_{si}^0(\tau) = \dfrac{U}{2} \sigma_{zi}(\tau) \end{cases} \tag{2.420}$$

と求まる. この値を Δ_c, Δ_s に代入することで,

$$Z \sim Z_H = \int \mathcal{D}\tilde{\psi}^*\mathcal{D}\tilde{\psi} \exp\left(-\int_0^\beta \left[\sum_{i\sigma}\psi_{i\sigma}^*(\partial_\tau - \mu)\psi_{i\sigma} + H(\psi^*, \psi)\right]\right) \tag{2.421}$$

$$H(\psi^*, \psi) = -t\sum_{i\sigma}\psi_{i+1\sigma}^*\psi_{i\sigma} + c.c. - i\sum_i \Delta_{ci}^0 n_i - \sum_i \Delta_{si}^0 \sigma_{zi}$$

となる. 式 (2.420), (2.421) は, ハートリー–フォック近似に相当する.

参考文献

- 2.1, 2.2 節
  多体問題の専門書も非常に多いが, たとえば標準的なものとして, 洋書では
  (2-1) A.L. Fetter and J.D. Walecka：Quantum Theory of Many-Particle Systems (McGraw Hill Text, 1971)
  （松原武生, 藤井勝彦訳：多粒子系の量子論, マグロウヒルブック, 1987）
  (2-2) A.A. Abrikosov, L.P. Gorkov, and E. Dzyaloshinskii：Methods of Quantum Field Theory in Statistical Physics (Dover Pub, 1977)
  （松原武生, 佐々木健, 米沢富美子訳：統計物理学における場の量子論の方法, 東京図書, 1987）
  (2-3) S. Doniach and E. H. Sondheimer：Green's Functions for Solid State Physicists (Imperial College Pr., 1998)
  (2-4) David Pines：The Many-Body Problem (Addison Wesley Pub, 1997)
  L. P. Kadanoff and G. Baym：Quantam Statistical Mechanics (Addison Wesley Pub, 1990)
  (2-5) G.D. Mahan：Many-Particle Physics (Plenum Pub, 1990)
  (2-6) D.J. Thouless：The Quantum Mechanics of Many-Body Systems (Academic Press, 1972)
  （松原武生訳：物理学叢書, 多体系の量子力学, 吉岡書店, 1975）
  などがあり, 和書では
  (2-7) 高田康民：朝倉物理学大系, 多体問題（朝倉書店, 1999）
  (2-8) 高野文彦：新物理学シリーズ, 多体問題（培風館, 1975）
  (2-9) 高橋康：新物理学シリーズ, 物性研究者のための場の量子論 1,2（培風館, 1975）
  などがある.

- 2.3 節
  前掲の (2-1), (1-4), (1-5) が参考になる.

3
非平衡の統計力学

3.1　ボルツマン方程式

　本節では，同種粒子からなる古典粒子系を考える．あるいはフェルミオン系なども扱うが，しかしそれはパウリの原理を満たす粒子という意味であって，粒子の波動性などは無視する．それが正当化されるのは，十分高温および十分希薄な状況を考えるときである．このとき粒子間の平均距離は十分長く，粒子の波束の重なりが無視できるほど小さく，粒子は古典的にふるまう．このような粒子系における物理量を計算するには，粒子の分布関数を知る必要があるが，以下ではその分布関数がしたがう方程式およびその解法について述べていくことにする．

3.1.1　ボルツマン方程式

　同種粒子からなる希薄な多粒子系を考える．粒子は外場の影響を受けたり，互いに衝突しあったりしている．ボルツマン（Boltzmann）は，この系に対する1粒子分布関数 $f(\boldsymbol{r},\boldsymbol{v},t)$ が次の方程式にしたがって時間発展すると考えた．

$$\left[\frac{\partial}{\partial t}+\left(\boldsymbol{v}\cdot\frac{\partial}{\partial \boldsymbol{r}}+\boldsymbol{a}\cdot\frac{\partial}{\partial \boldsymbol{v}}\right)\right]f=\left.\frac{\partial f}{\partial t}\right|_{\mathrm{coll}} \tag{3.1}$$

これをボルツマン方程式（Boltzman equation）という．$\boldsymbol{r}$, $\boldsymbol{v}$, $\boldsymbol{a}$ は，座標，速度，加速度を表す．左辺の $(\cdots)$ 内はドリフト項（drift term）とよばれる．1粒子分布関数 $f(\boldsymbol{r},\boldsymbol{v},t)$ とは，$\boldsymbol{r},\boldsymbol{v}$ 空間における点 $(\boldsymbol{r},\boldsymbol{v})$ 近傍の微小体積 $d\boldsymbol{r}d\boldsymbol{v}$

内に含まれる粒子数が，時刻 t において

$$f(\boldsymbol{r},\boldsymbol{v},t)d\boldsymbol{r}d\boldsymbol{v} \tag{3.2}$$

によって与えられるということから定義される．f は，平衡系ならば式 (1.53) の形に書ける．ただし本節での f の規格化は，$\tilde{f}$ と異なり，

$$N = \int f(\boldsymbol{r},\boldsymbol{v},t)d\boldsymbol{r}d\boldsymbol{v} \tag{3.3}$$

なので，正確には熱平衡系では

$$f = \rho\left(\frac{m}{2\pi k_B T}\right)^{3/2}\exp\left(-\frac{m\boldsymbol{v}^2}{2k_B T}\right) \tag{3.4}$$

と書かれる．そのとき f は $\boldsymbol{v}$ のみの関数となる．局所的熱平衡が成立しているときの f は，やはり形は同じだが，ρ と T は $\boldsymbol{r}$ と t の関数となる．なお，系全体の並進運動も許すときは，$\boldsymbol{v}$ の代わりに $\boldsymbol{v}-\boldsymbol{u}$ を代入すればよい．ここで，$\boldsymbol{u}$ は $\boldsymbol{v}$ の平均値である．局所的平衡系では，$\boldsymbol{u}$ も $\boldsymbol{r}$ と t の関数である．

式 (3.1) 右辺は，粒子が衝突（または散乱）することによる f の時間変化を表し，**衝突項**（collision term）または**散乱項**（scattering term）という．2 粒子間の衝突は，本来なら 2 体の分布関数 $f_2(\boldsymbol{r},\boldsymbol{v};\boldsymbol{r}',\boldsymbol{v}';t)$ がその記述に必要な情報であるが，粒子密度が希薄であれば，衝突前には粒子は互いに独立であったと考えてよいから，それは 1 粒子分布関数の積に近似してもいいだろう．すなわち，

$$f_2(\boldsymbol{r},\boldsymbol{v};\boldsymbol{r}',\boldsymbol{v}';t) \sim f(\boldsymbol{r},\boldsymbol{v},t)f(\boldsymbol{r}',\boldsymbol{v}',t) \tag{3.5}$$

である．これにより，古典粒子系に対し，衝突項は

$$\left.\frac{\partial f}{\partial t}\right|_{\text{coll}} = \int d\boldsymbol{v}'\int d\Omega\,|\boldsymbol{v}-\boldsymbol{v}'|\sigma(|\boldsymbol{v}-\boldsymbol{v}'|,\theta)$$
$$\times [f(\boldsymbol{r},\boldsymbol{v}_1,t)f(\boldsymbol{r},\boldsymbol{v}_1',t) - f(\boldsymbol{r},\boldsymbol{v},t)f(\boldsymbol{r},\boldsymbol{v}',t)] \tag{3.6}$$

と書ける．ここで，$\boldsymbol{v}$ と $\boldsymbol{v}'$ の粒子が位置 $\boldsymbol{r}$ で衝突して $\boldsymbol{v}_1$ と $\boldsymbol{v}_1'$ の速度をもった粒子になったとする．また，$\int d\Omega$ は $\boldsymbol{v}-\boldsymbol{v}'$ ベクトルの立体角積分を

表す．θ は $\bm{v}$ と $\bm{v}'$ のつくる角度，$\sigma(|\bm{v}-\bm{v}'|,\theta)$ は衝突の微分散乱断面積である．$\bm{v},\bm{v}',\bm{v}_1,\bm{v}_1'$ は独立ではなく，運動量とエネルギーの保存から，

$$\bm{v}+\bm{v}' = \bm{v}_1+\bm{v}_1' \tag{3.7}$$

$$\bm{v}^2+\bm{v}'^2 = \bm{v}_1^2+\bm{v}_1'^2 \tag{3.8}$$

を満たす．式 (3.6) の導出は，次のように考えればよい．$\partial f/\partial t|_\mathrm{coll}d\bm{r}d\bm{v}$ は，単位時間あたり衝突によって体積 $d\bm{r}d\bm{v}$ 内で増加する粒子数を表す．増加する粒子数は，体積 $d\bm{r}d\bm{v}$ 内に衝突によって流入する粒子数から流出する粒子数を差し引くことで求まる．いま仮定として，衝突は2粒子間のみで起こるとする（すなわち3粒子以上が同時に衝突することはないとする．希薄な粒子系を考えているので妥当な仮定であろう）．衝突によって立体角 $d\Omega$ に飛んでくる粒子の単位時間当たりの数は，微分散乱断面積 σ を用いて

$$J\sigma d\Omega \tag{3.9}$$

で与えられる．ここで J は，粒子の飛んでくる方向に垂直な単位面積を単位時間に通過する粒子数を表す．したがって $(\bm{r},\bm{v})$ という点に向かってくる粒子の J は

$$J = |\bm{v}-\bm{v}'|f(\bm{r},\bm{v}',t)d\bm{v}' \tag{3.10}$$

となる．よって，体積 $d\bm{r}$ 内で単位時間当たり発生する $(\bm{v},\bm{v}') \to (\bm{v}_1,\bm{v}_1')$ という粒子間衝突の数は

$$J\sigma d\Omega = |\bm{v}-\bm{v}'|f(\bm{r},\bm{v}',t)\sigma d\Omega d\bm{v}' \tag{3.11}$$

で与えられる．これより

$$f(\bm{r},\bm{v},t)d\bm{r}d\bm{v}\int |\bm{v}-\bm{v}'|f(\bm{r},\bm{v}',t)\sigma d\Omega d\bm{v}' \tag{3.12}$$

は，体積 $d\bm{r}d\bm{v}$ 内で単位時間当たりに衝突を起こす粒子数を表す．$d\bm{r}d\bm{v}$ は微小体積なので，衝突を起こした粒子は $d\bm{r}d\bm{v}$ の外へ出ていくと考えてよい．したがって式 (3.12) は，先ほど述べた「衝突によって流出する粒子数」とみなす

ことができる．一方，同様にして，「衝突によって流入する粒子数」は

$$f(\bm{r},\bm{v}_1,t)d\bm{r}d\bm{v}_1 \int |\bm{v}_1-\bm{v}_1'| f(\bm{r},\bm{v}_1',t)\sigma' d\Omega d\bm{v}_1'$$
$$= f(\bm{r},\bm{v}_1,t)d\bm{r}d\bm{v} \int |\bm{v}-\bm{v}'| f(\bm{r},\bm{v}_1',t)\sigma d\Omega d\bm{v}' \qquad (3.13)$$

で与えられる．ここで

$$|\bm{v}-\bm{v}'| = |\bm{v}_1-\bm{v}_1'|$$
$$d\bm{v}d\bm{v}' = d\bm{v}_1 d\bm{v}_1' \qquad (3.14)$$
$$\sigma = \sigma'$$

を用いた．式 (3.12)，(3.13) より

$$\left.\frac{\partial f}{\partial t}\right|_{\text{coll}} d\bm{r}d\bm{v} = d\bm{r}d\bm{v} \int d\bm{v}' \int d\Omega\, |\bm{v}-\bm{v}'|\sigma$$
$$\times [f(\bm{r},\bm{v}_1,t)f(\bm{r},\bm{v}_1',t) - f(\bm{r},\bm{v},t)f(\bm{r},\bm{v}',t)] \qquad (3.15)$$

となり式 (3.6) を得る．

つぎにあとで何度か使う式 (3.6) に関する数学的性質を導いておこう．いま式 (3.6) を一般化し，

$$\Gamma(f,g) = \frac{1}{2} \int d\bm{v}' \int d\Omega\, V\sigma [f(\bm{r},\bm{v}_1,t)g(\bm{r},\bm{v}_1',t) + f(\bm{r},\bm{v}_1',t)g(\bm{r},\bm{v}_1,t)$$
$$- f(\bm{r},\bm{v},t)g(\bm{r},\bm{v}',t) - f(\bm{r},\bm{v}',t)g(\bm{r},\bm{v},t)] \qquad (3.16)$$

により Γ を定義する．ここで $V=|\bm{v}-\bm{v}'|$ である．式 (3.6) は $\partial f/\partial t|_{\text{coll}} = \Gamma(f,f)$ に相当する．まず，$\bm{v}$ の任意の関数 $h(\bm{v})$ に対し，次の関係式が成り立つ．

$$\int d\bm{v}\,\Gamma(f,g)h(\bm{v}) = \frac{1}{8} \int d\bm{v}d\bm{v}'d\Omega\, V\sigma(f_1 g_1' + f_1' g_1 - fg' - f'g)$$
$$\times [h(\bm{v}) + h(\bm{v}') - h(\bm{v}_1) - h(\bm{v}_1')] \qquad (3.17)$$

ここで

$$f = f(\bm{r},\bm{v},t)$$

$$\begin{aligned} g' &= g(\bm{r}, \bm{v}', t) \\ f_1 &= f(\bm{r}, \bm{v}_1, t) \\ g'_1 &= g(\bm{r}, \bm{v}'_1, t) \end{aligned} \qquad (3.18)$$

であり，f', f'_1, g, g_1 も同様に定義される．式 (3.17) の証明は，$|\bm{v}-\bm{v}'| = |\bm{v}_1 - \bm{v}'_1|$ が成り立つことや，$(\bm{v}, \bm{v}') \to (\bm{v}_1, \bm{v}'_1)$ に対する微分散乱断面積 σ と $(\bm{v}_1, \bm{v}'_1) \to (\bm{v}, \bm{v}')$ に対する σ とが等しいことを使えば容易に示せる．

さらに式 (3.16) には次の性質もある．

$$h(\bm{v}) + h(\bm{v}') = h(\bm{v}_1) + h(\bm{v}'_1) \qquad (3.19)$$

であるとしよう．このとき，f, g の形に関わらず，

$$\int d\bm{v}\, \Gamma(f, g) h(\bm{v}) = 0 \qquad (3.20)$$

が成立する．

式 (3.19) は，$h(\bm{v})$ が衝突前後での保存量であることを表している．保存するのは運動量とエネルギーのみなので，$h(\bm{v})$ はつねに

$$h(\bm{v}) = a + \bm{b} \cdot \bm{v} + c v^2 \qquad (3.21)$$

の形に書ける．ここで $a, \bm{b}, c$ は $\bm{v}$ に依存しない定数である．

上述の Γ の性質を利用すると，ボルツマン方程式から何が得られるのかをみていこう．式 (3.1) と式 (3.6) のボルツマン方程式の両辺に $h(\bm{v})$ をかけて $\bm{v}$ で積分すると，

$$\frac{\partial}{\partial t} \rho \overline{h(\bm{v})} + \frac{\partial}{\partial \bm{r}} \cdot \rho \overline{\bm{v} h(\bm{v})} - \rho \bm{a} \cdot \overline{\frac{\partial h(\bm{v})}{\partial \bm{v}}} = \int d\bm{v}\, \Gamma(f, f) h(\bm{v}) \qquad (3.22)$$

と書ける．ここで

$$\rho \overline{\psi} \equiv \int d\bm{v}\, f(\bm{r}, \bm{v}, t) \psi(\bm{v}) \qquad (3.23)$$

という記法を用いた．$\rho(\bm{r}, t)$ は数密度であり，

$$\rho(\bm{r}, t) = \int d\bm{v}\, f(\bm{r}, \bm{v}, t) \qquad (3.24)$$

により与えられる．さて，式 (3.22) の右辺に対して先に述べた Γ の性質を用いよう．すなわち $h(\boldsymbol{v})$ として $1, \boldsymbol{v}, v^2$ を代入すると，右辺は 0 になるのである．それぞれの場合について順に考えていく．

1. $h(\boldsymbol{v}) = 1$

   このとき式 (3.22) は
   $$\frac{\partial \rho}{\partial t} + \frac{\partial}{\partial \boldsymbol{r}} \cdot \rho \overline{\boldsymbol{v}} = 0 \tag{3.25}$$
   となる．これは質量保存の連続の方程式である．これはまた，ラグランジュ微分
   $$\frac{D}{Dt} = \frac{\partial}{\partial t} + \overline{\boldsymbol{v}} \cdot \frac{\partial}{\partial \boldsymbol{r}} \tag{3.26}$$
   を使えば，
   $$\frac{D\rho}{Dt} + \rho \frac{\partial}{\partial \boldsymbol{r}} \cdot \overline{\boldsymbol{v}} = 0 \tag{3.27}$$
   とも書ける．

2. $h(\boldsymbol{v}) = \boldsymbol{v}$

   このとき式 (3.22) は
   $$\frac{\partial}{\partial t} \rho \overline{\boldsymbol{v}} + \frac{\partial}{\partial \boldsymbol{r}} \cdot \rho \overline{\boldsymbol{v}\boldsymbol{v}} - \rho \boldsymbol{a} = 0 \tag{3.28}$$
   となる．
   $$\boldsymbol{v} = \overline{\boldsymbol{v}} + \boldsymbol{v}' \tag{3.29}$$
   とおくと，
   $$\overline{\boldsymbol{v}\boldsymbol{v}} = \overline{\boldsymbol{v}}\,\overline{\boldsymbol{v}} + \overline{\boldsymbol{v}'\boldsymbol{v}'} \tag{3.30}$$
   である．ここで
   $$P_{ij} \equiv m\rho \overline{v'_i v'_j} = m \int d\boldsymbol{v}\, f(\boldsymbol{r}, \boldsymbol{v}, t) v'_i v'_j \tag{3.31}$$
   により圧力-ストレステンソル (pressure-stress tensor) を定義する．P は
   $$P = m\rho \overline{\boldsymbol{v}\boldsymbol{v}} - m\rho \overline{\boldsymbol{v}}\,\overline{\boldsymbol{v}} \tag{3.32}$$

とも書ける．すると式 (3.28) は

$$\frac{\partial}{\partial t}\rho\overline{\boldsymbol{v}} + \frac{\partial}{\partial \boldsymbol{r}}\cdot\rho\overline{\boldsymbol{v}}\,\overline{\boldsymbol{v}} + \frac{\partial}{\partial \boldsymbol{r}}\cdot P - \rho\boldsymbol{a} = 0 \tag{3.33}$$

となる．あるいは式 (3.26) の D/Dt と式 (3.25) を使えば

$$m\rho\frac{D\overline{\boldsymbol{v}}}{Dt} = -\nabla\cdot P + m\rho\boldsymbol{a} \tag{3.34}$$

と書ける．これは運動量保存の方程式である．

3. $h(\boldsymbol{v}) = v^2$

このとき式 (3.22) は

$$\frac{\partial}{\partial t}\rho\overline{v^2} + \frac{\partial}{\partial \boldsymbol{r}}\cdot\rho\overline{\boldsymbol{v}v^2} - \rho\boldsymbol{a}\cdot\overline{\boldsymbol{v}} = 0 \tag{3.35}$$

となる．

$$\overline{v^2} = \overline{\boldsymbol{v}}^2 + \overline{v'^2} \tag{3.36}$$

$$\overline{\boldsymbol{v}v^2} = \overline{\boldsymbol{v}}\,\overline{\boldsymbol{v}}^2 + \overline{\boldsymbol{v}}\overline{v'^2} + 2\overline{\boldsymbol{v}}\cdot\overline{\boldsymbol{v}'\boldsymbol{v}'} + \overline{\boldsymbol{v}'v'^2} \tag{3.37}$$

を代入し，$(3.25)\times\overline{\boldsymbol{v}}^2 + (3.33)\cdot\overline{\boldsymbol{v}}$ を加えると

$$\rho\frac{D\overline{\varepsilon}}{Dt} + \mathrm{Tr}\,(PD) + \nabla\cdot\boldsymbol{j}_\varepsilon = 0 \tag{3.38}$$

というエネルギー保存の方程式になる．ここで

$$\overline{\varepsilon} = \frac{1}{2}m\overline{v'^2} \tag{3.39}$$

$$D_{ij} = \frac{1}{2}\left(\frac{\partial\overline{\boldsymbol{v}_i}}{\partial x_j} + \frac{\partial\overline{\boldsymbol{v}_j}}{\partial x_i}\right) \tag{3.40}$$

$$\boldsymbol{j}_\varepsilon = \frac{m\rho}{2}\overline{\boldsymbol{v}'v'^2} \tag{3.41}$$

である．$\boldsymbol{j}_\varepsilon$ はエネルギーの流れ密度を表す．

系が局所的平衡状態にあるときは，すでに述べたように，分布関数は

$$f_0 = \rho\left(\frac{m}{2\pi k_B T}\right)^{3/2}\exp\left(-\frac{m}{2k_B T}(\boldsymbol{v}-\overline{\boldsymbol{v}})^2\right) \tag{3.42}$$

と書ける．$\rho, T, \overline{\boldsymbol{v}}$ は $\boldsymbol{r}$ と t の関数である．しかしこの三つのパラメーターは独立ではなく，上記の保存の方程式により互いに結びついている．分布関数が式 (3.42) で与えられているとき，

$$P_{ij} = \rho k_B T \delta_{ij} \tag{3.43}$$

$$\overline{\varepsilon} = \frac{3}{2} k_B T \tag{3.44}$$

$$\boldsymbol{j}_\varepsilon = 0 \tag{3.45}$$

なので，式 (3.27), (3.34), (3.38) はそれぞれ

$$\frac{D\rho}{Dt} + \rho \nabla \cdot \overline{\boldsymbol{v}} = 0 \tag{3.46}$$

$$m\rho \frac{D\overline{\boldsymbol{v}}}{Dt} = -\nabla(\rho k_B T) + m\rho \boldsymbol{a} \tag{3.47}$$

$$\rho \frac{D}{Dt}\left(\frac{3}{2} k_B T\right) + \rho k_B T \nabla \cdot \overline{\boldsymbol{v}} = 0 \tag{3.48}$$

となる．この三つの方程式により，$\rho(\boldsymbol{r}, t)$ と $T(\boldsymbol{r}, t)$ と $\overline{\boldsymbol{v}}(\boldsymbol{r}, t)$ は互いに関連づいているのである．

3.1.2 H 定理

いま，分布関数 f を用いてボルツマンの H 関数というものを

$$H(\boldsymbol{r}, t) = \int d\boldsymbol{v}\, f(\boldsymbol{r}, \boldsymbol{v}, t) \ln f(\boldsymbol{r}, \boldsymbol{v}, t) \tag{3.49}$$

により定義する．エントロピー S とは

$$S = -\boldsymbol{k}_B H \tag{3.50}$$

という関係にある．ただし，ここでいうエントロピーとは，熱平衡系のエントロピーを非平衡系に拡張したものである．式 (3.50) で与えられるエントロピーが，平衡系におけるエントロピーの式 (1.25) と同形であることに注意しよう．

さて，衝突項として式 (3.6) を用いたボルツマン方程式を使うと，

$$\int d\boldsymbol{v} \cdot \left[\frac{\partial}{\partial t} + \boldsymbol{v} \cdot \frac{\partial}{\partial \boldsymbol{r}} + \boldsymbol{a} \cdot \frac{\partial}{\partial \boldsymbol{v}}\right](f \ln f)$$

$$= \int d\boldsymbol{v}\,(1+\ln f)\left[\frac{\partial}{\partial t} + \boldsymbol{v}\cdot\frac{\partial}{\partial \boldsymbol{r}} + \boldsymbol{a}\cdot\frac{\partial}{\partial \boldsymbol{v}}\right]f$$
$$= \int d\boldsymbol{v}\,\Gamma(f,f)(1+\ln f) \tag{3.51}$$

が成り立つ．ここで，式 (3.17) で $h=1$ とおけば $\int d\boldsymbol{v}\,\Gamma(f,f) = 0$ であることがわかり，さらに $|\boldsymbol{v}| \to \pm\infty$ で $f \to 0$ であることから $\int d\boldsymbol{v}\,(\partial/\partial\boldsymbol{v})(f\ln f) = 0$ である．このことから式 (3.51) は

$$\frac{\partial S(\boldsymbol{r},t)}{\partial t} + \nabla\cdot\boldsymbol{j}_S(\boldsymbol{r},t) = \left.\frac{dS(\boldsymbol{r},t)}{dt}\right|_{\mathrm{irr}} \tag{3.52}$$

と書ける．ここで

$$\boldsymbol{j}_S = -k_B \int d\boldsymbol{v}\,(f\ln f)\boldsymbol{v} \tag{3.53}$$

$$\left.\frac{dS(\boldsymbol{r},t)}{dt}\right|_{\mathrm{irr}} = -k_B \int d\boldsymbol{v}\,\ln f\,\Gamma(f,f) = -k_B \int d\boldsymbol{v}\,\left.\frac{\partial f}{\partial t}\right|_{\mathrm{coll}}\ln f \tag{3.54}$$

である．$\boldsymbol{j}_S$ はエントロピーの流れを表し，$dS/dt|_{\mathrm{irr}}$ はその場所 $(\boldsymbol{r},t)$ でエントロピーが非可逆的に生成される割合を表す．すなわち式 (3.52) は，非平衡系におけるエントロピーの連続の式にほかならない．

式 (3.54) をもう少し詳しくみてみよう．式 (3.17) を用いると

$$\left.\frac{dS(\boldsymbol{r},t)}{dt}\right|_{\mathrm{irr}} = -\frac{k_B}{4}\int d\boldsymbol{v}d\boldsymbol{v}'d\Omega\,V\sigma(f_1 f_1' - f f')$$
$$\times (\ln f + \ln f' - \ln f_1 - \ln f_1')$$
$$= \frac{k_B}{4}\int d\boldsymbol{v}d\boldsymbol{v}'d\Omega\,V\sigma(f_1 f_1' - f f')\ln\frac{f_1 f_1'}{f f'} \tag{3.55}$$

となる．ここで $(x-y)\ln(x/y) \geq 0$（等号は $x=y$ のとき）なので，結局

$$\left.\frac{dS(\boldsymbol{r},t)}{dt}\right|_{\mathrm{irr}} \geq 0 \tag{3.56}$$

が成り立つ．これを H 定理 (H theorem) という（H で表せば $dH/dt|_{\mathrm{irr}} \leq 0$ である）．等号は $f_1 f_1' = f f'$ のとき，すなわち

$$\ln f + \ln f' = \ln f_1 + \ln f_1' \tag{3.57}$$

のときに限られる．これを**詳細つりあい**（detailed balance）という．この条件は，式 (3.19)，(3.21) の際と同じく，

$$\ln f = a + \boldsymbol{b} \cdot \boldsymbol{v} + cv^2 \tag{3.58}$$

と書ける場合に成立する．すなわち，分布関数が

$$f(\boldsymbol{r},\boldsymbol{v},t) = A(\boldsymbol{r},t)\exp\left(-\frac{\beta(\boldsymbol{r},t)}{2}m(\boldsymbol{v}-\boldsymbol{u}(\boldsymbol{r},t))^2\right) \tag{3.59}$$

の形になる場合に H 定理の等号が成り立ち，エントロピーが定常になる．

式 (3.59) の A, β, $\boldsymbol{u}$ の物理的意味は何であろうか．まず，1 粒子分布関数は $\boldsymbol{v}$ で積分すると局所粒子数密度 $\rho(\boldsymbol{r},t)$ を与えることから，

$$\begin{aligned}\rho(\boldsymbol{r},t) &= \int f(\boldsymbol{r},\boldsymbol{v},t)d\boldsymbol{v} \\ &= \left(\frac{2\pi}{m\beta(\boldsymbol{r},t)}\right)^{3/2} A(\boldsymbol{r},t)\end{aligned} \tag{3.60}$$

を得る．すなわち

$$A = \left(\frac{m\beta}{2\pi}\right)^{3/2}\rho \tag{3.61}$$

である．つぎに粒子の平均速度 $\overline{\boldsymbol{v}}$ を求めてみよう．

$$\begin{aligned}\overline{\boldsymbol{v}} &= \frac{\int \boldsymbol{v}f d\boldsymbol{v}}{\int f d\boldsymbol{v}} \\ &= \boldsymbol{u}(\boldsymbol{r},t)\end{aligned} \tag{3.62}$$

したがって，$\boldsymbol{u}$ は $(\boldsymbol{r},t)$ 点における粒子の平均速度を表す．以下 $\overline{\boldsymbol{v}} = 0$ とおいて一般性を失わないだろう．つぎに粒子の平均運動エネルギー $\overline{\varepsilon}$ を計算してみる．

$$\begin{aligned}\overline{\varepsilon} &= \frac{\int \left(\frac{1}{2}mv^2\right) f d\boldsymbol{v}}{\int f d\boldsymbol{v}} \\ &= \frac{3}{2\beta}\end{aligned} \tag{3.63}$$

よって β は

$$\beta^{-1} = \frac{2}{3}\overline{\varepsilon} \tag{3.64}$$

で与えられる．さらに $\overline{\varepsilon}$ は圧力 p と結びつけることができる．壁にむかって速度 $\boldsymbol{v}(>0)$ で粒子が垂直に衝突して跳ね返ることにより，粒子の運動量は $2m\boldsymbol{v}$ だけ変化する．壁が y-z 平面にあれば，この量は $2mv_x$ である．単位時間当たり，壁の単位面積に衝突してくる粒子数は $v_x f d\boldsymbol{v}$ である．圧力 p は単位時間単位断面積当たりの壁にかかる平均的な力なので

$$p = \int_0^\infty 2mv_x v_x f d\boldsymbol{v} \tag{3.65}$$

である．ここで $v_x < 0$ に関しては壁に衝突しないので p に寄与しない．よって

$$\begin{aligned} p &= \frac{1}{2}\int_{-\infty}^\infty 2mv_x^2 f d\boldsymbol{v} \\ &= \frac{1}{3}\int_{-\infty}^\infty mv^2 f d\boldsymbol{v} \\ &= \frac{2}{3}\overline{\varepsilon} \end{aligned} \tag{3.66}$$

となる．一方，温度は $p = \rho k_B T$ から決まり，結局

$$\beta^{-1} = k_B T \tag{3.67}$$

と求まる．以上から，エントロピーが定常になる条件式 (3.59) は

$$f(\boldsymbol{r},\boldsymbol{v},t) = \rho(\boldsymbol{r},t)\left(\frac{m}{2\pi k_B T(\boldsymbol{r},t)}\right)^{3/2}\exp\left(-\frac{m}{2k_B T}(\boldsymbol{v} - \overline{\boldsymbol{v}}(\boldsymbol{r},t))^2\right) \tag{3.68}$$

という局所的平衡分布であることがわかった．つまり，エントロピーが非可逆的に生成されることのないのは $(dS/dt|_{\text{irr}} = 0$ が成立するのは），局所的に平衡なとき（式 (3.68) の形に分布関数が書かれるとき）に限られるのである．

これまでは古典粒子に対するボルツマン方程式を基礎に話を進めてきたが，つぎに同様のことをフェルミオン系に対して行ってみよう．フェルミオン系の場合，ボルツマン方程式は

$$\left[\frac{\partial}{\partial t} + \left(\frac{\partial \varepsilon}{\partial \boldsymbol{p}}\cdot\frac{\partial}{\partial \boldsymbol{r}} + \boldsymbol{K}\cdot\frac{\partial}{\partial \boldsymbol{p}}\right)\right]f = \left.\frac{\partial f}{\partial t}\right|_{\text{coll}} \tag{3.69}$$

と書ける．ここで $\varepsilon(\boldsymbol{p})$ は粒子の運動エネルギーを表し，$\partial \varepsilon/\partial \boldsymbol{p}$ は速度 $\boldsymbol{v}$ を表す．$\boldsymbol{K}$ は力である．運動量保存則 (3.7) はそのままだが，エネルギー保存則 (3.8) は

$$\varepsilon(\boldsymbol{p}) + \varepsilon(\boldsymbol{p}') = \varepsilon(\boldsymbol{p}_1) + \varepsilon(\boldsymbol{p}_1') \tag{3.70}$$

と書き直される．衝突項 $\partial f/\partial t|_{\text{coll}}$ は式 (3.6) に代わって

$$\begin{aligned}
\left.\frac{\partial f}{\partial t}\right|_{\text{coll}} &\sim \Gamma(f,f) \\
&\equiv \int d\boldsymbol{p}' \int d\Omega\, W(\boldsymbol{p},\boldsymbol{p}';\boldsymbol{p}_1,\boldsymbol{p}_1') \\
&\quad \times [f_1 f_1'(1-f)(1-f') - ff'(1-f_1)(1-f_1')]
\end{aligned} \tag{3.71}$$

となる．$W(\boldsymbol{p},\boldsymbol{p}';\boldsymbol{p}_1,\boldsymbol{p}_1')$ は $(\boldsymbol{p},\boldsymbol{p}') \leftrightarrow (\boldsymbol{p}_1,\boldsymbol{p}_1')$ 間の散乱確率である．H 関数は

$$\begin{aligned}
H(\boldsymbol{r},t) = \int \frac{d\boldsymbol{p}}{h^3} [&f(\boldsymbol{r},\boldsymbol{p},t)\ln f(\boldsymbol{r},\boldsymbol{p},t) \\
&+ (1-f(\boldsymbol{r},\boldsymbol{p},t))\ln(1-f(\boldsymbol{r},\boldsymbol{p},t))]
\end{aligned} \tag{3.72}$$

と定義される．h^3 で割っているのは，$\boldsymbol{r}$ と $\boldsymbol{p}$ の位相空間で不確定性原理から $\Delta\boldsymbol{r}\Delta\boldsymbol{p} \sim h^3$ が要請されるためである．さてこの H 関数，あるいはエントロピー $S = -k_B H$ についても，古典粒子系同様，H 定理

$$\begin{aligned}
\left.\frac{dS}{dt}\right|_{\text{irr}} &= -k_B \int \frac{d\boldsymbol{p}}{h^3}\Gamma(f,f)[\ln f - \ln(1-f)] \\
&\geq 0
\end{aligned} \tag{3.73}$$

が成立する（証明は，古典粒子系の場合と同様に進められるので，ここでは省略する）．ここで等号は

$$\begin{aligned}
&[\ln f - \ln(1-f)] + [\ln f' - \ln(1-f')] \\
&= [\ln f_1 - \ln(1-f_1)] + [\ln f_1' - \ln(1-f_1')]
\end{aligned} \tag{3.74}$$

が成立するときである．この式は，古典粒子系に対する式 (3.57) において，f の代わりに $f/(1-f)$ を入れた形をしている．よって

$$\ln\frac{f}{1-f} = a + \boldsymbol{b}\cdot\boldsymbol{p} + c\varepsilon(\boldsymbol{p}) \tag{3.75}$$

つまり

$$f = \frac{1}{e^{\beta(\varepsilon - \bm{u}\cdot\bm{p} - \mu)} + 1} \tag{3.76}$$

が $dS/dt|_{\text{irr}} = 0$ の条件となる．ここで β, $\bm{u}$, μ は，$\bm{r}$ と t の関数である．

β, $\bm{u}$, μ の物理的意味は次のようにしてわかる．まず，平均運動量 $\overline{\bm{p}}$ は

$$\rho \overline{\bm{p}} = \int \frac{d\bm{p}}{h^3} \bm{p} f \tag{3.77}$$

で定義されるが（ρ は粒子密度），ここに式 (3.76) を代入すると，$\overline{\bm{p}} = m\bm{u}$ であることがわかる．すなわち $\bm{u}$ は，全系の並進運動の速度を表す．以下では熱力学的量を調べるので，$\bm{u} = 0$ とおいても一般性を失わない．

つぎにエントロピーの定義式

$$S = -k_B \int \frac{d\bm{p}}{h^3} [f \ln f + (1-f)\ln(1-f)] \tag{3.78}$$

に対し f で変分をとり，さらに式 (3.76) を代入すると（$\bm{u}$ は 0 とおく），

$$\begin{aligned} \delta S &= \beta k_B \int \frac{d\bm{p}}{h^3} (\varepsilon - \mu) \delta f \\ &= \beta k_B (\delta E - \mu \delta \rho) \end{aligned} \tag{3.79}$$

となる．ここで

$$\begin{aligned} E &= \int \frac{d\bm{p}}{h^3} \varepsilon f \\ \rho &= \int \frac{d\bm{p}}{h^3} f \end{aligned} \tag{3.80}$$

である．式 (3.79) より，熱力学的関係式から，

$$\begin{aligned} \beta(\bm{r}, t) &= \frac{1}{k_B T(\bm{r}, t)} \\ \mu(\bm{r}, t) &= \text{化学ポテンシャル} \end{aligned} \tag{3.81}$$

であることがわかる．$T(\bm{r}, t)$ は局所的な温度である．

3.1.3 線形化されたボルツマン方程式

ボルツマン方程式は，その衝突項の非線形性が扱いを難しくしている．そこで 1 粒子分布関数 $f(\boldsymbol{r}, \boldsymbol{v}, t)$ が局所的平衡分布

$$f_0 = A \exp\left(-\frac{\beta}{2}m(\boldsymbol{v}-\boldsymbol{u})^2\right) \tag{3.82}$$

に近いとし，

$$f = f_0(1+g), \qquad |g| \ll 1 \tag{3.83}$$

と仮定する．ここで A, β, $\boldsymbol{u}$ は，どれも $\boldsymbol{r}$ と t の関数であってもよいが，$\boldsymbol{r}$ と t への依存性は，局所的平衡のため，ゆるやかなものとする．式 (3.1)，(3.6) は式 (3.83) を代入すると，

$$\left[\frac{\partial}{\partial t} + \left(\boldsymbol{v}\cdot\frac{\partial}{\partial \boldsymbol{r}} + \boldsymbol{a}\cdot\frac{\partial}{\partial \boldsymbol{v}}\right)\right]f_0 + g\left[\frac{\partial}{\partial t} + \left(\boldsymbol{v}\cdot\frac{\partial}{\partial \boldsymbol{r}} + \boldsymbol{a}\cdot\frac{\partial}{\partial \boldsymbol{v}}\right)\right]f_0$$
$$+ f_0\left[\frac{\partial}{\partial t} + \left(\boldsymbol{v}\cdot\frac{\partial}{\partial \boldsymbol{r}} + \boldsymbol{a}\cdot\frac{\partial}{\partial \boldsymbol{v}}\right)\right]g = -f_0\int d\boldsymbol{v}'\int d\Omega\, V\sigma f_0'(g_1+g_1'-g-g') \tag{3.84}$$

と書ける．ここで式 (3.7)，(3.8) の保存則から

$$\begin{aligned}
f_{01}f_{01}' - f_0 f_0' =\ & A(\boldsymbol{r},t)\exp\left(-\frac{\beta(\boldsymbol{r},t)}{2}m[(\boldsymbol{v}_1-\boldsymbol{u}(\boldsymbol{r},t))^2+(\boldsymbol{v}_1'-\boldsymbol{u}(\boldsymbol{r},t))^2]\right) \\
& -A(\boldsymbol{r},t)\exp\left(-\frac{\beta(\boldsymbol{r},t)}{2}m[(\boldsymbol{v}-\boldsymbol{u}(\boldsymbol{r},t))^2+(\boldsymbol{v}'-\boldsymbol{u}(\boldsymbol{r},t))^2]\right) \\
=\ & 0 \tag{3.85}
\end{aligned}$$

という事実を使い，さらに微小量である g^2 の項は無視した．f_0', g' などの定義は式 (3.18) に従う．

線形化されたボルツマン方程式 (3.84) について，二つの場合に分けて考えよう．一つは，f_0 が局所的熱平衡というだけではなく，系全体に均一な熱平衡分布であるときである．このときは，式 (3.84) 左辺第 1，2 項が 0 になる．もう一つの場合は，f_0 が均一な熱平衡ではなく，局所的な熱平衡分布でしかない場合である．この場合，式 (3.84) 左辺第 2，3 項は g が掛かっている分だけ第 1

項よりも小さく，無視できる．以下にこの二つの場合をそれぞれもう少し詳しく調べていこう．

音　波

外力がないものとして加速度 $\bm{a}$ を 0 とおく．上述の第 1 の場合では，系は均一な熱平衡状態に近いと仮定する．式 (3.85) における A, β, u はどれもここでは $\bm{r}, t$ に依存しない．そのとき線形化されたボルツマン方程式 (3.84) は

$$\left[\frac{\partial}{\partial t} + \bm{v} \cdot \frac{\partial}{\partial \bm{r}}\right] g = -\int d\bm{v}' \int d\Omega \, V \sigma f_0'(g_1 + g_1' - g - g') \tag{3.86}$$

となる．この方程式の解として

$$g(\bm{r}, \bm{v}, t) = g_0(\bm{v}) e^{ikz - i\omega t} \tag{3.87}$$

という形のものを探すことにしよう．ただし，時間，空間に関しては g はゆっくりと変化しているとし，そのため k と ω は小さいとする．式 (3.87) を用いると，式 (3.86) はさらに

$$(\mathcal{G} + ikv_z)g_0 = i\omega g_0 \tag{3.88}$$

と書ける．ここで $\mathcal{G}$ は演算子であり，

$$\mathcal{G}\psi \equiv -\int d\bm{v}' \int d\Omega \, V \sigma f_0'(\psi_1 + \psi_1' - \psi - \psi') \tag{3.89}$$

で定義される．式 (3.88) は，演算子 $\mathcal{G} + ikv_z$ に対する固有値問題である．以下に示すように，演算子 $\mathcal{G}$ には，固有値が 0 の 5 重に縮退した固有状態がある．したがって式 (3.88) は，$\mathcal{G}$ に摂動 ikv_z が加わったことにより，$i\omega = 0$ という非摂動状態の固有値がどう分裂するか，という問題と読むことができる．

上に述べたように，$\mathcal{G}$ の固有値問題

$$\mathcal{G}\psi = \lambda\psi \tag{3.90}$$

は，固有値 $\lambda = 0$ をもちうる．そのときの固有関数 ψ は，式 (3.89) をみればわかるように，$\psi_1 + \psi_1' = \psi + \psi'$ を満さなければならない．つまり ψ は衝突

の前後での保存量である．したがって固有値 0 に属する固有関数 ψ は

$$\begin{aligned}\psi_1 &= 1 \\ \psi_{2,3,4} &= cv_x, cv_y, cv_z \\ \psi_5 &= d(v^2 - \overline{v^2})\end{aligned} \tag{3.91}$$

の五つが存在する．ここで c, d は規格化定数であり，

$$\begin{aligned}c^{-2} &= \overline{v_x^2} = \overline{v_y^2} = \overline{v_z^2} \\ d^{-2} &= \overline{(v^2 - \overline{v^2})^2}\end{aligned} \tag{3.92}$$

である．なお，この固有値 0 が，最低固有値であることも容易に示せる．

さて，この $\mathcal{G}$ に摂動 ikv_z が加わったことにより，固有値 0 がどのように変わるかは，縮退した基底状態に対する摂動問題，すなわち永年方程式を解くことにより知ることができる．ここではその導出は省略し，摂動の 2 次までの結果を示す．縮退していた固有値 $i\omega = 0$ は，摂動 ikv_z の 2 次までの範囲でつぎの四つに分裂する．

$$\begin{aligned}i\omega_{1,2} &= \pm i v_s k - \frac{1}{2\rho}\left[(c_v^{-1} - c_p^{-1})\kappa + \frac{4}{3}\eta + \zeta\right]k^2 \\ i\omega_{3,4} &= -\frac{\eta}{\rho}k^2 \\ i\omega_5 &= -\frac{\kappa}{\rho c_p}k^2\end{aligned} \tag{3.93}$$

ここで，v_s は音速であり，

$$v_s = \sqrt{\frac{\overline{v^4}}{3\overline{v^2}}} = \sqrt{\frac{5}{3}\frac{k_B T}{m}} \tag{3.94}$$

で与えられる．ρ は密度，c_v, c_p はそれぞれ定積，定圧比熱である．κ は熱伝導率，η は粘性率，ζ は体積粘性率である．導出の際には，圧力-ストレステンソル P が

$$P_{ij} = \left[p - \left(\zeta - \frac{2}{3}\eta\right)\nabla \cdot \boldsymbol{v}\right]\delta_{ij} - \eta\left(\frac{\partial v_i}{\partial x_j} + \frac{\partial v_j}{\partial x_i}\right) \tag{3.95}$$

というニュートン–ストークスの法則を満たすことを使って，さまざまな平均値を ζ, η などの物理量と関連づけている．

式 (3.93) からわかることは，均一なボルツマン分布からの小さなゆらぎを考えると，そのゆらぎが減衰を伴う音波のモードであるということである．

エンスコグ–チャップマン方程式

それでは式 (3.84) に対するもう一つの場合，f_0 が均一な熱平衡分布でなく局所的な熱平衡分布でしかないとき，すなわち式 (3.84) 左辺の第 1 項が 0 ではなく，第 2, 3 項を無視できる場合を考えよう．第 2, 3 項を無視することを，**エンスコグ–チャプマン（Enskog-Chapman）近似**といい，その結果，残った項からなる線形ボルツマン方程式

$$\frac{1}{f_0}\left[\frac{\partial}{\partial t}+\left(\boldsymbol{v}\cdot\frac{\partial}{\partial \boldsymbol{r}}+\boldsymbol{a}\cdot\frac{\partial}{\partial \boldsymbol{v}}\right)\right]f_0=-\mathcal{G}g \tag{3.96}$$

をエンスコグ–チャップマン方程式という．

f_0 に局所的平衡分布

$$f_0(\boldsymbol{r},t)=\rho(\boldsymbol{r},t)\left(\frac{m}{2\pi k_B T(\boldsymbol{r},t)}\right)^{3/2}\exp\left(-\frac{m}{2k_B T(\boldsymbol{r},t)}(\boldsymbol{v}-\overline{\boldsymbol{v}}(\boldsymbol{r},t))^2\right) \tag{3.97}$$

を代入すると，エンスコグ–チャップマン方程式は

$$\begin{aligned}&\left[\frac{\partial}{\partial t}+\left(\boldsymbol{v}\cdot\frac{\partial}{\partial \boldsymbol{r}}+\boldsymbol{a}\cdot\frac{\partial}{\partial \boldsymbol{v}}\right)\right]\ln\rho\\&+\left[\frac{m}{2k_B T}(\boldsymbol{v}-\overline{\boldsymbol{v}})^2-\frac{3}{2}\right]\left[\frac{\partial}{\partial t}+\left(\boldsymbol{v}\cdot\frac{\partial}{\partial \boldsymbol{r}}+\boldsymbol{a}\cdot\frac{\partial}{\partial \boldsymbol{v}}\right)\right]\ln T\\&+\frac{m}{k_B T}(\boldsymbol{v}-\overline{\boldsymbol{v}})\cdot\left[\frac{\partial}{\partial t}+\left(\boldsymbol{v}\cdot\frac{\partial}{\partial \boldsymbol{r}}+\boldsymbol{a}\cdot\frac{\partial}{\partial \boldsymbol{v}}\right)\right]\overline{\boldsymbol{v}}\\&=-\mathcal{G}g\end{aligned} \tag{3.98}$$

となる．ただし 3.1.1 項で示したように，$\rho, T, \overline{\boldsymbol{v}}$ は独立な量ではなく，式 (3.46)〜(3.48) を満たさなければならない．式 (3.46)〜(3.48) を代入することで式 (3.98) の時間微分は消去することができる．しかしまだ複雑な表式なので，以下では簡単な場合について式 (3.98) を解いてみよう．

ρ と T は一様とし，$\overline{\boldsymbol{v}}$ のみ

$$\overline{\boldsymbol{v}}=(0,u(x),0) \tag{3.99}$$

というの r 依存性をもっているとしよう．すなわち全粒子が y 方向に流れているという状況である．また，外力はないものとして $\boldsymbol{a} = 0$ とおく．y 方向の流れの速さは x の関数なので，この流れは系の'流れやすさ'を表す粘性率によって特徴づけられる．そこでその粘性率を計算しよう．

$\bar{\boldsymbol{v}}$ が式 (3.99) で与えられるとき，式 (3.98) は式 (3.47) を用いて

$$\frac{m}{k_B T} v'_x v'_y \partial_x u = -\mathcal{G} g \tag{3.100}$$

となる．このままではまだ g について解くことができない．そこで g が

$$g = C v'_x v'_y \partial_x u \tag{3.101}$$

の形をとるものと仮定して，C を求めることにする．式 (3.101) を式 (3.100) に代入すると

$$\frac{m}{k_B T} v'_x v'_y = -C \mathcal{G} v'_x v'_y \tag{3.102}$$

となる．ここで $\boldsymbol{v}$ の任意の関数 $\psi_1(\boldsymbol{v})$, $\psi_2(\boldsymbol{v})$ に対して，内積 (ψ_1, ψ_2) を

$$(\psi_1, \psi_2) = \frac{\int d\boldsymbol{v} f_0 \psi_1 \psi_2}{\int d\boldsymbol{v} f_0} \tag{3.103}$$

により定義する．式 (3.102) の両辺を $v'_x v'_y$ と内積をとることにより

$$\begin{aligned} C &= -\frac{(v'_x v'_y, v'_x v'_y)}{(v'_x v'_y, \mathcal{G} v'_x v'_y)} \frac{m}{k_B T} \\ &= -(v'_x v'_y, \mathcal{G} v'_x v'_y)^{-1} \frac{k_B T}{m} \end{aligned} \tag{3.104}$$

と求まる．こうして

$$g = -\frac{k_B T}{m} \frac{v'_x v'_y \partial_x u}{(v'_x v'_y, \mathcal{G} v'_x v'_y)} \tag{3.105}$$

となり，線形ボルツマン方程式（この場合エンスコグ–チャプマン方程式）を満たす分布関数 $f = f_0(1+g)$ が求まった（もちろん式 (3.104) の C の実際の計算は別として）．

さて，粘性率 η については，圧力-ストレステンソル P がニュートン-ストークスの法則 (3.95) を満たすことを考えると，P を計算することで η が求まるということがわかる．分布関数 f が求まったので，それを用いて式 (3.31) の P を計算しよう．

$$\begin{aligned} P_{xy} &= m \int d\boldsymbol{v}\, f_0(1+g) v'_x v'_y \\ &= mC\partial_x u \int d\boldsymbol{v}\, f_0 (v'_x v'_y)^2 \\ &= -\frac{(k_B T)^3}{m^2} \frac{1}{(v'_x v'_y, \mathcal{G} v'_x v'_y)} \partial_x u \end{aligned} \qquad (3.106)$$

一方，式 (3.95) より，$\partial_x u$ の係数は $-\eta$ である．したがって粘性率 η は

$$\eta = \frac{(k_B T)^3}{m^2} (v'_x v'_y, \mathcal{G} v'_x v'_y)^{-1} \qquad (3.107)$$

で与えられる．

3.1.4　プラズマ振動

ここでは $-e$ の電荷をもった粒子を考える．粒子密度が一様なときのクーロンエネルギーは，正電荷の一様分布によりキャンセルされるとする．粒子密度が一様分布からずれた場合には，電場 $\boldsymbol{E}$ が生まれる．$\boldsymbol{E}$ が満たすマクスウェル方程式は

$$\nabla \cdot \boldsymbol{E} = -4\pi e \left[\int f d\boldsymbol{v} - \overline{\rho} \right] \qquad (3.108)$$

である．$\overline{\rho}$ は粒子の平均密度である．いま外から与えられる力はないとして，ボルツマン方程式における加速度 $\boldsymbol{a}$ は，この粒子密度の不均一性から現れる電場によって生じるとすると，$\boldsymbol{a} = -e\boldsymbol{E}/m$ である．したがってボルツマン方程式は

$$\left[\frac{\partial}{\partial t} + \left(\boldsymbol{v} \cdot \frac{\partial}{\partial \boldsymbol{r}} - \frac{e\boldsymbol{E}}{m} \frac{\partial}{\partial \boldsymbol{v}} \right) \right] f = \left. \frac{\partial f}{\partial t} \right|_{\text{coll}} \qquad (3.109)$$

と書ける．さらに，非常に高周波の運動を仮定し，粒子間の衝突がほとんど起こらないとすれば，右辺の衝突項を無視できる．こうして得られる式 (3.108) と式 (3.109) の連立方程式をヴラソフ（Vlasov）**方程式**という．

さて，分布関数 f を均一な熱平衡分布 f_0 とそこからのずれ f_1 とに分けよう．

$$f = f_0 + f_1 \tag{3.110}$$

定義より，

$$\int f_0 d\boldsymbol{v} = \overline{\rho} \tag{3.111}$$

である．これより式 (3.108) は，

$$\nabla \cdot \boldsymbol{E} = -4\pi e \int f_1 d\boldsymbol{v} \tag{3.112}$$

と書ける．電場 $\boldsymbol{E}$ の代わりに電位ポテンシャル A_0 ($\boldsymbol{E} = -\nabla \cdot A_0$) で考え，さらに空間に関してフーリエ成分をとると，式 (3.112) は，

$$k^2 A_0 = -4\pi e \int f_1 d\boldsymbol{v} \tag{3.113}$$

となる．式 (3.109) も同様に式 (3.110) を代入して主要項を残し，空間に関してフーリエ変換すると

$$\frac{\partial f_1}{\partial t} + i\boldsymbol{k} \cdot \boldsymbol{v} f_1 + i\frac{e}{m} A_0 \boldsymbol{k} \cdot \frac{\partial f_0}{\partial \boldsymbol{v}} = 0 \tag{3.114}$$

となる．あとは式 (3.113) と式 (3.114) を連立させて解けばよい．そのためには時間に関してラプラス変換を利用すると便利である．$f_1(\boldsymbol{k}, \boldsymbol{v}, t)$ と $A_0(\boldsymbol{k}, t)$ のラプラス変換を，それぞれ

$$\tilde{f}_1(\boldsymbol{k}, \boldsymbol{v}, s) = \int_0^\infty dt\, e^{-st} f_1(\boldsymbol{k}, \boldsymbol{v}, t) \tag{3.115}$$

$$\tilde{A}_0(\boldsymbol{k}, s) = \int_0^\infty dt\, e^{-st} A_0(\boldsymbol{k}, t) \tag{3.116}$$

で定義する．ここでラプラス変換の条件として $\mathrm{Re}\, s > 0$ が要請される．式 (3.113)，(3.114) の両辺に $\int_0^\infty dt\, e^{-st}$ を作用させると

$$k^2 \tilde{A}_0 = -4\pi e \int \tilde{f}_1 d\boldsymbol{v} \tag{3.117}$$

$$(s + i\boldsymbol{k} \cdot \boldsymbol{v})\tilde{f}_1 + i\frac{e}{m}\tilde{A}_0 \boldsymbol{k} \cdot \frac{\partial f_0}{\partial \boldsymbol{v}} = f_1(\boldsymbol{k}, \boldsymbol{v}, 0) \tag{3.118}$$

が得られる．式 (3.118) 右辺は，式 (3.114) 左辺第 1 項に対する部分積分から生じる．式 (3.118) から $\tilde{f}_1$ を求めて，それを式 (3.117) に代入することにより

$$\tilde{A}_0 = -\frac{4\pi e}{k^2} \frac{\int \frac{f_1(\boldsymbol{k},\boldsymbol{v},0)}{s+ikv_x}d\boldsymbol{v}}{1 - \frac{i4\pi e^2}{km}\int \frac{\partial f_0}{\partial v_x}\frac{d\boldsymbol{v}}{s+ikv_x}}$$

$$\equiv -\frac{4\pi e}{k^2}\frac{\int \frac{f_1(\boldsymbol{k},\boldsymbol{v},0)}{s+ikv_x}d\boldsymbol{v}}{1 - I(s)} \qquad (3.119)$$

となる．ここで $\boldsymbol{k}$ の方向を x 方向にとった．この式から，$I(s) = 1$ が自発的に現れるモードを決定し，そのモードの分散関係が $I(s) = 1$ の解 $s(k)$ である．以下では $I(s) = 1$ の解き方についてみていこう．

熱平衡分布 f_0 が

$$f_0 = \overline{\rho}\left(\frac{m}{2\pi k_B T}\right)^{3/2} \exp\left(-\frac{mv^2}{2k_B T}\right) \qquad (3.120)$$

と書かれることから

$$I(s) = \frac{i4\pi e^2}{km}\int_{-\infty}^{\infty}\frac{\partial f_0}{\partial v_x}\frac{d\boldsymbol{v}}{s+ikv_x}$$

$$= -\frac{i4\pi e^2}{km}\frac{\overline{\rho}}{\sqrt{2\pi}}\left(\frac{m}{k_B T}\right)^{3/2}\int_{-\infty}^{\infty}\frac{v_x e^{-mv_x^2/2k_B T}}{s+ikv_x}dv_x \qquad (3.121)$$

となる．式 (3.121) の v_x 積分は，$v_x = is/k$ に 1 位の極をもっている（図 3.1(a)）．ラプラス変換の際の要請により，Re s は正でなければならないが，Re $s \leq 0$ に対しても $I(s)$ を解析接続することで定義することができる．ただし Re s を正から負にもっていくときには不連続があってはならないので，図 3.1(b) の形に積分路をとらなければならない．以下簡単のために長波長極限 ($k \to 0$) で考える．いま $I(s) = 1$ の解 $s(k)$ が

$$\lim_{k \to 0}\frac{\text{Re }s(k)}{k} = 0 \qquad (3.122)$$

を満たすと仮定する．これはすなわち，極 is/k が $k \to 0$ で実軸上にくることを意味する．そのとき積分路は図 3.2 のようにとる．$I(s)$ に含まれる積分を直

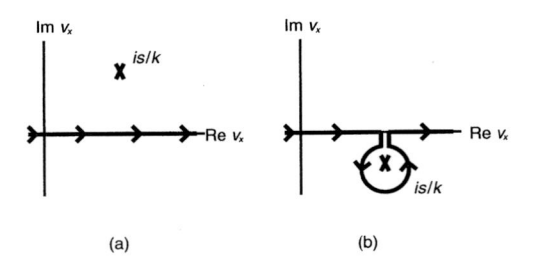

図 3.1 (a) $\mathrm{Re}\, s > 0$ のときの $I(s)$ の積分路，(b) $\mathrm{Re}\, s < 0$ のときの $I(s)$ の積分路

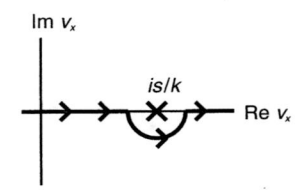

図 3.2 極が実軸上にきたときの $I(s)$ の積分路

線部分と半円部分とに分けると，直線部分からは k が小さいとして被積分関数をテイラー展開し，

$$
\int_{\text{直線}} \frac{v_x e^{-mv_x^2/2k_B T}}{s + ikv_x} dv_x
$$

$$
= \frac{1}{s} \int_{-\infty}^{\infty} e^{-mv_x^2/2k_B T} \left(v_x - v_x^2 \frac{ik}{s} + v_x^3 \left(\frac{ik}{s}\right)^2 - v_x^4 \left(\frac{ik}{s}\right)^3 + \cdots \right) dv_x
$$

$$
= -i\frac{k}{s^2}\frac{\sqrt{\pi}}{2}\left(\frac{m}{2k_B T}\right)^{-3/2} + i\frac{k^3}{s^4}\frac{3\sqrt{\pi}}{4}\left(\frac{m}{2k_B T}\right)^{-5/2} + \cdots \quad (3.123)
$$

を得る．半円部分からは，$v_x - is/k = re^{i\theta}$ とおくことで，

$$
\int_{\text{半円}} \frac{v_x e^{-mv_x^2/2k_B T}}{s + ikv_x} dv_x
$$

$$
= \frac{1}{k}\int_{\pi}^{2\pi} \frac{re^{i\theta}(re^{i\theta} + is/k)e^{-(m/2k_B T)(re^{i\theta}+is/k)^2}}{re^{i\theta}} d\theta \bigg|_{r \to 0}
$$

$$
= \frac{is}{k^2}\pi \exp\left(\frac{m}{2k_B T}\left(\frac{s}{k}\right)^2\right) \quad (3.124)
$$

を得る．これより $I(s) = 1$ は

$$s^2 = \omega_p^2 \left[-1 + \frac{k^2}{s^2}\frac{3k_BT}{m} + \frac{s^3}{k^3}\left(\frac{m}{k_BT}\right)^{3/2}\sqrt{\frac{\pi}{2}}\exp\left(\frac{m}{2k_BT}\left(\frac{s}{k}\right)^2\right) \right] \tag{3.125}$$

となる．ここで

$$\omega_p^2 = \frac{4\pi e^2 \overline{\rho}}{m} \tag{3.126}$$

とおいた．ω_p をプラズマ振動数（plasma frequency）という．

さらに，$\overline{v_x^2} = k_BT/m$ であるが，

$$l_D^2 = \frac{\overline{v_x^2}}{\omega_p^2} \tag{3.127}$$

で長さ l_D を定義する．この l_D をデバイ長（Debye length）という．式 (3.125) は，s が第 1 近似で $s = i\omega_p$ であることを示している．この値を式 (3.125) の右辺に代入することにより，

$$s^2 = -\omega_p^2(1 + 3l_D^2 k^2) - i\sqrt{\frac{\pi}{2}}\frac{\omega_p^2}{l_D^3 k^3}\exp\left(-\frac{1}{2l_D^2 k^2} - \frac{3}{2}\right) \tag{3.128}$$

となる．よって s の実部と虚部はそれぞれ，

$$\begin{aligned}\operatorname{Re} s(k) &= -\sqrt{\frac{\pi}{8}}\frac{\omega_p}{l_D^3 k^3}\exp\left(-\frac{1}{2l_D^2 k^2} - \frac{3}{2}\right)\\ &\equiv -\gamma(k)\end{aligned} \tag{3.129}$$

$$\operatorname{Im} s(k) = \omega_p\left(1 + \frac{3}{2}l_D^2 k^2\right) \tag{3.130}$$

で与えられることがわかった．なお，式 (3.128) 右辺の最後の指数 $-3/2$ は，式 (3.125) に $s = i\omega_p$ を代入しただけでは現れないが，式 (3.130) にあるように，$\operatorname{Im} s$ で ω_p に加わる補正項 $3\omega_p l_D^2 k^2/2$ を含めて代入しなおした結果現れるものである．式 (3.129) は式 (3.122) の仮定を満足していることに注意しよう．式 (3.129)，(3.130) からわかることは，荷電粒子系は，外力がない場合，

$$\omega = \omega_p\left(1 + \frac{3}{2}l_D^2 k^2\right) \tag{3.131}$$

という分散関係で与えられる振動数で振動（**プラズマ振動**，plasma oscillation）するが，このモードは減衰率 $\gamma(k)$ で減衰する，ということである．この減衰を**ランダウ減衰**（Landau damping）という．大切なことは，この減衰が粒子の衝突によるものでないという点である（$\partial f/\partial t|_{\text{coll}}$ を無視したことを思いだそう）．

減衰はなぜ起こるのか．プラズマ振動により発生する電場の位相速度は ω/k であるが，これと同じ速さで走っている電子からは電場の波は止まって見え，つねに一定の電場を感じ続ける．ω/k よりもわずかに速く走る電子は，電場の波から力を受けて減速されやすい．このとき電子の減速分の運動エネルギーはプラズマ振動のエネルギーに移動する．一方，ω/k よりわずかに遅く走る電子は加速されやすく，電子の運動エネルギーはプラズマ振動のエネルギーを一部吸収する．$\partial f_0/\partial v|_{v=\omega/k}$ はつねに負なので，ω/k よりも大きな速度をもった電子に比べ，ω/k よりも小さな速度をもった電子の方が必ず多い．したがって，電子の運動とプラズマ振動との間のエネルギーのやりとりは，プラズマ振動から電子の運動エネルギーへ流れ込む割合の方がその逆よりも高く，その結果プラズマ振動は減衰していくのである．

3.1.5　固体中の電気伝導

こんどは固体中の電子の分布関数 f について考えてみよう．フェルミオン系に対する f は，すでに式 (3.69) に示したように，ボルツマン方程式

$$\left[\frac{\partial}{\partial t} + \left(\frac{\partial \varepsilon}{\partial \boldsymbol{p}} \cdot \frac{\partial}{\partial \boldsymbol{r}} + \boldsymbol{K} \cdot \frac{\partial}{\partial \boldsymbol{p}}\right)\right] f = \left.\frac{\partial f}{\partial t}\right|_{\text{coll}} \tag{3.132}$$

に従う．外力 $\boldsymbol{K}$ としては，外から加えられた電磁場からの力を想定し，

$$\boldsymbol{K} = -e(\boldsymbol{E} + \boldsymbol{v} \times \boldsymbol{B}) \tag{3.133}$$

とする．式 (3.71) では，粒子どうしの衝突による効果を書き表したが，ここでは電子がフォノンや不純物により非弾性散乱される効果を考えることにしよう．そのとき

$$\left.\frac{\partial f}{\partial t}\right|_{\text{coll}} \sim \Gamma(f) = \int \frac{d\boldsymbol{p}'}{h^3} [-P(\boldsymbol{p};\boldsymbol{p}')f(\boldsymbol{p})(1-f(\boldsymbol{p}'))$$
$$+ P(\boldsymbol{p}';\boldsymbol{p})f(\boldsymbol{p}')(1-f(\boldsymbol{p}))] \tag{3.134}$$

となる.ここで $P(\bm{p};\bm{p}')$ は,$\bm{p}$ から $\bm{p}'$ へ電子が散乱される確率を表す.熱平衡状態 ($f = f_0$) では,$\bm{p}$ から $\bm{p}'$ へ散乱される電子の割合と $\bm{p}'$ から $\bm{p}$ へ散乱される電子の割合が等しいので(詳細つりあい),

$$P(\bm{p};\bm{p}')f_0(\bm{p})(1-f_0(\bm{p}')) = P(\bm{p}';\bm{p})f_0(\bm{p}')(1-f_0(\bm{p})) \tag{3.135}$$

である.ここで $f_0(\bm{p})$ は熱平衡での電子分布,すなわちフェルミ分布関数

$$f_0(\bm{p}) = \frac{1}{e^{(\varepsilon(\bm{p})-\mu)/k_B T}+1} \tag{3.136}$$

である.

いま f を

$$f = f_0 + f_0(1-f_0)f' \tag{3.137}$$

と書いて,f_0 からのずれの分を $f_0(1-f_0)f'$ と定義する.これを式 (3.134) に代入すると,衝突項は式 (3.135) を用いて f' の 1 次までの範囲で

$$\Gamma(f) = -\int \frac{d\bm{p}'}{h^3} P(\bm{p};\bm{p}') f_0(\bm{p})(1-f_0(\bm{p}'))(f'(\bm{p})-f'(\bm{p}')) \tag{3.138}$$

と書ける.式 (3.89) のときと同じようにして,これを

$$\Gamma(f) = -f_0(\bm{p})(1-f_0(\bm{p}))\mathcal{G} f' \tag{3.139}$$

と書いて演算子 $\mathcal{G}$ を定義する.f_1 と f_2 との内積を

$$(f_1, f_2) \equiv \int \frac{d\bm{p}}{h^3} f_0(\bm{p})(1-f_0(\bm{p})) f_1(\bm{p}) f_2(\bm{p}) \tag{3.140}$$

と定義すると,

$$\begin{aligned}
&(f_1, \mathcal{G} f_2) \\
&= \int \frac{d\bm{p}}{h^3}\frac{d\bm{p}'}{h^3} P(\bm{p};\bm{p}') f_0(\bm{p})(1-f_0(\bm{p}')) f_1(\bm{p})(f_2(\bm{p})-f_2(\bm{p}')) \\
&= -\int \frac{d\bm{p}}{h^3}\frac{d\bm{p}'}{h^3} P(\bm{p};\bm{p}') f_0(\bm{p})(1-f_0(\bm{p}')) f_1(\bm{p}')(f_2(\bm{p})-f_2(\bm{p}'))
\end{aligned} \tag{3.141}$$

であることがわかる．ここで式 (3.135) を用いた．よって

$$(f_1, \mathcal{G} f_2) = \frac{1}{2} \int \frac{d\boldsymbol{p}}{h^3} \frac{d\boldsymbol{p}'}{h^3} P(\boldsymbol{p}; \boldsymbol{p}') f_0(\boldsymbol{p})(1 - f_0(\boldsymbol{p}'))$$
$$\times (f_1(\boldsymbol{p}) - f_1(\boldsymbol{p}'))(f_2(\boldsymbol{p}) - f_2(\boldsymbol{p}')) \quad (3.142)$$

と書ける．これより

$$(f_1, \mathcal{G} f_1) \geq 0 \quad (3.143)$$

であり，$\mathcal{G}$ の固有値は 0 または正であるということがわかる．最低固有値 0 に属する固有関数は，$\mathcal{G}$ の定義からわかるように，定数である．$\mathcal{G}$ の固有値が 0 または正ということは，式 (3.139) で考えれば，衝突，散乱による分布関数 f の平衡分布からのずれが指数関数的に減衰していくことを意味する．

さて，式 (3.136) では μ や T は場所や時間によらない定数としたが，定常的な局所的熱平衡分布のときは，μ や T は $\boldsymbol{r}$ の関数である．その際も，局所的に式 (3.135) は成立するので，式 (3.137) から式 (3.143) までの結果は変わらない．では，式 (3.137) を今度はボルツマン方程式 (3.132) の左辺に代入しよう．f_0 も f' も t にはあらわには依存しないとする．f_0 の $\boldsymbol{r}$ 微分は

$$\frac{\partial f_0}{\partial \boldsymbol{r}} = \frac{\partial \mu}{\partial \boldsymbol{r}} \frac{\partial f_0}{\partial \mu} + \frac{\partial T}{\partial \boldsymbol{r}} \frac{\partial f_0}{\partial T}$$
$$= \left(\frac{\partial \mu}{\partial \boldsymbol{r}} + \frac{\varepsilon - \mu}{T} \frac{\partial T}{\partial \boldsymbol{r}} \right) \beta f_0 (1 - f_0) \quad (3.144)$$

となり，さらに f_0 の $\boldsymbol{p}$ 微分は

$$\frac{\partial f_0}{\partial \boldsymbol{p}} = \frac{\partial \varepsilon}{\partial \boldsymbol{p}} \frac{\partial f_0}{\partial \varepsilon}$$
$$= -\boldsymbol{v} \beta f_0 (1 - f_0) \quad (3.145)$$

と書ける．ここで $\beta = 1/k_B T$ である．これより，ボルツマン方程式の左辺における f' の 0 次の項は，

$$\beta \left[\left(\frac{\partial \mu}{\partial \boldsymbol{r}} + \frac{\varepsilon - \mu}{T} \frac{\partial T}{\partial \boldsymbol{r}} \right) - \boldsymbol{K} \cdot \boldsymbol{v} \right] f_0 (1 - f_0) \quad (3.146)$$

となる．この外力 $\boldsymbol{K}$ に

$$\boldsymbol{K} = -e(\boldsymbol{E} + \boldsymbol{v} \times \boldsymbol{B}) \quad (3.147)$$

を代入すると，$\boldsymbol{v} \times \boldsymbol{B}$ の項が $\boldsymbol{v}$ との内積により消えてしまう．そこで $\boldsymbol{v} \times \boldsymbol{B}$ の項については f' の 1 次まで取り入れる．f' の 1 次に対して $\boldsymbol{v} \times \boldsymbol{B}$ に関連する項は，

$$-e(\boldsymbol{v} \times \boldsymbol{B}) \cdot \frac{\partial}{\partial \boldsymbol{p}} f_0 (1 - f_0) f'$$
$$= -f_0 (1 - f_0) e (\boldsymbol{v} \times \boldsymbol{B}) \cdot \frac{\partial f'}{\partial \boldsymbol{p}} \qquad (3.148)$$

と書ける．以上より，ボルツマン方程式 (3.132) は，式 (3.137)，(3.146)，(3.148) から，

$$\beta \left(\frac{\partial \mu}{\partial \boldsymbol{r}} + \frac{\varepsilon - \mu}{T} \frac{\partial T}{\partial \boldsymbol{r}} + e\boldsymbol{E} \right) \cdot \boldsymbol{v} - e(\boldsymbol{v} \times \boldsymbol{B}) \cdot \frac{\partial f'}{\partial \boldsymbol{p}} = -\mathcal{G} f' \qquad (3.149)$$

という線形化された形に求まった．しかしまだ右辺の演算子 $\mathcal{G}$ が残っているので，このままでは厳密には解けない．そこで，上で議論したように，式 (3.137) の $\Gamma(f)$ は，f の平衡分布からのずれが時間と共に指数関数的に減衰していくことを表しているので，近似として，

$$\left. \frac{\partial f}{\partial t} \right|_{\text{coll}} = \Gamma(f) = -\frac{f - f_0}{\tau} \qquad (3.150)$$

とおこう．τ はその減衰にかかる時間を表し，**緩和時間**（relaxation time）とよばれる．またこのように衝突項を近似することを**緩和時間近似**（relaxation time approximation）という．この近似のもとで，線形化されたボルツマン方程式は

$$\beta \left(\frac{\partial \mu}{\partial \boldsymbol{r}} + \frac{\varepsilon - \mu}{T} \frac{\partial T}{\partial \boldsymbol{r}} + e\boldsymbol{E} \right) \cdot \boldsymbol{v} - e(\boldsymbol{v} \times \boldsymbol{B}) \cdot \frac{\partial f'}{\partial \boldsymbol{p}} = -\frac{f'}{\tau} \qquad (3.151)$$

となる．τ は $\mathcal{G} f' = f'/\tau$ より，式 (3.140) の内積を用いて

$$\tau = \frac{(f', f')}{(f', \mathcal{G} f')} \qquad (3.152)$$

により計算される．この τ の具体的な計算例については章末の参考文献をみていただくことにして，ここでは τ を用いていくつかの物理量を表してみよう．

それでは $B=0$ の場合について，式 (3.151) を具体的に解いてみる．このとき式 (3.151) から f' が直接求まり，

$$f' = -\beta\tau \left(\frac{\varepsilon - \mu}{T}\frac{\partial T}{\partial r} + e\bm{E}' \right) \cdot \bm{v} \tag{3.153}$$

である．ここで

$$\bm{E}' = \bm{E} + \frac{1}{e}\frac{\partial \mu}{\partial r} \tag{3.154}$$

は，電子が実際に感じる電場である．この分布関数を使って電流密度 $\bm{j}_e$ と熱流密度 $\bm{j}_h$ を計算しよう．それぞれスピン自由度からくる係数 2 を掛けて，

$$\bm{j}_e = -2e \int \frac{d\bm{p}}{h^3}\bm{v}f \tag{3.155}$$

$$\bm{j}_h = 2 \int \frac{d\bm{p}}{h^3}(\varepsilon - \mu)\bm{v}f \tag{3.156}$$

により定義される．$\bm{j}_h$ については，

$$dQ = TdS = dU - \mu dN \tag{3.157}$$

を使って，

$$\begin{aligned} \bm{j}_h &= \bm{j}_\varepsilon - \mu \bm{j}_n \\ &= 2\int \frac{d\bm{p}}{h^3}\varepsilon \bm{v}f - 2\mu \int \frac{d\bm{p}}{h^3}\bm{v}f \\ &= 2\int \frac{d\bm{p}}{h^3}(\varepsilon - \mu)\bm{v}f \end{aligned} \tag{3.158}$$

から導かれる．

式 (3.155)，(3.156) に式 (3.137) と式 (3.153) を代入すると，

$$\bm{j}_e = e^2 K_0 \bm{E}' + \frac{e}{T}K_1 \frac{\partial T}{\partial r} \tag{3.159}$$

$$\bm{j}_h = -eK_1 \bm{E}' - \frac{1}{T}K_2 \frac{\partial T}{\partial r} \tag{3.160}$$

と書ける．K_0, K_1, K_2 はテンソル量であり，

$$K_n = 2\tau \int \frac{d\bm{p}}{h^3}(\varepsilon - \mu)^n \bm{vv}\left(-\frac{\partial f_0}{\partial \varepsilon}\right) \tag{3.161}$$

により与えられる．ここで $\beta f_0(1-f_0) = -\partial f_0/\partial \varepsilon$ を用いた．$-\partial f_0/\partial \varepsilon$ は，低温では $\varepsilon \sim \mu(\sim \varepsilon_F)$ 付近に鋭いピークをもつ．したがって，K_0, K_1, K_2 はともに，フェルミレベル付近の電子のみが寄与していることがわかる．

電気伝導度

電気伝導度テンソル $\sigma_{\mu\nu}$ は

$$j_e^\mu = \sum_\nu \sigma_{\mu\nu} E^\nu \tag{3.162}$$

により定義される．式 (3.159) から，$\sigma_{\mu\nu} = e^2 K_0$ は

$$\begin{aligned}
\sigma_{\mu\nu} &= 2e^2\tau \int \frac{d\boldsymbol{p}}{h^3} v_\mu v_\nu \left(-\frac{\partial f_0}{\partial \varepsilon}\right) \\
&= 2e^2\tau \int \frac{d\boldsymbol{p}}{h^3} \frac{\partial \varepsilon}{\partial p_\mu} \frac{\partial \varepsilon}{\partial p_\nu} \left(-\frac{\partial f_0}{\partial \varepsilon}\right) \\
&= 2e^2\tau \int \frac{d\boldsymbol{p}}{h^3} \frac{\partial \varepsilon}{\partial p_\mu} \left(-\frac{\partial f_0}{\partial p_\nu}\right) \\
&= 2e^2\tau \int \frac{d\boldsymbol{p}}{h^3} \frac{\partial^2 \varepsilon}{\partial p_\mu \partial p_\nu} f_0 \\
&= 2e^2\tau \overline{\rho} \left\langle \frac{\partial^2 \varepsilon}{\partial p_\mu \partial p_\nu} \right\rangle_0
\end{aligned} \tag{3.163}$$

と求まる．ここで $\overline{\rho}$ は粒子密度であり，

$$\overline{\rho} = 2 \int \frac{d\boldsymbol{p}}{h^3} f_0 \tag{3.164}$$

により与えられ，$\langle \cdots \rangle_0$ は

$$\langle \cdots \rangle_0 = \frac{\int \frac{d\boldsymbol{p}}{h^3} (\cdots) f_0}{\int \frac{d\boldsymbol{p}}{h^3} f_0} \tag{3.165}$$

により定義される．

$$\left\langle \frac{\partial^2 \varepsilon}{\partial p_\mu \partial p_\nu} \right\rangle_0 = (m^{-1})_{\mu\nu} \tag{3.166}$$

により有効質量テンソル $(m)_{\mu\nu}$ を定義すると，結局

$$\sigma_{\mu\nu} = e^2 \tau \overline{\rho} (m^{-1})_{\mu\nu} \tag{3.167}$$

となる．これが緩和時間近似による電気伝導度テンソルの表式である．とくに $\varepsilon(\boldsymbol{p}) = p^2/2m$ であれば，

$$\sigma_{\mu\nu} = \frac{\overline{\rho} e^2 \tau}{m} \delta_{\mu\nu} \tag{3.168}$$

という見慣れた表式になる．

不純物散乱の場合の τ を求めてみよう．式 (3.153) において $\partial T/\partial \boldsymbol{r} = \partial \mu/\partial \boldsymbol{r} = 0$ とおくと，

$$f' = -\beta \tau e \boldsymbol{E} \cdot \boldsymbol{v} \tag{3.169}$$

となる．いま電場は x 方向にかかっているとしよう．これを式 (3.152) に代入すると

$$\begin{aligned}
\tau^{-1} &= \frac{(v_x, \mathcal{G} v_x)}{(v_x, v_x)} \\
&= \frac{\dfrac{1}{2} \int\int \dfrac{d\boldsymbol{p}}{h^3} \dfrac{d\boldsymbol{p}'}{h^3} P(\boldsymbol{p}, \boldsymbol{p}') f_0(\boldsymbol{p})(1 - f_0(\boldsymbol{p}'))(v_x - v_x')^2}{\int \dfrac{d\boldsymbol{p}}{h^3} f_0(1 - f_0) v_x^2}
\end{aligned} \tag{3.170}$$

と書ける．まず不純物による散乱確率 P を計算する必要がある．不純物がつくるポテンシャルを $u(\boldsymbol{r}) = u_0 \delta(\boldsymbol{r})$，不純物の位置を $\boldsymbol{R}_i$ $(i = 1, 2, \cdots, N_{\text{imp}})$ とする．不純物ポテンシャルを表すハミルトニアンは

$$V(\boldsymbol{r}) = u_0 \sum_i \delta(\boldsymbol{r} - \boldsymbol{R}_i) \tag{3.171}$$

と書ける．$\boldsymbol{R}_i$ はランダムであるとし，u_0 は固定する．これより P をボルン近似で求めると，

$$\begin{aligned}
P(\boldsymbol{p}, \boldsymbol{p}') &= \frac{2\pi}{\hbar} \overline{|\langle \boldsymbol{p}|V(\boldsymbol{r})|\boldsymbol{p}'\rangle|^2} \delta(\varepsilon_{\boldsymbol{p}} - \varepsilon_{\boldsymbol{p}'}) \\
&= \frac{2\pi}{\hbar} \frac{u_0^2}{V} \overline{\sum_{ij} \exp\left(i(\boldsymbol{p} - \boldsymbol{p}') \cdot (\boldsymbol{R}_i - \boldsymbol{R}_j)/\hbar\right)} \delta(\varepsilon_{\boldsymbol{p}} - \varepsilon_{\boldsymbol{p}'})
\end{aligned} \tag{3.172}$$

となる. V は系の体積である. 上付きのバーは, ランダム変数 $\bm{R}_i$ に関する統計平均を表す.

$$\begin{aligned}
&\overline{\sum_{ij}\exp\left(i(\bm{p}-\bm{p}')\cdot(\bm{R}_i-\bm{R}_j)/\hbar\right)} \\
&= \overline{\sum_{i\neq j}\exp\left(i(\bm{p}-\bm{p}')\cdot(\bm{R}_i-\bm{R}_j)/\hbar\right)} + \sum_i 1 \\
&= N_{\mathrm{imp}}
\end{aligned} \tag{3.173}$$

なので（2 行目第 1 項は, $\bm{p}\neq\bm{p}'$ とすれば 0）,

$$P(\bm{p},\bm{p}') = \frac{2\pi}{\hbar}u_0^2 n_{\mathrm{imp}}\delta(\varepsilon_{\bm{p}}-\varepsilon_{\bm{p}'}) \tag{3.174}$$

となる. ここで $n_{\mathrm{imp}} = N_{\mathrm{imp}}/V$ は不純物濃度である. これを式 (3.170) に代入し, $T\to 0$ の極限をとると,

$$\begin{aligned}
\tau^{-1} &= \frac{\pi u_0^2 n_{\mathrm{imp}}}{\hbar}\frac{\displaystyle\iint \frac{d\bm{p}}{h^3}\frac{d\bm{p}'}{h^3}\delta(\varepsilon_{\bm{p}}-\varepsilon_{\bm{p}'})\frac{\partial f}{\partial\varepsilon}(v_x^2+v_x'^2-2v_xv_x')}{\displaystyle\int \frac{d\bm{p}}{h^3}\frac{\partial f}{\partial\varepsilon}v_x^2} \\
&= \frac{2\pi u_0^2 n_{\mathrm{imp}}}{\hbar}\frac{\displaystyle\iint \frac{d\bm{p}}{h^3}\frac{d\bm{p}'}{h^3}\delta(\varepsilon_{\bm{p}}-\varepsilon_{\bm{p}'})\frac{\partial f}{\partial\varepsilon}v_x^2}{\displaystyle\int \frac{d\bm{p}}{h^3}\frac{\partial f}{\partial\varepsilon}v_x^2}
\end{aligned} \tag{3.175}$$

となる. 状態密度 $N(\varepsilon)$ を

$$N(\varepsilon) = \int \frac{d\bm{p}}{h^3}\delta(\varepsilon-\varepsilon_{\bm{p}}) \tag{3.176}$$

で定義すると,

$$\begin{aligned}
\tau^{-1} &= \frac{2\pi u_0^2 n_{\mathrm{imp}}}{\hbar}\frac{\displaystyle\int \frac{d\bm{p}}{h^3}N(\varepsilon_{\bm{p}})\frac{\partial f}{\partial\varepsilon}v_x^2}{\displaystyle\int \frac{d\bm{p}}{h^3}\frac{\partial f}{\partial\varepsilon}v_x^2} \\
&= \frac{2\pi u_0^2 n_{\mathrm{imp}}}{\hbar}N(\varepsilon_F)
\end{aligned} \tag{3.177}$$

と求まる.

熱伝導度

熱伝導度は，電流がない状態での熱流密度から決められる．$j_e = 0$ ということは，式 (3.159) より

$$E' = -\frac{1}{eT}(K_0^{-1})K_1\frac{\partial T}{\partial r} \qquad (3.178)$$

である．これは温度勾配により電場が生じることを表しており，その係数 Q

$$Q = -\frac{1}{eT}(K_0^{-1})K_1 \qquad (3.179)$$

を**熱起電力**（thermoelectric power）という．

式 (3.178) を式 (3.160) に代入すると

$$j_h = -\frac{1}{T}(K_2 - K_1(K_0^{-1})K_1)\frac{\partial T}{\partial r} \qquad (3.180)$$

となる．よって熱伝導度テンソル $\kappa_{\mu\nu}$ は

$$\kappa = \frac{1}{T}(K_2 - K_1(K_0^{-1})K_1) \qquad (3.181)$$

により与えられる．

いま非常に低温の場合を考えよう．そのとき，エネルギー ε の任意の関数 $H(\varepsilon)$ に対し，ゾンマーフェルト展開

$$\begin{aligned}\int_{-\infty}^{\infty} H(\varepsilon)\left(-\frac{\partial f_0}{\partial \varepsilon}\right)d\varepsilon &= H(\mu) + \sum_{n=1}^{\infty}\int_{-\infty}^{\infty}\frac{(\varepsilon-\mu)^{2n}}{(2n)!}\left(-\frac{\partial f_0}{\partial \varepsilon}\right)d\varepsilon H^{(2n)}(\mu) \\ &= H(\mu) + \frac{\pi^2}{6}(k_B T)^2 H''(\mu) + O(T^4) \end{aligned} \qquad (3.182)$$

が成り立つ．これより

$$K_1 = \frac{\pi^2}{3}(k_B T)^2 \frac{\partial}{\partial \mu}K_0 \qquad (3.183)$$

$$K_2 = \frac{\pi^2}{3}(k_B T)^2 K_0 \qquad (3.184)$$

が低温で成り立つ．すなわち，K_1, K_2 は，$T \to 0$ では K_0 に比較してはるかに小さいといえる．これにより低温では熱伝導度テンソル (3.181) は

$$\begin{aligned}\kappa &\sim \frac{1}{T}K_2 \\ &\sim \frac{\pi^2}{3}k_B^2 T K_0 \end{aligned} \qquad (3.185)$$

となり，

$$\frac{\kappa}{\sigma} = \frac{\pi^2}{3}\left(\frac{k_B}{e}\right)^2 T \tag{3.186}$$

という関係が得られる．この関係は，ヴィーデマン–フランツ（Wiedemann-Franz）則として知られている．

つぎに温度 T が系内で一様とすると，式 (3.159), (3.160) から $\boldsymbol{E}'$ を消去し，

$$\boldsymbol{j}_h = -\frac{1}{e}K_1(K_0^{-1})\boldsymbol{j}_e \tag{3.187}$$

となる．これは，電流が存在するところに熱流も存在することを表しており，その係数 $\Pi = -(1/e)K_1K_0^{-1}$ をペルティエ（Peltier）係数という．式 (3.179) から，熱起電力 Q とペルティエ係数 Π との間には

$$\Pi = QT \tag{3.188}$$

の関係が成り立つ．

以上のような電気伝導度や熱伝導度の計算は，本節の冒頭でも書いたように，粒子の波動性を無視できる状況でのみ正当化される．粒子間の波束の重なりが無視できないときは，もっときちんとした量子力学的扱いが必要になる．それが 3.2 節でとりあげる線形応答理論である．

3.2　線形応答理論と揺動散逸定理

3.2.1　線形応答理論

ボルツマン方程式では，外場に対する系の応答を調べてきた．しかしそれはあくまでも半古典的な扱いであり，完全に量子論的に扱うには，本節で紹介する線形応答理論が必要となる．線形応答理論とは，系のハミルトニアンが，定常的な部分 H_0 と時間に依存する外場による部分 $H'(t)$ とから書けている場合に，観測される物理量が $H'(t)$ の存在によりどのように変化するかを，$H'(t)$ が十分小さいとして，その線形近似の範囲内で記述した理論である．以下に，その具体的導出をみていこう．

まず，ハミルトニアンが外場を表す項を含んだ形で

$$H = H_0 + H'(t) \tag{3.189}$$

$$H'(t) = -AX(t) \tag{3.190}$$

と書けるとする．ここで $X(t)$ は外場（たとえば電磁場など）であり，A はそれに共役な何らかの演算子である．以下では $X(t)$ をいくつかの場合に分けて考えることにする．

1. 階段関数型（図 3.3）

それまでかかっていた外場が，$t=0$ でスイッチオフになったとしよう．すなわち

$$X(t) = \begin{cases} X & (t \leq 0) \\ 0 & (t > 0) \end{cases} \tag{3.191}$$

とする．このとき，$t \leq 0$ での密度行列 ρ を

$$\rho = \frac{e^{-\beta H}}{\mathrm{Tr}\, e^{-\beta H}} \equiv \rho_0 + \rho' \tag{3.192}$$

$$\rho_0 = \frac{e^{-\beta H_0}}{\mathrm{Tr}\, e^{-\beta H_0}} \tag{3.193}$$

というように，平衡部分 ρ_0 とそこからのずれ ρ' とに分ける．そして，いま X が十分小さいとして ρ' を X で展開することにする．もちろん，$X=0$ ならば $\rho'=0$ である．

まず，任意の演算子 a,b に対し，

$$e^{s(a+b)} = e^{sa} + \int_0^s e^{sa} e^{-\lambda a} b e^{\lambda a} d\lambda + O(b^2) \tag{3.194}$$

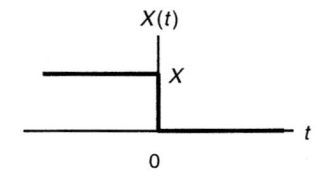

図 **3.3** 階段関数型の外場

を示す.
$$e^{s(a+b)} = e^{sa} f(s) \tag{3.195}$$
で f を定義すると,
$$\begin{aligned}\frac{df(s)}{ds} &= e^{-sa} b e^{s(a+b)} \\ &= b(s) f(s)\end{aligned} \tag{3.196}$$
となる. ここで $b(s) = e^{-sa} b e^{sa}$ である. よって
$$\begin{aligned}f(s) =\ & f(0) + \int_0^s b(s') f(s') ds' \\ =\ & 1 + \int_0^s ds_1 b(s_1) + \int_0^s ds_1 \int_0^{s_1} ds_2\, b(s_1) b(s_2) + \\ & \cdots + \int_0^s ds_1 \int_0^{s_1} ds_2 \cdots \int_0^{s_{k-1}} ds_k\, b(s_1) b(s_2) \cdots b(s_k) + \cdots\end{aligned} \tag{3.197}$$
なので, b の 1 次までの項を式 (3.195) に代入すると式 (3.194) を得る.

式 (3.194) を用いると式 (3.192) は
$$\begin{aligned}\rho =\ & \frac{e^{-\beta(H_0 + H')}}{\text{Tr}\, e^{-\beta(H_0 + H')}} \\ =\ & \frac{e^{-\beta H_0} + \int_0^\beta e^{-\beta H_0} e^{\lambda H_0} A X e^{-\lambda H_0} d\lambda + \cdots}{\text{Tr}\left[e^{-\beta H_0} + \int_0^\beta e^{-\beta H_0} e^{\lambda H_0} A X e^{-\lambda H_0} d\lambda + \cdots\right]} \\ =\ & \frac{\rho_0 + \int_0^\beta \rho_0 e^{\lambda H_0} A X e^{-\lambda H_0} d\lambda + \cdots}{1 + \beta \langle A \rangle_0 X + \cdots}\end{aligned} \tag{3.198}$$
と書ける. ここで $\langle \cdots \rangle_0$ は, ρ_0 での熱平均 $\text{Tr}\,(\rho_0 \cdots)$ を表す. よって
$$\rho' \simeq X \int_0^\beta \rho_0 e^{\lambda H_0} \Delta A e^{-\lambda H_0} d\lambda \quad (t \leq 0) \tag{3.199}$$
となる. ここで $\Delta A = A - \langle A \rangle_0$ である. したがって, 明らかに $\text{Tr}\,\rho' = 0$ である.

さてつぎに，$t > 0$ の $\rho(t)$ を調べよう．密度行列はフォン・ノイマン方程式

$$\dot{\rho}(t) = \frac{1}{i\hbar}[H, \rho(t)] \tag{3.200}$$

により時間発展するので，これを解けばよい．すると，

$$\rho(t) = \rho_0 + \exp\left(\frac{H_0}{i\hbar}t\right)\rho'\exp\left(-\frac{H_0}{i\hbar}t\right) \tag{3.201}$$

を得る．これより，$t > 0$ における任意の物理量 B の期待値は

$$\begin{aligned}\langle B\rangle(t) =\ & \mathrm{Tr}\,(\rho(t)B) \\ =\ & \langle B\rangle_0 + \Delta\langle B\rangle(t)\end{aligned} \tag{3.202}$$

$$\begin{aligned}\Delta\langle B\rangle(t) =\ & \mathrm{Tr}\,\left[\exp\left(\frac{H_0}{i\hbar}t\right)\rho'\exp\left(-\frac{H_0}{i\hbar}t\right)B\right] \\ =\ & \mathrm{Tr}\,\left[\exp\left(\frac{H_0}{i\hbar}t\right)\rho'\exp\left(-\frac{H_0}{i\hbar}t\right)\Delta B\right]\end{aligned} \tag{3.203}$$

と書ける．ここで $\Delta B = B - \langle B\rangle_0$ である．最後の等式は

$$\mathrm{Tr}\,\left[\exp\left(\frac{H_0}{i\hbar}t\right)\rho'\exp\left(-\frac{H_0}{i\hbar}t\right)\langle B\rangle_0\right] = \langle B\rangle_0\,\mathrm{Tr}\,\rho' = 0 \tag{3.204}$$

を用いた．式 (3.203) をさらに書き直すと，最終的に

$$\begin{aligned}\Delta\langle B\rangle(t) =\ & \mathrm{Tr}\,\rho'\Delta B(t) \\ =\ & \beta\langle \Delta A(0); \Delta B(t)\rangle_0 X\end{aligned} \tag{3.205}$$

が得られる．$\langle \Delta A(0); \Delta B(t)\rangle_0$ は**カノニカル相関**（canonical correlation）とよばれ，

$$\begin{aligned}\langle \Delta A(0); \Delta B(t)\rangle_0 =\ & \beta^{-1}\frac{\int_0^\beta d\lambda\,\mathrm{Tr}\,[e^{-\beta H_0}e^{\lambda H_0}\Delta A e^{-\lambda H_0}\Delta B(t)]}{\mathrm{Tr}\,e^{-\beta H_0}} \\ =\ & \beta^{-1}\int_0^\beta \langle \Delta A(-i\hbar\lambda)\Delta B(t)\rangle_0 d\lambda\end{aligned} \tag{3.206}$$

で定義される．外力 $X(t)$ が時刻 $t = 0$ で有限の値 X から 0 に切れる場合の系の応答を表すものが，**緩和関数**（relaxation function）$\Phi_{BA}(t)$ であるが，式 (3.205) より

$$\Phi_{BA}(t) = \beta\langle \Delta A(0); \Delta B(t)\rangle_0 \tag{3.207}$$

と求められた．

2. パルス型（図 3.4）

つぎに，外場が鋭いパルスとして与えられた場合を考えよう．すなわち，

$$X(t) = X\delta(t) \tag{3.208}$$

とする．この場合の $X(t)$ は，階段関数を図 3.4 のように δt（無限小量）だけ離して合わせ，さらにその高さ X_1 を $X_1 = X/\delta t$ ととった場合と同一である（$X_1 = X/\delta t$ ととることで，$\int_{-\infty}^{\infty} X(t)dt = X$ が満たされる）．線形で考えているので，重ね合わせが応答に関しても成り立ち，結局このようなパルス型外力に対する物理量 B の変化分は

$$\begin{aligned}\Delta\langle B\rangle(t) &= \lim_{\delta t \to 0}(\Phi_{BA}(t) - \Phi_{BA}(t+\delta t))X/\delta t \\ &= -\dot{\Phi}_{BA}(t)X \\ &= -\beta\langle\Delta A(0); \Delta\dot{B}(t)\rangle_0 X\end{aligned} \tag{3.209}$$

で与えられる．パルス型外力に対する系の応答は，**応答関数**（response function）ϕ_{BA} で記述されるが，式 (3.209) より，

$$\phi_{BA}(t) = -\dot{\Phi}_{BA}(t) = -\beta\langle\Delta A(0); \Delta\dot{B}(t)\rangle_0 \tag{3.210}$$

と求められる．これはまた

$$\phi_{BA}(t) = \beta\langle\Delta\dot{A}(0); \Delta B(t)\rangle_0 \tag{3.211}$$

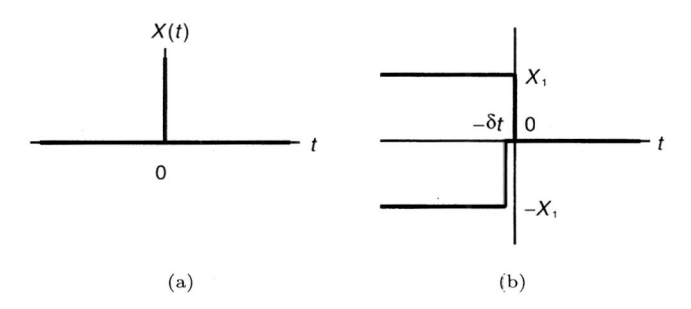

図 3.4 パルス型の外場 (a) は，階段関数型の外場 (b) の重ね合わせとして書ける．

とも書ける．ここで

$$\langle \dot{A}B \rangle_0 = \frac{i}{\hbar}\langle [H,A]B \rangle = \frac{i}{\hbar}\langle A[B,H] \rangle = -\langle A\dot{B} \rangle_0 \qquad (3.212)$$

を用いた．さらに式 (3.210), (3.211) は，以下で示すように，

$$\begin{aligned}
\phi_{BA}(t) &= \frac{1}{i\hbar}\langle [\Delta A(0), \Delta B(t)] \rangle_0 \\
&= \frac{i}{\hbar}\langle [B(t), A(0)] \rangle_0
\end{aligned} \qquad (3.213)$$

とも書ける．これを示すために，まず等式

$$[e^{-\beta H}, X] = e^{-\beta H}\int_0^\beta d\lambda\, e^{\lambda H}[X,H]e^{-\lambda H} \qquad (3.214)$$

を証明する．

$$e^{\beta H}[e^{-\beta H}, X] = X - e^{\beta H}Xe^{-\beta H} \qquad (3.215)$$

の両辺を β で微分すると

$$\frac{d}{d\beta}e^{\beta H}[e^{-\beta H}, X] = e^{\beta H}[X,H]e^{-\beta H} \qquad (3.216)$$

となり，これを積分し，

$$e^{\beta H}[e^{-\beta H}, X] = \int_0^\beta e^{\lambda H}[X,H]e^{-\lambda H}d\lambda \qquad (3.217)$$

を得る．これより式 (3.214) が得られる．つぎに式 (3.214) を用いて

$$\beta \langle \dot{A}; B \rangle = \frac{1}{i\hbar}\langle [A,B] \rangle \qquad (3.218)$$

を示す．まず左辺は

$$\frac{\int_0^\beta d\lambda\, \mathrm{Tr}\, e^{-\beta H}e^{\lambda H}(1/i\hbar)[A,H]e^{-\lambda H}B}{\mathrm{Tr}\, e^{-\beta H}} \qquad (3.219)$$

と書けるが，ここに式 (3.214) を用いて書き換えると，

$$\begin{aligned}
\beta \langle \dot{A}; B \rangle &= \frac{(1/i\hbar)\mathrm{Tr}\, [e^{-\beta H}, A]B}{\mathrm{Tr}\, e^{-\beta H}} \\
&= \frac{(1/i\hbar)\mathrm{Tr}\, e^{-\beta H}[A,B]}{\mathrm{Tr}\, e^{-\beta H}} \\
&= \frac{1}{i\hbar}\langle [A,B] \rangle
\end{aligned} \qquad (3.220)$$

が得られる．これを用いれば式 (3.211) より式 (3.213) が得られる．

3. 一般の $X(t)$

任意の関数形 $X(t)$ は，2.のパルスを重ね合わせて得られる．よって

$$\Delta \langle B \rangle (t) = \int_{-\infty}^{t} \phi_{BA}(t-t')X(t')dt' \qquad (3.221)$$

となる．両辺をフーリエ変換すると

$$\Delta \langle B \rangle (\omega) = \chi_{BA}(\omega) X(\omega) \qquad (3.222)$$

となる．$\chi_{BA}(\omega)$ は $\phi_{BA}(t)$ のフーリエ–ラプラス変換

$$\chi_{BA}(\omega) = \int_0^\infty \phi_{BA}(t) e^{-i\omega t} dt \qquad (3.223)$$

で与えられる．これより $\chi_{BA}(t)$ は

$$\begin{aligned} \chi_{BA}(t-t') &= \theta(t-t')\phi_{BA}(t-t') \\ &= \frac{i}{\hbar}\theta(t-t')\langle [B(t), A(t')] \rangle_0 \end{aligned} \qquad (3.224)$$

となる．式 (3.210) より，χ_{BA} は緩和関数を用いてもつぎのように書き表せる．

$$\chi_{BA}(\omega) = \Phi_{BA}(t=0) - i\omega \int_0^\infty \Phi_{BA}(t) e^{-i\omega t} dt \qquad (3.225)$$

以上のようにして与えられる $\chi_{BA}(\omega)$ を，**複素アドミッタンス**（admittance）あるいは**複素感受率**（susceptibility）という．ただし，文献によってはこの χ を応答関数とよぶものも多い．

3.2.2 揺動散逸定理

ところで式 (3.224) は，χ_{BA} が 2.1 節の遅延グリーン関数 $G_{BA}^{R-}(t)$ などを使って

$$\hbar \chi_{BA}(t) = -G_{BA}^{R-}(t) \qquad (3.226)$$

と書けることを意味する．さらに，このフーリエ変換したものは式 (2.75) より，

$$\hbar\chi_{BA}(\omega) = -\tilde{G}_{BA}^{-}(\omega_n)|_{i\omega_n = \omega + i\eta} \tag{3.227}$$

と書けることがわかる．ただし，演算子 A, B ともに，偶数個のフェルミ演算子の積，あるいはボーズ演算子で書けているものとする．

同様にして，応答関数は

$$\hbar\phi_{BA}(t) = -G_{BA}^{R-}(t) + G_{BA}^{A-}(t) = i\rho_{BA}^{-}(t) \tag{3.228}$$

と書ける．式 (2.40) を用いると，

$$\rho_{BA}^{-}(\omega) = \left(\coth\frac{\beta\hbar\omega}{2}\right)^{-1}\rho_{BA}^{+}(\omega) \tag{3.229}$$

なので，結局

$$\rho_{BA}^{+}(\omega) = -\left(\coth\frac{\beta\hbar\omega}{2}\right)\hbar i\phi_{BA}(\omega) \tag{3.230}$$

と書ける．さらに $\phi_{BA}(t) = -\dot{\Phi}_{BA}(t)$ なので

$$\rho_{BA}^{+}(\omega) = \hbar\omega\left(\coth\frac{\beta\hbar\omega}{2}\right)\Phi_{BA}(\omega) \tag{3.231}$$

となる．$\rho_{BA}^{+}(\omega)$ は，対称化された相関関数 $\langle B(t)A(t') + A(t')B(t)\rangle$ をフーリエ変換したものであり，ゆらぎを表す量である．一方 $\Phi_{BA}(\omega)$ は，緩和関数 $\Phi_{BA}(t)$ のフーリエ変換であり，系のエネルギー散逸を記述するものである．したがって，式 (3.231) は，その両者が結びついていることを表現しており，これを**揺動散逸定理**（fluctuation-dissipation theorem）という．

3.2.3 クラマース–クローニッヒの関係

複素アドミッタンスの実部と虚部は，**ヒルベルト変換**（Hilbert transformation）で結ばれている．いま変数を複素数 z に拡張した $\chi_{BA}(z) = \int_0^\infty dt\, e^{izt} \phi_{BA}(t)$ を用い，

$$I = \frac{1}{2\pi i}\oint dz\,\frac{\chi_{BA}(z)}{z - \omega} \tag{3.232}$$

3.2 線形応答理論と揺動散逸定理

という複素積分を考える．積分路 C は図 3.5 のようにとる．R と ϵ は，それぞれ ∞ と 0 への極限をとる．2.1 節で述べたように，$G_{BA}^{R-}(z)\,(=\hbar\chi_{BA}(z))$ は複素平面の上半面で解析的である．高周波極限で系は外力の変化についてゆけなくなるはずなので，$\chi_{BA}(z)$ は $|z|\to\infty$ で 0 になる．これより，大きい半円からの寄与は 0 である．小さい半円からの寄与は $-\chi_{BA}(\omega)/2$ を与え，直線部分は $(1/2\pi i)P\int_{-\infty}^{\infty}d\omega'\chi_{BA}(\omega')/(\omega'-\omega)$ を与える．積分路内で $\chi_{BA}(z)$ が正則であることから，結局

$$\chi_{BA}(\omega)=\frac{1}{\pi i}P\int_{-\infty}^{\infty}d\omega'\frac{\chi_{BA}(\omega')}{\omega'-\omega} \tag{3.233}$$

となる．両辺の実部と虚部をとれば，

$$\mathrm{Re}\,\chi_{BA}(\omega)=\frac{P}{\pi}\int_{-\infty}^{\infty}d\omega'\frac{\mathrm{Im}\,\chi_{BA}(\omega')}{\omega'-\omega} \tag{3.234}$$

$$\mathrm{Im}\,\chi_{BA}(\omega)=-\frac{P}{\pi}\int_{-\infty}^{\infty}d\omega'\frac{\mathrm{Re}\,\chi_{BA}(\omega')}{\omega'-\omega} \tag{3.235}$$

が得られる．これは**クラマース–クローニッヒ**（Kramers–Kronig）の関係とよばれる．この関係を用いれば，複素アドミッタンスの実部か虚部かの一方を求めれば，もう一方を計算することができる．

さらに，正の微小量 ϵ に対し

$$\frac{1}{\omega'-\omega\pm i\epsilon}=P\frac{1}{\omega'-\omega}\mp i\pi\delta(\omega'-\omega) \tag{3.236}$$

から，

$$\mathrm{Im}\,\frac{1}{\pi}\int_{-\infty}^{\infty}\frac{\mathrm{Im}\,\chi_{BA}(\omega')}{\omega'-\omega-i\epsilon}d\omega'=\mathrm{Im}\,\chi_{BA}(\omega) \tag{3.237}$$

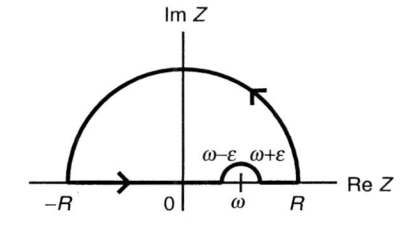

図 3.5 積分路 C のとり方

が成立し，式 (3.235) から，

$$\mathrm{Re}\,\frac{1}{\pi}\int_{-\infty}^{\infty}\frac{\mathrm{Im}\,\chi_{BA}(\omega')}{\omega'-\omega-i\epsilon}d\omega' = \mathrm{Re}\,\chi_{BA}(\omega) \tag{3.238}$$

が成り立つ．よって，この二つの式より，

$$\chi_{BA}(\omega) = \frac{1}{\pi}\int_{-\infty}^{\infty}\frac{\mathrm{Im}\,\chi_{BA}(\omega')}{\omega'-\omega-i\epsilon}d\omega' \tag{3.239}$$

が得られる．通常この形の式を**分散式**（dispersion relation）という．この式は，式 (3.224) が 2.1.2 項で定義した $G_{BA}^{R-}/\hbar$ と同じ形をしていることからも明らかである．すなわち，式 (2.42)，(2.46) に対応する式が式 (3.239) そのものである．

なお，クラマース–クローニッヒの関係が成立するのは，$\chi_{BA}(z)$ が上半面で解析的であったからである．そしてそれは，$\chi_{BA}(t)$ に $\theta(t)$ という因子がついていることに起因する．$\theta(t)$ は，外場に系が応答するときに，外場がかかる以前に応答が始まることはないという因果律を表現したものである．すなわち，クラマース–クローニッヒの関係式は，感受率が因果律を満たすために得られたのである．

3.2.4　オンサガーの相反定理

時間反転および磁場反転に関する対称性について考えよう．系を記述する運動方程式が，時間と磁場を反転させると元に戻るという対称性をもっているとしよう．具体的にいえば，

$$\begin{aligned} t &\to -t \\ i &\to -i \\ \boldsymbol{H} &\to -\boldsymbol{H} \end{aligned} \tag{3.240}$$

と変換しても，運動方程式が不変であるということである．

物理量 A と B が，この操作に対し

$$\begin{aligned} A &\to \varepsilon_A A \\ B &\to \varepsilon_B B \end{aligned} \tag{3.241}$$

と変換したとする．ここで $\varepsilon_A, \varepsilon_B = \pm 1$ である．この二つの物理量に対する緩和関数 $\Phi_{BA}(t)$ は，式 (3.240) の操作により，

$$\Phi_{BA}(t, \boldsymbol{H}) \to \varepsilon_A \varepsilon_B \Phi_{BA}^*(-t, -\boldsymbol{H}) \tag{3.242}$$

と変換されるが，系がこの操作に対し不変なので両辺は等しく，

$$\Phi_{BA}(t, \boldsymbol{H}) = \varepsilon_A \varepsilon_B \Phi_{BA}^*(-t, -\boldsymbol{H}) \tag{3.243}$$

である．一方，$\Phi_{AB}(t)$ をその定義から書き換えてゆくと

$$\begin{aligned}
\Phi_{AB} &= \frac{\int_0^\beta d\lambda \, \mathrm{Tr}\,[e^{-\beta H_0} e^{\lambda H_0} \Delta B e^{-\lambda H_0} e^{iH_0 t/\hbar} \Delta A e^{-iH_0 t/\hbar}]}{\mathrm{Tr}\, e^{-\beta H_0}} \\
&= \frac{\int_0^\beta d\lambda \, \mathrm{Tr}\,[e^{-\beta H_0} e^{-iH_0 t/\hbar} \Delta B e^{iH_0 t/\hbar} e^{-\lambda H_0} \Delta A e^{\lambda H_0}]}{\mathrm{Tr}\, e^{-\beta H_0}} \\
&= \frac{\int_0^\beta d\lambda (\mathrm{Tr}\,[e^{\lambda H_0} \Delta A^\dagger e^{-\lambda H_0} e^{-iH_0 t/\hbar} \Delta B^\dagger e^{iH_0 t/\hbar} e^{-\beta H_0}])^*}{\mathrm{Tr}\, e^{-\beta H_0}} \\
&= \Phi_{B^\dagger A^\dagger}^*(-t) \tag{3.244}
\end{aligned}$$

となる．ここで，$[\mathrm{Tr}\,(ABC)]^* = \mathrm{Tr}\,(C^\dagger B^\dagger A^\dagger)$ という関係を用いた．式 (3.243)，(3.244) より

$$\Phi_{BA}(t, \boldsymbol{H}) = \varepsilon_A \varepsilon_B \Phi_{A^\dagger B^\dagger}(t, -\boldsymbol{H}) \tag{3.245}$$

が得られる．式 (3.225) を使えば，感受率に対しても

$$\chi_{BA}(\omega, \boldsymbol{H}) = \varepsilon_A \varepsilon_B \chi_{A^\dagger B^\dagger}(\omega, -\boldsymbol{H}) \tag{3.246}$$

という関係が成り立つ．この関係を，**オンサガーの相反定理**（Onsager's reciprocity relation）という．

3.2.5 古典系との対応

以上の線形応答理論は，量子論を土台としているが，古典系に対応づけができる．

第1章に登場したように，古典系での統計分布関数 $f(p_i, q_i, t)$ は，ポアソン括弧式

$$(a, b) = \sum_i \left(\frac{\partial a}{\partial q_i} \frac{\partial b}{\partial p_i} - \frac{\partial a}{\partial p_i} \frac{\partial b}{\partial q_i} \right) \tag{3.247}$$

を用いて，

$$\frac{\partial f}{\partial t} = (H, f) \tag{3.248}$$

にしたがって時間発展する．このリゥビル方程式は，量子論における密度演算子に対するフォン・ノイマン方程式

$$\dot{\rho} = \frac{1}{i\hbar}[H, \rho] \tag{3.249}$$

に相当するものである．カノニカル分布を仮定すると，外力が加わらない平衡状態で分布関数 f は

$$f = Ce^{-\beta H(p,q)} \tag{3.250}$$

となる．C は規格化で決まる定数である．いまハミルトニアンに外力の項 $-A(p, q)X$ が加わっているとすると，

$$f = Ce^{-\beta(H(p,q) - A(p,q)X)} \tag{3.251}$$

である．この分布関数を用いて任意の物理量 $B(p, q)$ の平均値を計算すると，

$$\langle B \rangle = \frac{\int dpdq\, e^{-\beta(H(p,q) - A(p,q)X)} B(p, q)}{\int dpdq\, e^{-\beta(H(p,q) - A(p,q)X)}} \tag{3.252}$$

となるが，X が小さいとして展開すると，X の1次の範囲で

$$\langle B \rangle - \langle B \rangle_0 = \beta \langle \Delta A \Delta B \rangle_0 X \tag{3.253}$$

となる．ここで

$$\Delta A = A(p, q) - \langle A \rangle_0 \tag{3.254}$$

$$\Delta B = B(p, q) - \langle B \rangle_0 \tag{3.255}$$

であり，$\langle \cdots \rangle_0$ は分布関数 $f_0 = C\exp(-\beta H(p, q))$ を用いての平均を表す．式 (3.253) はまさに量子論での式 (3.205) に相当するものである．

3.3 電磁場に対する応答

3.3.1 マクスウェル方程式

はじめに，この後の節で用いるマクスウェル方程式について復習しておこう．マクスウェル方程式は

$$\nabla \cdot \boldsymbol{B} = 0 \tag{3.256}$$

$$\frac{1}{c}\frac{\partial \boldsymbol{B}}{\partial t} + \nabla \times \boldsymbol{E} = 0 \tag{3.257}$$

$$\nabla \cdot \boldsymbol{E} = 4\pi\rho \quad (\nabla \cdot \boldsymbol{D} = 4\pi\rho_{\mathrm{ex}}) \tag{3.258}$$

$$\nabla \times \boldsymbol{H} - \frac{1}{c}\frac{\partial \boldsymbol{E}}{\partial t} = \frac{4\pi}{c}\boldsymbol{j} \quad \left(\nabla \times \boldsymbol{H} - \frac{1}{c}\frac{\partial \boldsymbol{D}}{\partial t} = \frac{4\pi}{c}\boldsymbol{j}_{\mathrm{ex}}\right) \tag{3.259}$$

と書かれる．ここで ρ_{ex}, $\boldsymbol{j}_{\mathrm{ex}}$ は外から与えられた電荷密度と電流密度であり，ρ, $\boldsymbol{j}$ は誘起された電荷密度 ρ_{in} と電流密度 $\boldsymbol{j}_{\mathrm{in}}$ を ρ_{ex}, $\boldsymbol{j}_{\mathrm{ex}}$ にそれぞれ加えた全電荷密度と全電流密度を表す．$\boldsymbol{D}$ と $\boldsymbol{E}$ は，分極ベクトル $\boldsymbol{P}$ を使って

$$\boldsymbol{D} = \boldsymbol{E} + 4\pi\boldsymbol{P} \tag{3.260}$$

という関係にある．$\boldsymbol{P}$ に関しては，ρ_{in}, $\boldsymbol{j}_{\mathrm{in}}$ との関係として，

$$\begin{aligned}\nabla \cdot \boldsymbol{P} &= -\rho_{\mathrm{in}} \\ \frac{\partial \boldsymbol{P}}{\partial t} &= \boldsymbol{j}_{\mathrm{in}}\end{aligned} \tag{3.261}$$

を満たす．これらの関係式をもう少し詳しく調べてみる前に，ベクトルとテンソルについて少し復習しておくことがある．

位置の関数である任意のベクトル $\boldsymbol{a}(\boldsymbol{r})$ は，縦成分（longitudinal part）$\boldsymbol{a}_{\parallel}(\boldsymbol{r})$ と横成分（transverse part）$\boldsymbol{a}_{\perp}(\boldsymbol{r})$ とに分けることができる．

$$\boldsymbol{a}(\boldsymbol{r}) = \boldsymbol{a}_{\parallel}(\boldsymbol{r}) + \boldsymbol{a}_{\perp}(\boldsymbol{r}) \tag{3.262}$$

$\boldsymbol{a}_{\parallel}(\boldsymbol{r})$, $\boldsymbol{a}_{\perp}(\boldsymbol{r})$ はそれぞれある関数 $b(\boldsymbol{r})$, $\boldsymbol{c}(\boldsymbol{r})$ を用いて

$$\boldsymbol{a}_{\parallel} = \nabla b \tag{3.263}$$

$$\boldsymbol{a}_{\perp} = \nabla \times \boldsymbol{c} \tag{3.264}$$

と書くことができるものである．したがって

$$\nabla \cdot \boldsymbol{a}_\perp = 0 \tag{3.265}$$

$$\nabla \times \boldsymbol{a}_\parallel = 0 \tag{3.266}$$

である．すなわち，$\boldsymbol{a}_\parallel$ は ∇ ベクトルに平行な方向成分を表し，$\boldsymbol{a}_\perp$ は ∇ ベクトルに垂直な方向成分を表している．これはフーリエ空間で書けば，

$$\begin{aligned} \boldsymbol{q} \cdot \boldsymbol{a}_\perp(\boldsymbol{q}) &= 0 \\ \boldsymbol{q} \times \boldsymbol{a}_\parallel(\boldsymbol{q}) &= 0 \end{aligned} \tag{3.267}$$

となる．さらに，$\boldsymbol{a}_\parallel(\boldsymbol{q})$ は，$\boldsymbol{a}$ ベクトルの $\boldsymbol{q}$ 方向成分なので，$\boldsymbol{q}$ 方向の単位ベクトル $\hat{\boldsymbol{q}} = \boldsymbol{q}/q$ を使って

$$\begin{aligned} \boldsymbol{a}_\parallel &= \hat{\boldsymbol{q}}(\hat{\boldsymbol{q}} \cdot \boldsymbol{a}) \\ &= \frac{\boldsymbol{q}}{q^2}(\boldsymbol{q} \cdot \boldsymbol{a}) \end{aligned} \tag{3.268}$$

と書くこともできる．成分で書けば，

$$a_{\parallel i} = \frac{q_i q_j}{q^2} a_j \tag{3.269}$$

となる．ここで，同じインデックスについては和をとるものとする．また，$|\boldsymbol{a}_\parallel| = a_\parallel$ とすれば，

$$\boldsymbol{a}_\parallel = \hat{\boldsymbol{q}} a_\parallel \tag{3.270}$$

とも書ける．横成分 $\boldsymbol{a}_\perp$ は，$\boldsymbol{a}_\perp = \boldsymbol{a} - \boldsymbol{a}_\parallel$ なので，成分で書けば，

$$a_{\perp i} = \left(\delta_{ij} - \frac{q_i q_j}{q^2}\right) a_j \tag{3.271}$$

である．

同様のことは，テンソル量についても書くことができる．系が等方的とすると，任意のテンソル $T_{ij}(\boldsymbol{q})$ の方向性は $\boldsymbol{q}$ のみによるので，T_{ij} の方向依存性があるとすれば，その i,j はそれぞれ q_i, q_j の方向を表すはずである．したがって，方向性のない項を含め，T_{ij} は

$$\begin{aligned} T_{ij}(\boldsymbol{q}) &= q_i q_j f_1(q) + \delta_{ij} f_2(q) \\ &= \frac{q_i q_j}{q^2} T^\parallel(q) + \left(\delta_{ij} - \frac{q_i q_j}{q^2}\right) T^\perp(q) \end{aligned} \tag{3.272}$$

3.3 電磁場に対する応答

と書ける．

さて，話を元に戻そう．マクスウェル方程式 (3.256) は，B ベクトルがつねに横成分しかないことを表している．横成分は式 (3.264) のように，何らかのベクトルのローテーションで書けるので，通常

$$B = B_\perp = \nabla \times A \tag{3.273}$$

と書く．この A をベクトルポテンシャルとよぶ．式 (3.273) を式 (3.257) に代入すると

$$\nabla \times \left(E + \frac{1}{c}\frac{\partial A}{\partial t}\right) = 0 \tag{3.274}$$

となる．これよりスカラーポテンシャル ϕ を用いて

$$E = -\frac{1}{c}\frac{\partial A}{\partial t} - \nabla \phi \tag{3.275}$$

と通常書き表す．ここまでを縦成分，横成分にはっきり明示してまとめると

$$B_\perp = \nabla \times A_\perp \tag{3.276}$$

$$B_\parallel = 0 \tag{3.277}$$

$$E_\perp = -\frac{1}{c}\frac{\partial A_\perp}{\partial t} \tag{3.278}$$

$$E_\parallel = -\frac{1}{c}\frac{\partial A_\parallel}{\partial t} - \nabla\phi \tag{3.279}$$

となる．さて，媒質中で気をつけなければならないのが E と D の違いである．

$$\nabla \cdot E = 4\pi(\rho_{\text{in}} + \rho_{\text{ex}}) \tag{3.280}$$

$$\nabla \cdot D = 4\pi \rho_{\text{ex}} \tag{3.281}$$

より，D は外から与えられた ρ_{ex} により決まるが，E は ρ_{ex} に加え，誘起された電荷 ρ_{in} が生む分極（あるいは分極が ρ_{in} を誘起するといってもよいが）の分だけ D からずれる．媒質が分極して電場をスクリーンすると表現してもよい．ここで大切なことは，スクリーンされるのは電場の縦成分のみであるということである．したがって，式 (3.279) において，$A_\parallel$，ϕ も，外から与えられたものと誘起されたものとに分け，

$$E_\parallel = -\frac{1}{c}\frac{\partial(A_\parallel + A_{\parallel\text{in}})}{\partial t} - \nabla(\phi + \phi_{\text{in}}) \tag{3.282}$$

と書くべきであろう．そして式 (3.280), (3.281) との類推から，

$$D_\| = -\frac{1}{c}\frac{\partial \boldsymbol{A}_\|}{\partial t} - \nabla\phi \tag{3.283}$$

$$-4\pi\boldsymbol{P} = -\frac{1}{c}\frac{\partial \boldsymbol{A}_{\|\text{in}}}{\partial t} - \nabla\phi_{\text{in}} \tag{3.284}$$

と書ける．

ところで，$\boldsymbol{A}$ と ϕ に対し，任意の関数 χ を用いて

$$\boldsymbol{A} \to \boldsymbol{A} + \nabla\chi \tag{3.285}$$

$$\phi \to \phi - \frac{1}{c}\frac{\partial \chi}{\partial t} \tag{3.286}$$

という変換を施しても $\boldsymbol{B}$ や $\boldsymbol{E}$ は不変である．すなわち $\boldsymbol{B}$ や $\boldsymbol{E}$ を $\boldsymbol{A}$ と ϕ で表現する際，式 (3.285), (3.286) の分だけ任意性があるということになる．式 (3.285), (3.286) の変換を**ゲージ変換**（gauge tansformation）という．式 (3.285) では，$\boldsymbol{A}$ に対して $\nabla\chi$ という縦成分の変化を与えているだけなので，ゲージ変換を受けるのは $\boldsymbol{A}$ の中でも縦成分のみであり，$\boldsymbol{A}$ の横成分 $\boldsymbol{A}_\perp$ はゲージ変換により不変であることに注意しよう．

ゲージ変換の式は，時間成分と空間成分とを合わせて 4 元ベクトルを用いるとさらに簡単化できる．いま，$\boldsymbol{A}$ と ϕ を合わせて，4 元ベクトル

$$A_\mu = (A_0, A_1, A_2, A_3) \equiv (c\phi, \boldsymbol{A}) \tag{3.287}$$

を定義する．微分演算子 ∂_μ についても

$$\partial_\mu = (\partial_0, \partial_1, \partial_2, \partial_3) \equiv (-\partial_t, \nabla) \tag{3.288}$$

により定義する．今後，成分を表す文字として，ギリシャ文字（μ や ν など）を用いたら，それは時間と空間を合わせた 4 成分を表すものとし，ローマ文字（i や j など）を用いたら，空間成分のみを表すものとする．なお，4 元ベクトルの内積 $\sum_\mu a_\mu b_\mu$ は

$$\sum_{\mu=0}^{3} a_\mu b_\mu = -a_0 b_0 + \sum_{i=1}^{3} a_i b_i \tag{3.289}$$

というように，$(-1,1,1,1)$ の計量を使って定義する．

以上のルールを用いると，式 (3.285)，(3.286) のゲージ変換は，

$$A_\mu \to A_\mu + \partial_\mu \chi \tag{3.290}$$

というようにまとめて書くことができる．この 4 元ベクトル表示は，今後も適宜用いることにする．

$\boldsymbol{A}$ と ϕ の任意性を固定（ゲージを固定）するためには，$\boldsymbol{A}$, ϕ に対して何らかの条件式を一つ加えればよい．たとえばよく用いられるものとして

$$\nabla \cdot \boldsymbol{A} = 0 \quad (\text{クーロンゲージ}) \tag{3.291}$$

あるいは

$$\partial_\mu A_\mu = 0 \quad (\text{ローレンツゲージ}) \tag{3.292}$$

などがある．クーロンゲージの便利な点は，この条件式により $\boldsymbol{A}_\parallel$ を排除し，$\boldsymbol{A}_\perp$ のみ考えればよいということである．

3.3.2　線形応答

系にベクトルポテンシャル $\boldsymbol{A}$ およびスカラーポテンシャル ϕ を外部からかけているときのハミルトニアンの運動エネルギー項は

$$H_0 = \sum_i \left[\frac{(\boldsymbol{p}_i + (e/c)\boldsymbol{A}(\boldsymbol{r}_i))^2}{2m} - e\phi(\boldsymbol{r}_i) \right] \tag{3.293}$$

と書かれる．この $\boldsymbol{A}$, ϕ は，前項で述べた誘起された $\boldsymbol{A}_{\text{in}}$, ϕ_{in} は含んでいない．電流密度演算子 $\boldsymbol{j}$ は

$$\boldsymbol{j}(\boldsymbol{r}) = -\frac{e}{2}\sum_i [\boldsymbol{v}_i \delta(\boldsymbol{r}-\boldsymbol{r}_i) + \delta(\boldsymbol{r}-\boldsymbol{r}_i)\boldsymbol{v}_i] \tag{3.294}$$

で与えられるが，

$$\begin{aligned}\boldsymbol{v}_i &= \frac{d\boldsymbol{r}_i}{dt} \\ &= \frac{i}{\hbar}[H_0, \boldsymbol{r}_i] \\ &= \frac{\boldsymbol{p}_i + (e/c)\boldsymbol{A}(\boldsymbol{r}_i)}{m}\end{aligned} \tag{3.295}$$

なので,結局,第2量子化表示で

$$j(r) = j_p(r) + j_d(r) \tag{3.296}$$

$$\begin{cases} j_p(r) = -\dfrac{e\hbar}{2mi}\sum_s[\psi_s^\dagger \nabla\psi_s - (\nabla\psi_s^\dagger)\psi_s] \\ j_d(r) = -\dfrac{e^2}{mc}\sum_s \psi_s^\dagger \psi_s A(r) \end{cases}$$

と書き表せる.ここで s はスピン自由度を表す.j_p は**常磁性電流**(paramagnetic current),j_d は**反磁性電流**(diamagnetic current)とよばれる.

式 (3.296) を用いると式 (3.293) のハミルトニアンは A の1次まで残し,

$$H_0(A,\phi) = H_0(A=\phi=0) - \frac{1}{c}\int dr\, j_p(r)\cdot A(r) - e\int dr\, \rho(r)\phi(r) \tag{3.297}$$

と書ける.$\rho(r) = \sum_s \psi_s^\dagger(r)\psi_s(r)$ は粒子数密度演算子である.

ここで電流密度演算子 j,電荷密度演算子 $\rho_e\,(\equiv -e\rho)$ についても,4元ベクトル j_μ を

$$j_\mu = (j_0, j_1, j_2, j_3) \equiv (\rho_e, j) \tag{3.298}$$

と定義しよう.この4元ベクトルを用いると,式 (3.297) は

$$H_0(A_\mu) = H_0(A_\mu = 0) - \frac{1}{c}\int dr\, j_{p\mu}(r) A_\mu(r) \tag{3.299}$$

と書ける.ここでも再び,同じインデックスについては和をとるものとし,今後もそのようにする.

さて外場として A_μ が与えられているとし,それに対する系の応答がどのように書き表せるかを調べよう.いま電流密度 j_μ の熱平均値の変化分を A_μ の1次まで展開し,

$$\Delta\langle j_\mu(r,t)\rangle = -\frac{1}{c}\int K_{\mu\nu}(rt;r't') A_\nu(r't') dr' dt' \tag{3.300}$$

という形に書けるとする.式 (3.300) の $K_{\mu\nu}$ は,**積分核**(kernel)とよばれる.ここで,

$$\begin{aligned}\Delta\langle j_\mu(r,t)\rangle &= \langle j_\mu(r,t)\rangle - \langle j_\mu(r,t)\rangle|_{A_\mu=0} \\ &= (\langle \rho_e(r,t)\rangle - \rho_e^0(r), \langle j(r,t)\rangle)\end{aligned} \tag{3.301}$$

である. ρ_e^0 は，電磁場がないときの電荷密度を表す．$A_\mu = 0$ のときは電流は流れないので，$\Delta \langle j \rangle$ は $\langle j \rangle$ に等しい．

$K_{\mu\nu}(\boldsymbol{r}t; \boldsymbol{r}'t')$ は，時間に関しては $t - t'$ の関数であり，空間に関して系に並進対称性があれば $\boldsymbol{r} - \boldsymbol{r}'$ の関数である．そのときフーリエ空間では $K_{\mu\nu}(\boldsymbol{q}, \omega)$ と書け，式 (3.300) は

$$\Delta \langle j_\mu(\boldsymbol{q}, \omega) \rangle = -\frac{1}{c} K_{\mu\nu}(\boldsymbol{q}, \omega) A_\nu(\boldsymbol{q}, \omega) \qquad (3.302)$$

となる．

以下で積分核の性質を少し調べよう．

3.3.3 縦成分と横成分

はじめに，テンソル $K_{\mu\nu}$ について，一般的にいえることを示す．まず，系が空間的に並進対称性をもち，等方的であるとする．そのとき，$K_{\mu\nu}(\boldsymbol{q}, \omega)$ の空間成分に関しては，式 (3.272) の議論より，

$$K_{ij}(\boldsymbol{q}, \omega) = \frac{q_i q_j}{q^2} K^{\parallel}(q, \omega) + \left(\delta_{ij} - \frac{q_i q_j}{q^2} \right) K^{\perp}(q, \omega) \qquad (3.303)$$

と書ける．同様にして，$K_{i0}(\boldsymbol{q}, \omega)$ の i 依存性は q_i という形で現れる．すなわち，

$$\begin{aligned} K_{i0}(\boldsymbol{q}, \omega) &= \frac{q_i}{q} K_0^{\parallel}(q, \omega) \\ K_{0i}(\boldsymbol{q}, \omega) &= \frac{q_i}{q} K_0^{\parallel}(q, \omega) \end{aligned} \qquad (3.304)$$

という形に書ける．$K_{00}(\boldsymbol{q}, \omega)$ は，方向性をもたないので，

$$K_{00}(\boldsymbol{q}, \omega) = K_{00}(q, \omega) \qquad (3.305)$$

である．

3.3.4 ゲージ不変と電荷保存

つぎに，積分核 $K_{\mu\nu}$ の各成分は，すべて独立というわけではないということを示す．まず A_μ に対し式 (3.290) で与えられるゲージ変換を施しても，観

測量である $\Delta\langle j_\mu\rangle$ は不変でなければならない．よって

$$\begin{aligned}\Delta\langle j_\mu\rangle &= -\frac{1}{c}\int[-K_{\mu 0}A_0 + K_{\mu i}A_i]d\bm{r}'dt'\\ &= -\frac{1}{c}\int[-K_{\mu 0}(A_0+\partial'_0\chi)+K_{\mu i}(A_i+\partial'_i\chi)]d\bm{r}'dt'\\ &= \Delta\langle j_\mu\rangle + \frac{1}{c}\int\chi(\partial'_\nu K_{\mu\nu})d\bm{r}'dt'\end{aligned}\quad(3.306)$$

なので，

$$\partial'_\nu K_{\mu\nu}(\bm{r}t;\bm{r}'t')=0 \quad(3.307)$$

が，理論のゲージ不変性から要請される．くりかえすが，同じインデックスどうしは和をとるものとしている（ギリシャ文字については 0,1,2,3 の和，ローマ文字については 1,2,3 の和である）．なお，∂'_ν の ' 記号は，t', $\bm{r}'$ に関する微分を表す．もう一つ，$\Delta\langle j_\mu\rangle$ は電荷の保存式

$$\frac{\Delta\langle\rho\rangle}{\partial t}+\nabla\cdot\Delta\langle\bm{j}\rangle=0 \quad(3.308)$$

すなわち，

$$\partial_\mu\Delta\langle j_\mu\rangle=0 \quad(3.309)$$

を満たさなければならない．これを式 (3.300) にあてはめると，$K_{\mu\nu}$ に対し

$$\partial_\mu K_{\mu\nu}(\bm{r}t;\bm{r}'t')=0 \quad(3.310)$$

が要請される．$K_{\mu\nu}(\bm{r}t;\bm{r}'t')$ は，時間に関しては $t-t'$ の関数であり，$\bm{r}$ と $\bm{r}'$ に関しても，系が一様であれば $\bm{r}-\bm{r}'$ の関数である．そのときフーリエ空間では，$K_{\mu\nu}(\bm{q},\omega)$ と書ける．4元ベクトル q_μ を

$$q_\mu = (\omega,\bm{q}) \quad(3.311)$$

とすると，式 (3.307), (3.310) は，

$$q_\mu K_{\mu\nu} = K_{\mu\nu}q_\nu = 0 \quad(3.312)$$

と書ける．系の等方性を仮定して式 (3.303), (3.304) を代入すると，

$$q^2 K^{\parallel}(q,\omega) = q\omega K_0^{\parallel}(q,\omega) = \omega^2 K_{00}(q,\omega) \quad(3.313)$$

という関係が成り立つ．このことから

$$K^{\|}(q,0) = 0 \tag{3.314}$$
$$K_0^{\|}(q,0) = K_0^{\|}(0,\omega) = 0 \tag{3.315}$$
$$K_{00}(0,\omega) = 0 \tag{3.316}$$

などがいえる．

3.3.5 電気伝導度

積分核 $K_{\mu\nu}$ を具体的な物理量と結びつけてみよう．まず，電気伝導度 σ_{ij} は一般に

$$\langle j_i(\boldsymbol{r},t) \rangle = \int \sigma_{ij}(\boldsymbol{r}t;\boldsymbol{r}'t') E_j(\boldsymbol{r}',t') d\boldsymbol{r}' dt' \tag{3.317}$$

によって定義される．系の並進対称性を仮定すれば，フーリエ空間で

$$\langle j_i(\boldsymbol{q},\omega) \rangle = \sigma_{ij}(\boldsymbol{q},\omega) E_j(\boldsymbol{q},\omega) \tag{3.318}$$

と書ける．

一方，式 (3.302) より，

$$\langle j_i(\boldsymbol{q},\omega) \rangle = -\frac{1}{c} K_{ij}(\boldsymbol{q},\omega) A_j(\boldsymbol{q},\omega) + K_{i0}(\boldsymbol{q},\omega) \phi(\boldsymbol{q},\omega) \tag{3.319}$$

であるが，系の等方性を仮定して式 (3.303), (3.304) を代入すると

$$\begin{aligned}
\langle j_i(\boldsymbol{q},\omega) \rangle = &-\frac{1}{c} K^{\|}(q,\omega) \frac{q_i q_j}{q^2} A_j(\boldsymbol{q},\omega) \\
&-\frac{1}{c} K^{\perp}(q,\omega) \left(\delta_{ij} - \frac{q_i q_j}{q^2}\right) A_j(\boldsymbol{q},\omega) + K_0^{\|}(q,\omega) \frac{q_i}{q} \phi(\boldsymbol{q},\omega) \\
= &-\frac{1}{c} K^{\|}(q,\omega) A_{\|i}(q,\omega) \\
&-\frac{1}{c} K^{\perp}(q,\omega) A_{\perp i}(q,\omega) + K_0^{\|}(q,\omega) \frac{q_i}{q} \phi(\boldsymbol{q},\omega)
\end{aligned} \tag{3.320}$$

と書ける．ここで式 (3.269), (3.271) を使った．式 (3.313) を用いて $K_0^{\|}$ を $K^{\|}$ で書き表し，式 (3.278), (3.283) を使えば，

$$\langle j_i(\boldsymbol{q},\omega) \rangle = \frac{i}{\omega} K^{\|}(q,\omega) D_{\|i} + \frac{i}{\omega} K^{\perp}(q,\omega) E_{\perp i} \tag{3.321}$$

となる.

ここで誘電率テンソル ε_{ij} を導入する. 誘電率テンソル ε_{ij} は, 電束密度 $\bm{D}$ と電場 $\bm{E}$ とが比例する場合の比例係数として

$$D_i(\bm{r},t) = \int \varepsilon_{ij}(\bm{r}t;\bm{r}'t')E_j(\bm{r}',t')d\bm{r}'dt' \tag{3.322}$$

あるいは

$$D_i(\bm{q},\omega) = \varepsilon_{ij}(\bm{q},\omega)E_j(\bm{q},\omega) \tag{3.323}$$

のように定義される. これを式 (3.321) に代入し, 式 (3.318) と見比べて,

$$\sigma_{ij}(\bm{q},\omega) = \frac{q_i q_j}{q^2}\sigma^{\parallel}(q,\omega) + \left(\delta_{ij} - \frac{q_i q_j}{q^2}\right)\sigma^{\perp}(q,\omega) \tag{3.324}$$

としたときに,

$$\sigma^{\parallel}(q,\omega) = \frac{i}{\omega}K^{\parallel}(q,\omega)\varepsilon^{\parallel}(q,\omega) \tag{3.325}$$

$$\sigma^{\perp}(q,\omega) = \frac{i}{\omega}K^{\perp}(q,\omega) \tag{3.326}$$

となる. こうして, 積分核 K_{ij} が電気伝導度を与えることがわかった. なお, 式 (3.325) には $\varepsilon^{\parallel}$ がついているが, これは媒質中で電子間に相互作用があるために生まれる因子である. 相互作用がなければ $\varepsilon^{\parallel} = 1$ であり, 式 (3.325), (3.326) は同形となる. 式 (3.325) の $\varepsilon^{\parallel}$ の存在は, このあとの話でも重要であり, この因子を忘れると矛盾が生じてしまうので気をつけなければならない.

3.3.6　ドゥルーデの重みと超流体成分

さて, ドゥルーデの伝導度の表式

$$\sigma_{ii}(\omega) = \frac{D\tau}{1-i\omega\tau}, \quad D = \frac{\rho_0 e^2}{m} \tag{3.327}$$

において, $\tau \to \infty$ の極限をとると

$$\begin{aligned}\operatorname{Re}\sigma_{ii}(\omega) &= \pi D \delta(\omega) \\ \omega \operatorname{Im}\sigma_{ii}(\omega) &= D\end{aligned} \tag{3.328}$$

となる．このことから，一般に $\bm{q} = 0$ の電気伝導度 $\sigma_{ii}(\omega)$ の実部において，$\delta(\omega)$ に比例する項の係数 D をドゥルーデの重み（Drude weight）という（電束密度と同じ記号を用いるが，おそらく混乱はないものと考える）．この D を，K_{ij} で求めるならば

$$\lim_{\omega \to 0} \text{Re}\, K_{ii}(\bm{q} = 0, \omega) = D \tag{3.329}$$

により与えられることになる．

では，$K_{ij}(\bm{q}, \omega)$ の逆の極限 $\lim_{\bm{q} \to 0} K_{ij}(\bm{q}, \omega = 0)$ は，何を与えるのであろうか．$K^{\parallel}(\bm{q}, 0)$ は，式 (3.314) より，もともと 0 なので，興味があるのは $K^{\perp}(\bm{q}, 0)$ の方である．それは，超伝導における**ロンドン方程式**（London's equation）

$$\bm{j}(\bm{q}) = -\frac{n_s e^2}{mc} \bm{A}(\bm{q}) \tag{3.330}$$

から導かれる．n_s は，超流体成分の密度である．このロンドン方程式から，超伝導特有の現象であるマイスナー効果が説明づけられる（詳細は参考文献をみていただこう）．ロンドン方程式では，クーロンゲージ $\bm{q} \cdot \bm{A} = 0$ が仮定されている．すなわち，$\bm{A}$ として横成分のみを考えている（$\bm{A}$ の縦成分に対してロンドン方程式が成立しないのは明らかである．$\bm{A}_{\parallel}$ は，3.3.1 項に書いたように，ゲージ変換を受ける成分なので，式 (3.330) が $\bm{A}_{\parallel}$ に関しても成り立ってしまっては，電流がゲージ不変でなくなってしまうからである）．これより，

$$\lim_{\bm{q} \to 0} \text{Re}\, K^{\perp}(\bm{q}, \omega = 0) \equiv D_s = n_s \frac{e^2}{m} \tag{3.331}$$

である．

ところで，不純物がない系の絶対零度での電気伝導度は，絶縁体であれば 0 であるが，金属や超伝導体では ∞ である．したがって，電気伝導度だけでは，金属と超伝導体との区別はつかない．両者の区別は，マイスナー効果の有無が判断材料になるのである．したがって，上の D と D_s を使えば，

$$\begin{aligned} D = D_s = 0 &: \text{絶縁体} \\ D \neq 0,\, D_s = 0 &: \text{金属} \\ D \neq 0,\, D_s \neq 0 &: \text{超伝導体} \end{aligned} \tag{3.332}$$

という分類ができる．このように，Re $K_{ii}(\boldsymbol{q},\omega)$ の $T=0$ での二つの極限，$(\boldsymbol{q}=0,\omega\to 0)$ と $(\boldsymbol{q}\to 0,\omega=0)$，を用いれば，扱っている系が絶縁体であるか，金属であるか，超伝導体であるかを見極めることができる．なお，励起にギャップがある場合は $D=D_s$ となることが示されており（詳しくは，参考文献の (3-5)），そのときは系は絶縁体か超伝導体ということになる．たとえば，励起にギャップがある系として，スピン密度波状態や超伝導状態があるが，前者は絶縁体，後者は文字通り超伝導体である．ただし，1次元系では，ベクトルやテンソルは縦成分しかないので，つねに $D_s=0$ であり，有限になりうるのは D だけである．

3.3.7 圧 縮 率

ではつぎに，$K_{00}(q,\omega)$ の極限について考えてみよう．系に一様な静的電位ポテンシャル ϕ をかけたとする．スクリーニングにより，電子が実際に感じるポテンシャルは $\phi/\varepsilon^{\parallel}$ であり（次項参照），これが $e\phi/\varepsilon^{\parallel}=\mu$ の関係で化学ポテンシャル μ と同じ役割をする．したがって，

$$\lim_{q\to 0} K_{00}(q,0) = \frac{\partial \rho_e}{\partial \phi}$$
$$= -\frac{e^2}{\varepsilon^{\parallel}}\frac{\partial \rho_0}{\partial \mu} \tag{3.333}$$

となる．ここで，$\rho_0=N/V$ である．一方，圧縮率 κ は，$\kappa^{-1}=-V\partial P/\partial V$ により定義されるが，これを書き換えると

$$\kappa^{-1} = \rho_0^2 \frac{\partial \mu}{\partial \rho_0} \tag{3.334}$$

となる．したがって

$$\lim_{q\to 0} \varepsilon^{\parallel}(q,0) K_{00}(q,0) = -e^2 \rho_0^2 \kappa \tag{3.335}$$

という関係が得られる．

ちなみに，電荷をもたない中性粒子の場合は誘電率は1なので，K_{00} における電荷密度 ρ_e を ρ で置き換えたもの K_{00}^{neu} に対して

$$\lim_{q\to 0} K_{00}^{\mathrm{neu}}(q,0) = -\rho_0^2 \kappa \tag{3.336}$$

3.3.8 誘電率

$$-\frac{\partial \boldsymbol{E}}{\partial t} = -\frac{\partial \boldsymbol{D}}{\partial t} + 4\pi \langle \boldsymbol{j} \rangle \tag{3.337}$$

という関係において，その両辺に式 (3.322), (3.317) を代入すれば

$$\varepsilon_{ij}(\boldsymbol{q},\omega) = \delta_{ij} + \frac{4\pi i}{\omega}\sigma_{ij}(\boldsymbol{q},\omega) \tag{3.338}$$

が得られる．この右辺に式 (3.325), (3.326) を使えば，

$$\varepsilon^{\parallel}(q,\omega) = 1 - \frac{4\pi}{\omega^2}\varepsilon^{\parallel}(q,\omega)K^{\parallel}(q,\omega) \tag{3.339}$$

$$\varepsilon^{\perp}(q,\omega) = 1 - \frac{4\pi}{\omega^2}K^{\perp}(q,\omega) \tag{3.340}$$

というように，積分核の空間成分 K_{ij} から誘電率が計算されることがわかった．

さらに積分核の時間成分 K_{00} も誘電率と関係がある．マクスウェル方程式より，

$$i\boldsymbol{q} \cdot \boldsymbol{E} = 4\pi\rho \tag{3.341}$$

$$i\boldsymbol{q} \cdot \boldsymbol{D} = 4\pi\rho_{\text{ex}} \tag{3.342}$$

であるが，第 2 式は式 (3.323) を代入すると

$$iq_i \varepsilon_{ij} E_j = 4\pi \rho_{\text{ex}} \tag{3.343}$$

となる．系が等方的として，誘電率テンソルを縦成分と横成分とに分けて考えると，上式で生き残るのは縦成分 $(q_i q_j/q^2)\varepsilon^{\parallel}$ のみである．この縦成分を式 (3.343) に代入して式 (3.341) と連立させて $\boldsymbol{E}$ を消去すると，

$$\rho(\boldsymbol{q},\omega) = \frac{\rho_{\text{ex}}(\boldsymbol{q},\omega)}{\varepsilon^{\parallel}(q,\omega)} \tag{3.344}$$

と書ける．このように，スクリーニングに寄与するのは，誘電率の縦成分である．なお，ρ は，外から加えられた電荷密度 ρ_{ex} と，誘起された電荷密度 ρ_{in} の和

$$\rho = \rho_{\text{ex}} + \rho_{\text{in}} \tag{3.345}$$

である．これより

$$\rho_{\rm in}(\boldsymbol{q},\omega) = \left(\frac{1}{\varepsilon^{\|}(q,\omega)} - 1\right)\rho_{\rm ex}(\boldsymbol{q},\omega) \qquad (3.346)$$

とも書ける．右辺に式 (3.342) を代入し，さらに式 (3.283) を代入すると，

$$\rho_{\rm in}(\boldsymbol{q},\omega) = \left(\frac{1}{\varepsilon^{\|}(q,\omega)} - 1\right)\frac{q^2}{4\pi c}\left(A_0(\boldsymbol{q},\omega) - \frac{\omega}{q^2}\boldsymbol{q}\cdot\boldsymbol{A}(\boldsymbol{q},\omega)\right) \qquad (3.347)$$

となる．よって

$$\begin{aligned}\frac{1}{\varepsilon^{\|}(q,\omega)} &= 1 + \frac{4\pi}{q^2}K_{00}(\boldsymbol{q},\omega) \\ \frac{1}{\varepsilon^{\|}(q,\omega)} &= 1 + \frac{4\pi}{\omega q_i}K_{0i}(\boldsymbol{q},\omega)\end{aligned} \qquad (3.348)$$

が得られる．ただし第 2 式は，式 (3.304), (3.313) を用いれば，第 1 式に帰着するので，結局独立なのは

$$\frac{1}{\varepsilon^{\|}(q,\omega)} = 1 + \frac{4\pi}{q^2}K_{00}(\boldsymbol{q},\omega) \qquad (3.349)$$

ということになる．こうして，K_{00} の計算から誘電率の縦成分が求まることがわかった．

なお，式 (3.349) は $(\varepsilon^{\|})^{-1}$ を与え，式 (3.339) は $\varepsilon^{\|}$ を与えているが，式 (3.349) を変形すると

$$\varepsilon^{\|}(q,\omega) = 1 - \frac{4\pi}{q^2}\varepsilon^{\|}(q,\omega)K_{00}(\boldsymbol{q},\omega) \qquad (3.350)$$

となって，式 (3.313) を代入すれば，これは式 (3.339) に一致する．

3.3.9 積分核の計算

ここまで積分核 K の性質および具体的な物理量との関連を見てきた．こんどは，$K_{\mu\nu}$ の中身について考えよう．j_μ は式 (3.296) を使って

$$j_\mu = j_{p\mu} + j_{d\mu} \qquad (3.351)$$

$$\begin{cases} j_{p\mu} = (\rho_e, \boldsymbol{j}_p) \\ j_{d\mu} = (0, \boldsymbol{j}_d) \end{cases} \qquad (3.352)$$

3.3 電磁場に対する応答

というように,$j_{p\mu}$ と $j_{d\mu}$ に分けて考えると,j_μ のうち $j_{d\mu}$ についてはすでに $\boldsymbol{A}$ の 1 次の形に書けている.したがって,残る $j_{p\mu}$ に関して A_μ の 1 次までその熱平均値を展開する必要がある.そしてそれは線形応答理論によれば式 (3.297) のハミルトニアンと式 (3.224) から

$$\Delta\langle j_{p\mu}(\boldsymbol{r},t)\rangle = -\frac{1}{c}\int\left[-\frac{i}{\hbar}\theta(t-t')\langle[j_{p\mu}(\boldsymbol{r},t),j_{p\nu}(\boldsymbol{r}',t')]\rangle\right]A_\nu(\boldsymbol{r}',t')d\boldsymbol{r}'dt' \tag{3.353}$$

と書ける.したがって

$$\begin{aligned}K_{\mu\nu}(\boldsymbol{r}t;\boldsymbol{r}'t') =\ & -\frac{i}{\hbar}\theta(t-t')\langle[j_{p\mu}(\boldsymbol{r},t),j_{p\nu}(\boldsymbol{r}',t')]\rangle \\ & +\frac{\rho_0(\boldsymbol{r})e^2}{m}\delta_{\mu\nu}(1-\delta_{\nu 0})\delta(t-t')\delta(\boldsymbol{r}-\boldsymbol{r}') \end{aligned} \tag{3.354}$$

となる.ここで ρ_0 は,外場がないときの粒子数密度である.ρ_e^0 とは,$\rho_e^0 = -e\rho_0$ という関係にある.

系に並進対称性があるとして,空間に対してフーリエ変換すると

$$\begin{aligned}\Delta\langle j_\mu(\boldsymbol{q},t)\rangle &= -\frac{1}{c}\int K_{\mu\nu}(\boldsymbol{q},t-t')A_\nu(\boldsymbol{q},t')dt' \\ K_{\mu\nu}(\boldsymbol{q},t) &= -\frac{i}{\hbar}\theta(t)\langle[j_{p\mu}(\boldsymbol{q},t),j_{p\nu}(-\boldsymbol{q},0)]\rangle + \frac{\rho_0 e^2}{(2\pi)^3 m}\delta_{\mu\nu}(1-\delta_{\nu 0})\delta(t)\end{aligned} \tag{3.355}$$

となる.くり返すが,同じインデックスについては和をとるものとする.時間に関してもフーリエ変換すると,

$$\Delta\langle j_\mu(\boldsymbol{q},\omega)\rangle = -\frac{1}{c}K_{\mu\nu}(\boldsymbol{q},\omega)A_\nu(\boldsymbol{q},\omega) \tag{3.356}$$

$$\begin{aligned}K_{\mu\nu}(\boldsymbol{q},\omega) =\ & (2\pi Z)^{-1}\sum_{nm}\frac{\langle n|j_{p\mu}(\boldsymbol{q})|m\rangle\langle m|j_{p\nu}(-\boldsymbol{q})|n\rangle(e^{-\beta K_n}-e^{-\beta K_m})}{\hbar(\omega+\omega_{nm})+i\eta} \\ & +\frac{\rho_0 e^2}{(2\pi)^4 m}\delta_{\mu\nu}(1-\delta_{\nu 0})\end{aligned}$$

となる.ここで

$$\begin{aligned}Z &= \sum_n e^{-\beta K_n} \\ K_n &= E_n - \mu N_n \\ \hbar\omega_{nm} &= K_n - K_m\end{aligned} \tag{3.357}$$

であり，η は正の微小量である．

3.3.10 構造因子

K の具体的な中味がわかったところで，K_{00} 成分をまた新たな物理量と結びつけてみよう．いま，密度の相関関数として

$$S(\boldsymbol{r}t;\boldsymbol{r}'t') = \langle \delta\rho(\boldsymbol{r},t)\delta\rho(\boldsymbol{r}',t') \rangle \tag{3.358}$$

という量を考える．これをフーリエ変換したものを**構造因子**（form factor）といい，$S(\boldsymbol{k},\omega)$ で表す．式 (2.51) より，

$$S(\boldsymbol{k},\omega) = \frac{2\pi \sum_{nm} e^{-\beta(E_n - \mu N_n)} |\langle n|\delta\rho_{\boldsymbol{k}}|m\rangle|^2 \delta(\omega + \omega_{nm})}{\sum_n e^{-\beta(E_n - \mu N_n)}} \tag{3.359}$$

と書ける．ここで $\rho_{\boldsymbol{k}}$ は密度演算子 $\rho(\boldsymbol{r})$ をフーリエ変換したものである．

一方，式 (2.29) において，$A = \delta\rho(\boldsymbol{r}), B = \delta\rho(\boldsymbol{r}')$ とおけば，$K_{00}(\boldsymbol{r}t;\boldsymbol{r}'t') = (e^2/\hbar)G^R_{AB}(t,t')$ となる．すると式 (2.42) は，

$$\begin{aligned}
\frac{\hbar}{e^2} K_{00}(\boldsymbol{k},\omega) &= \frac{1}{2\pi} \int_{-\infty}^{\infty} \frac{S(\boldsymbol{k},\omega') - S(-\boldsymbol{k},-\omega')}{\omega - \omega' + i\eta} d\omega' \\
&= \frac{1}{2\pi} \int_{-\infty}^{\infty} \frac{S(\boldsymbol{k},\omega')}{\omega - \omega' + i\eta} d\omega' - \frac{1}{2\pi} \int_{-\infty}^{\infty} \frac{S(-\boldsymbol{k},\omega')}{\omega + \omega' + i\eta} d\omega' \\
&= \frac{1}{2\pi} \int_{-\infty}^{\infty} S(\boldsymbol{k},\omega') \left[\frac{1}{\omega - \omega' + i\eta} - \frac{1}{\omega + \omega' + i\eta} \right] d\omega'
\end{aligned} \tag{3.360}$$

と書ける．ここで，系に空間反転対称性があるとし，$S(\boldsymbol{k},\omega) = S(-\boldsymbol{k},\omega)$ を用いた．式 (3.360) の関係式は，構造因子と K_{00} とを結びつける式である．これより，

$$\frac{\hbar}{e^2} \mathrm{Re}\, K_{00}(\boldsymbol{k},\omega) = \frac{1}{\pi} P \int_{-\infty}^{\infty} S(\boldsymbol{k},\omega') \frac{\omega'}{\omega^2 - \omega'^2} d\omega' \tag{3.361}$$

$$\frac{\hbar}{e^2} \mathrm{Im}\, K_{00}(\boldsymbol{k},\omega) = -\frac{1}{2}[S(\boldsymbol{k},\omega) - S(\boldsymbol{k},-\omega)] \tag{3.362}$$

という関係を得る．あるいは式 (2.35) より

$$\frac{\hbar}{e^2} \operatorname{Im} K_{00}(\boldsymbol{k},\omega) = -\frac{1}{2}(1 - e^{-\beta\hbar\omega})S(\boldsymbol{k},\omega) \tag{3.363}$$

とも書くことができる．これからわかることは，$\operatorname{Re} K_{00}(\boldsymbol{k},\omega)$ は ω の偶関数であり，$\operatorname{Im} K_{00}(\boldsymbol{k},\omega)$ は ω の奇関数ということである．式 (3.349) から，$\operatorname{Re}\varepsilon^{\|}(\boldsymbol{k},\omega)$ は ω の偶関数，$\operatorname{Im}\varepsilon^{\|}(\boldsymbol{k},\omega)$ は ω の奇関数ということも導ける．

3.3.11 総　和　則

さて，誘電率はさまざまな総和則を満たす．たとえば $\varepsilon^{\|}$ に対し，

$$\int_{-\infty}^{\infty} d\omega\, \omega \operatorname{Im} \varepsilon^{\|}(q,\omega) = \pi\omega_p^2 \tag{3.364}$$

$$\lim_{q\to 0}\int_{-\infty}^{\infty} d\omega\, \frac{\operatorname{Im} \varepsilon^{\|}(q,\omega)}{\omega} = \frac{4\pi^2 e^2 \rho^2}{q^2}\kappa \tag{3.365}$$

$$\int_{-\infty}^{\infty} d\omega\, \omega \operatorname{Im} \frac{1}{\varepsilon^{\|}(q,\omega)} = -\pi\omega_p^2 \tag{3.366}$$

$$\lim_{q\to 0}\int_{-\infty}^{\infty} d\omega\, \frac{1}{\omega}\operatorname{Im} \frac{1}{\varepsilon^{\|}(q,\omega)} = -\pi \tag{3.367}$$

などである．この証明のために，まず

$$[[H,\rho_{\boldsymbol{q}}],\rho_{-\boldsymbol{q}}] = -\frac{\hbar^2 q^2 \rho_0}{m} \tag{3.368}$$

という関係に注目しよう．両辺の熱平均をとると

$$\frac{\sum_{nm} |\langle n|\rho_{\boldsymbol{q}}|m\rangle|^2 (e^{-\beta K_n} - e^{-\beta K_m})(K_n - K_m)}{\sum_n e^{-\beta K_n}} = -\frac{\hbar^2 q^2 \rho_0}{m} \tag{3.369}$$

となる．一方，式 (3.349) より

$$\operatorname{Im} \frac{1}{\varepsilon^{\|}(q,\omega)} = \frac{4\pi}{q^2}\operatorname{Im} K_{00}(\boldsymbol{q},\omega) \tag{3.370}$$

であるが，式 (2.46), (2.81) の関係式を使えば

$$\text{Im} \frac{1}{\varepsilon^{\|}(q,\omega)} = -\frac{4\pi e^2}{q^2}\frac{\pi}{\hbar}\frac{\sum_{nm}|\langle n|\rho_{\boldsymbol{q}}|m\rangle|^2(e^{-\beta K_n} - e^{-\beta K_m})\delta(\omega + \omega_{nm})}{\sum_n e^{-\beta K_n}} \quad (3.371)$$

と書ける．よって

$$\int_{-\infty}^{\infty} d\omega\, \omega\, \text{Im}\, \frac{1}{\varepsilon^{\|}(q,\omega)} = -\pi \omega_p^2 \quad (3.372)$$

となって，式 (3.366) が示される．ここで，$\omega_p = \sqrt{4\pi\rho_0 e^2/m}$ は，プラズマ振動数である．

つぎに，K_{00} は (3.234) のクラマース–クローニッヒの関係を満たすので，式 (3.349) を使えば

$$\text{Re}\, \frac{1}{\varepsilon^{\|}(q,\omega)} - 1 = \frac{P}{\pi}\int_{-\infty}^{\infty} d\omega'\frac{\text{Im}\,(1/\varepsilon^{\|}(q,\omega'))}{\omega' - \omega} \quad (3.373)$$

となる．ところで式 (3.335), (3.350) から

$$\lim_{q\to 0}\text{Re}\, \varepsilon^{\|}(q,0) = 1 + \frac{4\pi e^2\rho_0^2}{q^2}\kappa \to \infty \quad (3.374)$$

である．したがって

$$\lim_{q\to 0}\int_{-\infty}^{\infty} d\omega\frac{1}{\omega}\text{Im}\,\frac{1}{\varepsilon^{\|}(q,\omega)} = \pi\lim_{q\to 0}\frac{\text{Re}\,\varepsilon^{\|}(q,0)}{|\varepsilon^{\|}(q,0)|^2} - \pi = -\pi \quad (3.375)$$

となって，式 (3.367) が示される．

さらに，$\varepsilon^{\|} - 1$ についてのクラマース–クローニッヒの関係より，

$$\text{Re}\,\varepsilon^{\|}(q,\omega) - 1 = \frac{P}{\pi}\int_{-\infty}^{\infty} d\omega'\frac{\text{Im}\,\varepsilon^{\|}(q,\omega')}{\omega' - \omega} \quad (3.376)$$

となるが，ここでも $\omega = 0$ として $q \to 0$ とすると，式 (3.374) を使って式 (3.365) が出る．さらに，式 (3.376) で $\omega \to \infty$ とすると，$\text{Im}\,\varepsilon^{\|}(q,\omega)$ が ω の奇関数だということを考慮すれば，

$$\lim_{\omega\to\infty}\text{Re}\,\varepsilon^{\|}(q,\omega) - 1 = -\frac{1}{\pi}\frac{1}{\omega^2}\int_{-\infty}^{\infty} d\omega'\omega'\,\text{Im}\,\varepsilon^{\|}(q,\omega') \quad (3.377)$$

となる．一方，式 (3.359), (3.361), (3.369) を使えば

$$\lim_{\omega\to\infty} \text{Re}\, K_{00}(q,\omega) = \frac{e^2}{\pi\hbar\omega^2}\int_{-\infty}^{\infty} d\omega'\omega' S(\boldsymbol{q},\omega')$$

$$= -\frac{2e^2}{\hbar^2\omega^2}\frac{\displaystyle\sum_{nm}(K_n - K_m)e^{-\beta K_n}|\langle n|\delta\rho_{\boldsymbol{q}}|m\rangle|^2}{\displaystyle\sum_n e^{-\beta K_n}}$$

$$= \frac{\rho_0 e^2}{m}\frac{q^2}{\omega^2} \tag{3.378}$$

となる．したがって式 (3.349) より

$$\lim_{\omega\to\infty} \text{Re}\left(\frac{1}{\varepsilon^{\|}(q,\omega)}\right) = 1 + \frac{4\pi}{q^2}\lim_{\omega\to\infty} \text{Re}\, K_{00}(q,\omega)$$

$$= 1 + \frac{\omega_p^2}{\omega^2} \tag{3.379}$$

であり，さらに式 (3.371) から

$$\lim_{\omega\to\infty} \text{Im}\frac{1}{\varepsilon^{\|}(q,\omega)} = 0 \tag{3.380}$$

がわかるので，結局

$$\lim_{\omega\to\infty} \text{Re}\, \varepsilon^{\|}(q,\omega) = 1 - \frac{\omega_p^2}{\omega^2} \tag{3.381}$$

を得る．この漸近形を式 (3.377) に代入すれば式 (3.364) となる．

3.3.12 自由電子系の電磁応答

自由電子系であれば，式 (3.354) を直接計算することで $K_{\mu\nu}$ が得られるが，ここではのちの相互作用を含んだ系の解析に備えて，温度グリーン関数に直して計算する道筋をたどろう．

K_{00} 成分は，粒子密度の外部スカラーポテンシャルに対する応答を表しており，式 (3.349) から，誘電率と結びついていた．K_{00} は，線形応答理論から求めた式 (3.354) により，

$$K_{00}(\boldsymbol{r}t;\boldsymbol{r}'t') = -\frac{i}{\hbar}\theta(t-t')\langle[\rho_e(\boldsymbol{r}t),\rho_e(\boldsymbol{r}'t')]\rangle$$

$$
\begin{aligned}
&= -\frac{e^2}{\hbar} i\theta(t-t') \sum_{ss'} \langle [\psi_s^\dagger(\bm{r}t)\psi_s(\bm{r}t), \psi_{s'}^\dagger(\bm{r}'t')\psi_{s'}(\bm{r}'t')] \rangle \\
&= -\frac{e^2}{\hbar} i\theta(t-t') \sum_{ss'} \langle [\psi_s^\dagger(\bm{r}t)\psi_s(\bm{r}t) \\
&\quad -\langle \psi_s^\dagger(\bm{r}t)\psi_s(\bm{r}t)\rangle, \psi_{s'}^\dagger(\bm{r}'t')\psi_{s'}(\bm{r}'t') - \langle \psi_{s'}^\dagger(\bm{r}'t')\psi_{s'}(\bm{r}'t')\rangle] \rangle
\end{aligned}
\tag{3.382}
$$

と書ける．2 行目から 3 行目への書き換えは行わなくても結果に変わりはないが，このように書き換えておくと，そのあとの計算の見栄えが多少すっきりする．式 (3.382) は，式 (3.227) を使って

$$
K_{00}(\bm{r},\bm{r}',\omega) = -\frac{e^2}{\hbar} \int_0^{\beta\hbar} \langle T_\tau \Delta\rho(\bm{r},\tau)\Delta\rho(\bm{r}',0)\rangle e^{i\omega_n \tau} d\tau |_{i\omega_n = \omega + i\eta}
\tag{3.383}
$$

と書くことができる．ここで $\Delta\rho = \sum_s (\psi_s^\dagger \psi_s - \langle \psi_s^\dagger \psi_s \rangle)$ である．

さて，自由粒子系の場合，上式の被積分関数は，ウィックの定理 (2.171) を用いると

$$
\begin{aligned}
\langle T_\tau \psi_s^\dagger(\bm{r}\tau)\psi_s(\bm{r}\tau)\psi_{s'}^\dagger(\bm{r}')\psi_{s'}(\bm{r}')\rangle &= \langle \psi_s^\dagger(\bm{r}\tau)\psi_s(\bm{r}\tau)\rangle \langle \psi_{s'}^\dagger(\bm{r}')\psi_{s'}(\bm{r}')\rangle \\
&\quad + \langle T_\tau \psi_s^\dagger(\bm{r}\tau)\psi_{s'}(\bm{r}')\rangle \langle T_\tau \psi_s(\bm{r}\tau)\psi_{s'}^\dagger(\bm{r}')\rangle
\end{aligned}
\tag{3.384}
$$

となることから，

$$
\langle T_\tau \Delta\rho(\bm{r},\tau)\Delta\rho(\bm{r}',0)\rangle = -\sum_{ss'} \tilde{G}^{(0)}_{s's}(\bm{r}'0;\bm{r}\tau)\tilde{G}^{(0)}_{ss'}(\bm{r}\tau;\bm{r}'0)
\tag{3.385}
$$

と書ける．ここで，$\tilde{G}^{(0)}$ は，自由粒子系の 1 粒子温度グリーン関数であり，

$$
\tilde{G}^{(0)}_{ss'}(\bm{r}\tau;\bm{r}'\tau') = -\langle T_\tau \psi_s(\bm{r}\tau)\psi_{s'}^\dagger(\bm{r}'\tau')\rangle
\tag{3.386}
$$

により定義される．式 (3.385) を式 (3.383) に代入すると，

$$
K_{00}(\bm{r},\bm{r}',\omega) = \frac{e^2}{\beta\hbar^2} \sum_{ss'} \sum_m \tilde{G}^{(0)}_{s's}(\bm{r}',\bm{r},\omega_m) \tilde{G}^{(0)}_{ss'}(\bm{r},\bm{r}',\omega_n + \omega_m)|_{i\omega_n = \omega + i\eta}
\tag{3.387}
$$

3.3 電磁場に対する応答

となる．系の並進対称性を仮定して，空間に関してもフーリエ変換すると，

$$K_{00}(\boldsymbol{q},\omega) = \frac{e^2}{\beta\hbar^2}\sum_{ss'}\sum_{m}\sum_{\boldsymbol{k}}\tilde{G}_{s's}^{(0)}(\boldsymbol{k},\omega_m)\tilde{G}^{(0)}(\boldsymbol{q}+\boldsymbol{k},\omega_n+\omega_m)\Big|_{i\omega_n=\omega+i\eta} \tag{3.388}$$

と書ける．この $G^{(0)}$ にすでに求めてある表式 (2.155) を代入すると，

$$\begin{aligned}
K_{00}&(\boldsymbol{q},\omega) \\
&= \frac{2e^2}{\beta\hbar^2}\sum_{\boldsymbol{k}}\sum_{m}\frac{1}{i\omega_m-(\varepsilon_{\boldsymbol{k}}-\mu)/\hbar}\frac{1}{i(\omega_n+\omega_m)-(\varepsilon_{\boldsymbol{q+k}}-\mu)/\hbar}\bigg|_{i\omega_n=\omega+i\eta} \\
&= \frac{2e^2}{\beta\hbar^2}\sum_{\boldsymbol{k}}\sum_{m}\frac{1}{i\omega_n-(\varepsilon_{\boldsymbol{q+k}}-\varepsilon_{\boldsymbol{k}})/\hbar} \\
&\quad\times\left[\frac{1}{i\omega_m-(\varepsilon_{\boldsymbol{k}}-\mu)/\hbar}-\frac{1}{i(\omega_n+\omega_m)-(\varepsilon_{\boldsymbol{q+k}}-\mu)/\hbar}\right]\bigg|_{i\omega_n=\omega+i\eta} \\
&= 2e^2\sum_{\boldsymbol{k}}\frac{n(\varepsilon_{\boldsymbol{k}})-n(\varepsilon_{\boldsymbol{q+k}})}{\hbar\omega-(\varepsilon_{\boldsymbol{q+k}}-\varepsilon_{\boldsymbol{k}})+i\eta}
\end{aligned} \tag{3.389}$$

となり，積分核の時間成分が求まった．ここで，2行目から3行目へは，収束因子 $e^{i\omega_m\eta}$ ($\eta=+0$) をつけて式 (2.214) に従った．式 (3.389) は，式 (3.316) の関係 $K_{00}(0,\omega)=0$ を満たしていることに注意しよう．

K_{ij} も K_{00} と同じく，温度グリーン関数の形で書けば，

$$\begin{aligned}
K_{ij}(\boldsymbol{r},\boldsymbol{r}',\omega) = &-\frac{1}{\hbar}\int_0^{\beta\hbar}\langle T_\tau j_{pi}(\boldsymbol{r}\tau)j_{pj}(\boldsymbol{r}'0)\rangle e^{i\omega_n\tau}d\tau\Big|_{i\omega_n=\omega+i\eta} \\
&+\frac{\rho_0(\boldsymbol{r})e^2}{m}\delta_{ij}\delta(\boldsymbol{r}-\boldsymbol{r}')
\end{aligned} \tag{3.390}$$

と書ける．j_p の定義式 (3.296) を少し書き換えると

$$\boldsymbol{j}_p(\boldsymbol{r}) = -\frac{e\hbar}{2mi}\sum_s(\nabla-\nabla_1)\psi_s^\dagger(\boldsymbol{r}_1)\psi_s(\boldsymbol{r})\big|_{\boldsymbol{r}_1=\boldsymbol{r}+0} \tag{3.391}$$

となるので，

$$K_{ij}(\boldsymbol{r},\boldsymbol{r}',\omega)$$

$$= -\frac{1}{\hbar}\left(\frac{e\hbar}{2mi}\right)^2 \sum_{ss'}(\nabla - \nabla_1)_i(\nabla' - \nabla'_1)_j$$

$$\times \int_0^{\beta\hbar} \langle T_\tau \psi_s^\dagger(z_1)\psi_s(z)\psi_{s'}^\dagger(z'_1)\psi_{s'}(z')\rangle\Big|_{\substack{z_1=z+0 \\ z'_1=z'+0}} e^{i\omega_n(\tau-\tau')} d(\tau-\tau')\Big|_{i\omega_n=\omega+i\eta}$$

$$+ \frac{\rho_0(\boldsymbol{r})e^2}{m}\delta_{ij}\delta(\boldsymbol{r}-\boldsymbol{r}') \tag{3.392}$$

と書くことができる．ここで $z \equiv (\boldsymbol{r},\tau)$ である．系の並進対称性を仮定して波数空間で書くことにすると，

$$K_{ij}(\boldsymbol{q},\omega) = -\frac{1}{\hbar}\int_0^{\beta\hbar}\langle T_\tau j_{pi}(\boldsymbol{q},\tau)j_{pj}(-\boldsymbol{q},0)\rangle e^{i\omega_n\tau}d\tau\Big|_{i\omega_n=\omega+i\eta} + \frac{\rho_0 e^2}{m}\delta_{ij} \tag{3.393}$$

となる．$j_p(\boldsymbol{r})$ のフーリエ変換は

$$\boldsymbol{j}_p(\boldsymbol{q}) = -\frac{e\hbar}{m}\sum_{\boldsymbol{k},s}\left(\boldsymbol{k}+\frac{\boldsymbol{q}}{2}\right)\psi_{\boldsymbol{k},s}^\dagger \psi_{\boldsymbol{k}+\boldsymbol{q},s} \tag{3.394}$$

なので，結局

$$K_{ij}(\boldsymbol{q},\omega) = -\hbar\left(\frac{e}{m}\right)^2 \sum_{\boldsymbol{k}\boldsymbol{k}'}\sum_{ss'}\left(\boldsymbol{k}+\frac{\boldsymbol{q}}{2}\right)_i\left(\boldsymbol{k}'-\frac{\boldsymbol{q}}{2}\right)_j$$

$$\times \int_0^{\beta\hbar}\langle T_\tau \psi_{\boldsymbol{k},s}^\dagger(\tau)\psi_{\boldsymbol{k}+\boldsymbol{q},s}(\tau)\psi_{\boldsymbol{k}',s'}^\dagger(0)\psi_{\boldsymbol{k}'-\boldsymbol{q},s'}(0)\rangle e^{i\omega_n\tau}d\tau\Big|_{i\omega_n=\omega+i\eta}$$

$$+ \frac{\rho_0 e^2}{m}\delta_{ij} \tag{3.395}$$

と書ける．実際の計算は，実空間よりも波数空間の方がすっきりするので，こちらの計算を自由電子系についてそのまま進める．ウィックの定理より，

$$\langle T_\tau \psi_{\boldsymbol{k},s}^\dagger(\tau)\psi_{\boldsymbol{k}+\boldsymbol{q},s}(\tau)\psi_{\boldsymbol{k}',s'}^\dagger(0)\psi_{\boldsymbol{k}'-\boldsymbol{q},s'}(0)\rangle$$
$$= \langle \psi_{\boldsymbol{k},s}^\dagger(\tau)\psi_{\boldsymbol{k}+\boldsymbol{q},s}(\tau)\rangle\langle \psi_{\boldsymbol{k}',s'}^\dagger(0)\psi_{\boldsymbol{k}'-\boldsymbol{q},s'}(0)\rangle$$
$$+ \langle T_\tau \psi_{\boldsymbol{k},s}^\dagger(\tau)\psi_{\boldsymbol{k}'-\boldsymbol{q},s'}(0)\rangle\langle T_\tau \psi_{\boldsymbol{k}+\boldsymbol{q},s}(\tau)\psi_{\boldsymbol{k}',s'}^\dagger(0)\rangle$$
$$= \delta_{\boldsymbol{q}0}n(\varepsilon_{\boldsymbol{k}})n(\varepsilon_{\boldsymbol{k}'}) - \delta_{\boldsymbol{k}',\boldsymbol{k}+\boldsymbol{q}}\tilde{G}_{s's}^{(0)}(\boldsymbol{k},-\tau)\tilde{G}_{ss'}^{(0)}(\boldsymbol{k}+\boldsymbol{q},\tau)$$

$$\tag{3.396}$$

なので,

$$
\begin{aligned}
K_{ij}&(\boldsymbol{q},\omega) \\
=& -\hbar\left(\frac{e}{m}\right)^2 \int_0^{\beta\hbar} \left[\left(\sum_{\boldsymbol{k}} k_i n(\varepsilon_{\boldsymbol{k}})\right)\left(\sum_{\boldsymbol{k}} k_j n(\varepsilon_{\boldsymbol{k}})\right)\right.\\
&\left. -\sum_{\boldsymbol{k}ss'}\left(\boldsymbol{k}+\frac{\boldsymbol{q}}{2}\right)_i\left(\boldsymbol{k}+\frac{\boldsymbol{q}}{2}\right)_j \tilde{G}^{(0)}_{s's}(\boldsymbol{k},-\tau)\tilde{G}^{(0)}_{ss'}(\boldsymbol{k}+\boldsymbol{q},\tau)\right]e^{i\omega_n\tau}d\tau\bigg|_{i\omega_n=\omega+i\eta}\\
&+\frac{\rho_0 e^2}{m}\delta_{ij}
\end{aligned}
\tag{3.397}
$$

となる. 右辺第 1 項は $n(\varepsilon_{\boldsymbol{k}})$ が $\boldsymbol{k}$ の偶関数なので 0 を与える. そもそもこの項は, $\langle \boldsymbol{j}\rangle^2|_{A_\mu=0}$ からくる項なので, 当然 0 になるべき量である. 第 2 項をさらに計算すると,

$$
\begin{aligned}
K_{ij}&(\boldsymbol{q},\omega) \\
=& \frac{1}{\beta}\left(\frac{e}{m}\right)^2 \sum_{\boldsymbol{k}m}\sum_{ss'}\left(\boldsymbol{k}+\frac{\boldsymbol{q}}{2}\right)_i\left(\boldsymbol{k}+\frac{\boldsymbol{q}}{2}\right)_j \\
&\times \frac{\delta_{ss'}}{i\omega_m-(\varepsilon_{\boldsymbol{k}}-\mu)/\hbar}\frac{\delta_{ss'}}{i(\omega_n+\omega_m)-(\varepsilon_{\boldsymbol{k+q}}-\mu)/\hbar}\bigg|_{i\omega_n=\omega+i\eta}\\
&+\frac{\rho_0 e^2}{m}\delta_{ij}\\
=& \frac{2}{\beta}\left(\frac{e}{m}\right)^2 \sum_{\boldsymbol{k}m}\left(\boldsymbol{k}+\frac{\boldsymbol{q}}{2}\right)_i\left(\boldsymbol{k}+\frac{\boldsymbol{q}}{2}\right)_j \frac{1}{i\omega_n-(\varepsilon_{\boldsymbol{k+q}}-\varepsilon_{\boldsymbol{k}})/\hbar}\\
&\times\left[\frac{1}{i\omega_m-(\varepsilon_{\boldsymbol{k}}-\mu)/\hbar}-\frac{1}{i(\omega_n+\omega_m)-(\varepsilon_{\boldsymbol{k+q}}-\mu)/\hbar}\right]\bigg|_{i\omega_n=\omega+i\eta}\\
&+\frac{\rho_0 e^2}{m}\delta_{ij}\\
=& 2\left(\frac{e\hbar}{m}\right)^2 \sum_{\boldsymbol{k}}\left(\boldsymbol{k}+\frac{\boldsymbol{q}}{2}\right)_i\left(\boldsymbol{k}+\frac{\boldsymbol{q}}{2}\right)_j \frac{n(\varepsilon_{\boldsymbol{k}})-n(\varepsilon_{\boldsymbol{k+q}})}{\hbar\omega-(\varepsilon_{\boldsymbol{k+q}}-\varepsilon_{\boldsymbol{k}})+i\eta}+\frac{\rho_0 e^2}{m}\delta_{ij}
\end{aligned}
\tag{3.398}
$$

という形にまとまる. これが積分核の空間成分である.

この表式に対し, 式 (3.314) が成立していることを示そう. $\varepsilon_{\boldsymbol{k}}=\hbar^2 k^2/2m$ なので,

$$
K^\parallel(\boldsymbol{q},0) = \frac{1}{q^2}\sum_{ij} q_i K_{ij}(\boldsymbol{q},0) q_j
$$

$$
\begin{aligned}
&= \frac{2}{q^2}\left(\frac{e\hbar}{m}\right)^2 \sum_{\bm{k}} \left(\bm{q}\cdot\bm{k}+\frac{q^2}{2}\right)^2 \frac{n(\varepsilon_{\bm{k}})-n(\varepsilon_{\bm{k}+\bm{q}})}{\varepsilon_{\bm{k}}-\varepsilon_{\bm{k}+\bm{q}}+i\eta}+\frac{\rho_0 e^2}{m} \\
&= \frac{2}{q^2}\frac{e^2}{m}\sum_{\bm{k}}\left(\bm{q}\cdot\bm{k}+\frac{q^2}{2}\right)[n(\varepsilon_{\bm{k}+\bm{q}})-n(\varepsilon_{\bm{k}})]+\frac{\rho_0 e^2}{m} \\
&= \frac{2}{q^2}\frac{e^2}{m}\sum_{\bm{k}}\bm{q}\cdot\bm{k}[n(\varepsilon_{\bm{k}+\bm{q}})-n(\varepsilon_{\bm{k}})]+\frac{\rho_0 e^2}{m} \\
&= \frac{2}{q^2}\frac{e^2}{m}\sum_{\bm{k}}(\bm{q}\cdot(\bm{k}-\bm{q})-\bm{q}\cdot\bm{k})n(\varepsilon_{\bm{k}})+\frac{\rho_0 e^2}{m} \\
&= 0 \quad\quad\quad\quad\quad\quad\quad\quad\quad\quad\quad\quad\quad\quad\quad\quad (3.399)
\end{aligned}
$$

となり,確かに式 (3.314) が成立している.

さらに式 (3.398) の $K_{ij}(\bm{q},\omega)$ に対し,3.3.6 項で議論したドゥルーデの重み D と超流体成分 n_s を計算してみよう.D については,式 (3.329) より

$$
D = \lim_{\omega\to 0}\mathrm{Re}\, K_{ii}(\bm{q}=0,\omega) = \frac{\rho_0 e^2}{m} \quad (3.400)
$$

と求まる.一方,

$$
\lim_{\bm{q}\to 0}\mathrm{Re}\, K_{ii}(\bm{q},\omega=0) = 2\left(\frac{e\hbar}{m}\right)^2\int k_i^2\frac{\partial n(\varepsilon_{\bm{k}})}{\partial \varepsilon_{\bm{k}}}\frac{d\bm{k}}{(2\pi)^3}+\frac{\rho_0 e^2}{m} \quad (3.401)
$$

であるが,これは $\varepsilon_{\bm{k}}=\hbar^2 k^2/2m$ を代入して部分積分をすれば

$$
\lim_{\bm{q}\to 0}\mathrm{Re}\, K_{ii}(\bm{q},\omega=0) = -\left(\frac{e}{m}\right)^2 m\rho_0+\frac{\rho_0 e^2}{m} = 0 \quad (3.402)
$$

となる.ここで $\rho_0 = 2\int n d\bm{k}/(2\pi)^3$ を用いた.よって式 (3.399), (3.402) より,式 (3.331) の左辺は 0 であることがわかる.したがって

$$
\begin{aligned}
D &\neq 0 \\
D_s &= 0 \quad\quad\quad\quad\quad (3.403)
\end{aligned}
$$

なので,不純物がない自由電子系は $T=0$ で金属であるという,期待された結果が得られたことになる.

さて,自由電子系の K_{00} や K_{ij} の表式は,式 (3.389) と式 (3.398) という形に得られたが,それを任意の温度に対してさらに計算するのは困難である.こ

ここでは K_{00} について，$T=0$ の場合のみ，さらに計算を進めよう．式 (3.389) では，すでに $i\omega_n$ を $\omega+i\eta$ で置き換えているが，実はその置き換えをしない方が計算は簡単である．そこで，$K_{00}(\boldsymbol{q},\omega_n)$ というものを

$$K_{00}(\boldsymbol{q},\omega_n) = 2e^2 \sum_{\boldsymbol{k}} \frac{n(\varepsilon_{\boldsymbol{k}}) - n(\varepsilon_{\boldsymbol{q}+\boldsymbol{k}})}{i\hbar\omega_n - (\varepsilon_{\boldsymbol{q}+\boldsymbol{k}} - \varepsilon_{\boldsymbol{k}})} \tag{3.404}$$

と定義し，$K_{00}(\boldsymbol{q},\omega) = K_{00}(\boldsymbol{q},\omega_n)|_{i\omega_n = \omega + i\eta}$ と書くことにしよう．ところで，この $K_{00}(\boldsymbol{q},\omega_n)$ は，(2.326) の $\Pi^{(0)}$ の e^2 倍である．したがって式 (2.326)，(2.327) より

$$K_{00}(\boldsymbol{q},\omega_n) = \frac{e^2 m k_F}{2\pi^2 \hbar^2} F\left(\frac{q}{k_F}, \frac{i\hbar\omega_n}{2\varepsilon_F}\right) \tag{3.405}$$

$$F(x,y) = -1 + \frac{1}{2x}\left[1 - \left(\frac{y}{x} - \frac{x}{2}\right)^2\right] \ln\left|\frac{1 + (y/x - x/2)}{1 - (y/x - x/2)}\right|$$
$$\qquad - \frac{1}{2x}\left[1 - \left(\frac{y}{x} + \frac{x}{2}\right)^2\right] \ln\left|\frac{1 + (y/x + x/2)}{1 - (y/x + x/2)}\right|$$

と書ける．なお，$F(x,y) = F(x-y)$ は容易に確かめられるので，$K_{00}(\boldsymbol{q},\omega_n)$ は，実数である．これより，$K_{00}(\boldsymbol{q},\omega) = K_{00}(\boldsymbol{q},\omega_n)|_{i\omega_n = \omega + i\eta}$ は

$$K_{00}(\boldsymbol{q},\omega) = \frac{e^2 m k_F}{2\pi^2 \hbar^2} F\left(\frac{q}{k_F}, \frac{\hbar\omega + i\eta}{2\varepsilon_F}\right) \tag{3.406}$$

と書けるが，この $K_{00}(\boldsymbol{q},\omega)$ は実部と虚部がある．実部は単に

$$\operatorname{Re} K_{00}(\boldsymbol{q},\omega) = \frac{e^2 m k_F}{2\pi^2 \hbar^2} F\left(\frac{q}{k_F}, \frac{\hbar\omega}{2\varepsilon_F}\right) \tag{3.407}$$

であるが，虚部は

$$\operatorname{Im} K_{00}(\boldsymbol{q},\omega) = \begin{cases} q < 2k_F \\ -\dfrac{e^2 m k_F}{\hbar^2} \dfrac{k_F}{4\pi q} \dfrac{\hbar\omega}{\varepsilon_F} & (0 \leq \hbar\omega \leq \hbar q v_F - \varepsilon_{\boldsymbol{q}}) \\ -\dfrac{e^2 m k_F}{\hbar^2} \dfrac{k_F}{4\pi q}\left[1 - \left(\dfrac{k_F}{q}\dfrac{\hbar\omega}{2\varepsilon_F} - \dfrac{q}{2k_F}\right)^2\right] \\ \qquad (\hbar q v_F - \varepsilon_{\boldsymbol{q}} \leq \hbar\omega \leq \hbar q v_F + \varepsilon_{\boldsymbol{q}}) \\ 0 \quad (\hbar q v_F + \varepsilon_{\boldsymbol{q}} \leq \hbar\omega) \end{cases} \tag{3.408}$$

$$\text{Im } K_{00}(\boldsymbol{q},\omega) = \begin{cases} -\dfrac{e^2 m k_F}{\hbar^2}\dfrac{k_F}{4\pi q}\left[1-\left(\dfrac{k_F}{q}\dfrac{\hbar\omega}{2\varepsilon_F}-\dfrac{q}{2k_F}\right)^2\right] \\ \quad (\varepsilon_{\boldsymbol{q}}-\hbar q v_F \le \hbar\omega \le \varepsilon_{\boldsymbol{q}}+\hbar q v_F) \\ 0 \quad (\text{その他}) \end{cases} \quad q>2k_F$$
(3.409)

と計算される．これらの結果は，また次節で利用する．

3.4　2粒子グリーン関数

3.4.1　感受率と2粒子温度グリーン関数

3.2節において，感受率 $\chi_{BA}(t)$ が

$$\chi_{BA}(t) = \frac{i}{\hbar}\theta(t)\langle[B(t),A(0)]\rangle_0 \tag{3.410}$$

であることをみてきた．そして式 (3.227) で指摘したように，フーリエ変換したものは

$$\hbar\chi_{BA}(\omega) = -\tilde{G}^-_{BA}(\omega_n)|_{i\omega_n=\omega+i\eta} \tag{3.411}$$

と書ける．ここで $\tilde{G}^-_{BA}(\omega_n)$ は，虚時間グリーン関数

$$\tilde{G}^-_{BA}(\tau) = -\langle T_\tau B(\tau)A(0)\rangle \tag{3.412}$$

のフーリエ展開係数である．

ところで，2.2節で扱ったように，温度グリーン関数はダイアグラムを利用した摂動展開が可能である．通常，演算子 A や B は一組の生成演算子と消滅演算子を用いて表されることが多く，その場合 $\tilde{G}_{BA}(\tau)$ は式 (2.87) のような2粒子温度グリーン関数を使って書き表される．1粒子温度グリーン関数を2.2節でダイアグラム展開したように，2粒子温度グリーン関数もダイアグラム展開ができる．したがって，感受率 $\chi_{BA}(t)$ は，式 (3.410) を使って計算するよりも，式 (3.411), (3.412) から2粒子温度グリーン関数で書き直し，それをダイアグラムを用いて計算する方が便利なことが多い．

3.4 2粒子グリーン関数

2粒子温度グリーン関数

$$\tilde{G}_2(z_1z_2; z_3z_4) = -\langle T_\tau \psi(z_1)\psi(z_2)\psi^\dagger(z_3)\psi^\dagger(z_4)\rangle \tag{3.413}$$

は，1粒子温度グリーン関数が式 (2.167) のように摂動展開できるのと同様にして，

$$\begin{aligned}
&\tilde{G}_2(z_1z_2; z_3z_4)\\
&= -\text{Tr}\left[e^{-\beta K_0} \sum_{n=0}^\infty \frac{(-1)^n}{n!}\hbar^{-n} \int_0^{\beta\hbar} d\tau_1 \cdots \int_0^{\beta\hbar} d\tau_n\right.\\
&\quad \left.\times T_\tau[\psi_I(z_1)\psi_I(z_2)\psi_I^\dagger(z_3)\psi_I^\dagger(z_4)K_1(\tau_1)\cdots K_1(\tau_n)]\right]\\
&\bigg/\text{Tr}\left[e^{-\beta K_0} \sum_{n=0}^\infty \frac{(-1)^n}{n!}\hbar^{-n} \int_0^{\beta\hbar} d\tau_1 \cdots \int_0^{\beta\hbar} d\tau_n\right.\\
&\quad \left.\times T_\tau[K_1(\tau_1)\cdots K_1(\tau_n)]\right]
\end{aligned} \tag{3.414}$$

というように展開できる．そしてウィックの定理を利用して非摂動の1粒子温度グリーン関数 $\tilde{G}^{(0)}$ の積で表していけばよい．1粒子温度グリーン関数 $\tilde{G}$ の摂動展開との違いは，$\tilde{G}$ のときは，ファインマンダイアグラムが外線を2本（1本は流入，1本は流出する粒子線）しかもっていなかったのに対し，$\tilde{G}_2$ の場合は，外線が4本（2本は流入，2本は流出する粒子線）のダイアグラムを扱う．$\tilde{G}_2$ の低次の項をダイアグラムで描いたものが図 3.6 である．この図からわかるように，$\tilde{G}_2$ は二つに分離できるダイアグラムとできないダイアグラムがある．そこで分離できないダイアグラムのみを集めたものを連結2粒子温度グリーン関数とよび $\tilde{G}_{2c}$ と書くと，

$$\tilde{G}_{2c}(z_1z_2; z_3z_4) = \tilde{G}_2(z_1z_2; z_3z_4)$$

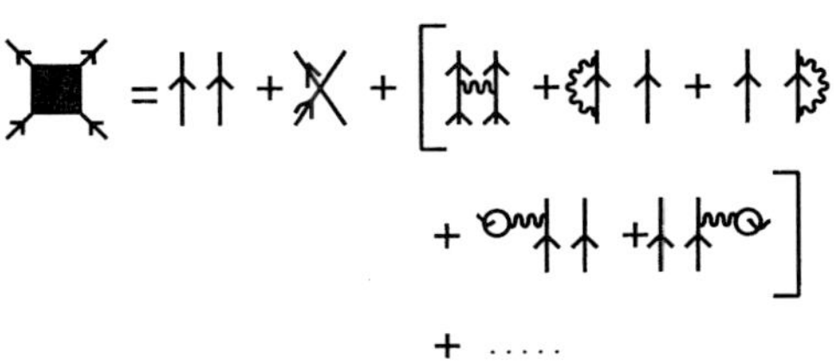

図 3.6 2粒子温度グリーン関数の摂動展開における0次と1次の項に対するファインマンダイアグラム

$$-[\tilde{G}(z_1z_4)\tilde{G}(z_2z_3) \pm \tilde{G}(z_1z_3)\tilde{G}(z_2z_4)] \quad (3.415)$$

と書けることは明らかである．符号 $\pm$ はこれまで同様，上がボソン，下がフェルミオンである．そしてさらに $\tilde{G}_{2c}(z_1z_2;z_3z_4)$ は，2.2.13 項で導入した既約バーテックス関数 Γ を用いて

$$\tilde{G}_{2c}(z_1z_2;z_3z_4) = \int dz_1'dz_2'dz_3'dz_4' \tilde{G}(z_1z_1')\tilde{G}(z_2z_2')$$
$$\times \Gamma(z_1'z_2';z_3'z_4')\tilde{G}(z_3'z_3)\tilde{G}(z_4'z_4) \quad (3.416)$$

と書けることも明らかであろう．

ところで，感受率 χ_{BA} の計算に必要な式 (3.412) の $\tilde{G}_{BA}^-(\tau) = -\langle T_\tau B(\tau) A(0)\rangle$ は，実際には 2 粒子温度グリーン関数 $\tilde{G}_2(z_1z_2;z_3z_4)$ のすべての情報が必要なのではなく，その中で $z_1 = z_4, z_2 = z_3$ の場合のみが関連してくる．したがって，座標空間表示で図 3.7 の形のダイアグラムが本当に欲しいダイアグラムである．もちろん上の議論と同じく，$\tilde{G}_2(z_1z_2;z_2z_1)$ の中で二つに分離しているダイアグラムは $\tilde{G}(z_1z_1)\tilde{G}(z_2z_2)$ と書けるので，それを差し引いて考えれば，すべてがつながったダイアグラムになる．図 3.7 の形のダイアグラムのうち，つながったダイアグラムは，まさに 2.2.15 項で導入した分極 $\hbar\Pi^*$ そのものである．したがって，感受率の計算は，既約分極 Π をダイアグラムを利用して計算し，ダイソン方程式 $\Pi^* = \Pi(1-V\Pi)^{-1}$ から分極 Π^* を求め，そこから $\tilde{G}_{BA}(\tau)$ を導いて $\chi_{BA}(t)$ を求めるという手順になる．3.3 節で扱った電磁応答の感受率 $K_{\mu\nu}$ のうち，K_{00} 成分について，上に述べたことをもう少し詳しくみていこう．

$K_{00}(\boldsymbol{r}t;\boldsymbol{r}'t')$ の定義は

$$\Delta\rho_e(\boldsymbol{r}t) = \int K_{00}(\boldsymbol{r}t;\boldsymbol{r}'t')\phi(\boldsymbol{r}'t')d\boldsymbol{r}'dt' \quad (3.417)$$

であったが，そのフーリエ変換が式 (3.383)

$K_{00}(\boldsymbol{r},\boldsymbol{r}',\omega)$

図 3.7　$\tilde{G}_2(z_1z_2;z_2z_1)$ のファインマンダイアグラムの一般形

$$
\begin{aligned}
&= -\frac{e^2}{\hbar} \int_0^\beta \langle T_\tau \Delta\rho(\boldsymbol{r}\tau)\Delta\rho(\boldsymbol{r}'\tau')\rangle e^{i\omega_n(\tau-\tau')} d(\tau-\tau')|_{i\omega_n=\omega+i\eta} \\
&= -\frac{e^2}{\hbar} \int_0^\beta \sum_{ss'} [\langle T_\tau \psi^\dagger(z)\psi(z)\psi^\dagger(z')\psi(z')\rangle \\
&\quad - \langle \psi^\dagger(z)\psi(z)\rangle\langle \psi^\dagger(z')\psi(z')\rangle] e^{i\omega_n(\tau-\tau')} d(\tau-\tau')|_{i\omega_n=\omega+i\eta}
\end{aligned}
\tag{3.418}
$$

によって与えられる．これはさらに書き直せば

$$
\begin{aligned}
&K_{00}(\boldsymbol{r},\boldsymbol{r}',\omega) \\
&= \frac{e^2}{\hbar} \int_0^\beta \sum_{ss'} [\tilde{G}_2(zz';z'z) - \tilde{G}(zz)\tilde{G}(z'z')] e^{i\omega_n(\tau-\tau')} d(\tau-\tau')|_{i\omega_n=\omega+i\eta}
\end{aligned}
\tag{3.419}
$$

となるが，$\sum_{ss'}[\cdots]$ は $\hbar\Pi^*(\boldsymbol{r}\tau;\boldsymbol{r}'\tau')$ に等しい．したがって

$$
K_{00}(\boldsymbol{q},\omega) = e^2 \Pi^*(\boldsymbol{q},\omega_n)|_{i\omega_n=\omega+i\eta} = e^2 \frac{\Pi(\boldsymbol{q},\omega_n)}{1-U(\boldsymbol{q})\Pi(\boldsymbol{q},\omega_n)}\bigg|_{i\omega_n=\omega+i\eta}
\tag{3.420}
$$

という関係が得られる．この関係は，自由電子系の場合の K_{00} の計算式 (3.387)，(3.388) と，2.2.15 項に登場した非摂動の分極 $\Pi^{(0)}$（式 (2.326)，(2.327)）を見比べても成立していることがわかる（$\Pi^{(0)}$ は $\Pi^{*(0)}$ と等しいことを注意しよう）．

3.4.2　スクリーニングとプラズマ振動

ところで，式 (3.420) を使えば，縦誘電率 $\varepsilon^\parallel(\boldsymbol{q},\omega)$ は式 (3.349) より

$$
\varepsilon^\parallel(\boldsymbol{q},\omega) = 1 - U(\boldsymbol{q})\Pi(\boldsymbol{q},\omega_n)|_{i\omega_n=\omega+i\eta}
\tag{3.421}
$$

と書ける．Π を $\Pi^{(0)}$ で置き換える近似（RPA 近似）を行えば，

$$
\varepsilon^\parallel(\boldsymbol{q},\omega) = 1 - \frac{4\pi e^2}{q^2} \sum_{\boldsymbol{k}} \frac{n(\varepsilon_{\boldsymbol{k}}) - n(\varepsilon_{\boldsymbol{q}+\boldsymbol{k}})}{\hbar\omega - (\varepsilon_{\boldsymbol{q}+\boldsymbol{k}} - \varepsilon_{\boldsymbol{k}}) + i\eta}
\tag{3.422}
$$

となる．これをリンドハルド（Lindhard）の式という．とくに，静的（$\omega = 0$）かつ $T = 0$ のとき，式 (2.326)〜(2.328) より

$$\varepsilon^{\parallel}(\boldsymbol{q}, 0) = 1 + \frac{1}{2}\frac{q_{TF}^2}{q^2}\left[1 + \frac{k_F}{q}\left(1 - \frac{q^2}{4k_F^2}\right)\ln\left|\frac{k_F + q/2}{k_F - q/2}\right|\right] \quad (3.423)$$

となる（式 (3.408), (3.409) の計算でわかるように，Im $\varepsilon(\boldsymbol{q}, 0) = 0$ である）．q_{TF} の定義は式 (2.332) にあるように，$q_{TF}^2 = 6\pi\rho_0 e^2/\varepsilon_F$ である．これより長波長極限 $q \to 0$ では

$$\varepsilon^{\parallel}(\boldsymbol{q}, 0) \to 1 + \frac{q_{TF}^2}{q^2} \quad (3.424)$$

となる．系に外から電荷密度 $\rho_{\text{ex}}(\boldsymbol{r})$ を与えると，それが誘起する電荷密度と合わせ，フーリエ空間で

$$\rho(\boldsymbol{q}) = \frac{\rho_{\text{ex}}(\boldsymbol{q})}{\varepsilon^{\parallel}(\boldsymbol{q}, 0)} \quad (3.425)$$

により与えられる全電荷密度 $\rho(\boldsymbol{r})$ が電位ポテンシャル ϕ を発生させる（式 (3.344) 参照）．

$$\phi(\boldsymbol{q}) = \frac{4\pi}{q^2}\rho(\boldsymbol{q}) = \frac{4\pi}{q^2}\frac{\rho_{\text{ex}}(\boldsymbol{q})}{\varepsilon^{\parallel}(\boldsymbol{q}, 0)} \quad (3.426)$$

より，式 (3.424) を使えば

$$\phi(\boldsymbol{q}) = \frac{4\pi}{q^2 + q_{TF}^2}\rho_{\text{ex}}(\boldsymbol{q}) \quad (3.427)$$

となる．いま，外から系の原点に Ze という電荷が与えられたとすると，$\rho_{\text{ex}}(\boldsymbol{q}) = Ze$ なので，

$$\phi(\boldsymbol{q}) = \frac{4\pi Ze}{q^2 + q_{TF}^2} \quad (3.428)$$

すなわち

$$\phi(\boldsymbol{r}) = Ze\frac{\exp(-q_{TF}r)}{r} \quad (3.429)$$

となる．真空中であれば $\phi(\boldsymbol{r}) = Ze/r$ となるところを，電子系では電子が感じるのは式 (3.429) の湯川型ポテンシャルになるのである．これは電子の存在が，外部電荷を遮蔽（スクリーニング，screening）したためである．なお，式 (3.424) は $q \sim 0$ 付近での関数形であり，そのため式 (3.429) は，正確には，$r \to \infty$ での $\phi(\boldsymbol{r})$ の漸近形である．

つぎに，リンドハルドの式において，逆の極限，$\varepsilon^{\|}(0,\omega)$ を考えよう．やはり $T=0$ のとき，式 (2.326), (2.330) を使えば，

$$\varepsilon^{\|}(0,\omega) = 1 - \left(\frac{\omega_p}{\omega}\right)^2 \tag{3.430}$$

と書けることがわかる（式 (3.408) より，Im $\varepsilon^{\|}(0,\omega) = 0$）．ここで，$\omega_p = \sqrt{4\pi e^2 \rho_0/m}$ はプラズマ振動数である．したがって，$q=0$, $\omega=\omega_p$ のとき，系は自発的に電荷ゆらぎが発生する．これは 3.1.4 項で古典的に扱ったプラズマ振動にほかならない．なお，ここでは $q=0$ に話を限ったが，$q\sim 0$ に関して $\varepsilon^{\|}(q,\omega)=0$ の解 $\omega(q)$ を求めることも可能である．しかしそのとき $\omega(q)$ は複素数となり，その虚部はプラズマ振動の減衰率を与える．

参考文献

- 3.1 節

ボルツマン方程式についての本も多いが，前出の (1-1),

(3-1)　J.M. Ziman: Electrons and Phonons (Oxford Univ Pr., 1960)

(3-2)　阿部龍蔵：新物理学シリーズ，電気伝導（培風館，1993）

などを参考にしたが，とくに故久保亮五先生の慶應大学における講義ノートに負うところが大きい．

- 3.2 節

線形応答理論についても，多くの統計力学の専門書がふれているので，ここでは，有名な本として，前出の (1-2) および，

(3-3)　戸田盛和ほか：現代物理学の基礎，統計物理学（岩波書店，1978）

を挙げるにとどめる．

- 3.3 節

電磁場に対する線形応答については，同様に (1-2) のほかに，

(3-4)　D. Pines and P. Nozieres: The Theory of Quantum Liquids, vol.1 (Perseus, 1989)

が非常に示唆に富んでいる．

絶縁体，金属，超伝導体の区別の仕方については

(3-5)　D. Scalapino, *et al*: *Phys. Rev.* B**47**, 7995 (1993).

を参考にした．

- 3.4 節

2 粒子グリーン関数については，前章の多体問題の専門書を参照するとよい．

4

相転移の統計力学

4.1 対称性の破れ

4.1.1 対称性と保存則

ある多体系を支配する基本法則は，一般にある対称性をもっている．言い換えれば，系を記述するハミルトニアンは，一般にある対称操作に対して不変である．ハミルトニアンのこのような対称性を，単に系の対称性ということにする．系のハミルトニアン H にある変換 g を施すとは，すなわち

$$H \to gHg^{-1} \tag{4.1}$$

とすることにほかならない（H に対して右から g^{-1} を作用させるのは H が演算子だからである．すなわち，gH のままではこれを状態ベクトルに作用させたときに変換 g が H だけでなく状態ベクトルにまで及んでしまう．これを H だけにとどめるために右から g^{-1} を作用させておく）．g は一般にあるパラメター θ に依存しており，それを $g(\theta)$ と書くことにする．ふつう，$g(\theta_1), g(\theta_2), \cdots$ は群 G を形成する．$g(\theta = 0)$ を G の単位元とすると $g(0) = 1$ である．いま，G が連続群すなわち θ が連続的なパラメターである場合を考えよう．θ が無限に小さいとし，$g(\theta)$ を θ で展開して

$$g(\theta) = 1 + iL\theta \tag{4.2}$$

と書いたときの展開係数 L を変換 g の**母関数**（generator）という．θ が複数の成分をもつベクトル量の場合は，

$$g(\theta) = 1 + i\sum_j L_j \theta_j \tag{4.3}$$

となり，L もベクトル量として表される．一般の大きさの θ に対する $g(\theta)$ は，この無限小変換をくりかえして作用すればよい．

H が G に対して対称性をもっている場合，$gHg^{-1} = H$ すなわち，

$$[g, H] = 0$$

あるいは

$$[L, H] = 0 \tag{4.4}$$

である．したがってハイゼンベルグの運動方程式から，

$$\frac{d}{dt}L = 0 \tag{4.5}$$

という保存則が得られる．この連続対称性と保存則との結びつきを**ネーター**（Noether）の**定理**という．具体的に例をあげてさらに詳しくみてみよう．

例1　時間推進対称性

t の任意の関数 $f(t)$ に対し無限小の時間推進操作は

$$g(\delta t)f(t) \equiv f(t + \delta t) \sim \left(1 + \delta t\frac{\partial}{\partial t}\right)f(t) \tag{4.6}$$

であるので，時間推進変換の母関数 L は $\partial/(i\partial t)$ すなわちエネルギー演算子であるハミルトニアンで与えられる．したがって時間推進変換

$$t \to t + \delta t$$

に対してハミルトニアンが不変であるような系では（ハミルトニアンが時間にあらわに依存しなければ当然みたされる），系の全エネルギーが保存する．

例2　空間並進対称性

系が一様であって空間並進対称性をもつ場合を考える．任意の関数 $f(\bm{r})$ に対し無限小の空間並進移動を行う演算子を $g(\delta\bm{r})$ とすると

$$g(\delta\bm{r})f(\bm{r}) \equiv f(\bm{r}+\delta\bm{r}) \sim \left(1+\delta\bm{r}\frac{\partial}{\partial\bm{r}}\right)f(\bm{r}) \qquad (4.7)$$

と書けることから，母関数 L は運動量演算子 $\partial/(i\partial\bm{r})$ であることがわかる．したがって空間的に一様な系では，系の全運動量が保存される．

例3　回転対称性

系が回転対称性をもつ場合．単位ベクトル $\bm{e}$ のまわりに無限小角 $\delta\theta$ だけ回転させると，座標 $\bm{r}$ は

$$\bm{r}' = \bm{r} + \bm{r} \times \bm{e}\delta\theta$$

へ移る．任意の関数 $f(\bm{r})$ は

$$f(\bm{r}') = f(\bm{r}) - \delta\theta\bm{e}\cdot(\bm{r}\times\nabla)f(\bm{r})$$

と変換されることから，回転変換の母関数 L が角運動量演算子 $\bm{r}\times\nabla/i$ であることがわかる．したがって系の回転対称性は，角運動量の保存を意味する．

例4　位相変換対称性

場の演算子 $\psi(\bm{r})$ に対して

$$\psi(\bm{r}) \to e^{i\theta}\psi(\bm{r})$$

の位相変換を施しても，ハミルトニアンが不変であるとする．ψ はフェルミ演算子，ボーズ演算子いずれであってもよい．無限小の位相変換

$$\psi \to e^{i\delta\theta}\psi \sim (1+i\delta\theta)\psi$$

を $\psi \to g(\delta\theta)\psi g^{-1}(\delta\theta)$ の形に書き直すと（ψ は演算子なので変換の演算子 g を使ってこのように変換される），

$$g(\delta\theta) = 1 + \delta\theta\frac{\partial}{\partial\alpha} \qquad (4.8)$$

と書ける．ここで α は ψ の位相である．したがって変換の母関数 L は，$\partial/(i\partial\alpha)$ つまり位相と共役な量である粒子数演算子ということになる．位相変換に対しハミルトニアンが不変であるならば，そのことは系の全粒子数の保存を意味する．

4.1.2 対称性の破れとオーダーパラメーター

系を記述するハミルトニアンがある変換に対して対称性をもっているとしても，系の"状態"もその対称性をもつとは限らない．系の状態の対称性は，ハミルトニアンの対称性とは必ずしも一致せず，温度や外場などのパラメーターを変化させることによって状態の対称性はいろいろ変わりうる．

ハミルトニアンの対称性を対称操作群 G_0 で表し，状態の対称性を対称操作群 G で表すとすると，上述のことは $G \subseteq G_0$ として表現することができる．温度などのパラメーターを変化させることにより，状態の対称性 G が $G_1 \to G_2 \to \cdots$ と変化することがあり，その場合それぞれの状態を相とよぶ．群 G は連続的に変化することができないため，相変化は変化させているパラメーターのある一点で起こり，パラメーターの一定の幅にわたり徐々に相変化することは一部の例外を除いて存在しない．変化させるパラメーターが温度 T であれば，相変化はある温度 T_c（転移温度）で起こる．また，一般に対称性の高い相は T_c の高温側，対称性の低い相は T_c の低温側に存在する．このことは単純につぎのように理解される．対称性の高い相（1）は低い相（2）よりも状態のエントロピーが高いため $(S_1 > S_2)$，図 4.1 から，自由エネルギーは T_c 以上で 1 の状態をとり，T_c 以下で 2 の状態をとるというわけである．状態の対称性 G は G_0 を越えることはできないため，最も高温の相は $G = G_0$ の相であり，温度をさげて転移温度を横切るたびに G は G_0 から G_1 $(G_1 \subset G_0)$，G_1 から G_2 $(G_2 \subset G_1)$ へと次々に部分群へ下がってゆく．この現象は，対称性の立場からは**対称性の破れ**

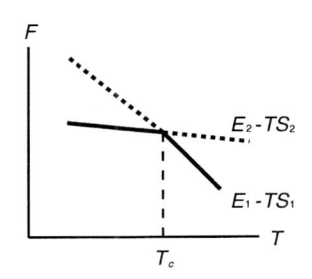

図 4.1 自由エネルギーと温度の典型的な関係　対称性の高い相 1 と低い相 2 のそれぞれを描いている．

(symmetry breaking），状態を記述する立場からは**相転移**（phase transition）と表現される．対称性の破れは状態の対称性に関するものであり，系のハミルトニアンの対称性に対して用いられる言葉ではないことを再度強調しておく．対称性の破れを議論する際には破れる対称性のみに注目すればよく，転移温度を横切ってもそのまま残される対称性は相転移を記述するときには効いてこない．

対称性の低い相には，高い相にはない秩序が存在する．これを**長距離秩序**（long range order）といい，次の相関関数のふるまいで特徴づけられる．

$$\langle A^\dagger(0) A(\boldsymbol{r})\rangle \underset{r\to\infty}{\longrightarrow} \text{有限値} \tag{4.9}$$

これは原点での $A^\dagger$ という物理量と無限遠点での A との間に相関が存在するということであり，長距離にわたって秩序があることを意味する．式 (4.9) は，$\langle A(\boldsymbol{r})\rangle$ が有限値をとるならば明らかに満たされる（逆は成立しないが）．この $\langle A(\boldsymbol{r})\rangle$ を**オーダーパラメター**（**秩序変数**，order parameter）という．物理量 A に関する長距離秩序の存在しない高対称性相では，式 (4.9) は当然ゼロになり，オーダーパラメター $\langle A(\boldsymbol{r})\rangle$ もゼロである．したがって，対称性の破れを定量的に記述する局所的物理変数として，オーダーパラメターを用いることができる．オーダーパラメターが具体的に何であるかは，それぞれの系に応じて定められ，系によってはオーダーパラメターを探すこと自体容易でない場合もある．

対称性が破れて，G_1 を対称操作群にもっていた状態 1 が，G_1 の部分群である G_2 を対称操作群にもつ状態 2 に移ったとすると，その状態 2 は G_1 に属する変換操作のうち G_2 に属するものに対しては不変であるが，残りの商空間 G_1/G_2 に属する変換操作に対しては不変ではない．この G_1/G_2 がオーダーパラメターの自由度のひろがりをもつオーダーパラメター空間に等しい．また，ハミルトニアンは $G_1/G_2 \subset G$ に対して不変であることから，G_1/G_2 空間の各点に対応するオーダーパラメターをもつ各状態は，どれも同じエネルギーをもつ．このことから，状態の縮退度は G_1/G_2 空間の広さに等しい．以上を具体的な例でみてみよう．

例1　3次元ハイゼンベルグ強磁性体

この系のハミルトニアンは

$$H = -J \sum_{\langle i,j \rangle} \mathbf{S}_i \cdot \mathbf{S}_j \quad (J < 0) \tag{4.10}$$

で表される．ここで $\langle i,j \rangle$ は最近接格子点対を表す．このハミルトニアンは格子の周期性による空間並進対称性をもつだけでなく，スピン演算子 $\mathbf{S}$ に任意の回転変換 R を施しても H は不変なため，回転対称性ももつ（3次元の回転群は $SO(3)$）．低温で強磁性が発生しても並進対称性に関しては対称性の破れはないので，回転対称性のみに注目する．高温ではスピンの向きがばらばらのため，状態の対称性も $SO(3)$ であるが，基底状態ではスピンはある一方向を向いた強磁性状態になるために，そのスピンの向きを軸とした2次元回転群 $U(1)$ の対称性しか存在しない．すなわち $G_1 = SO(3)$ からその部分群である $G_2 = U(1)$ に対称性が破れたことになる．強磁性相は，そろったスピンの方向（磁化の方向）を変えるような変換操作に関しては不変でなく，確かに $G_1/G_2 = SO(3)/U(1) = S^2$ の対称操作に対して不変ではないことになる．ここで S^2 は球面と同じ空間をもち，球面上の一点の方向に磁化の方向を向けさせるという対称操作を表すものである．

一方，強磁性相になって初めて現れた秩序は，明らかに "磁化" $\mathbf{M}$ である．したがって，オーダーパラメターは "磁化" $\mathbf{M} = \langle \mathbf{S}(\mathbf{r}) \rangle$ として選ぶことができる．温度などの外部パラメターを一定にしておくと，磁化の大きさは変わらないので，オーダーパラメターの自由度は "磁化の方向" ということになる．磁化の方向は球面上の一点で表すことができるため（図4.2），パラメターの自由度は球面 S^2 という空間に相当する分だけ存在する．よってオーダーパラメター空間は，確かに $SO(3)/U(1) = G_1/G_2$ になっている．エネルギーは磁化の方向によらないので（ハミルトニアンは $SO(3)/U(1) \subset SO(3)$ の対称操作に対して不変），強磁性相は S^2 空間の分だけ縮退しているといえる．

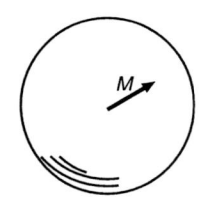

図 4.2 磁化 M の方向は曲面上の一点で表される

例2　超流動

ヘリウム4などの相互作用しているボーズ粒子系を記述するハミルトニアンは，第2量子化の記法で

$$H = \int d\bm{r}\, \psi^\dagger(\bm{r}) \frac{\bm{p}^2}{2m} \psi(\bm{r}) + \int d\bm{r} d\bm{r}'\, \psi^\dagger(\bm{r}) \psi^\dagger(\bm{r}') V(\bm{r}-\bm{r}') \psi(\bm{r}) \psi(\bm{r}') \tag{4.11}$$

と書けるが，このハミルトニアンの対称性は並進回転対称性のほかに $\psi \to e^{i\theta}\psi$ という位相変換に対する対称性をもつ．超流動はこの位相対称性が破れた状態であるので，ここでは位相対称性に注目する．位相変換は位相の回転角で特徴づけられるため，その変換操作を表す群は2次元回転群 $U(1)$ と同じである．超流動相では ψ の位相がある一つの値 θ_0 に固定されてしまっているために，位相変換に対して不変でなく位相対称性は破れている．すなわちこの系では $G_1 = U(1)$, $G_2 = 1$ である．オーダーパラメターはこの固定された位相と考えればよく，高温側では ψ の位相 θ はさまざまな値をとって平均としてゼロであるが低温では位相の平均値が θ_0 である．オーダーパラメターの自由度を表すオーダーパラメター空間は"円周"であり，円周は $U(1)$ と同等であることから，確かに

$$\text{オーダーパラメター空間} = G_1/G_2$$

という関係が成立している．

長距離秩序のうち物理量 A としてとくに場の演算子 ψ を選んだ場合を考えよう．ψ どうしの相関関数は一体の密度行列 ρ と関係している．たとえば

$$\rho_1(x, x') = \langle \psi^\dagger(x) \psi(x') \rangle \tag{4.12}$$

である．この密度行列に対し

$$\rho_1(x,x') \xrightarrow[|x-x'|\to\infty]{} f^*(x)f(x') + 微小項 \tag{4.13}$$

というふるまいがあるとき，その系には**非対角長距離秩序**（off-diagonal long range order, 以下 ODLRO と略す）が存在するという．当然 $\langle\psi(x)\rangle = f(x)$ であればこのふるまいは満たされる．この $\langle\psi(x)\rangle$ を ODLRO が存在する場合のオーダーパラメターとよぶ．ψ は粒子数を増減させる演算子であるので $\langle\psi(x)\rangle$ が有限の値をとるということは，その系においては粒子数が保存しておらず，さまざまな粒子数をもつ状態の重ね合わさった状態に系がいることを示している．しかし異なる粒子数の状態がどれも等確率で重ね合わさっているのではなく，重ね合わせの重みは

$$\int \langle\psi^\dagger\psi\rangle dx = N \tag{4.14}$$

を満たすように，粒子数 N の状態の重みをピークとするような分布をもっている．式 (4.14) は $\mathrm{Tr}\,\rho_1 = N$ とも書ける．この式より系の粒子密度を ρ とすれば，$\langle\psi\rangle$（あるいは $f(x)$）は $\sqrt{\rho}$ のオーダーである．$\mathrm{Tr}\,\rho_1 = N$ なので，ρ_1 の固有値は N 以下であるが，ODLRO の存在は ρ_1 の最大固有値が N のオーダーになっていることと同等である．なぜなら ρ_1 の固有関数系を ϕ_n とすると

$$\rho_1(x,x') = \sum_n \lambda_n \phi_n(x)\phi_n(x') \tag{4.15}$$

と展開され，ϕ_n の規格化から ϕ_n が $V^{-1/2}$（V は系の体積）のオーダーであることに注意すれば，式 (4.15) が式 (4.13) の形をとるには最大固有値 λ_max が N のオーダーでなければならないからである．

このようなオーダーパラメターはボース凝縮によって実現される．N 個の自由粒子系を考えよう．運動量表示での密度行列は

$$\begin{aligned}
\rho_1(k,k') &= \langle k'|\hat{\rho}|k\rangle \\
&= \langle a_k^\dagger a_{k'}\rangle \\
&= n_k \delta_{kk'}
\end{aligned} \tag{4.16}$$

である．ここで n_k は粒子の分布関数（フェルミ分布あるいはボーズ分布）である．したがって

$$\begin{aligned}\rho_1(x,x') &= \langle x'|\hat{\rho}|x\rangle \\ &= \sum_{kk'}\langle x'|k'\rangle\langle k'|\hat{\rho}|k\rangle\langle k|x\rangle \\ &= \frac{1}{V}\sum_k n_k e^{ik(x-x')}\end{aligned} \quad (4.17)$$

となる．ボーズ凝縮した状態では

$$n_k = \begin{cases} N & (k=0) \\ 0 & (k\neq 0) \end{cases}$$

であるため

$$\rho_1(x,x')\underset{|x-x'|\to\infty}{\longrightarrow}\frac{N}{V} \quad (4.18)$$

となり ODLRO が存在することになる．しかしフェルミオン系やボーズ凝縮していないボゾン系では，n_k が有限の k の領域にわたって値をもち，

$$\rho_1(x,x')\underset{|x-x'|\to\infty}{\longrightarrow} 0$$

となって一体の密度行列 ρ_1 に対する ODLRO はそもそも存在しえないことになる．フェルミオン系に対するこの結果は，パウリの排他律により粒子数 $a_k^\dagger a_k$ が1以下であり ρ_1 の最大固有値が1を越えられず，ODLRO の条件である N のオーダーにならないからである．

しかしフェルミオン系に対しては2体の密度行列

$$\rho_2(x_1,x_2;x_1',x_2') = \langle \psi^\dagger(x_1)\psi^\dagger(x_2)\psi(x_2')\psi(x_1')\rangle$$

を考えることによりやはり ODLRO を定義できる．すなわち，

$$\rho_2(x_1,x_2;x_1',x_2')\underset{|(x_1,x_2)-(x_1',x_2')|\to\infty}{\longrightarrow} F^*(x_1,x_2)F(x_1',x_2') + \text{微小項} \quad (4.19)$$

であるとき，やはり ODLRO が存在するといい，オーダーパラメターは $\langle\psi(x)\psi(x')\rangle$ である．自由粒子系では，ウィックの定理を用い

$$\begin{aligned}\rho_2(k_1,k_2;k_1',k_2') &= \langle a_{k_1}^\dagger a_{k_2}^\dagger a_{k_2'}a_{k_1'}\rangle \\ &= n_{k_1}n_{k_2}(\delta_{k_1k_1'}\delta_{k_2k_2'} - \delta_{k_1k_2'}\delta_{k_2k_1'})\end{aligned} \quad (4.20)$$

なので

$$\rho_2(x_1,x_2;x_1',x_2') = \sum_{\substack{k_1 k_2 \\ k_1' k_2'}} \langle x_1'x_2'|k_1'k_2'\rangle \langle k_1'k_2'|\hat{\rho}|k_1 k_2\rangle \langle k_1 k_2|x_1 x_2\rangle$$

$$= \sum_{k_1 k_2} n_{k_1} n_{k_2} \{\langle x_1'x_2'|k_1 k_2\rangle \langle k_1 k_2|x_1 x_2\rangle \\ -\langle x_1'x_2'|k_2 k_1\rangle \langle k_1 k_2|x_1 x_2\rangle\} \quad (4.21)$$

と書かれる．式 (4.21) において

$$\langle x_1 x_2|k_1 k_2\rangle = \frac{1}{V}\begin{vmatrix} e^{ik_1 x_1} & e^{ik_1 x_2} \\ e^{ik_2 x_1} & e^{ik_2 x_2} \end{vmatrix}$$

である．これにより n_k が有限の領域にわたって 1 をとるために，x_1, x_2 と x_1', x_2' との間の距離を十分ひろげると ρ_2 はゼロに近づく（ボゾン系の場合は $(N/V)^2$ に近づく）．すなわち自由フェルミオン系では ODLRO は存在しない．フェルミオン系で ODLRO が実現されている状態は超伝導状態である．実際，BCS の波動関数は $\langle\psi\psi\rangle$ を有限に与える形をしている．

ρ_1 の場合と同様，ρ_2 に対しても ODLRO の存在と ρ_2 の最大固有値との関連を述べることができる．Tr $\rho_2 = N(N-1)$ であるので，ρ_2 の最大固有値は $N(N-1)$ よりは小さい．ボーズ凝縮した状態では ρ_2 の最大固有値 $\lambda_{\max}$ は $O(N^2)$ となるが，フェルミオン系の場合は $\lambda_{\max} \leq N$ であることが証明されている．したがって，フェルミオン系の場合には，ρ_1 の最大固有値はマクロな値はとれないが，ρ_2 の最大固有値は N のオーダーまで可能であり，このとき ODLRO があるという．

4.1.3 南部–ゴールドストーンの定理

対称性が破れ，系の状態にある秩序が自発的に生まれると，そこからは驚くほど豊富な物理現象が現れる．その一例が，**南部–ゴールドストーンの定理**（Nanbu–Goldstone's theorem）で表現される低エネルギー素励起の出現である．系に秩序が発生すると，系はこの秩序を保とうとし，そこにある種の"かたさ"が生まれる．ここで"かたさ"とは，外からの何らかの力により秩序を

壊そうとしても，系が秩序を保とうとそれに反発することを表したものである．"かたさ"があれば当然，"打てば響く"といった"響き"に相当するモードが存在するであろう．このモード，すなわち素励起の性質に関する定理が南部–ゴールドストーンの定理である．

もともと相対論的に示されたこの定理は，連続群の対称性をもつ系で対称性の自発的破れが起きた場合，質量ゼロのボゾンが励起として伴われるというものである．このボゾンを**南部–ゴールドストーンボゾン**（Nanbu–Goldstone's boson）とよぶ．この定理は非相対論の枠組みでも成立し，その場合の質量ゼロのボゾンは，長波長極限で励起エネルギーがゼロになる素励起として言い換えられる．このような励起は，位相対称性の破れたボーズ液体の超流動相におけるフォノン，回転対称性の破れたハイゼンベルグスピン系におけるスピン波などが例としてあげられる．以下では超流動を例にとって南部–ゴールドストーンの定理を非相対論の範囲で示す．

連続群に属する変換操作に対しハミルトニアン H が不変であれば，4.1.1 項で示したように，ネーターの定理により保存量が存在する．超流動の場合は，前述したように粒子の保存則がこれにあたる．粒子の保存則を用いると

$$\frac{\partial}{\partial t}\langle[\rho(\boldsymbol{r},t),\psi(\boldsymbol{r}',0)]\rangle + \nabla\langle[\boldsymbol{j}(\boldsymbol{r},t),\psi(\boldsymbol{r}',0)]\rangle = 0 \tag{4.22}$$

が成立する．ψ は場の演算子である．この式を体積 V の実空間で積分すると，ガウスの定理を用い，

$$-\int_V d\boldsymbol{r}\,\frac{\partial}{\partial t}\langle[\rho(\boldsymbol{r},t),\psi(\boldsymbol{r}',0)]\rangle = \int_V d\boldsymbol{S}\,\langle[\boldsymbol{j}(\boldsymbol{r},t),\psi(\boldsymbol{r}',0)]\rangle \tag{4.23}$$

と書ける．右辺の積分は表面積分である．もしこの表面積分が $V \to \infty$ の極限でゼロになるならば，$\lim_{V\to\infty}\int d\boldsymbol{r}\,\langle[\rho(\boldsymbol{r},t),\psi(\boldsymbol{r}',0)]\rangle$ は時間に依存しない量ということになる．したがって $\langle[\rho(\boldsymbol{r},t),\psi(\boldsymbol{r}',0)]\rangle$ の空間，時間に関するフーリエ変換したものを $L(\boldsymbol{k},\omega)$ とすると

$$\lim_{\boldsymbol{k}\to 0} L(\boldsymbol{k},\omega) = \alpha\delta(\omega) \tag{4.24}$$

となる．比例係数 α は ω 積分に対する総和則から決められる．

$$\alpha = \int d\omega \lim_{\boldsymbol{k}\to 0} L(\boldsymbol{k},\omega) = \int d\boldsymbol{r}\,\langle[\rho(\boldsymbol{r},0),\psi(\boldsymbol{r}',0)]\rangle$$

$$\begin{aligned}
&= \int d\boldsymbol{r}\, \delta(\boldsymbol{r}-\boldsymbol{r}')\langle \psi(\boldsymbol{r})\rangle \\
&= \Delta \quad\quad\quad\quad\quad\quad\quad\quad (4.25)
\end{aligned}$$

ここで Δ はオーダーパラメター $\langle \psi \rangle$ を表す．したがって式 (4.24) は

$$\lim_{\boldsymbol{k}\to 0} L(\boldsymbol{k},\omega) = \Delta \delta(\omega) \quad\quad (4.26)$$

となる．

つぎに $\lim_{\boldsymbol{k}\to 0} L(\boldsymbol{k},\omega)$ をその定義から求めてみると，

$$\begin{aligned}
L(\boldsymbol{k},\omega) &= \int dt\, e^{i\omega t}\langle [\rho(\boldsymbol{k},t),\psi_{-\boldsymbol{k}}]\rangle \\
&= \int d\boldsymbol{k}'\, \delta(\omega+\epsilon_G-\epsilon_{\boldsymbol{k}'})\langle G|\rho_{\boldsymbol{k}}|\boldsymbol{k}'\rangle\langle \boldsymbol{k}'|\psi_{-\boldsymbol{k}}|G\rangle \\
&\quad - \int d\boldsymbol{k}'\, \delta(\omega-\epsilon_G+\epsilon_{\boldsymbol{k}'})\langle G|\psi_{-\boldsymbol{k}}|\boldsymbol{k}'\rangle\langle \boldsymbol{k}'|\rho_{\boldsymbol{k}}|G\rangle \quad (4.27)
\end{aligned}$$

となる．ここで $|G\rangle$ は基底状態，ϵ_G はそのエネルギーを表す．$\boldsymbol{k}\to 0$ の極限をとると，$\langle \boldsymbol{k}'|\rho_{\boldsymbol{k}}|G\rangle$ は $\boldsymbol{k}'\to 0$ の極限でのみ有限の値をとる．したがって

$$\lim_{\boldsymbol{k}\to 0} L(\boldsymbol{k},\omega) = \lim_{\boldsymbol{k}'\to 0}\{A_{\boldsymbol{k}'}\delta(\omega+\epsilon_G-\epsilon_{\boldsymbol{k}'}) + B_{\boldsymbol{k}'}\delta(\omega-\epsilon_G+\epsilon_{\boldsymbol{k}'})\} \quad (4.28)$$

となり，式 (4.26) と組み合わせることにより

$$\lim_{\boldsymbol{k}\to 0}(\epsilon_{\boldsymbol{k}} - \epsilon_G) = 0 \quad\quad (4.29)$$

が得られる．これは，基底状態からの励起エネルギー $\epsilon_{\boldsymbol{k}}-\epsilon_G$ が長波長極限でゼロになるようなギャップレスの励起が存在することを表している．

以上の導出の中で注意すべき点は，式 (4.23) の右辺の表面積分を $V\to\infty$ でゼロと仮定した部分である．この仮定が成立するためには，振動モードが系の内部にとどまり，系の表面付近には粒子密度の変化が伝わってきてはならない．すなわち，系の大きさを越えるような長波長モードが存在してはならない．たとえば，粒子間の相互作用がクーロン力のような長距離型である場合，プラズマ振動のような系の大きさを越える波長の振動モードが存在してしまうために，この定理は成立しなくなる．

4.2 相転移と臨界現象

4.2.1 相転移の分類

通常，相転移はその"次数"により分類される．エーレンフェストによる次数の定義は，相転移点において自由エネルギーの $(n-1)$ 次以下の微分量は連続的につながり，n 次の微分量にはとびがある，というものである．しかしこの定義で分類しきれない相転移も数多くある．たとえば強磁性体の相転移では，キュリー温度で帯磁率が（とびではなく）発散している．したがってエーレンフェストの分類を拡大し，"自由エネルギーの n 次の微分量にとびや発散などの特異性がある"として，n 次の相転移を定義する場合が一般的である．1次の相転移の例としては固体－液体転移が代表的である．転移点では，自由エネルギーの1次微分量であるエントロピー S などに転移温度でとびがある．液体が転移点で固体となり瞬時に新しい秩序構造ができあがることにより，系の対称性が突然下がり S が不連続に低下する．その際，$T\Delta S$ に相当する熱量が放出・吸収される．一方，超伝導転移はエーレンフェストの分類の枠に入るような典型的な2次転移で，転移点で自由エネルギーの2次微分量である比熱 C などにとびが現れる．C にとびがあるということは，S は転移点で傾きを変えることを意味する．すなわち超伝導転移により電子はクーパー対を形成しはじめるが，それは転移点以下で徐々に行われ，S は転移点で連続につながっている．

以上のように，熱力学的には自由エネルギーの特異性で相転移を特徴づけることができるわけだが，その自由エネルギーは統計力学的には分配関数 $Z = \mathrm{Tr}\exp(-H/k_BT)$ から決められるので，相転移を起こす系では，この表式が T などの外部パラメーターの関数として特異点をもつことになる．しかし $\exp(-H/k_BT)$ は明らかに $T=0$ を除いて T の解析関数であり，その和をとった分配関数も解析的ではないかと思える．たしかに有限系で系内に有限個のスピンや粒子しか存在しない場合，この解析関数 $\exp(-H/k_BT)$ の和も解析関数である．しかし熱力学的極限（$N \to \infty, V \to \infty, N/V$ 一定）では，その和の解析性は保証されない．このことから，相転移は熱力学的極限で無限の自由度が協力しあってはじめて起こる**協力現象**（cooperative phenomena）というこ

とができる．その際，各自由度は相互作用により結びついていなければ単なる少数系の寄せ集めになってしまうので，相互作用の存在が相転移の源であるともいえる．現実の物質は有限系なので，厳密な意味では相転移点は存在しないことになるが，マクロな数の粒子やスピンが含まれているため，物理量のとびや発散が完全ではないもののそれに近い形で起こるのである．

4.2.2 臨 界 指 数

相転移，とくに2次相転移におけるさまざまな物理量の転移点付近での特異なふるまいを特徴づける指数を**臨界指数**（critical exponent）とよぶ．よく用いられる臨界指数としてつぎのようなものを定義しておく．

$$\text{比熱} \quad C \propto |T - T_c|^{-\alpha}$$
$$\propto (h - h_c)^{-\epsilon} \quad (h > h_c)$$
$$\text{オーダーパラメーター} \quad \psi \propto (T_c - T)^{\beta} \quad (T < T_c)$$
$$\propto (h - h_c)^{1/\delta} \quad (h > h_c)$$
$$\text{感受率} \quad \chi \propto |T - T_c|^{-\gamma}$$
$$\text{相関距離} \quad \xi \propto |T - T_c|^{-\nu}$$
$$\propto (h - h_c)^{-\mu} \quad (h > h_c)$$

局所オーダーパラメーターの相関関数 $G(r) \propto r^{-(d-2+\eta)} \quad (T = T_c)$

ここで d は空間次元，h はオーダーパラメーターに共役な外場を表す．たとえば，オーダーパラメーターが磁化ならば，h は磁場である．ψ はここでは場の演算子ではなく，オーダーパラメーターを表す記号とする．また，局所オーダーパラメーターとは，オーダーパラメーター ψ を系内の各所で定義したもの $\psi(r)$ である．たとえば強磁性体の場合は，ψ は磁化であり，$\psi(r)$ は局所磁化である．ここでの感受率は，均一な外場に対するオーダーパラメーターの変化を表す．線形応答理論により，χ は相関関数 $G(\bm{k} = 0)$ を用いて表せる．したがって，χ の特異性 $\chi \propto (T - T_c)^{-\gamma}$ は $G(\bm{k} = 0)$ の特異性

$$G(\boldsymbol{k}=0) \propto (T-T_c)^{-\gamma} \qquad (4.30)$$

と書き換えてもよい．また，η については，$G(\boldsymbol{r})$ のフーリエ変換

$$G(\boldsymbol{k}) \propto k^{-2+\eta} \quad (T=T_c) \qquad (4.31)$$

によって定義することもできる．なお，臨界指数は $T-T_c$ の正負により異なる場合があり，そのときは高温側と低温側とで，α と α' というように一方に $'$ をつけて区別する．

1.3 節に示したように，d 次元の量子系は $d+1$ 次元の古典系に対応させることができる．その余分な 1 次元は，虚時間 τ 軸方向である．空間方向の相関距離 ξ に対し，虚時間方向の相関距離を ξ_τ と書く．転移点上では，どちらも発散するが，発散の仕方は一般に異なる．転移点付近で

$$\xi^z \sim \xi_\tau \qquad (4.32)$$

の関係にあり，z を**動的指数**（dynamical exponent）という．

以上の臨界指数は最もきつい発散をとりだして記述しているものなので，べき発散よりも弱い対数発散などは，この記述では発散していない場合（臨界指数ゼロ）と区別できないことに注意すべきである．さらに，べき乗で発散しているとしても，それが弱い（臨界指数が非常に小さい）場合，対数発散の寄与も取り入れて考えないと現象を説明できない．

この臨界指数は系の次元，対称性，相互作用の到達距離などによって決まり，物質の詳細には依存しない．これを臨界指数の普遍性あるいは**ユニバーサリティー**（universality）とよぶ．ただし相互作用の大きさを変えると臨界指数が連続的に変化するモデル（8 バーテックスモデルなど）もみつかっており，それらに関しては**弱い普遍性**（weak universality）とよんでいる．そして同じ臨界指数をもつ系どうしを称して，同じユニバーサリティークラスに属すると表現する．

4.3 平均場近似

前節で述べたように,相転移は系全体にわたり無限の自由度が複雑に絡まりあい引き起こす現象であり,本質的に多体問題を解いてのみその振る舞いが理解される.しかし無限系の多体問題はごく一部の例外を除き厳密に解くことは不可能である(いくつかの1次元モデルや2次元イジングスピン系などはこの数少ない例外である).そこで相転移の問題に対するにあたり,いくつかのアプローチの仕方が考え出されている.その一つが,何らかの近似を行い,多体問題を少数系の問題に置き換えることである.本節ではこの方法で相転移の振る舞いを解析する.

多体系を少数系に焼き直すには,平均場近似が多く用いられる.これは注目する少数系以外の自由度をある平均的な未知の場(平均場)に置き換え,それを用いて少数系の問題を厳密に解き,その結果から仮定として導入した平均場を求めるという自己無撞着な解析法である.少数系といっても,通常はもっとも単純な一体問題に近似してしまう場合が多い.以下に強磁性イジングモデルを例として取り上げ,そのいくつかの平均場近似による解析法を紹介する.

4.3.1 分子場近似

強磁性イジングモデルのハミルトニアンは

$$H = -J \sum_{\langle i,j \rangle} S_i^z S_j^z \quad (J > 0) \tag{4.33}$$

で表される.$\langle i,j \rangle$ は最隣接格子点間のみの和を表す.いま一つのスピンに注目し,そのスピンと結合している最隣接のスピンはすべてその期待値 $\langle S^z \rangle$ で置き換えるものとすると,

$$H_{\mathrm{MF}} = -J \sum_{\langle i,j \rangle} (S_i^z \langle S_j^z \rangle + \langle S_i^z \rangle S_j^z) \tag{4.34}$$

と書ける.この平均場 $\langle S^z \rangle$ を**分子場**(molecular field)ともいう.H_{MF} は,

$$S^z = \langle S^z \rangle + (S^z - \langle S^z \rangle) \equiv \langle S^z \rangle + \delta S^z$$

を式 (4.33) に代入してゆらぎ δS^z の 2 次の項を無視したもの

$$H \simeq -J \sum_{\langle i,j \rangle} (\langle S_i^z \rangle \delta S_j^z + \delta S_i^z \langle S_j^z \rangle + \langle S_i^z \rangle \langle S_i^z \rangle) \quad (4.35)$$

$$= -J \sum_{\langle ij \rangle} (\langle S_i^z \rangle S_j^z + S_i^z \langle S_j^z \rangle - \langle S_i^z \rangle \langle S_j^z \rangle) \quad (4.36)$$

と定数項を除いて同じものである．平均場 $\langle S_i^z \rangle$ を場所 i の関数としてどのような形にとるかは，調べようとしている状態で現れるであろう秩序を予想して決定する．ここではモデルの基底状態で強磁性が現れると予想して，その磁化の方向を z 軸にとり，$\langle S_i^z \rangle = m$ と選ぶことになる．すると

$$H_{\mathrm{MF}} = -zmJ \sum_i S_i^z \quad (4.37)$$

となる．ここで，因子 z は最隣接格子点数を表す（S_i^z の肩の添字は z 成分を表すので混同しないように）．z 軸方向の磁場 zmJ 中の独立スピンの問題 (4.37) は容易に解け，その分配関数 Z は

$$\begin{aligned} Z &= \prod_i Z_i \\ Z_i &= \sum_{S_i^z = -S}^{S} \exp(\beta zmJ S_i^z) \end{aligned} \quad (4.38)$$

で与えられる．ここで $\beta = 1/k_B T$，スピンの大きさは S とした．Z_i は等比級数の和なので格子点数を N とすれば，

$$Z = \left[\frac{\sinh(\beta zmJ(S+1/2))}{\sinh(\beta zmJ/2)} \right]^N$$

となる．平均場 m はこの Z を用いて自己無撞着に決める．

$$\begin{aligned} m &= \langle S_i^z \rangle \\ &= Z_i^{-1} \sum_{S_i^z = -S}^{S} S_i^z \exp(\beta zmJ S_i^z) \\ &= \frac{\partial \ln Z_i}{\partial (\beta zmJ)} \end{aligned}$$

$$
\begin{aligned}
&= \frac{\partial}{\partial(\beta zmJ)} \left[\ln\left\{\sinh\left(\beta zmJ\left(S+\frac{1}{2}\right)\right)\right\} - \ln\left\{\sinh\frac{\beta zmJ}{2}\right\}\right] \\
&= \left(S+\frac{1}{2}\right)\coth\left(\beta zmJ\left(S+\frac{1}{2}\right)\right) - \frac{1}{2}\coth\frac{\beta zmJ}{2} \\
&\equiv SB_S(\beta zmJS) \quad\quad\quad\quad\quad\quad\quad\quad\quad\quad\quad\quad\quad\quad (4.39)
\end{aligned}
$$

ここで $B_S(x)$ はブリリュアン (Brillouin) 関数とよばれ,

$$B_S(x) = \frac{2S+1}{2S}\coth\left(\frac{2S+1}{2S}x\right) - \frac{1}{2S}\coth\frac{x}{2S} \quad (4.40)$$

で与えられる. 式 (4.39) から m を決めるわけだが, まず温度がキュリー温度 (転移温度) に近いとし, 磁化 m が十分小さいと考えて展開する. ブリリュアン関数 $B_S(x)$ は x の小さいところで

$$B_S(x) \simeq \frac{S+1}{3S}x - \frac{(S^2+(S+1)^2)(S+1)}{90S^3}x^3 + \cdots \quad (4.41)$$

と展開されることから, 式 (4.39) より

$$m = \frac{S+1}{3}\beta zmJS - \frac{(S^2+(S+1)^2)(S+1)}{90S^2}(\beta zmJS)^3$$

となり,

$$m = 0 \text{ または } \left[\frac{90\{S(S+1)\beta zJ/3 - 1\}}{(S^2+(S+1)^2)(S+1)S(\beta zJ)^3}\right]^{1/2}$$

と求められる. $m \neq 0$ の解は $S(S+1)\beta zJ/3 - 1 > 0$ の場合に現れうる. このことから温度によらずつねに常磁性という解と, $T_c = S(S+1)zJ/3k_B$ というキュリー温度以下で磁化 m が現れる強磁性の解とが得られる. 強磁性の場合, $T \lesssim T_c$ で $(T_c - T)^{1/2}$ に比例して磁化 m が現れる.

さらに低温の極限では $\beta zmJS \to \infty$ なので $B_S(x)$ を $x \gg 1$ で展開すると

$$B_S(x) = 1 - \frac{1}{S}e^{-x/S} + \cdots$$

となり,

$$
\begin{aligned}
m &= S - e^{-\beta zmJ} + \cdots \\
&\cong S - e^{-\beta zSJ} \quad\quad\quad\quad\quad\quad (4.42)
\end{aligned}
$$

が得られる．したがって $T=0$ では磁化 m はスピンの最大値 S をとる．

帯磁率 $\chi = \partial m/\partial H_z$ も求めておく．z 方向の外部磁場が存在する場合，式 (4.37) は

$$H_{MF} = -(zmJ + H_z)\sum_i S_i^z$$

となる．したがって m に対する自己無撞着な方法は式 (4.39) において $zmJ \to zmJ + H_z$ と置きかえればよい．

$$m(H_z) = SB_s(\beta S(zm(H_z)J + H_z)) \tag{4.43}$$

ここで H_z は十分小さいとし，H_z で上式を展開すると，$m(H_z=0)$ は式 (4.39) を満足することを用いて

$$\frac{\partial m}{\partial H_z} = SB'_S(\beta Szm(0)J)\beta S\left(z\frac{\partial m}{\partial H_z}J + 1\right) \tag{4.44}$$

となり，さらに

$$\frac{\partial m}{\partial H_z} = \frac{S^2\beta B'_S(\beta Szm(0)J)}{1 - S^2\beta zJB'_S(\beta Szm(0)J)} \tag{4.45}$$

となる．転移温度付近を考え m が小さいとすると，B'_S は式 (4.41) より $(S+1)/3S$ なので

$$\chi = \frac{1}{zJ}\frac{T_c}{T-T_c}$$

となる．ここで $T_c = S(S+1)zJ/3k_B$ を用いた．以上まとめると分子場近似では

$$\begin{cases} T_c = S(S+1)zJ/3k_B \\ m \propto (T_c - T)^{1/2} \quad (T \le T_c) \\ \chi = \dfrac{1}{zJ}\dfrac{T_c}{T-T_c} \end{cases} \tag{4.46}$$

である．これより，臨界指数は

$$\begin{cases} \beta = 1/2 \\ \gamma = 1 \end{cases} \tag{4.47}$$

となる．

4.3.2 ベーテ近似

分子場近似ではある一つのスピンに注目し，そのスピンと結合している他のスピンはすべてその平均値で置き換えた．ではその近似の精神で注目するスピンの数を増やしたらどうであろうか．たとえばある一つのスピンとそれをとりまく z 個の最隣接スピンの合計 $z+1$ 個のスピンに注目し，それらをとりまく他のスピンからの影響は分子場のように，平均的な磁場のようなものとして取り入れる．ある一つのスピンとその周囲の z 個のスピンの結合は正確に取り扱い，それより外側のスピンからの影響は平均場として扱うのである．この方法をベーテ（Bethe）近似の方法という．この近似でハミルトニアンは，外部磁場 H のもとで

$$H = \sum_i H_i \tag{4.48}$$

$$H_i = -JS_i^z \sum_{j=\text{n.n. of } i} S_j^z - \sum_j S_j^z H_{\text{eff}} - S_i^z H$$

$$= -(JS_i^z + H_{\text{eff}}) \sum_{j=\text{n.n. of } i} S_j^z - S_i^z H$$

となる．(左辺の H はハミルトニアン，右辺の H は外部磁場を表す．) H_{eff} は格子点 i を取り囲む z 個のスピン S_j^z と結合する周囲のスピンからの影響を平均的に表したものである．S_j^z と外部磁場との結合は H_{eff} に含めている．このハミルトニアンからわかるように，ある一つのスピン S_i^z とその周囲の z 個のスピン S_j^z との結合は正確にとり入れているが，その z 個のスピン間の結合（三角格子の場合は一つのスピンのまわりに 6 つのスピンが存在し，それらも互いにとなりどうし結合している）は考慮されない．三角格子に限らず，他の格子系でも S_{j1}^z と S_{j2}^z とはいくつかの結合手を経て影響を及ぼしあっているはずである．したがって逆にいえば，ベーテ格子（図 5.16 のような格子）のように格子をたどっていっても S_{j1}^z と S_{j2}^z とが結合しない場合には，このハミルトニアンから導かれる以下の結論は厳密なものとなる．

以下 $S = 1/2$ の場合のみ考えることにすると，分配関数は

$$Z = \prod_i Z_i \tag{4.49}$$

$$Z_i = \sum_{S_i^z=-1/2}^{1/2} \sum_{\{S_j^z\}=-1/2}^{1/2} \exp\left[\beta(JS_i^z + H_{\text{eff}})\sum_j S_j^z + S_i^z H\beta\right]$$

$$= \sum_{S_i^z=-1/2}^{1/2} \exp(S_i^z H\beta) \prod_j \sum_{S_j^z=-1/2}^{1/2} \exp[\beta(JS_i^z + H_{\text{eff}})S_j^z]$$

$$= \sum_{S_i^z=-1/2}^{1/2} e^{S_i^z H\beta} \left[2\cosh\left\{\frac{\beta}{2}(JS_i^z + H_{\text{eff}})\right\}\right]^z$$

で与えられる．この分配関数を用いて磁化 $\langle S_i^z \rangle$ を計算すると

$$\langle S_i^z \rangle = \frac{\partial \ln Z_i}{\partial (H\beta)}$$

$$= \frac{1}{2}\frac{e^{\beta H/2}[2\cosh\frac{\beta}{2}(\frac{J}{2}+H_{\text{eff}})]^z - e^{-\beta H/2}[2\cosh\frac{\beta}{2}(-\frac{J}{2}+H_{\text{eff}})]^z}{e^{\beta H/2}[2\cosh\frac{\beta}{2}(\frac{J}{2}+H_{\text{eff}})]^z + e^{-\beta H/2}[2\cosh\frac{\beta}{2}(-\frac{J}{2}+H_{\text{eff}})]^z} \tag{4.50}$$

となる．さらに S_i^z をとりまく S_j^z の期待値 $\langle S_j^z \rangle$ は

$$\langle S_j^z \rangle = \frac{1}{z}\langle \sum_j S_j^z \rangle$$

$$= \frac{1}{z}\frac{\partial \ln Z_i}{\partial(\beta H_{\text{eff}})}$$

$$= Z_i^{-1} e^{\beta H/2}\left[2\cosh\left\{\frac{\beta}{2}\left(\frac{J}{2}+H_{\text{eff}}\right)\right\}\right]^{z-1}\sinh\left\{\frac{\beta}{2}\left(\frac{J}{2}+H_{\text{eff}}\right)\right\}$$

$$+Z_i^{-1} e^{-\beta H/2}\left[2\cosh\left\{\frac{\beta}{2}\left(-\frac{J}{2}+H_{\text{eff}}\right)\right\}\right]^{z-1}$$

$$\times \sinh\left\{\frac{\beta}{2}\left(-\frac{J}{2}+H_{\text{eff}}\right)\right\} \tag{4.51}$$

と書ける．$\langle S_i^z \rangle = \langle S_j^z \rangle$ であるべきなので，

$$e^{\beta H} = \left[\frac{\cosh\frac{\beta}{2}(-\frac{J}{2}+H_{\text{eff}})}{\cosh\frac{\beta}{2}(\frac{J}{2}+H_{\text{eff}})}\right]^{z-1} e^{\beta H_{\text{eff}}} \tag{4.52}$$

という関係が得られる．T_c と H_{eff} は，式 (4.52) において $H=0$ とおき，

4.3 平均場近似

$\beta H_{\text{eff}} \ll 1$ の極限をとれば得られる.まず式 (4.52) の両辺の対数をとると

$$2y = -(z-1) \ln \frac{\cosh(-x+y)}{\cosh(x+y)} \tag{4.53}$$

と書ける.ここで $x = \beta J/4$, $y = \beta H_{\text{eff}}/2$ とした.$y \ll 1$ で

$$\frac{\beta H_{\text{eff}}}{2} = \left[\frac{2(1/(z-1) - \tanh x)}{(1/3) \tanh x (5 \tanh^2 x + \tanh x - 2)} \right]^{1/2} \tag{4.54}$$

となる.よって T_c は

$$\tanh \frac{\beta J}{4} = \frac{1}{z-1} \tag{4.55}$$

から決まり,

$$T_c = \frac{J}{2k_B \ln(z/(z-2))} \tag{4.56}$$

が得られる.これより $T \lesssim T_c$ で $H_{\text{eff}} \propto (T_c - T)^{1/2}$ となり式 (4.50) に代入することにより

$$\langle S_i^z \rangle \propto (T_c - T)^{1/2} \tag{4.57}$$

が得られる.

次に帯磁率を求める.式 (4.50) が

$$\langle S_i^z \rangle = \frac{1}{2} \frac{1 - \exp\left[-\beta H \left(\dfrac{\cosh \frac{\beta}{2}(-\frac{J}{2} + H_{\text{eff}})}{\cosh \frac{\beta}{2}(\frac{J}{2} + H_{\text{eff}})} \right)^z \right]}{1 + \exp\left[-\beta H \left(\dfrac{\cosh \frac{\beta}{2}(-\frac{J}{2} + H_{\text{eff}})}{\cosh \frac{\beta}{2}(\frac{J}{2} + H_{\text{eff}})} \right)^z \right]} \tag{4.58}$$

と書き換えられることから,式 (4.52) を代入することにより

$$\langle S_i^z \rangle = \frac{1}{2} \frac{1 - \exp(\beta H/(z-1)) \exp(-2zy/(z-1))}{1 + \exp(\beta H/(z-1)) \exp(-2zy/(z-1))} \tag{4.59}$$

となる.ここで $x = \beta J/4$, $y = \beta H_{\text{eff}}/2$ としている.よって $\chi = \partial \langle S_i^z \rangle / \partial H|_{H \to 0}$ は

$$\chi = \frac{(1/(z-1))(2zy_0' - \beta) \exp(-2zy_0/(z-1))}{\{1 + \exp(-2zy_0/(z-1))\}^2} \tag{4.60}$$

で与えられる．ここで $y_0 = y(H=0)$, $y_0' = (\partial y/\partial H)_{H=0}$ である．さらに転移温度付近のふるまいを調べるために $y_0 \ll 1$ とすると

$$\chi \sim \frac{1}{4(z-1)}(2zy_0' - \beta) \tag{4.61}$$

となる．y_0' を求めるために式 (4.52) を $y \ll 1$ で展開すると

$$e^{\beta H/(z-1)} = \left(1 + \frac{2y}{z-1}\right)(1 - 2y\tanh x + O(y_0^2)) \tag{4.62}$$

となり，さらに H で展開すると

$$1 + \frac{\beta H}{z-1} = 1 + 2\left(\frac{1}{z-1} - \tanh x\right)(y_0 + y_0' H) + O(y_0^2) \tag{4.63}$$

となる．両辺の $H=0$ の項はキャンセルするはずなので H の 1 次の項を比較することにより

$$y_0' = \frac{\beta}{2(1-(z-1)\tanh x)} \tag{4.64}$$

を得る．これを式 (4.61) に代入すると

$$\begin{aligned}\chi &= \frac{\beta}{4}\frac{1+\tanh(\beta J/4)}{1-(z-1)\tanh(\beta J/4)} \\ &\sim \frac{1}{(z-2)J}\frac{T_c}{T-T_c}\end{aligned} \tag{4.65}$$

が得られる．まとめると $S=1/2$ イジングモデルに対するベーテ近似では

$$\begin{cases} T_c = \dfrac{J}{sk_B \ln(z/(z-2))} \\ m \propto (T_c - T)^{1/2} \\ \chi = \dfrac{1}{(z-2)J}\dfrac{T_c}{T-T_c} \end{cases} \tag{4.66}$$

となる．分子場近似での結果 (4.46) と比較してみると，T_c は

$$T_c^{(\text{ベーテ})}/T_c^{(\text{分子場})} = \frac{2}{z\ln(z/(z-2))} < 1 \quad (z > 2) \tag{4.67}$$

であり，ベーテ近似の方が低い転移温度を与える．磁化，帯磁率の温度依存性はどちらの近似でも同じであり，臨界指数に変化はない．ただしその係数，と

くに帯磁率の係数は分子場近似で $1/zJ$, ベーテ近似で $1/(z-2)J$ となっており後者の係数の方が大きい.

平均場近似はゆらぎの自由度を無視する近似である. そのため系の秩序を過大評価する傾向があり, 真の転移温度よりも高い温度で秩序相への転移を起こしてしまう. 逆にいえば, 分子場近似に対するベーテ近似のように, 厳密に取り扱うスピンを増やし, 少しでもゆらぎを取り入れれば近似的転移温度は真の値に向かって低下する. さらに, 近似の度合をあげることにより帯磁率などの温度依存性は変化しないものの, その係数が増大することから, 真の温度依存性は近似で得られた形よりも発散がきついものと予想される. 実際, 2 次元正方格子 ($z=4$) イジングモデルに対しては厳密解が知られており, $T_c = 0.567 J/k_B$, $\chi \propto 1/(T-T_c)^{7/4}$ である.

4.4 現象論的相転移理論

ここでは相転移をオーダーパラメターのふるまいを通して記述するアプローチを扱う. とくに 2 次相転移では, オーダーパラメターのゆらぎが重要な役割をはたす. 以下ではこの 2 次相転移に話をしぼることにする.

4.4.1 ランダウ理論

いま, 系のハミルトニアンを現象論的観点から局所的なオーダーパラメター $\psi(\boldsymbol{r})$ の汎関数として記述することを考える (4.2.2 項でも用いたように, ここでの ψ という記号は, 場の演算子ではなく, 局所オーダーパラメターを表す). このハミルトニアンは系の微視的構造を表すハミルトニアンから何らかの手続きを経て到達することのできる有効ハミルトニアンとよぶべきものである. 2 次相転移でのオーダーパラメターの発達の仕方は, 一般に次のようなものである. オーダーパラメターの空間的平均値は転移点付近で小さく, 転移点から秩序相へ入るにしたがい大きくなってゆく. 逆に平均値からのゆらぎは転移点付近でもっとも大きい. 転移点付近に注目することにすると, $\psi(\boldsymbol{r})$ で記述されるハミルトニアンを ψ が小さいと考えてテイラー展開し, さらに空間的ゆらぎを取り入れるため $\nabla \psi(\boldsymbol{r})$ でも展開することにする. 適当な次数で止めれば, ハ

ミルトニアンは

$$\beta H[\psi(\boldsymbol{r})] = \beta H_0 + a_1 \psi^2(\boldsymbol{r}) + a_2 \psi^4(\boldsymbol{r}) + a_0 (\nabla \psi(\boldsymbol{r}))^2 - \beta h(\boldsymbol{r})\psi(\boldsymbol{r}) \quad (4.68)$$

と書ける．ここで温度の因子 $\beta = 1/k_B T$ を含めて定義した（ここでの H は正確にはハミルトニアン密度であるが，混同の恐れがない限り，ハミルトニアンとよぶことにする）．H_0 は $\psi(\boldsymbol{r})$ に依存しない項なので以下では無視することにする．h はオーダーパラメーターに共役な外場である．偶数べきのみを残したのは，通常外場がない場合，$\psi \to -\psi$ の変換に対して系が不変であることが多いからである．また，系のオーダーパラメーターが $\psi(\boldsymbol{r})$ という関数形をとる確率 $W[\psi]$ が，ハミルトニアン (4.68) を用いて

$$W[\psi] = \frac{\exp\left(-\beta \int H[\psi(\boldsymbol{r})]d\boldsymbol{r}\right)}{\int d\psi \exp\left(-\beta \int H[\psi(\boldsymbol{r})]d\boldsymbol{r}\right)} \quad (4.69)$$

と表されると考える．

　ここでは代表的な形としてのハミルトニアンを書いたが，場合によっては ψ が複素数であったり，いくつかの成分をもつベクトル量のこともある．このようなときのべき展開の仕方は，その系がオーダーパラメーターに対してもつ対称性を保持するように行わなければならない．前に述べたように，相転移はその系のもつ対称性が破れた状態が現れる現象なので，適切に有効ハミルトニアンを記述して系の対称性の情報を盛り込まないと，系特有の相転移の様子をうまく再現できなくなる．たとえば，超流動，超伝導などのオーダーパラメーターは複素数であるが，その位相変換に対して系が不変であるため，有効ハミルトニアンは

$$\beta H = a_1 |\psi(\boldsymbol{r})|^2 + a_2 |\psi(\boldsymbol{r})|^4 + a_0 |\nabla \psi(\boldsymbol{r})|^2 \quad (4.70)$$

ととらなければならない．ここで，$|\nabla \psi|^2 = (\nabla \operatorname{Re} \psi)^2 + (\nabla \operatorname{Im} \psi)^2 = \sum_i \{(\partial_i \operatorname{Re} \psi)^2 + (\partial_i \operatorname{Im} \psi)^2\}$ である．

　式 (4.68) のようなハミルトニアンをふつう，ギンツブルグ-ランダウのハミルトニアン（Ginzburg-Landau Hamiltonian）あるいは，ギンツブルグ-ラン

ダウ-ウィルソンのハミルトニアン（Ginzburg-Landau-Wilson Hamiltonian）とよぶ．簡単のため以下の議論では $\psi(\boldsymbol{r})$ を実数のスカラー量とし，式 (4.68) のハミルトニアンを扱う．強磁性スピンモデルがこれにあたり，そのとき ψ は局所的な磁化である．

式 (4.68) のハミルトニアンは，まだその係数 a_0, a_1, a_2 が決まっていない．これらの形も相転移をうまく表現できるように決める．まず，確率 W の表式から，H を最小にする $\psi(\boldsymbol{r})$ が最も現れやすいオーダーパラメターの場であることがわかるが，$a_0 < 0$ では $\psi(\boldsymbol{r})$ の空間的ゆらぎがいくらでも増大してしまう．この理由により $a_0 > 0$ であるべきである．さらに $a_1 = a_1'(T - T_c)$, $a_1' > 0$, $a_2 > 0$ と選ぶと相転移がうまく記述されることがわかる．これを確かめるために，外場ゼロの場合に対し，H を最小にする ψ を決めることにすると，まず空間的ゆらぎの項をゼロにするために $\psi(\boldsymbol{r}) = \psi$（一定）とし，$\partial H / \partial \psi = 0$ より $\psi^2 = -a_1/2a_2$ または $\psi = 0$ の解が得られる．ψ はオーダーパラメターなので，転移温度 T_c 以上では $\psi = 0$，T_c 以下では $\psi \neq 0$ が現れてほしい．したがって，上記のように a_1, a_2 を与えれば，これを再現できることは明らかである（本来，この要請を満たすには，a_1 は単に $T > T_c$ で正，$T < T_c$ で負になればよいのだが，a_1 が $T = T_c$ 付近で十分なめらかと仮定し，$T - T_c$ でテイラー展開して $a_1 = a_1'(T - T_c) + O((T - T_c)^2)$ となったと考えればよい）．

こうして各係数の符号などが定まったので，空間的ゆらぎを無視したままいくつかの物理量を求めてみよう．空間的ゆらぎを無視した場合の式 (4.68) をランダウのハミルトニアンという．

式 (4.68) がイジングモデルを記述していると考えれば，$\psi(\boldsymbol{r})$ は局所的磁化，h は外部磁場ということになる．$h = 0$ のとき H を最小にする磁化 m の大きさは上述のように

$$m = \begin{cases} 0 & (T \gtrsim T_c) \\ \sqrt{-\dfrac{a_1}{2a_2}} & (T \lesssim T_c) \end{cases} \quad (4.71)$$

で与えられる．これにより T_c 以下で磁化が $(T_c - T)^{1/2}$ で発達していくことがわかる．$|h| \gtrsim 0$ では，h の 1 次までの範囲で

$$m = \begin{cases} \dfrac{\beta_c h}{2a_1} & (T \gtrsim T_c) \\ \sqrt{-\dfrac{a_1}{2a_2}} - \dfrac{\beta_c h}{4a_1} & (T \lesssim T_c) \end{cases} \quad (4.72)$$

となる．ここで $\beta_c = 1/k_B T_c$ である．帯磁率 $\chi = (\partial m/\partial h)_{h=0}$ は

$$\chi = \begin{cases} \dfrac{\beta_c}{2a_1} = \dfrac{\beta_c}{2a_1'}|T - T_c|^{-1} & (T \gtrsim T_c) \\ -\dfrac{\beta_c}{4a_1} = \dfrac{\beta_c}{4a_1'}|T - T_c|^{-1} & (T \lesssim T_c) \end{cases} \quad (4.73)$$

となって，転移点で温度の逆数で発散する結果が得られる．一方，比熱を求めるために自由エネルギー F を

$$e^{-\beta F} = \int [d\psi] \exp\left(-\beta \int H[\psi(\boldsymbol{r})] d\boldsymbol{r}\right) \quad (4.74)$$

$$\simeq \exp\left(-\beta \int H^{\min}[\psi(\boldsymbol{r})] d\boldsymbol{r}\right) \quad (4.75)$$

で近似する．ここで $H^{\min}$ は ψ の汎関数としての H の最小値である．これより $h=0$ のとき

$$F/V \simeq \begin{cases} 0 & (T \gtrsim T_c) \\ -\dfrac{a_1^2}{4a_2}\dfrac{1}{\beta_c} & (T \lesssim T_c) \end{cases} \quad (4.76)$$

となる．V は系の体積を表す．比熱 C は，その定義 $C = -T\partial^2(F/V)/\partial T^2|_{h=0}$ より

$$C = \begin{cases} 0 & (T \gtrsim T_c) \\ \dfrac{a_1'^2}{4a_2} k_B T_c^2 & (T \gtrsim T_c) \end{cases} \quad (4.77)$$

で与えられ，比熱は転移温度で発散せずにとびを示すだけである．

以上の計算はすべて ψ として H を最小にする値（すなわち式 (4.71), (4.72)）を代入して物理量の計算をしている．ψ のゆらぎを考慮しない点でこれは平均場近似である．実際，T_c 近傍での m や χ の温度依存性は，4.3 節で求めた分子場近似の結果 (4.46) と一致している．

4.4.2 ガウス近似

つぎに ψ のゆらぎの効果を取り入れてみる.

$$\psi(\boldsymbol{r}) = m + \delta\psi(\boldsymbol{r}) \tag{4.78}$$

とおいて，H を最小にする ψ の値 m（式 (4.71) あるいは式 (4.72) で与えられる）とそこからのゆらぎとに分ける．$\delta\psi$ を十分小さいとしてハミルトニアン (4.68) を $\delta\psi$ でべき展開し $\delta\psi$ の 2 次まで残すと

$$\beta H[\psi(\boldsymbol{r})] \simeq \beta H^{\min} + (a_1 + 6a_2 m^2)\delta\psi^2 + a_0(\nabla\delta\psi)^2 \tag{4.79}$$

と書ける．したがってフーリエ変換

$$\delta\psi(\boldsymbol{r}) = \frac{1}{V}\sum_{\boldsymbol{k}} e^{-i\boldsymbol{k}\cdot\boldsymbol{r}} \delta\psi_{\boldsymbol{k}} \tag{4.80}$$

より

$$\beta \int H[\psi(\boldsymbol{r})] d\boldsymbol{r} = \frac{1}{V}\sum_{\boldsymbol{k}} (a_1 + 6a_2 m^2 + a_0 k^2)|\delta\psi_{\boldsymbol{k}}|^2 \tag{4.81}$$

を得る．このようにゆらぎの 2 次まで残し高次の項を無視する近似を**ガウス近似**（Gaussian approximation）という．さきほどは自由エネルギーを求める際に，式 (4.75) において ψ の汎関数積分を近似してしまった．それは一般のハミルトニアンに対する ψ 積分は解析的に行えないからである．しかしガウス近似を行うことにより積分を実行できる．ψ から $\delta\psi$ へ変数変換を行えば

$$\begin{aligned}
e^{-\beta F} &= \int [d\delta\psi(\boldsymbol{r})] \exp\left(-\beta \int H[\delta\psi(\boldsymbol{r})]\right) \\
&= e^{-\beta F_0} \prod_{\boldsymbol{k}} \int [d\delta\psi_{\boldsymbol{k}}] \exp\left(-\frac{(a_1 + 6a_2 m^2 + a_0 k^2)|\delta\psi_{\boldsymbol{k}}|^2}{V}\right) \\
&= e^{-\beta F_0} \prod_{\boldsymbol{k}} \sqrt{\frac{\pi V}{a_1 + 6a_2 m^2 + a_0 k^2}}
\end{aligned} \tag{4.82}$$

ここで $F_0 = V H^{\min}$ である．これより分配関数 Z と自由エネルギー F は

$$Z = e^{-\beta F_0} \prod_{\boldsymbol{k}} \sqrt{\frac{\pi V}{a_0(\mu + k^2)}} \tag{4.83}$$

$$F = F_0 - \frac{1}{2} k_{\mathrm{B}} T \sum_{\boldsymbol{k}} \ln \frac{\pi V}{a_0(\mu + k^2)} \tag{4.84}$$

で与えられる．ここで $\mu = (a_1 + 6a_2 m^2)/a_0$ である．式 (4.71) を使えば，μ は，$T \gtrsim T_c$ では $\mu = (a_1'/a_0)(T - T_c)$，$T \lesssim T_c$ では $\mu = 2(a_1'/a_0)(T - T_c)$ と書ける．磁化 $\langle \psi(\bm{r}) \rangle$ は

$$\begin{aligned}
\langle \psi(\bm{r}) \rangle &= Z^{-1} \int [d\psi] \psi \exp\left(-\beta \int H d\bm{r}\right) \\
&= m + Z^{-1} \int [d\delta\psi] \delta\psi(\bm{r}) \exp\left(-\beta \int H d\bm{r}\right) \\
&= m
\end{aligned} \qquad (4.85)$$

となって，ψ の平均値が m であるという仮定に合致する．ここで $\delta\psi$ 積分は，被積分関数が $\delta\psi$ の奇関数なので 0 になる．これより帯磁率 χ に関してはゆらぎをガウス近似で取り入れても式 (4.73) の結果のままである．

一方，比熱 C は，式 (4.77) で与えられる比熱を C_0 とすると

$$C \equiv C_0 - \frac{a_1'}{a_0} \frac{k_B T}{V} \sum_{\bm{k}} \frac{1}{\mu + k^2} + \frac{1}{2} \left(\frac{a_1'}{a_0}\right)^2 \frac{k_B T^2}{V} \sum \frac{1}{(\mu + k^2)^2} \qquad (4.86)$$

となる．$\sum_{\bm{k}}$ を $\{V/(2\pi)^d\} \int d\bm{k}$ に置き換え（d は系の空間次元），さらに $\bm{k} \to \sqrt{\mu} \bm{k}'$ と変換すると，第 2 項は $\mu^{d/2-2}$ に比例する．μ は $|T - T_c|$ に比例するので，結局，式 (4.86) の比熱は，次元 d が 4 より小さいとき，第 2 項は第 1 項よりも $T \sim T_c$ 付近で大きくなり，C は

$$C \sim \frac{(a_1'/a_0)^{d/2} T_c^2}{(T - T_c)^{2-d/2}} \qquad (4.87)$$

で発散することがわかる．これは C がとびしか示さない平均場近似 (4.77) とは大きく異なる．また，$d < 4$ であればこの発散項の係数を与える積分

$$\int d\bm{k}'/(1 + k'^2)^2 \propto \int_0^\infty k'^{d-1} dk'/(1 + k'^2)^2 \qquad (4.88)$$

が収束することも注意すべき点である．このことから，4 次元以上と未満とでは本質的に異なる状況にあるということがいえる．

ゆらぎの相関を表す相関関数 $G(\bm{r})$ を

$$G(\bm{r} - \bm{r}') = \langle \delta\psi_{\bm{r}} \delta\psi_{\bm{r}'} \rangle \qquad (4.89)$$

により定義する．このフーリエ変換 $G_{\bm{k}} = (1/(2\pi)^d) \int d\bm{r} e^{i\bm{k}\cdot\bm{r}} G(\bm{r})$ は

$$G_{\bm{k}} = \langle \delta\psi_{\bm{k}} \delta\psi_{-\bm{k}} \rangle = \langle |\delta\psi_{\bm{k}}|^2 \rangle \tag{4.90}$$

となる．この平均値を定義により計算すると

$$G_{\bm{k}} = \frac{1}{2a_0} \frac{1}{\mu + k^2} \tag{4.91}$$

となる．これより，波数 $\bm{k}$ の小さいゆらぎほど相関が強く，さらに $T \to T_c$ では $\mu \to 0$ のために転移点に近づくほど相関が増大してゆく．$T = T_c$ すなわち $\mu = 0$ のとき $G(\bm{r})$ は $r \to \infty$ で

$$G(r) \to \begin{cases} \dfrac{1}{r} & (d=3) \\ -\ln r & (d=2) \\ 特異 & (d=1) \end{cases} \tag{4.92}$$

である．$d=1$ のとき $G_{\bm{k}}$ のフーリエ積分は収束しない．ゆらぎが相関をもつ距離の目安を与えるものとして**相関距離**（correlation length）ξ を

$$\xi^2 = \frac{\int r^2 G(\bm{r}) d\bm{r}}{\int G(\bm{r}) d\bm{r}} \tag{4.93}$$

により定義すると

$$\xi^2 = \frac{-(\partial/\partial k^2) G_{\bm{k}}|_{\bm{k}=0}}{G_{\bm{k}=0}} = \mu^{-1} \tag{4.94}$$

で与えられることがわかる．μ は $|T - T_c|$ に比例するので，相関距離 ξ は $T \to T_c$ で

$$\xi \propto \frac{1}{\sqrt{|T - T_c|}} \tag{4.95}$$

によって発散する．以上のガウス近似の結果を 4.2.2 項で定義した臨界指数を用いてまとめると，

$$\begin{aligned} \alpha &= d/2 - 2 \\ \beta &= 1/2 \\ \gamma &= 1 \\ \nu &= 1/2 \\ \eta &= 0 \end{aligned} \tag{4.96}$$

となる．ゆらぎの相関を表す G や ξ の温度依存性から，T が T_c に近づくほどゆらぎが重要になることがわかる．実際，ゆらぎを無視したときとガウス近似で考慮したときとでは，比熱の $T = T_c$ での特異性がまったく異なる．逆にいえば，T_c から遠くに離れた温度領域では，ゆらぎを無視した平均場近似がよい近似となるが，T が T_c に近づくにつれて平均場近似の有効性は薄れ，ゆらぎを取り入れる理論が必要になる．では，どの程度 T_c に近づくとゆらぎが重要になるかの目安を求めてみよう．

ψ のゆらぎは $G(\boldsymbol{r})$ により表されている．ψ の相関距離が ξ なので，半径 ξ の範囲内で，ψ がどの程度ゆらいでいるかを表す量として

$$
\begin{aligned}
M &= \frac{\int_{|\boldsymbol{r}-\boldsymbol{r}'|<\xi} d(\boldsymbol{r}-\boldsymbol{r}')\langle(\psi(\boldsymbol{r})-\langle\psi\rangle)(\psi(\boldsymbol{r}')-\langle\psi\rangle)\rangle}{\int_{r<\xi} d\boldsymbol{r}\langle\psi^2(\boldsymbol{r})\rangle_{T<T_c}} \\
&= \frac{\int_{r<\xi} d\boldsymbol{r}\, G(\boldsymbol{r})}{\xi^d(-a_1/2a_2)} \\
&\sim \frac{G(\boldsymbol{k}=0)}{\xi^d(a_1'/2a_2)|T-T_c|}
\end{aligned} \tag{4.97}
$$

を考えよう．分子は半径 ξ 内でゆらぎを積分したもの，分母はそれを規格化するために，秩序相でのオーダーパラメーターの大きさを与える目安である．$M \ll 1$ であれば，ψ のゆらぎは無視できるということである．式 (4.91), (4.94) より

$$
M \sim \frac{a_2 a_1'^{(d-4)/2}}{a_0^{d/2}} |T-T_c|^{(d-4)/2} \tag{4.98}
$$

となる．まず，$d > 4$ のとき，$T \to T_c$ でつねに $M \ll 1$ であることに注目しよう．すなわち，$d > 4$ では，オーダーパラメーターのゆらぎは無視でき，平均場近似が信頼できることを意味する．一方 $d < 4$ では，$T \to T_c$ でゆらぎは無視できず，平均場近似は成り立たなくなる．具体的には，

$$
T_G \equiv \frac{1}{a_1'} \left(\frac{a_2}{a_0^{d/2}}\right)^{2/(4-d)} \tag{4.99}
$$

とすると，$d < 4$ で $|T - T_c|$ が T_G よりも小さくなるくらい転移点に接近すると，ゆらぎが無視できなくなるのである．このような条件を**ギンツブルグの条件**（Ginzburg's criterion）という．なお，$d = 4$ は，臨界的な次元で，物理量の発散にべき乗以外に対数補正が掛る．

以上のように，ある次元より上の次元で平均場近似が有効になり，下の次元では無効になるような，そんな境目の次元を**上部臨界次元**（upper critical dimension）という．いまの例でいえば，上部臨界次元は 4 である．

ガウス近似ではゆらぎの 2 次の項までしか考慮していなかったが，T_c のごく近傍でゆらぎが大きくなった場合には，より高次の項の影響も調べなければならない．しかしたとえば 4 次の項を追加しただけで，$\delta\psi$ での汎関数積分を解析的に行えなくなり，扱いが急に難しくなる．常套手段は，4 次の項を摂動とみなして摂動展開する手法であるが，それは章末の参考文献にゆずるとして，以下では別の方法を考えよう．

4.5 スケーリング

4.5.1 次元解析

さて，もう一度ギンツブルグ–ランダウのハミルトニアン (4.68) に戻ろう．いま，$(\nabla\psi)^2$ の係数が 1 になるように，$\sqrt{a_0}\psi$ を新しく ψ と定義し直す．他のパラメーターについても

$$\begin{aligned} \frac{a_1}{a_0} &\to a_1 \\ \frac{a_2}{a_0^2} &\to a_2 \end{aligned} \tag{4.100}$$

と定義し直すと，式 (4.68) は $h = 0$ のとき，

$$\beta H = \beta H_0 + a_1 \psi^2 + a_2 \psi^4 + (\nabla\psi)^2 \tag{4.101}$$

となる．ここで右辺に現れる量の次元を考えてみよう．$\beta \int H[\psi(\boldsymbol{r})]d\boldsymbol{r}$ が無次元量であることから，次元を $[\cdots]$ で表せば，

$$[\beta H] = \mathrm{L}^{-d} \tag{4.102}$$

である．Lは長さの次元を表す．よって右辺の$(\nabla \psi)^2$は，L^{-d}の次元をもたなければならないので，

$$[\psi] = L^{1-d/2} \tag{4.103}$$

である．さらに，同様にして

$$[a_1] = L^{-2} \tag{4.104}$$

$$[a_2] = L^{d-4} \tag{4.105}$$

であることも自動的にわかる．相関関数$G(\bm{r})$は，$G(\bm{r}-\bm{r}') = \langle \psi(\bm{r})\psi(\bm{r}') \rangle$で定義されるので，

$$[G(\bm{r})] = L^{2-d} \tag{4.106}$$

であり，そのフーリエ変換$G(\bm{k})$は

$$[G(\bm{k})] = L^2 \tag{4.107}$$

であることがわかる．

4.5.2　スケール変換

さて，次に長さのスケールをb倍してみよう．その意味は，長さの単位をこれまでのb倍にするということである．新しい単位で測った長さは，これまでの$1/b$倍の大きさになる．これにより長さの次元をもつ量はすべて変化し，たとえば，上にあげたGは

$$\begin{aligned} G(\bm{r}) &\to b^{d-2} G(\bm{r}) \\ G(\bm{k}) &\to b^{-2} G(\bm{k}) \end{aligned} \tag{4.108}$$

というように変化する．ところで転移点上$(T=T_c)$で

$$G(\bm{k}) \sim k^{-2+\eta} \tag{4.109}$$

とふるまうというのが臨界指数ηの定義であった．この関数に対してもスケール変換すると，kは長さの逆数の次元をもつので

$$G(\bm{k}) \to b^{-2+\eta} G(\bm{k}) \tag{4.110}$$

と変換される．これは明らかに式 (4.108) と矛盾する．矛盾しないための一つの解決法は，いかなる場合でも，$\eta = 0$ と決めることである．そして他の臨界指数も，同様の次元解析で決めてしまう．しかし，この解決方法では，すべての相転移の臨界指数は同じ値をもち，世の中のすべての物理系が一つのユニバーサリティクラスに属するという誤った結論に達してしまう．そこで別の解決方法が必要である．

相転移点付近では，相関距離が非常に長くなり，系を支配する．しかし系には，ミクロな特徴的長さ（たとえば格子定数など）がいくつもあるはずである．それらを $l_1, l_2, \cdots$ とすると，$G(\boldsymbol{k})$ は，一般に

$$G(\boldsymbol{k}) = \xi^2 \tilde{G}(k\xi, l_1/\xi, l_2/\xi, \cdots) \tag{4.111}$$

という形に書けるはずである．$\tilde{G}$ は未知の無次元関数である．右辺はたしかに次元解析通り，長さの 2 乗の次元をもつ．転移点上 ($\xi \to \infty$) では，l_1 や l_2 の具体的な値は見えなくなるが，大切なのは，それらが存在するということである．右辺で $\xi \to \infty$，すなわち，$l_i/\xi \to 0$ のとき，$\tilde{G}$ という未知関数を展開し，その結果が $\tilde{g}(k\xi)(l_1/\xi)^{s_1}(l_2/\xi)^{s_2}\cdots$ と書けたとしよう．$\theta = \sum_i s_i$ とおくと，$\xi \to \infty$ で $\tilde{G}(\boldsymbol{k})$ は，やはり未知関数 $\tilde{g}, \tilde{h}$ を用いて

$$G(\boldsymbol{k}) \sim \xi^{2-\theta} \tilde{g}(k\xi)(l_1^{s_1} l_2^{s_2} \cdots) \tag{4.112}$$

$$= k^{-2+\theta} \tilde{h}(k\xi)(l_1^{s_1} l_2^{s_2} \cdots) \tag{4.113}$$

と書ける．これより，θ は臨界指数 η そのものであることがわかる．次元解析から得られる物理量の次元と，臨界点付近での振る舞いから決められる次元との差（θ など）を**異常次元**（anomalous dimension）という．

ところで $G(\boldsymbol{k} = 0)$ の転移点付近での振る舞いは，臨界指数 γ を用いて $G(0) \sim (T - T_c)^{-\gamma}$ と表される．一方，式 (4.113) において $k = 0$ として $\xi \sim (T - T_c)^{-\nu}$ を代入すると，

$$G(0) \sim (T - T_c)^{-\nu(2-\theta)} \tag{4.114}$$

となる．$\theta = \eta$ だったので，結局，臨界指数間に

$$\nu(2 - \eta) = \gamma \tag{4.115}$$

という関係が得られる．このような臨界指数間に成立する関係式を，**スケーリング則**（scaling law）という．とくに，式 (4.115) は，**フィッシャーのスケーリング則**（Fisher's scaling law）とよばれるものである．ここで注目すべきは，スケーリング則が式 (4.113) という物理量の関数形についての一種の仮説から得られたということである．そこで自由エネルギーについても，その関数形について考察すれば，別のスケーリング則が得られるだろう．

自由エネルギーの中で，転移点で特異性をもつ部分を F_s と書き，それを体積で割った自由エネルギー密度を f_s と書こう．f_s は温度と外場の関数である．温度については無次元量

$$t = \frac{T - T_c}{T_c} \tag{4.116}$$

で表し，外場 h も $k_B T$ で割って無次元化したものを新たに h と書こう．

$$\frac{h}{k_B T} \to h \tag{4.117}$$

この t と h の関数 $f_s(t, h)$ が，どのような t, h 依存性をもつかを考えてみる．まず，$h = 0$ のとき，f_s を温度で 2 回微分して得られる比熱が $t^{-\alpha}$ の特異性をもつことから

$$f_s(t, 0) \sim t^{2-\alpha} \tag{4.118}$$

と書けるであろう．そこで $f_s(t, h)$ は

$$f_s(t, h) = t^{2-\alpha} \tilde{f}_1(h/t^\Delta) \tag{4.119}$$

という形をとるとする．これは G の場合同様，仮説である．この種の仮説を**スケーリング仮説**（scaling hypothesis）という．しかしこの仮説は，あとでみるように，繰り込み群によって基礎づけされる．ちなみに，指数 Δ を**ギャップ指数**（gap exponent）とよぶこともある．式 (4.119) の指数 α, Δ，および，$\tilde{f}_1$ という関数がすべて普遍性をもつとする．この関数 $\tilde{f}_1$ のことを f_s に対する**スケーリング関数**（scaling function）という．

式 (4.119) を書き換えると，

$$f_s(t, h) = h^{(2-\alpha)/\Delta} \tilde{f}_2(h/t^\Delta) \tag{4.120}$$

と書けるが，$t = 0$ のとき f_s を h で微分して得られるオーダーパラメターは，$h^{1/\delta}$ という外場依存性をもつので，

$$\Delta = (2 - \alpha)\frac{\delta}{1 + \delta} \tag{4.121}$$

と決められる．よって，

$$f_s(t, h) = t^{2-\alpha}\tilde{f}_1(h/t^{(2-\alpha)\delta/(1+\delta)}) \tag{4.122}$$

と書くことができる．このスケーリング関数を認めれば，他の臨界指数も出せる．オーダーパラメターは，$h = 0$ で t^β の温度依存性をもつことから，

$$\alpha + \beta(\delta + 1) = 2 \tag{4.123}$$

というグリフィスのスケーリング則（Griffith's scaling law）が得られる．オーダーパラメターをさらに h で微分して得られる感受率は，$h = 0$ で $t^{-\gamma}$ の特異性をもつことから，

$$\gamma = (\alpha - 2)\frac{1 - \delta}{1 + \delta} \tag{4.124}$$

となる．式 (4.123), (4.124) から δ を消去すれば

$$\alpha + 2\beta + \gamma = 2 \tag{4.125}$$

というラッシュブルックのスケーリング則（Rushbrooke's scaling law）も得られる．

系が有限の大きさ（1 辺 L としよう）のときは，系の特徴的な長さとして，ξ と L の二つが存在することになる．その場合のスケーリングを，**有限サイズスケーリング**（finite size scaling）という．実際の物質は，有限の大きさといっても非常に大きな系なので，実質的には $L \sim \infty$ とみなしてよいが，計算機シミュレーションの際には，有限サイズの系しか扱えないので，臨界現象を調べるには有限サイズスケーリングが必要となる．

有限サイズスケーリングでは，式 (4.119) は

$$f_s(t, h, L) = t^{2-\alpha}\tilde{f}_1(h/t^{\Delta_h}, L/t^{\Delta_L}) \tag{4.126}$$

となるとする．これは書き換えると

$$f_s(t, h, L) = L^{(2-\alpha)/\Delta_L} \tilde{f}_2(h/t^{\Delta_h}, L/t^{\Delta_L}) \qquad (4.127)$$

となる．f_s を微分して得られる各種物理量も，同じような形で書ける．ここで重要なことは，有限系なので真の相転移が起こらないにも関わらず，$L \to \infty$ の系の転移点を見積もることができるということである．いま $h = 0$ としよう．式 (4.127) から得られた物理量 A が，スケーリング関数を使って

$$A(t, L) = L^p \tilde{A}(L/t^{\Delta_L}) \qquad (4.128)$$

と書けたとしよう．A をいくつかの L に対し T の関数として（シミュレーションなどで）観測したとする．そのとき，p をいろいろ変えながら，A/L^p を T の関数としてグラフにプロットすると，ある p の値のときに，さまざまな L に対する曲線がすべて 1 点で交わる（図 4.3）．

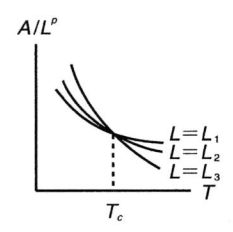

図 **4.3**　有限サイズスケーリングを利用して，T_c と臨界指数を求める方法

その交点が T_c であり，そのときの p の値が臨界指数を決める．これは，式 (4.128) を用いると，$A(t, L)/L^p = \tilde{A}(L/t^{\Delta_L})$ であることから，$T \to T_c$ で右辺は $\tilde{A}(\infty)$ となり，L に依存しない量となるためである．

4.6　繰り込み群の方法

転移点付近では，非常に長くなった相関距離が系を支配する．したがって，そのときの系の様子を知るには，長波長での系の振る舞いを解析する必要がある．さらに，このような転移点付近の解析のみならず，一般にある系の性質を解析

するとき，その系のグローバルな振る舞い，すなわち長波長での系の性質に注目する場合が多い．波数 k でいえば，物理量の $k \sim 0$ 付近のふるまいに興味があることが多い．そこで本節では，その長波長での系の性質を引き出す手法について紹介する．そしてこの手法から，前節のスケーリング仮説の基礎づけが得られることも後に示すことにする．

物理量導出の基礎となる分配関数 Z が

$$Z = \int \mathcal{D}\phi e^{-S(\phi)} \tag{4.129}$$

といった形で書かれるとしよう．いま波数 k のとりうる値の範囲を

$$0 < |k| < \Lambda \tag{4.130}$$

とする．カットオフ Λ は，物理的には格子定数の逆数などで与えられる．各波数に対するモード ϕ_k を長波長と短波長，あるいは波数の大きい領域と小さい領域というふうに境目をつけて分けてみる．

$$\phi_k = \begin{cases} \phi_{\text{slow}} & (0 < |k| < \Lambda') \quad \text{長波長のモード} \\ \phi_{\text{fast}} & (\Lambda' < |k| < \Lambda) \quad \text{短波長のモード} \end{cases} \tag{4.131}$$

すると式 (4.129) は

$$Z = \int \mathcal{D}\phi_{\text{slow}} \mathcal{D}\phi_{\text{fast}} e^{-S(\phi_{\text{slow}}, \phi_{\text{fast}})} \tag{4.132}$$

となる．長波長の物理を知りたいということは

$$Z = \int \mathcal{D}\phi_{\text{slow}} e^{-S_{\text{eff}}(\phi_{\text{slow}})} \tag{4.133}$$

というように長波長モードのみで記述される有効的な作用 $S_{\text{eff}}(\phi_{\text{slow}})$ を知りたいということにほかならない．式 (4.132), (4.133) を等しいとおくことにより，S_{eff} は

$$e^{-S_{\text{eff}}(\phi_{\text{slow}})} = \int \mathcal{D}\phi_{\text{fast}} e^{-S(\phi_{\text{slow}}, \phi_{\text{fast}})} \tag{4.134}$$

により求められる．しかしこの右辺を計算するのは，一般には単純に進まない．そこで式 (4.134) について，もう少し調べてみよう．

通常 $S(\phi_{\text{slow}}, \phi_{\text{fast}})$ は，ϕ_{slow} のみで書ける項，ϕ_{fast} のみで書ける項，両者が結合して切り離せない項とからなる：

$$S(\phi_{\text{slow}}, \phi_{\text{fast}}) = S_0(\phi_{\text{slow}}) + S_0(\phi_{\text{fast}}) + S_1(\phi_{\text{slow}}, \phi_{\text{fast}}) \tag{4.135}$$

たとえば $S(\phi)$ として

$$S(\phi) = \sum_{k=-\Lambda}^{\Lambda} \mu(k)\phi_k^2 + \sum_{k_1,\cdots,k_4} V(k_1, k_2, k_3, k_4)\phi_{k_1}\phi_{k_2}\phi_{k_3}\phi_{k_4} \tag{4.136}$$

という形が与えられた場合，その第 1 項は

$$\sum_{k=-\Lambda'}^{\Lambda'} \mu(k)\phi_k^2 + \sum_{|k|=\Lambda'}^{\Lambda} \mu(k)\phi_k^2 \equiv S_0(\phi_{\text{slow}}) + S_0(\phi_{\text{fast}}) \tag{4.137}$$

というように ϕ_{slow} と ϕ_{fast} の項に分離できるが，第 2 項はそれができない $S_1(\phi_{\text{slow}}, \phi_{\text{fast}})$ に相当する．式 (4.135) を式 (4.134) に代入すると

$$\begin{aligned} e^{-S_{\text{eff}}(\phi_{\text{slow}})} &= e^{-S_0(\phi_{\text{slow}})} \int \mathcal{D}\phi_{\text{fast}} e^{-S_0(\phi_{\text{fast}})} e^{-S_1(\phi_{\text{slow}}, \phi_{\text{fast}})} \\ &= e^{-S_0(\phi_{\text{slow}})} \langle e^{-S_1(\phi_{\text{slow}}, \phi_{\text{fast}})} \rangle_{\text{fast}} \end{aligned} \tag{4.138}$$

と書ける．ここで

$$\begin{aligned} \langle A \rangle_{\text{fast}} &\equiv Z_{\text{fast}}^{-1} \int \mathcal{D}\phi_{\text{fast}} e^{-S_0(\phi_{\text{fast}})} A \\ Z_{\text{fast}} &= \int \mathcal{D}\phi_{\text{fast}} e^{-S_0(\phi_{\text{fast}})} \end{aligned} \tag{4.139}$$

である．式 (4.138) では本当は Z_{fast} が係数としてかかるが，それは単に分配関数 Z に定数 Z_{fast} をかけるだけで物理的意味をもたないため省略した．式 (4.138) の $\langle\cdots\rangle_{\text{fast}}$ は，通常厳密には計算できない．これが計算できてしまうなら，そもそも式 (4.129) を厳密に計算できるということなので，それならば長波長領域に限らずすべてが完全に解けてしまう．式 (4.136) の例も含めて，一般にはそのようなことはまれであり，式 (4.138) の $\langle\cdots\rangle_{\text{fast}}$ も近似的に計算せざるをえない．

いまかりに式 (4.138) の $\langle\cdots\rangle_{\text{fast}}$ を何らかの近似を使って計算したとしよう. それにより式 (4.129) の Z は式 (4.133) の形に書き直されたことになる. つまり, $S(\phi)$ のうち短波長成分を '繰り込んだ' ものが $S_{\text{eff}}(\phi_{\text{slow}})$ である. この繰り込みの効果を調べるために $S(\phi)$ と $S_{\text{eff}}(\phi_{\text{slow}})$ を比較したいところだが, この段階ではまだできない. なぜなら, $S(\phi)$ の方は $0 < |k| < \Lambda$ の範囲にわたってモードが存在し, それに対する結合定数 (式 (4.136) の μ や V) が存在するのに対し, $S_{\text{eff}}(\phi_{\text{slow}})$ では, k は $0 < |k| < \Lambda'$ の範囲に限られ, $\Lambda' < |k| < \Lambda$ の範囲に対する結合定数が存在しないからである. そこで

$$k \to \frac{\Lambda'}{\Lambda} k \qquad (4.140)$$

とスケール変換すれば, 新しい k に対しその範囲は $0 < |k| < \Lambda$ となってもとに戻る. さらに, 経路積分の節でみたように, 量子系の作用 S には, 積分変数として k (あるいは x) だけでなく, τ も含まれる. その場合, k に対するスケール変換 (4.140) に伴って, τ も

$$\tau \to \left(\frac{\Lambda}{\Lambda'}\right)^z \tau \qquad (4.141)$$

と変換されるとする. z は, 4.2.2 項にあるように, 空間方向と虚時間方向とのスケールの違いを表した動的指数である. z の値はあとで決める.

また, 式 (4.129) において ϕ は単なる積分変数なので, ϕ を定数倍したものを ϕ' として変数変換しても物理は変わらない. そこで式 (4.140) のスケール変換に伴い ϕ を

$$\phi \to \left(\frac{\Lambda'}{\Lambda}\right)^g \phi \qquad (4.142)$$

と置き換える. g の値もあとで決める. S_{eff} に対し式 (4.140)〜(4.142) のスケール変換を施したものを $S^*(\phi)$ と書くことにする. 以下 $\Lambda' \equiv \Lambda/b$ としよう. b は 1 より大きい数で $b = e^l$ $(l > 0)$ とおくこともある.

以上の繰り込み変換をまとめると

手順 1

$$e^{S_{\text{eff}}(\phi_{\text{slow}})} = e^{-S_0(\phi_{\text{slow}})} \langle e^{-S_1(\phi_{\text{slow}}, \phi_{\text{fast}})} \rangle_{\text{fast}} \qquad (4.143)$$

によって $S_{\text{eff}}(\phi_{\text{slow}})$ を求める.

手順 2

$S_{\text{eff}}(\phi_{\text{slow}})$ において

$$k \to b^{-1} k$$
$$\tau \to b^z \tau \qquad (4.144)$$
$$\phi_{\text{slow}} \to b^{-g} \phi$$

と変換したものを $S^*(\phi)$ とおく．

この手順により得られた S^* を S と比較すると，そのいくつかの項は同じ形をしている．ただ結合定数が異なるだけである．結合定数も含めて完全に同じ $(S = S^*)$ ときは，S^* を**固定点**（fixed point）という．固定点の S^* は，繰り込み変換により変化しないという意味で，あとで述べるように重要な役割を果たす．

ところで手順 2 における z と g は，通常 S の一部（実際には $S(\phi)$ の ϕ^2 の項）が固定点になるように決める．このように z と g を選ぶことにより，$S(\phi)$ は固定点となる項（S_0 とよぶことにする）とそうでない項（S' とよぶ）とに分けることができる：

$$S = S_0 + S' \qquad (4.145)$$

繰り込み変換により S は

$$S \to S^* = S_0 + (S')^* \qquad (4.146)$$

と変換される．S_0 は定義より $S_0 = S_0^*$ である．$(S')^*$ が結合定数の大きさを別にして S' と同じ形をしている場合がとくに興味がある．S' の結合定数を λ と書くと，λ が 1 回の繰り込み変換により $\lambda(b)$ になったとしよう．繰り込み変換は $\Lambda/\Lambda' = b$ がパラメーターなので，$\lambda(b)$ は b の関数である．繰り込み変換をくり返し実行すると，Λ' はどんどん小さくなってゆき，すなわち b はどんどん大きくなってゆく．b を大きくしてゆくと $\lambda(b)$ がどのように変化するかを微分方程式の形に書いたものが**繰り込み群方程式**（renormalization group equation）である．通常は $b = e^l$ として λ を l の関数として表すことが多い：

$$\frac{d\lambda(l)}{dl} = \beta(\lambda) \qquad (4.147)$$

繰り込みによる λ の増加（減少）の仕方を決めるのが右辺の β 関数である．繰り込み変換の手順 1 で $\langle \cdots \rangle_{\text{fast}}$ を近似的に求めるというのは，結局この β 関数を近似的に求めることにつながる．S' が複数の項からなるときは，そのそれぞれの結合定数 $\lambda_1, \lambda_2, \cdots$ に対し，やはり

$$\frac{d\lambda_i}{dl} = \beta_i(\lambda_1, \lambda_2, \cdots) \qquad (i = 1, 2, \cdots) \tag{4.148}$$

という連立繰り込み群方程式の形で繰り込み変換の効果が表現される．

式 (4.148) の中で結合定数 λ_i が繰り込み変換をくり返すことによりどんどん小さくなってゆくのであれば，λ_i は長波長極限の物理を考える限り，系の性質に影響を及ぼさないことになる．このような λ_i を**有意でない**（irrelevant）という．一方，S' の結合定数 λ_i が繰り込み変換により大きくなっていく場合は，λ_i は系の物理に大きな影響を及ぼす項である．このような λ_i を**有意**（relevant）という．関数 β_i が 0 で λ_i が繰り込み変換により変化しないときは，λ_i を**中立的**（marginal）という．ただし，先に述べたように，繰り込み変換の手順 1 の $\langle \cdots \rangle_{\text{fast}}$ は近似的に計算するのが普通であり，ある近似レベルで中立的と判断された λ_i でも，近似の精度をあげると，有意になったり有意でなくなったりするときがある．前者の場合は λ_i は**中立的有意**（marginally relevant）といい，後者のときは**中立的有意でない**（marginally irrelavent）という．すべての $\beta_i (i = 1, 2, \cdots)$ が 0 の場合は，繰り込みにより S' が変化しないことから，S' を含めた作用 $S_0 + S'$ が固定点であることを意味する．

なお，繰り込み '群' という名前であるが，繰り込みの手順 1, 2 を実行することを演算子 R_b で表すと，

$$R_b[S] = S^* \tag{4.149}$$

と書け，さらに

$$R_b R_{b'} = R_{bb'} \tag{4.150}$$

であることは明らかなので，この演算子 R_b が半群を構成することに由来する．群ではなく半群なのは，その逆演算子を定義できないからである．

さて，繰り込み手順の 1 における $\langle \cdots \rangle_{\text{fast}}$ の計算は，何度も述べているように普通は近似的に行われる．とくに S_1 を摂動として扱う場合が多い．そこで

S_1 のべきで展開することにすると，キュムラント展開

$$\langle e^A \rangle = \exp \sum_{k=0}^{\infty} \frac{1}{k!} \langle A^k \rangle_c \tag{4.151}$$

$$\langle A \rangle_c = \langle A \rangle$$

$$\langle A^2 \rangle_c = \langle A^2 \rangle - \langle A \rangle^2$$

$$\langle A^3 \rangle_c = \langle A^3 \rangle - 3\langle A^2 \rangle \langle A \rangle + 2\langle A \rangle^3$$

$$\cdots = \cdots$$

を用いて

$$\langle e^{-S_1(\phi_{\text{slow}}, \phi_{\text{fast}})} \rangle_{\text{fast}} = \exp \sum_{k=0}^{\infty} \frac{(-1)^k}{k!} \langle S_1^k \rangle_{c,\text{fast}} \tag{4.152}$$

ということになる．したがって $S_{\text{eff}}(\phi_{\text{slow}})$ を求める式 (4.143) は

$$\begin{aligned} S_{\text{eff}}(\phi_{\text{slow}}) = & S_0(\phi_{\text{slow}}) + \langle S_1(\phi_{\text{slow}}, \phi_{\text{fast}}) \rangle_{\text{fast}} \\ & - \frac{1}{2} (\langle S_1^2(\phi_{\text{slow}}, \phi_{\text{fast}}) \rangle_{\text{fast}} - \langle S_1(\phi_{\text{slow}}, \phi_{\text{fast}}) \rangle_{\text{fast}}^2) \\ & + \cdots \end{aligned} \tag{4.153}$$

と展開できる．あとはこの $\langle \cdots \rangle_{\text{fast}}$ を計算して，摂動的に $S_0(\phi_{\text{slow}})$ への繰り込みを調べればよい．$\langle S_1^k(\phi_{\text{slow}}, \phi_{\text{fast}}) \rangle_{\text{fast}}$ の計算結果は ϕ_{slow} の関数である．しかし $S_0(\phi_{\text{slow}})$ がかりに（そしてよくあるように）ϕ_{slow} の2次と4次の項から成り立っているとすると，$\langle S_1^k \rangle_{\text{fast}}$ という ϕ_{slow} の関数の中で，ϕ_{slow} の2次と4次の部分だけが $S_0(\phi_{\text{slow}})$ への繰り込みとして寄与する．

以下，練習問題としていくつかの例を取り上げて，繰り込み群解析を行ってみよう．ただし，転移点付近に話を限って，臨界指数などを導くことが目的であれば，以下の具体的計算例は読み飛ばして，次節へ進んでいただいて構わない．なお，ここで取り上げる以外にも 4.8.2 項や 4.8.3 項でも繰り込み群による解析をしているので，そちらも参照していただきたい．とくに 4.8.2 項では，波動空間ではなく実空間での繰り込みを行っている．k のカットオフ Λ は格子定数 a の逆数程度と上に書いたが，$\Lambda/b < |k| < \Lambda$ のモードを繰り込む（経路積分で'積分'してしまう）ということは，実空間では $a < |\boldsymbol{r}| < ab$ の自由

度を繰り込むことにほかならない．したがって上に述べた繰り込みの考え方は，実空間において実行することも可能であり，その一例が 4.8.2 項で示されている．このように繰り込み群の手法は，問題に応じて適宜いろいろな形の技法が開発されているが，しかしその根本は上に述べたことと同じアイデアに基づいている．

4.6.1 サイン–ゴルドンモデル

ハミルトニアン

$$H = \frac{1}{2}\int dx [K^{-1}\Pi^2 + K(\partial_x\phi)^2 - g\cos(p\phi)] \qquad (4.154)$$

で与えられるモデルをサイン–ゴルドン (sine-Gordon) モデルとよぶ．ここで ϕ と Π は共役な関係にあり，

$$[\phi(x), \Pi(y)] = i\delta(x-y) \qquad (4.155)$$

である．このモデルはさまざまな分野で顔を出し，実際 4.8.3 項で議論する 1 次元系でも現れる．式 (4.154) の最初の二つの項は，通常の弦の振動を表すもので，それだけなら問題は解けるが，やっかいなのは cos 項であり，この存在により厳密に解くことができなくなっている．しかしもし cos 項の係数 g が十分小さければ，その影響も小さく，系の性質は線形のスペクトルをもつモードで記述されるといってよい．一方，cos 項の係数 g が十分大きいと，ϕ は cos 項によるエネルギー寄与をまず第一に下げようとし，式 (4.154) の場合でいえば ϕ は 0 に近づこうとする．そこで $\phi \sim 0$ として cos 項を展開すると，正の係数をもった ϕ の 2 次の項が現れ，スペクトルにギャップが開く ($k \to 0$ の極限で $\omega \to \mathrm{const} > 0$)．cos 項の影響の小さい場合と大きい場合をそれぞれ弱結合の場合，強結合の場合とよぶことにすると，系の性質はこの結合の強弱によりがらりと変わるのである．それでは cos 項が強結合か弱結合かは何によって決るのであろうか．それをみるために繰り込み群を利用する．

そのためにまず，ハミルトニアンを用いて分配関数を汎関数積分の形に表しておくと便利である．1.3.3 項の一般化座標を用いた経路積分において，$q_\alpha \to$

$\phi(x), p_\alpha \to \Pi(x)$ と置き換えれば，分配関数は

$$Z = \int \mathcal{D}\phi \exp\left(-\int dx d\tau \left[\frac{1}{2}K(\partial_\tau \phi)^2 + \frac{1}{2}K(\partial_x \phi)^2 - g\cos(p\phi)\right]\right)$$
$$= \int \mathcal{D}\phi e^{-S} \tag{4.156}$$

の形に書けることがわかる．S を ϕ の 2 次の項 S_0 と cos 項 S_g とに分けて $S = S_0 + S_g$ とし，S_0 をフーリエ空間で書き表すと（1.3.2 項の終わりの方を参照），

$$S_0 = \beta^{-1} \sum_{\omega_n} \sum_{q=-\Lambda}^{\Lambda} \frac{1}{2}K(q^2 + \omega_n^2)|\phi_{q\omega_n}|^2 \tag{4.157}$$

となる．Λ はカットオフである．ここで繰り込みの手続きにしたがい，$\phi_{q\omega_n}$ を q の小さいものと大きいものとで分けて考え，$\Lambda/b < |q| < \Lambda$ の大きな q の $\phi_{q\omega_n}$（細かく振動する成分）に対しては式 (4.156) の ϕ 積分を実行してしまう．すなわち，

$$S_0 = S_0^{\text{slow}} + S_0^{\text{fast}} \tag{4.158}$$
$$S_0^{\text{slow}} = \beta^{-1} \sum_{\omega_n} \sum_{q=-\Lambda/b}^{\Lambda/b} \frac{1}{2}K(q^2 + \omega_n^2)|\phi_{q\omega_n}|^2$$
$$S_0^{\text{fast}} = \beta^{-1} \sum_{\omega_n} \left(\sum_{q=\Lambda/b}^{\Lambda} + \sum_{q=-\Lambda}^{-\Lambda/b}\right) \frac{1}{2}K(q^2 + \omega_n^2)|\phi_{q\omega_n}|^2$$
$$= \beta^{-1} \sum_{\omega_n} \sum_{q=\Lambda/b}^{\Lambda} K(q^2 + \omega_n^2)|\phi_{q\omega_n}|^2$$

と書くことにすると，

$$Z = \int \mathcal{D}\phi_{\text{slow}} e^{-S_0^{\text{slow}}} \int \mathcal{D}\phi_{\text{fast}} e^{-S_0^{\text{fast}}} e^{-S_g}$$
$$= \int \mathcal{D}\phi_{\text{slow}} e^{-S_0^{\text{slow}}} \langle e^{-S_g} \rangle_{\text{fast}}$$
$$\simeq \int \mathcal{D}\phi_{\text{slow}} \exp\left\{-\left[S_0^{\text{slow}} + \langle S_g \rangle_{\text{fast}} - \frac{1}{2}(\langle S_g^2 \rangle_{\text{fast}} - \langle S_g \rangle_{\text{fast}}^2) + \cdots\right]\right\}$$
$$\tag{4.159}$$

となる.ここで $\phi_{q\omega_n}$ ($\Lambda/b < |q| < \Lambda$) を ϕ_{fast} と書き,ϕ_{fast} の積分のみ実行して得られる平均値を $\langle\cdots\rangle_{\text{fast}}$ と書いた.

まず S_0^{slow} について繰り込み手順 2 のスケール変換を行おう(S_0 についての繰り込み手順 1 は単なる定数を与えるだけである).式 (4.144) に従って

$$\begin{aligned} q &\to q/b \\ \omega_n &\to \omega_n/b^z \\ \phi_{\text{slow}} &\to \phi/b^s \end{aligned} \quad (4.160)$$

と変換する(ここで式 (4.144) における g は,ここでは結合定数と混同しないように s と書いた).そのとき $z=1, s=0$ とすると,S_0^{slow} は S_0 に戻り,S_0 は繰り込み変換により変化しない固定点であることがわかる.

それではつぎに S_g の効果として,はじめに $\langle S_g\rangle_{\text{fast}}$ を計算しよう.

$$\langle S_g\rangle_{\text{fast}} = -\frac{g}{2}\int dxd\tau\, e^{ip\phi_{\text{slow}}}\langle e^{ip\phi_{\text{fast}}}\rangle_{\text{fast}} + \text{c.c.} \quad (4.161)$$

なので,結局 $\langle e^{ip\phi_{\text{fast}}}\rangle_{\text{fast}}$ を計算すればよいことになる.c.c. は複素共役を表す.

$$\begin{aligned}
\langle e^{ip\phi_{\text{fast}}}\rangle_{\text{fast}} &= \Big\langle \exp\Big[i\beta^{-1}p\sum_{\omega_n}\sum_{q=\Lambda/b}^{\Lambda}(e^{i\omega_n\tau - iqx}\phi_{q\omega_n} \\
&\quad + e^{-i\omega_n\tau + iqx}\phi_{-q-\omega_n})\Big]\Big\rangle_{\text{fast}} \\
&= \exp\Big[-\beta^{-1}\sum_{\omega_n}\sum_{q=\Lambda/b}^{\Lambda} K^{-1}p^2/(q^2+\omega_n^2)\Big] \\
&= \exp\Big[-\frac{p^2}{K}\int_{\Lambda/b}^{\Lambda}\frac{dq}{2\pi}\int_{-\infty}^{\infty}\frac{d\omega}{2\pi}\frac{1}{q^2+\omega^2}\Big] \\
&= b^{-p^2/(4\pi K)} \quad (4.162)
\end{aligned}$$

よって

$$\langle S_g\rangle_{\text{fast}} = -gb^{-p^2/4\pi K}\int dxd\tau \cos(p\phi_{\text{slow}}) \quad (4.163)$$

となる. ここで $x \to bx$, $\tau \to b\tau$ とスケールをもとに戻して ($z=1, s=0$ としたことを思い出そう)

$$Z = \int \mathcal{D}\phi\, e^{-S'} \tag{4.164}$$
$$S' = \int dx d\tau \left[\frac{K}{2}(\partial_\tau \phi)^2 + \frac{K}{2}(\partial_x \phi)^2 - gb^{2-p^2/4\pi K}\cos(p\phi) \right]$$

となり, S' は S と同じ形になる. ただし g は繰り込まれた値

$$g(b) = gb^{2-p^2/4\pi K} \tag{4.165}$$

になっている. これにより g への繰り込みはみられたが, K は繰り込まれておらず, $K(b) = K$ である. K への繰り込みは, S_g の 2 次の寄与を以下のように計算することにより現れる.

S_g の 2 次の項は

$$-\frac{1}{2}(\langle S_g^2 \rangle_{\text{fast}} - \langle S_g \rangle_{\text{fast}}^2) \tag{4.166}$$

である. ここで

$$\begin{aligned}
\langle S_g^2 \rangle_{\text{fast}} =\ & g^2 \int dx dx' d\tau d\tau' \langle \cos p(\phi_{\text{slow}} + \phi_{\text{fast}})_{(x\tau)} \\
& \times \cos p(\phi_{\text{slow}} + \phi_{\text{fast}})_{(x'\tau')} \rangle_{\text{fast}} \\
=\ & \frac{g^2}{4} \int \sum_{\epsilon_1,\epsilon_2 = \pm 1} e^{i\epsilon_1 p\phi_{\text{slow}}\,(x\tau) + i\epsilon_2 p\phi_{\text{slow}}\,(x'\tau')} \\
& \times \langle e^{i\epsilon_1 p\phi_{\text{fast}}\,(x\tau) + i\epsilon_2 p\phi_{\text{fast}}\,(x'\tau')} \rangle_{\text{fast}}
\end{aligned} \tag{4.167}$$

であるが,

$$\begin{aligned}
& \langle e^{i\epsilon_1 p\phi_{\text{fast}}\,(x\tau) + i\epsilon_2 p\phi_{\text{fast}}\,(x'\tau')} \rangle_{\text{fast}} \\
=\ & \Bigg\langle \exp\Bigg[i\beta^{-1}p\epsilon_1 \sum_{q\omega_n}(e^{i\omega_n \tau - iqx}\phi_{q\omega_n} + e^{-i\omega_n \tau + iqx}\phi_{-q-\omega_n}) \\
& + i\beta^{-1}p\epsilon_2 \sum_{q\omega_n}(e^{i\omega_n \tau' - iqx'}\phi_{q\omega_n} + e^{-i\omega_n \tau' + iqx'}\phi_{-q-\omega_n}) \Bigg] \Bigg\rangle_{\text{fast}} \\
=\ & \exp\Bigg[-\beta^{-1}\frac{p^2}{K} \sum_{q\omega_n} \frac{|\epsilon_1 e^{i\omega_n \tau - iqx} + \epsilon_2 e^{i\omega_n \tau' - iqx'}|^2}{q^2 + \omega_n^2} \Bigg]
\end{aligned}$$

$$
\begin{aligned}
&= b^{-p^2/2\pi K} \exp\left[-\frac{p^2}{K}\epsilon_1\epsilon_2 \int_{\Lambda/b}^{\Lambda}\frac{dq}{2\pi}\int_{-\infty}^{\infty}\frac{d\omega}{2\pi}\frac{e^{i\omega(\tau-\tau')}e^{-iq(x-x')}}{q^2+\omega^2} + \text{c.c.}\right] \\
&= b^{-p^2/2\pi K} \exp\left[-\frac{p^2}{K}\epsilon_1\epsilon_2 \int_{\Lambda/b}^{\Lambda}\frac{dq}{2\pi}\frac{e^{-q|\tau-\tau'|}}{q}\cos q(x-x')\right] \quad (4.168)
\end{aligned}
$$

なので，よって

$$
\begin{aligned}
\langle S_g^2\rangle_{\text{fast}} = \frac{1}{2}\int g^2 b^{-p^2/2\pi K}[&\cos p(\phi_{\text{slow}\,(x\tau)} + \phi_{\text{slow}\,(x'\tau')})e^{-I(x-x',\tau-\tau')} \\
+ &\cos p(\phi_{\text{slow}\,(x\tau)} - \phi_{\text{slow}\,(x'\tau')})e^{I(x-x',\tau-\tau')}] \quad (4.169)
\end{aligned}
$$

と書ける．ここで

$$
I(x,\tau) = \frac{p^2}{K}\int_{\Lambda/b}^{\Lambda}\frac{dq}{2\pi}\frac{e^{-q|\tau|}}{q}\cos qx \quad (4.170)
$$

である．同様にして，

$$
\begin{aligned}
\langle S_g\rangle_{\text{fast}}^2 = \frac{1}{2}\int g^2 b^{-p^2/2\pi K}[&\cos p(\phi_{\text{slow}\,(x\tau)} + \phi_{\text{slow}\,(x'\tau')}) \\
+ &\cos p(\phi_{\text{slow}\,(x\tau)} - \phi_{\text{slow}\,(x'\tau')})] \quad (4.171)
\end{aligned}
$$

である．以上より，

$$
\begin{aligned}
&-\frac{1}{2}(\langle S_g^2\rangle_{\text{fast}} - \langle S_g\rangle_{\text{fast}}^2)) \\
&= -\frac{1}{4}\int g^2 b^{-p^2/2\pi K}[\cos p(\phi_{\text{slow}\,(x\tau)} + \phi_{\text{slow}\,(x'\tau')})(e^{-I(x-x',\tau-\tau')}-1) \\
&\quad + \cos p(\phi_{\text{slow}\,(x\tau)} - \phi_{\text{slow}\,(x'\tau')})(e^{I(x-x',\tau-\tau')}-1)]
\end{aligned}
$$
$$(4.172)$$

となる．式 (4.172) の第 2 項は，$x \sim x', \tau \sim \tau'$ のとき

$$
\begin{aligned}
\cos p(\phi_{\text{slow}\,(x\tau)} &- \phi_{\text{slow}\,(x'\tau')}) \\
&\sim 1 - \frac{p^2}{2}(\partial_\tau \phi_{\text{slow}\,(x\tau)})^2(\tau-\tau')^2 + \cdots \\
&\quad - \frac{p^2}{2}(\partial_x \phi_{\text{slow}\,(x\tau)})^2(x-x')^2 + \cdots \quad (4.173)
\end{aligned}
$$

と展開できることから，

$$
\begin{aligned}
-\frac{1}{2}&(\langle S_g^2\rangle_{\text{fast}} - \langle S_g\rangle_{\text{fast}}^2)) \\
&\simeq \frac{g^2}{4}b^{-p^2/2\pi K}\frac{p^2}{2}\int dxd\tau[(\partial_\tau\phi_{\text{slow}})^2\int_0^a dx'd\tau'\tau'^2 \\
&\quad + (\partial_x\phi_{\text{slow}})^2\int_0^a dx'd\tau'x'^2](e^{I(0,0)}-1)+\cdots \quad (4.174)
\end{aligned}
$$

となる．x', τ' 積分を $0 \sim a$ の範囲（a はカットオフ Λ^{-1} 程度）で行い，$e^{I(0,0)} = b^{p^2/2\pi K}$ を使うと，

$$
\begin{aligned}
-\frac{1}{2}&(\langle S_g^2\rangle_{\text{fast}} - \langle S_g\rangle_{\text{fast}}^2) \\
&\simeq \frac{g(b)^2 p^2 a^4 b^{-4}}{24}(b^{p^2/2\pi K}-1)\int dxd\tau[(\partial_\tau\phi_{\text{slow}})^2+(\partial_x\phi_{\text{slow}})^2]+\cdots
\end{aligned}
\quad (4.175)
$$

となる．ここでは式 (4.165) を用いた．$x \to bx, \tau \to b\tau$ によってスケールをもとに戻せば，結局 K への繰り込みは

$$
K \to K(b) = K + \frac{g(b)^2 p^2 a^4 b^{-4}}{24}(b^{p^2/2\pi K}-1) \quad (4.176)
$$

となることがわかる．

$l = \ln b$ として，式 (4.165) と式 (4.176) を微分形式で表せば，

$$
\begin{aligned}
\frac{dg}{dl} &= 2\left(1-\frac{p^2}{8\pi K}\right)g \\
\frac{dK}{dl} &= \mu g^2
\end{aligned}
\quad (4.177)
$$

となる．正の定数 μ はユニバーサルな量ではなく，その詳細は重要ではない．式 (4.177) はすなわち，p を一定とした場合，$K = K^* \equiv p^2/(8\pi), g = 0$ が固定点であり，$K > K^*$ のとき $g(b)$ は ∞ の強結合へ繰り込まれる relevant なものであり，$K < K^*$ のときは $g(b)$ は 0 の弱結合領域へ繰り込まれる irrelevant なものであることを表す．g と K の流れ図を図 4.4 に示す．式 (4.177) は，4.8.2 項で示すコステリッツ–サウレス転移と同じ繰り込み方程式である．そのためサ

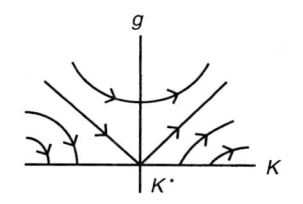

図 4.4　g と K の繰り込みの流れ図

イン–ゴルドンモデル (4.154) において，K をパラメターとして起こる相転移は，コステリッツ–サウレス型の相転移と同じく，相関距離 ξ が

$$\xi \sim \exp\left(A/\sqrt{K - K*}\right) \tag{4.178}$$

の形で発散するようなものである（相関距離がこのような形をとることは 4.8.2 項のコステリッツ–サウレス転移での解析を参照していただきたい）．

4.6.2　1 次元フェルミオン系

　フェルミオンの自由粒子系に粒子間相互作用の弱い摂動が加わったときの安定性について考えてみよう．相互作用が斥力で，系が 3 次元ならば，これはすなわちフェルミ液体を繰り込み群解析することに相当するが，次元が高いとやや解析が複雑になるので，ここではフェルミオン系に対する繰り込み群法の練習問題として一番簡単な 1 次元を対象とする．さらに簡単のためにスピン自由度は無視し，スピンのない 1 次元フェルミオン系を考えることにする．1 次元系は 4.8.3 項で述べる朝永–ラッティンジャー液体とよばれる状態をもちうる．1 次元では，粒子の動ける方向が一つしかなく，ある粒子が動くと必ず他の粒子にぶつかり，運動が次々と波及してゆくという性質をもつ．すなわち 1 粒子的励起は存在せず，集団励起のみが発生しうるのである．本項では，繰り込み群を用いて，このような 1 次元系に特有のスケール不変な相互作用の存在を示す．

　自由粒子系の基底状態は，粒子がフェルミエネルギー ε_F までつまった状態である（図 4.5）．この状態からの低エネルギー励起は $k \sim \pm k_F$ 付近の分散関係の形から決まる．いま図 4.6 のように $k \sim \pm k_F$ 付近でエネルギー分散 ε_k（ε_k は $\hbar^2 k^2/2m$ と考えてもいいし，格子系のように $-2t\cos ka$ としてもよい）が

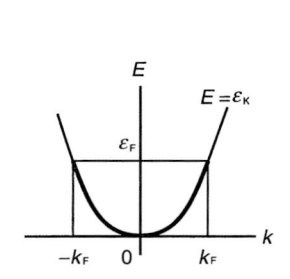

図 4.5 1次元フェルミ粒子系の典型的エネルギースペクトル

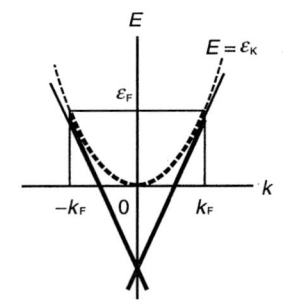

図 4.6 フェルミレベル付近で線形化したエネルギースペクトル

線形で近似しても悪くない場合，基底状態からの低エネルギー励起を記述するハミルトニアン H_0 は

$$H = \frac{1}{L}\sum_{k=k_F-\Lambda}^{k_F+\Lambda}\alpha(k-k_F)a_k^\dagger a_k + \frac{1}{L}\sum_{k=-k_F-\Lambda}^{-k_F+\Lambda}\alpha(-k-k_F)a_k^\dagger a_k \quad (4.179)$$

となる．L は系の長さ，α はフェルミ速度である．また，ε_k の線形近似が妥当とみなせる k の範囲として，$\pm k_F - \Lambda < k < \pm k_F + \Lambda$ とした．Λ はカットオフである．$k>0$ の場合の a_k を a_{1k}，$k<0$ の場合の a_k を a_{-1k} と書くことにし，さらに $|k|-k_F$ を k と書き直すと

$$H_0 = \frac{1}{L}\alpha\sum_{k=-\Lambda}^{\Lambda} k(a_{1k}^\dagger a_{1k} + a_{-1k}^\dagger a_{-1k}) \quad (4.180)$$

とまとめられる．

この系の繰り込み群解析にも経路積分が便利である．1.3.2 項に従えば，自由粒子系の分配関数 Z_0 は

$$Z_0 = \int \mathcal{D}\psi^*\mathcal{D}\psi\, e^{-S_0} \quad (4.181)$$

$$S_0 = \frac{1}{L}\int_0^\beta d\tau \sum_{i=\pm 1}\sum_{k=-\Lambda}^{\Lambda}\left[\psi_{ik}^*(\tau)\frac{\partial}{\partial\tau}\psi_{ik}(\tau) + \alpha k\psi_{ik}^*(\tau)\psi_{ik}(\tau)\right]$$

と書ける．ψ_{ik}, ψ_{ik}^* はグラスマン数である．フーリエ変換を施すと，分配関数は

$$Z_0 = \int \mathcal{D}\psi^*\mathcal{D}\psi\, e^{-S_0} \quad (4.182)$$

4.6 繰り込み群の方法

$$S_0 = (L\beta)^{-1} \sum_{i=\pm 1} \sum_{n,k} \psi_{ik}^*(\omega_n)(-i\omega_n + \alpha k)\psi_{ik}(\omega_n)$$

$$= \sum_{i=\pm 1} \int_{-\infty}^{\infty} \frac{d\omega}{2\pi} \int_{-\Lambda}^{\Lambda} \frac{dk}{2\pi} \psi_{ik}^*(\omega)(-i\omega + \alpha k)\psi_{ik}(\omega)$$

と書ける.ここで $\beta, L \to \infty$ を仮定した.

先述の手順により,まずこの自由粒子系に対して繰り込み操作をしてみよう.つまり,まず k の範囲 $|k| \leq \Lambda$ を $|k| \leq \Lambda/b$ と $\Lambda/b < |k| \leq \Lambda$ とに分ける. S_0 もそれにしたがって二つに分けると

$$S_0 = S_0^{\text{slow}} + S_0^{\text{fast}} \tag{4.183}$$

$$S_0^{\text{slow}} = \sum_i \int_{-\infty}^{\infty} \frac{d\omega}{2\pi} \int_{-\Lambda/b}^{\Lambda/b} \frac{dk}{2\pi} \psi_{ik}^*(\omega)(-i\omega + \alpha k)\psi_{ik}(\omega)$$

$$S_0^{\text{fast}} = \sum_i \int_{-\infty}^{\infty} \frac{d\omega}{2\pi} \left[\int_{\Lambda/b}^{\Lambda} \frac{dk}{2\pi} + \int_{-\Lambda}^{-\Lambda/b} \frac{dk}{2\pi} \right] \psi_{ik}^*(\omega)(-i\omega + \alpha k)\psi_{ik}(\omega)$$

と書ける.これにより Z_0 は

$$Z_0 = \int \mathcal{D}\psi_{\text{slow}}^* \mathcal{D}\psi_{\text{slow}} e^{-S_0^{\text{slow}}} \int \mathcal{D}\psi_{\text{fast}}^* \mathcal{D}\psi_{\text{fast}} e^{-S_0^{\text{fast}}} \tag{4.184}$$

となる.ここで ψ_{slow} は, $\psi_{ik}(\omega)$ のうち k が $|k| \leq \Lambda/b$ の範囲にあるものを表し, ψ_{fast} は $\psi_{ik}(\omega)$ のうち k が $\Lambda/b < |k| \leq \Lambda$ の範囲にあるものを表す.式 (4.184) の二つめの積分を実行すると,それは単に定数を与えるだけで物理的に意味はない.したがってこの段階で Z_0 は

$$Z_0 = \int \mathcal{D}\psi_{\text{slow}}^* \mathcal{D}\psi_{\text{slow}} e^{-S_0^{\text{slow}}} \tag{4.185}$$

となる.

次の手順としてスケールをもとに戻さなければならない.すなわち

$$\begin{aligned} x &\to bx \\ \tau &\to b^z \tau \\ \psi &\to b^{-g}\psi \end{aligned} \tag{4.186}$$

とする．すると S_0^{slow} は

$$S_0^{\text{slow}} \to b^{-1-z-2g} \sum_i \int_{-\infty}^{\infty} \frac{d\omega}{2\pi} \int_{-\Lambda}^{\Lambda} \frac{dk}{2\pi} \psi_{ik}^*(\omega)(-i\omega b^{-z} + \alpha k b^{-1})\psi_{ik}(\omega)$$
(4.187)

と変換される．よって

$$\begin{aligned} z &= 1 \\ g &= -\frac{3}{2} \end{aligned}$$
(4.188)

と選べば，スケール変換によって S_0^{slow} は式 (4.182) の S_0 に戻ることになる．これは繰り込み変換によって S_0（あるいは H_0）が不変であることを意味し，自由粒子系が固定点であることを表す．

ではこの自由粒子系に摂動を加えたときに，系の状態が安定でいられるかどうかをやはり繰り込み群で解析しよう．摂動としては，S_0 と同じく ψ と ψ^* の 2 次形式で表される S_1，および粒子間相互作用のような ψ と ψ^* の 4 次で表される S_2 を考える．まず S_1 の効果を考えよう．

S_1 の効果

ψ と ψ^* の 2 次形式で表される S_1 は一般に

$$\begin{aligned} S_1 &= (L\beta)^{-1} \sum_i \sum_{n,k} \lambda(k,\omega_n)\psi_{ik}^*(\omega_n)\psi_{ik}(\omega_n) \\ &= \sum_i \int_{-\infty}^{\infty} \frac{d\omega}{2\pi} \int_{-\Lambda}^{\Lambda} \frac{dk}{2\pi} \lambda(k,\omega)\psi_{ik}^*(\omega)\psi_{ik}(\omega) \end{aligned}$$
(4.189)

と書ける．$\lambda(k,\omega)$ が k と ω の解析関数であるとして，べき展開しよう：

$$\lambda(k,\omega) = \lambda_{00} + \lambda_{10} k + \lambda_{01}\omega + \lambda_{20} k^2 + \lambda_{11} k\omega + \lambda_{02}\omega^2 + \cdots \quad (4.190)$$

そして $S_0 + S_1$ について自由粒子系と同じく繰り込みの手続きをする．そうすると式 (4.184) に相当する式が現れるが，S_0^{fast} の積分はやはり単なる定数を与えるだけである．スケールを式 (4.186)，(4.188) によりもとに戻すと

$$\begin{aligned} &(S_0 + S_1)^{\text{slow}} \\ &\to \sum_i \int_{-\infty}^{\infty} \frac{d\omega}{2\pi} \int_{-\Lambda}^{\Lambda} \frac{dk}{2\pi} \psi_{ik}^*(\omega)[(-i\omega + \alpha k) + b\lambda_{00}] \end{aligned}$$

$$+(\lambda_{10}k + \lambda_{01}\omega) + b^{-1}(\lambda_{20}k^2 + \lambda_{11}k\omega + \lambda_{02}\omega^2) + \cdots]\psi_{ik}(\omega) \tag{4.191}$$

と変換される．当然 S_0 の部分はもとに戻り，繰り込みによる変化がない．S_1 の部分では，0次の項 λ_{00} は $b\lambda_{00}$ へと変わっている．すなわち繰り込み操作により λ_{00} は大きくなっており，λ_{00} は relevant な摂動であることがわかる．繰り込み群方程式で書けば $l \equiv \ln b$ として

$$\frac{d\lambda_{00}}{dl} = \lambda_{00} \tag{4.192}$$

である．ただ，通常 λ_{00} のような項は ε_F の値を変えるだけのものなので，初めから S_0 の中に取り込んでおけばよい．

λ_{10} と λ_{01} の項は，繰り込み操作によって変更をうけない marginal な項である．それ以外の項（k,ω の2次以上の項）は，繰り込みによって小さくなってゆく irrelevant な項である．たとえば λ_{20} は

$$\frac{d\lambda_{20}}{dl} = -\lambda_{20} \tag{4.193}$$

という繰り込み群方程式にしたがって0へ繰り込まれていく．

S_2 の効果

粒子間の相互作用は，一般に

$$S_2 = \frac{1}{4(L\beta)^4} \sum_{i_1 \cdots i_4} \sum_{n_1 \cdots n_4} \sum_{k_1 \cdots k_4} V_{i_1 \cdots i_4}(k_1 \cdots k_4, \omega_{n_1} \cdots \omega_{n_4})$$
$$\times \psi^*_{i_4 k_4}(\omega_{n_4}) \psi^*_{i_3 k_3}(\omega_{n_3}) \psi_{i_2 k_2}(\omega_{n_2}) \psi_{i_1 k_1}(\omega_{n_1}) \tag{4.194}$$

と書ける．ただし $\sum_{n_1 \cdots n_4}$ と $\sum_{k_1 \cdots k_4}$ の和には

$$\omega_{n_1} + \omega_{n_2} = \omega_{n_3} + \omega_{n_4} \tag{4.195}$$

$$i_1(k_1 + k_F) + i_2(k_2 + k_F) = i_3(k_3 + k_F) + i_4(k_4 + k_F) \tag{4.196}$$

という条件がつく．ここでこれまで同様，$i_1 \cdots i_4$ はいずれも ± 1 の値をとる．$i = 1$ のとき，演算子 ψ_{ik} がもつ波数は原点から測って $k + k_F$ であり，$i = -1$

のときは $-(k+k_F)$ である．つまり i と k の組で表される波数は，具体的には $i(k+k_F)$ で与えられるため，相互作用での運動量保存は式 (4.196) の形に書けるのである．ただし式 (4.196) で注意すべき点は，格子系ではウムクラップ (Umklapp) 過程が許されるので，運動量保存も逆格子ベクトル分 ($2\pi/a$ の整数倍) のずれが許されるということである．粒子が格子点当り $1/2$ だけ存在するハーフフィルド ($k_F = \pi/2a$) のときはウムクラップ過程が重要になるが，ここでは粒子密度はハーフフィルドから十分ずれているものとして，ウムクラップは無視して話を進める．

$L, \beta \to \infty$ を仮定して式 (4.194) を連続変数で書けば，

$$S_2 = \frac{1}{4} \sum_{i_1 \cdots i_4} \int_{-\infty}^{\infty} \frac{d\omega_1}{2\pi} \cdots \frac{d\omega_4}{2\pi} \int_{-\Lambda}^{\Lambda} \frac{dk_1}{2\pi} \cdots \frac{dk_4}{2\pi} V_{i_1 \cdots i_4}(k_1 \cdots k_4, \omega_1 \cdots \omega_4)$$
$$\times \psi_4^* \psi_3^* \psi_2 \psi_1 2\pi \delta(\omega_1 + \omega_2 - \omega_3 - \omega_4)$$
$$\times 2\pi \delta(i_1(k_1 + k_F) + i_2(k_2 + k_F) - i_3(k_3 + k_F) - i_4(k_4 + k_F))$$
$$\tag{4.197}$$

と書ける．ここで $\psi_1 = \psi_{i_1 k_1}(\omega_1)$ である．$|k|$ は k_F に比べて十分小さいので (k は波数の k_F からのずれとして式 (4.180) で定義していた)，二つめのデルタ関数から $i_1 + i_2 = i_3 + i_4$ が要請される．結局 S_2 は

$$S_2 = \frac{1}{4} \sum_{i_1 \cdots i_4} \int_{-\infty}^{\infty} \frac{d\omega_1}{2\pi} \cdots \frac{d\omega_4}{2\pi} \int_{-\Lambda}^{\Lambda} \frac{dk_1}{2\pi} \cdots \frac{dk_4}{2\pi} V_{i_1 \cdots i_4}(k_1 \cdots k_4, \omega_1 \cdots \omega_4)$$
$$\times \psi_4^* \psi_3^* \psi_2 \psi_1 2\pi \delta(\omega_1 + \omega_2 - \omega_3 - \omega_4)$$
$$\times 2\pi \delta(i_1 k_1 + i_2 k_2 - i_3 k_3 - i_4 k_4) \delta_{i_1 + i_2, i_3 + i_4} \tag{4.198}$$

となる．

S_0 や S_1 では ψ^* と ψ が同じ k と ω_n をもっていたので，ψ や ψ^* を ψ_{slow} と ψ_{fast} (ψ_{slow}^* と ψ_{fast}^*) に分けると

$$\psi^* \psi \to \psi_{\text{slow}}^* \psi_{\text{slow}} + \psi_{\text{fast}}^* \psi_{\text{fast}} \tag{4.199}$$

というように slow と fast が完全に分離できた．そのため S_0 も S_0^{slow} と S_0^{fast} に分離でき，式 (4.184) のように書けた．しかし S_2 では，含まれる ψ と ψ^*

4.6 繰り込み群の方法

がそれぞれ異なる k と ω_n をもつため（実際は保存則により独立なのは三つの k と三つの ω_n），S_2 を $S_2^{\text{slow}} + S_2^{\text{fast}}$ といった形にきれいに分けることができない．そこで S_2 の中で，ψ_{fast} あるいは ψ_{fast}^* が n 個含まれる項を $S_2^{(n)}$ と書き，

$$S_2 = \sum_{n=0}^{4} S_2^{(n)} \tag{4.200}$$

としよう．

いまこの $S_2^{(n)}$ を図 4.7 のようにファインマンダイアグラムに描いてみよう．たとえば $S_2^{(1)}$ は，入ってくる 2 本の粒子線と出ていく 2 本の粒子線の合計 4 本のうち，1 本が ψ_{fast} で残りが ψ_{slow} である．このようなダイアグラムを利用すると後の議論がわかりやすくなる．

それでは S_2 に対して，先に述べた繰り込み群解析の手順 1 を実行しよう．つまり式 (4.143) にしたがって S_{eff} を求める．ただし S_2 は ψ_{fast} の 2 次形式で書かれていないために $\langle \exp(-S_2) \rangle_{\text{fast}}$ の厳密な実行は今回はできない．したがって S_2 を摂動として扱い，式 (4.153) にしたがって S_{eff} を求めることにする．これより，具体的には $\langle S_2 \rangle_{\text{fast},c}$ や $\langle (S_2)^2 \rangle_{\text{fast},c}$ などの計算を行えばよいということになる．$\langle S_2 \rangle_{\text{fast}}$ から考えよう．

$\langle S_2 \rangle_{\text{fast}}$ のなかで，$\langle S_2^{(0)} \rangle_{\text{fast}}$ は $S_2^{(0)}$ が ψ_{fast} を含まないため，$\langle S_2^{(0)} \rangle_{\text{fast}} = S_2^{(0)}$ である．$\langle S_2^{(1)} \rangle_{\text{fast}}$ と $\langle S_2^{(3)} \rangle_{\text{fast}}$ は 0 である．$S_2^{(1)}$ と $S_2^{(3)}$ がどちらも ψ_{fast} を奇数個含んでいるので，積分したら 0 になるからである．$S_2^{(4)}$ は ψ_{fast} のみで書かれているため，$\langle S_2^{(4)} \rangle_{\text{fast}}$ は ψ_{slow} を含まない定数であり，無視する．残る $\langle S_2^{(2)} \rangle_{\text{fast}}$ は，$S_2^{(2)}$ が ψ_{fast} を二つ含んでいるため有限の値をとりうる．ただし，含まれている二つの ψ_{fast} が $\psi_{\text{fast}}^* \psi_{\text{fast}}^*$ や $\psi_{\text{fast}} \psi_{\text{fast}}$ ならば，$\langle \cdots \rangle_{\text{fast}}$ を行うことで 0 になってしまう．結局生き残るのは，$S_2^{(2)}$ の中の $\psi_{\text{fast}}^* \psi_{\text{fast}}$ とい

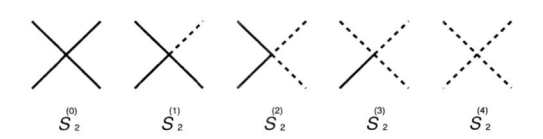

図 4.7 相互作用項 $S_2^{(n)}$ のダイアグラム
実線が ψ_{slow}，破線が ψ_{fast} を表す．

う組み合わせのみである．$\langle \psi_{\text{fast}}^* \psi_{\text{fast}} \rangle_{\text{fast}}$ は ψ_{fast} という場に対するグリーン関数に相当する．したがって $\langle S_2^{(2)} \rangle_{\text{fast}}$ をダイアグラムで描けば，図 4.8 のようになる．ここでは $\langle S_2^{(2)} \rangle_{\text{fast}}$ に含まれる二つの ψ_{slow} を 2 本の実線で表し，$\langle \psi_{\text{fast}}^* \psi_{\text{fast}} \rangle_{\text{fast}}$ のグリーン関数を破線で表した．この項は ψ_{slow} を二つ含んでいるので，式 (4.182) の S_0 項への繰り込みとして寄与する．

一方，$\langle (S_2)^2 \rangle_{\text{fast},c}$ からは，上と同様にダイアグラムで描けば，図 4.9 の三つの項が $S_2^{(0)}$ への繰り込みとして寄与する．S_2 の 2 次からは，図 4.10 のような S_0 へ繰り込まれる項もあるが，これは図 4.8 より高次の項なので，とりあえず考えないことにする．

以上から，S_0 への繰り込みの寄与の最低次は図 4.8 で与えられ，$S_2^{(0)}$ への繰り込みの寄与の最低次は図 4.9 で与えられることがわかった．そして図 4.10 は，図 4.9 と同じ 2 次の項であるが S_0 への繰り込みの寄与としては高次の項になるということもわかった．ということは，繰り込みの寄与を考える際，単純に摂動 S_2 の次数で分類するのではなく，図をみてわかるように，(破線の) ループの数で分類する方が合理的である．$\langle S_2^{(0)} \rangle_{\text{fast}}$ のような項は，ループを一つも含まないので（ループを含まず，外線つまり"枝"のみなので）ツリーレベル (tree level) の項といい，図 4.8, 図 4.9 は **1 ループ** (one-loop) の項，図 4.10 などは **2 ループ** (two-loop) の項とよばれる．それではまず，0 ループ，すなわちツリーレベルから具体的に繰り込み群の手順を追っていこう．

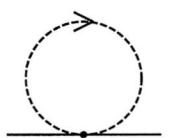

図 4.8 $\langle S_2^{(2)} \rangle_{\text{fast}}$ のダイアグラム

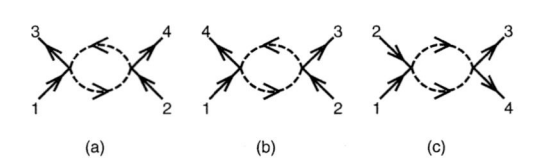

(a) (b) (c)

図 4.9 $\langle (\sum_{k=1}^{4} S_2^{(k)})^2 \rangle_{\text{fast}} - \langle \sum_{k=1}^{4} S_2^{(k)} \rangle_{\text{fast}}^2$ のうち，ψ_{slow} を四つもつものを表現したダイアグラム

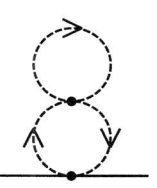

図 4.10 S_0 へ繰り込まれる 2 次の項

$\langle S_2^{(0)} \rangle_{\text{fast}}$ は，$S_2^{(0)}$ が ψ_{fast} を含まないため，$\langle S_2^{(0)} \rangle_{\text{fast}} = S_2^{(0)}$ となって繰り込み手順 1 の計算は省ける．あとはスケールをもとに戻す操作（手順 2）を行うだけである．式 (4.186), (4.188) より，$S_2^{(0)}$ は

$$S_2^{(0)} \to \frac{1}{4} \sum_{i_1 \cdots i_4} \int_{-\infty}^{\infty} \frac{d\omega_1}{2\pi} \cdots \frac{d\omega_4}{2\pi} \int_{-\Lambda}^{\Lambda} \frac{dk_1}{2\pi} \cdots \frac{dk_4}{2\pi}$$
$$\times V_{i_1 \cdots i_4} \left(\frac{k_1}{b} \cdots \frac{k_4}{b}, \frac{\omega_1}{b^z} \cdots \frac{\omega_4}{b^z} \right) \psi_4^* \psi_3^* \psi_2 \psi_1$$
$$\times 2\pi \delta(\omega_1 + \omega_2 - \omega_3 - \omega_4)$$
$$\times 2\pi \delta(i_1 k_1 + i_2 k_2 - i_3 k_3 - i_4 k_4) \delta_{i_1 + i_2, i_3 + i_4} \quad (4.201)$$

と変換される．ここで $\delta(bx) = \delta(x)/b$ という性質を用いた．式 (4.201) から，繰り込み操作の影響は V の中身のみに現れるということがわかる．したがって，S_1 のときに λ をべき展開したように，V を k, ω のべきに展開すると，0 次の定数項のみが b を含まない marginal な項であり，k や ω を 1 次でも含んでいると，b と共にその項は小さくなる irrelevant な項であることがわかる．したがって，このあとの解析では k, ω に依存しない $V_{i_1 \cdots i_4}$ のみを考慮することにする．すなわち今後考えるべき S_2 は

$$S_2 = \frac{1}{4} \sum_{i_1 \cdots i_4} V_{i_1 \cdots i_4} \delta_{i_1 + i_2, i_3 + i_4}$$
$$\times \int_{-\infty}^{\infty} \frac{d\omega_1}{2\pi} \cdots \frac{d\omega_4}{2\pi} 2\pi \delta(\omega_1 + \omega_2 - \omega_3 - \omega_4)$$
$$\times \int_{-\Lambda}^{\Lambda} \frac{dk_1}{2\pi} \cdots \frac{dk_4}{2\pi} 2\pi \delta(i_1 k_1 + i_2 k_2 - i_3 k_3 - i_4 k_4) \psi_4^* \psi_3^* \psi_2 \psi_1$$
$$(4.202)$$

となる．

さて，ここに含まれる $\delta_{i_1+i_2,i_3+i_4}$ の因子は，$i_1 = i_2 = i_3 = i_4$ または $i_1 + i_2 = i_3 + i_4 = 0$ のどちらかだけを許すが，前者の場合，それに対応する V（すなわち $V_{1111} = V_{-1-1-1-1}$）は 0 である．なぜなら，それは実空間でデルタ関数型の相互作用を意味し，いま考えているスピンをもたないフェルミ粒子の場合には同じ地点に二つの粒子が同時に来ることがなく，したがってそのような相互作用は存在しないからである．そこで残るは $i_1 + i_2 = i_3 + i_4 = 0$ の場合である．これはすなわち，二つの相互作用し合う粒子は，$i = +1$（k_F 付近）と $i = -1$（$-k_F$ 付近）の反対方向に走るものどうしであるということを意味する．いま V_{1-11-1} を V_0 と書き，残りの成分は対称性 $V_{i_1-i_1i_2-i_2} = -V_{-i_1i_1i_2-i_2} = -V_{i_1-i_1-i_2i_2} = V_{-i_1i_1-i_2i_2}$ から決めることにする．

では式 (4.202) の S_2 を用いて 1 ループレベルまで計算しよう．すでに調べたように，式 (4.189)，(4.190) において λ_{00} 成分のみ relevant であった．したがって λ_{00} への繰り込みを調べよう．λ_{00} 項は

$$\lambda_{00} \sum_i \int_{-\infty}^{\infty} \frac{d\omega}{2\pi} \int_{-\Lambda}^{\Lambda} \frac{dk}{2\pi} \psi_{ik}^*(\omega)\psi_{ik}(\omega) \qquad (4.203)$$

という形をしているので，図 4.8 は 2 本の外線が (i,k,ω) の場合について計算すればよい．そのとき図 4.8 は図 4.11 のように描ける．ψ_fast に対するグリーン関数 G^0 は $1/(i\omega - k)$ であり，ファインマンダイアグラムの規則から，閉じたループに対して -1 と収束因子 $e^{i\omega\eta}$ を与えるということを思い出せば，図 4.11 は

$$\sum_i \int_{-\infty}^{\infty} \frac{d\omega}{2\pi} \int_{-\Lambda}^{\Lambda} \frac{dk}{2\pi} \psi_{ik}^*(\omega)\psi_{ik}(\omega) \cdot V_0 \int_{-\infty}^{\infty} \frac{d\omega'}{2\pi} \int_{\Lambda/b<|k'|<\Lambda} \frac{dk'}{2\pi} \frac{e^{i\omega\eta}}{i\omega' - k'}$$

$$= -\sum_i \int_{-\infty}^{\infty} \frac{d\omega}{2\pi} \int_{-\Lambda/b}^{\Lambda/b} \frac{dk}{2\pi} \psi_{ik}^*(\omega)\psi_{ik}(\omega) \cdot V_0 \int_{\Lambda/b<|k'|<\Lambda} \frac{dk'}{2\pi} \theta(-k')$$

$$= -\sum_i \int_{-\infty}^{\infty} \frac{d\omega}{2\pi} \int_{-\Lambda/b}^{\Lambda/b} \frac{dk}{2\pi} \psi_{ik}^*(\omega)\psi_{ik}(\omega) \cdot V_0 \frac{\Lambda}{2\pi}(1 - b^{-1}) \qquad (4.204)$$

となる．繰り込み手順 2 にしたがってスケールをもとに戻すと，式 (4.204) は

図 4.11

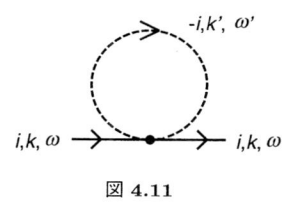

$$-\sum_i \int_{-\infty}^{\infty} \frac{d\omega}{2\pi} \int_{-\Lambda}^{\Lambda} \frac{dk}{2\pi} \psi_{ik}^*(\omega) \psi_{ik}(\omega) \cdot V_0 \frac{\Lambda}{2\pi}(b-1) \quad (4.205)$$

となる．これより λ_{00} は式 (4.191) と合わせて

$$\lambda_{00} \to \lambda_{00}(b) = b\lambda_{00} - V_0 \frac{\Lambda}{2\pi}(b-1) \quad (4.206)$$

と書け，$b = e^l \sim 1 + l$ とおいて l で微分すると，

$$\frac{d\lambda_{00}}{dl} = \lambda_{00} - V_0 \frac{\Lambda}{2\pi} \quad (4.207)$$

を得る．すでに述べたように，λ_{00} は化学ポテンシャルと同じ役割をするものなので，それを μ と書き，また $V_0 \Lambda$ をあらためて V_0 と書き直すと，

$$\frac{d\mu}{dl} = \mu - \frac{V_0}{2\pi} \quad (4.208)$$

となる．右辺第1項が S_1 のツリーレベルから出てきたものであり，第2項が S_2 の1ループレベルから生まれた項である．

次に1ループレベルで S_2 から $V_{1-11-1}(=V_0)$ への繰り込みをみてみよう．ダイアグラムは図 4.9 あるいはそれを詳しく描いた図 4.12 で与えられる．いま考えようとしているのは $i_1 = i_3 = 1, i_2 = i_4 = -1$ の場合である．図 4.12(a) では，左側の相互作用点で $i_1 = i_3 = 1$ に合わせるためには $i = i' = -1$ でなければならない．しかしそれは右側の相互作用点において $i_2 = i_4 = -1$ と合わない．したがって (a) のダイアグラムは 0 を与える．一方 (b) のダイアグラムは，$i = 1, i' = -1$ と選べばよく，(c) では $i = -i'$ とすればよい．

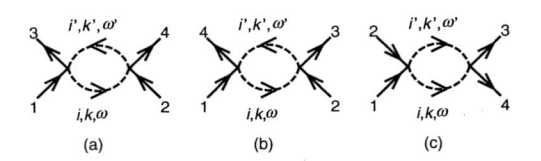

図 4.12 V_0 への 1 ループレベルの繰り込み

(b) の寄与

$$-\frac{4}{2^2}V_0^2 \int \frac{d\omega}{2\pi}\frac{d\omega'}{2\pi}\int \frac{dk}{2\pi}\frac{dk'}{2\pi}\frac{1}{i\omega-k}\frac{1}{i\omega'-k'}$$
$$\times (2\pi)^2\delta(\omega_1+\omega'-\omega_4-\omega)\delta(k_1-k'+k_4-k)$$
$$= -V_0^2 \int \frac{d\omega}{2\pi}\int \frac{dk}{2\pi}\frac{1}{i\omega-k}\frac{1}{i(\omega+\omega_4-\omega_1)+k-k_1-k_4}$$
$$= -V_0^2 \int_{\Lambda/b<|k|<\Lambda}\frac{dk}{2\pi}\frac{1}{2k+i\omega_4-i\omega_1-k_1-k_4}$$
$$= -\frac{V_0^2}{2\pi}l \qquad (4.209)$$

(c) の寄与

$$-\frac{4}{2^2}V_0^2 \int \frac{d\omega}{2\pi}\frac{d\omega'}{2\pi}\int \frac{dk}{2\pi}\frac{dk'}{2\pi}\sum_{i_1=\pm 1}\frac{1}{i\omega-k}\frac{1}{i\omega'-k'}$$
$$\times (2\pi)^2\delta(\omega_1+\omega_2-\omega-\omega')\delta(k_1-k_2-i_1k+i_1k')$$
$$= -\frac{1}{2}V_0^2 \int \frac{d\omega}{2\pi}\int \frac{dk}{2\pi}$$
$$\times \sum_{i_1=\pm 1}\frac{1}{i\omega-k}\frac{1}{i(\omega_1+\omega_2-\omega)-k+i_1k_1-i_1k_2}$$
$$= \frac{1}{2}V_0^2 \sum_{i_1=\pm 1}\int_{\Lambda/b<|k|<\Lambda}\frac{dk}{2\pi}\frac{1}{2k-i\omega_1-i\omega_2-i_1k_1+i_1k_2}$$
$$= \frac{V_0^2}{2\pi}l \qquad (4.210)$$

ここで $b=e^l$, $l \ll 1$ を用いた．これより，図 4.12 (b) のダイアグラムと (c) のダイアグラムは互いに打ち消すことがわかった．すなわち 1 ループレベルでも相互作用 V_0 への繰り込みはなく，V_0 は marginal なままである．

ここまでの繰り込み方程式をまとめると，1ループレベルまで取り入れた結果

$$\frac{d\mu}{dl} = \mu - \frac{V_0}{2\pi} \tag{4.211}$$

$$\frac{dV_0}{dl} = 0 \tag{4.212}$$

となる．固定点は

$$\mu = \frac{V_0^*}{2\pi} \tag{4.213}$$

となり，V_0^* は何でもよい．V_0 が marginal というのは，さらに高次の項を計算しても変わりない．さらにスピン自由度を入れても，marginal なままとどまる相互作用が存在する．このようなスケール不変の相互作用をもつことが，4.8.3項で述べる1次元系の朝永–ラッティンジャー液体の特徴である．

4.7 固定点と臨界指数

4.7.1 相関距離

さて，固定点 S_0 は，臨界現象において，どのような意味をもつのだろうか．固定点 S_0 は，繰り込み群演算子 R_b を作用させても変化しない．S_0 に対する相関距離 ξ_0 は，系を記述する S_0 に含まれるさまざまな結合定数の関数として書かれるが，S_0 が R_b に対し不変なので，ξ_0 も繰り込み変換に対して不変である．しかし，繰り込み変換は，その手順2にあったように，スケール変換を伴うものであった．長さの次元をもつ ξ_0 がスケール変換をしても不変ということは，ξ_0 は0か∞のどちらかであることを意味する．$\xi_0 = 0$ の固定点を**単純固定点**（trivial fixed point），$\xi_0 = \infty$ の固定点を**臨界固定点**（critical fixed point）という．臨界現象で興味があるのは，まさにその後者の方である．

4.7.2 固定点付近の振る舞い

臨界固定点のすぐそばにいる系を考えよう．そして，この系に繰り込み変換を何度も施すと，すぐそばの固定点に吸い込まれていくとする．この系の繰り込み群方程式は式 (4.148) の形

$$\frac{d\lambda_i}{dl} = \beta_i(\lambda_1, \lambda_2, \cdots) \tag{4.214}$$

で与えられるが，系が固定点近傍にあることから，右辺を $\lambda_i = \lambda_i^0$（λ_i^0 は固定点での結合定数の値）のまわりで展開し，

$$\frac{d\lambda_i}{dl} = \sum_j \left.\frac{\partial \beta_i}{\partial \lambda_j}\right|_{\lambda=\lambda^0} (\lambda_j - \lambda_j^0) + (\text{高次の項}) \tag{4.215}$$

と書く．ここで λ_i^0 の定義より，

$$\beta_i(\lambda_1^0, \lambda_2^0, \cdots) = 0 \tag{4.216}$$

を用いた．多くの場合，行列 $\partial \beta_i / \partial \lambda_j|_{\lambda=\lambda^0}$ は対角的になるので（非対角成分がある場合は，参考文献 (4-3), (4-4) などに記述がある），それを仮定して話を進める．そのとき式 (4.215) を解くと

$$\lambda_i - \lambda_i^0 = (\lambda_i|_{l=0} - \lambda_i^0)e^{y_i l} = (\lambda_i|_{b=1} - \lambda_i^0)b^{y_i} \tag{4.217}$$

となる．ここで，

$$y_i = \left.\frac{\partial \beta_i}{\partial \lambda_i}\right|_{\lambda=\lambda^0} \tag{4.218}$$

とおいた．この y_i が，さまざまな臨界指数を決定する．いま，結合定数として，温度 T と外場 H を考えよう．臨界固定点で相関距離が発散していることから，固定点はすなわち転移点である．したがって，結合定数の固定点での値からのずれは，無次元化して書けば，

$$\begin{aligned} t &= \frac{T - T_c}{T_c} \\ h &= \frac{H}{k_B T_c} \end{aligned} \tag{4.219}$$

の二つの結合定数 t, h で表せる．t, h に対する式 (4.217) は

$$\begin{aligned} t' &= t b^{y_t} \\ h' &= h b^{y_h} \end{aligned} \tag{4.220}$$

と書ける．ここで t', h' は，繰り込み変換 R_b を一度作用させたことにより，t が t' へ，h が h' へ変化したものとして定義される．系の作用を S とし，

4.7 固定点と臨界指数

$S^* = R_b[S]$ とし, それぞれの相関距離を $\xi[S], \xi[S^*]$ とする. 繰り込み変換 R_b は, 長さのスケールを変え, 新しいスケールでの ξ はもとのスケールでの ξ の $1/b$ 倍になっているので,

$$\xi[S^*] = \frac{1}{b}\xi[S] \tag{4.221}$$

である. S は結合定数として t, h を含み, S^* は結合定数として t', h' を含んでいるので, それをあらわに書けば式 (4.221) は

$$\xi(t, h) = b\xi(t', h') \tag{4.222}$$

と書ける. 右辺に式 (4.220) を代入すれば,

$$\xi(t, h) = b\xi(tb^{y_t}, hb^{y_h}) \tag{4.223}$$

となる. b は 1 より大きな任意の数なので,

$$b^{y_t} = t^{-1} \tag{4.224}$$

と選ぶと,

$$\xi(t, h) = t^{-1/y_t}\xi(1, h/t^{\Delta}) \tag{4.225}$$

となる. ここで

$$\Delta \equiv \frac{y_h}{y_t} \tag{4.226}$$

である. $h = 0, t \sim 0$ で $\xi \sim t^{-\nu}$ という振る舞いをするというのが臨界指数 ν の定義だったので,

$$y_t = \frac{1}{\nu} \tag{4.227}$$

であることがわかる.

ξ に対する上の解析を, 自由エネルギー密度の特異性をもつ部分 f_s に関しても適用すると, f_s は自由エネルギーを体積で割った量であることから, 系の次元を d とすると,

$$\begin{aligned} f_s(t, h) &= b^{-d} f_s(t', h') \\ &= b^{-d} f_s(tb^{y_t}, hb^{y_h}) \end{aligned} \tag{4.228}$$

と書ける．$b^{y_t} = t^{-1}$ とおいて $y_t = 1/\nu$ を代入すれば

$$f_s(t,h) = t^{d\nu} f_s(1, h/t^\Delta) \qquad (4.229)$$

となる．f_s を温度で 2 回微分したものが比熱 C であり，$h = 0, t \sim 0$ で $C \sim t^{-\alpha}$ であることから，

$$\alpha = 2 - d\nu \qquad (4.230)$$

というジョセフソンのスケーリング則（Josephson's scaling law）が出てくる．

ところで，式 (4.229) は，(4.230) とあわせれば，まさに式 (4.119) そのものである．つまり，式 (4.119) のスケーリング仮説が，繰り込み群により基礎づけされたことになる．また，繰り込み群方程式からは，各臨界指数も具体的に計算できるということもこれで明らかになった．結合定数として温度と外場のみの上記の例でいえば，$y_t = 1/\nu$ と $\Delta = y_h/y_t$ を使って，これまで導いたスケーリング則に代入してゆけば，

$$\begin{aligned}
\nu &= \frac{1}{y_t} \\
\alpha &= 2 - \frac{d}{y_t} \\
\beta &= \frac{d - y_h}{y_t} \\
\gamma &= \frac{2y_h - d}{y_t} \\
\delta &= \frac{y_h}{d - y_h} \\
\eta &= 2 + d - 2y_h
\end{aligned} \qquad (4.231)$$

となる．

4.8 低次元系の相転移

1, 2 次元といった低次元系は，相転移に関して 3 次元系とは全く異なる特徴をもっている．まず連続群の対称性をもった 1, 2 次元系では，有限温度でその対称性が自発的に破れて長距離秩序が現れるということがない．これは次元が

低くなるほどゆらぎが増大することが原因になっている．$T=0$ では，2 次元系は長距離秩序をもつ可能性はあるが，1 次元系は $T=0$ でさえ長距離秩序をもたない．ただし以上のことは離散的な群を対称群としてもつ系に対しては適用されず，たとえば 1 次元イジングモデルは長距離秩序をもちうる．

もっとも，有限温度で長距離秩序をもたないということが，相転移が有限温度で起こり得ないということを意味するとは限らない．その一例が 2 次元系でのトポロジカルな相転移（コステリッツ–サウレス転移）である．トポロジカルな相転移では，その臨界温度以下で長距離秩序は現れないが，臨界温度上で感受率が発散しており，通常の相転移とは異なるメカニズムが相転移を引き起こしている．以下ではこのような低次元系の長距離秩序，相転移に関して述べる．

4.8.1 低次元系における長距離秩序

ここではボーズ液体を例にとって，$T>0$ で非対角長距離秩序が現れないことを示そう．まず直観的な理解をしておくことにする．非対角長距離秩序が存在しているとき，ボゾンに対する場の演算子の期待値 $\langle\psi(\boldsymbol{r})\rangle$ は有限の値をとる．$\langle\psi(\boldsymbol{r})\rangle$ に対するギンツブルグ–ランダウのハミルトニアンを書き下すと，式 (4.70) より

$$\beta H = \int d\boldsymbol{r} \left\{ \alpha|\langle\psi(\boldsymbol{r})\rangle|^2 + \frac{\beta}{2}|\langle\psi(\boldsymbol{r})\rangle|^4 + \gamma|\nabla\langle\psi(\boldsymbol{r})\rangle|^2 \right\} \quad (4.232)$$

となる．ここで，$\alpha = \alpha'(T-T_c)$, $\alpha', \beta, \gamma > 0$ である．$|\alpha'|, |\beta| \gg |\gamma|$ であれば，右辺第 1, 2 項がハミルトニアンのなかで支配的となり，$\langle\psi(\boldsymbol{r})\rangle$ はまずこの第 1, 2 項を極小にするために，その絶対値の大きさに対して制限を受ける．$T < T_c$ で右辺第 1, 2 項を極小にする $\langle\psi(\boldsymbol{r})\rangle$ は，その絶対値が定数 $\sqrt{-\alpha/\beta}$ を与えるものである．よって $\langle\psi(\boldsymbol{r})\rangle = \sqrt{-\alpha/\beta}\exp i\theta(\boldsymbol{r})$ とおくと，ハミルトニアンは定数項を別にして

$$F = \int d\boldsymbol{r}\, \gamma'(\nabla\theta(\boldsymbol{r}))^2 \quad (4.233)$$

という形になる．このとき最もエネルギーの低い励起は，系の次元を d, 系の大きさを L^d とすると，波長 L のオーダーの波（長さ L だけ進むと，位相 $\theta(\boldsymbol{r})$ が 1 周期変化するもの）である．その励起エネルギーは上式より $L^d \times \gamma'(L^{-1})^2 =$

$\gamma' L^{d-2}$ となって 1, 2 次元では有限温度で常にこのような波が熱励起され,長距離秩序は存在できないのである.3 次元ではこの励起エネルギーが系の大きさに比例した大きなものになるために容易に熱励起されず,$\theta(r) = $ 定数という長距離秩序が安定に存在できる.γ' は超流動の場合,具体的には $\gamma' = (1/2)\rho_s(\hbar/m)^2$ で与えられる.ρ_s は超流体密度である.

　式 (4.233) の自由エネルギーは,古典 XY スピン系,古典ハイゼンベルグスピン系からも導出される.両スピン系のハミルトニアンは

$$H = -J \sum_{\langle i,j \rangle} \boldsymbol{S}_i \cdot \boldsymbol{S}_j \qquad (4.234)$$

と書ける.XY スピン系の場合は $\boldsymbol{S} = (S_x, S_y)$,ハイゼンベルグスピン系の場合は $\boldsymbol{S} = (S_x, S_y, S_z)$ である.長距離秩序が存在すると各格子点上のスピンが大きさ S をもち,ある方向(たとえば x 方向)を向いてそろう.いま,その状態からのゆらぎを考えるために,i 番目のスピンの方向が x 方向から角度 θ_i だけずれているとすれば,ハミルトニアン (4.234) は

$$\begin{aligned} H &\simeq -JS^2 \sum_{\langle i,j \rangle} \cos(\theta_i - \theta_j) \\ &\simeq \frac{J}{2} S^2 \sum (\theta_i - \theta_j)^2 + \text{定数} \end{aligned} \qquad (4.235)$$

となる.ここでゆらぎの空間変化は非常にゆるやかなものとした.連続体近似をすれば,定数を除いて

$$H = \frac{JS^2}{2} \int d\boldsymbol{r} (\nabla \theta(\boldsymbol{r}))^2 \qquad (4.236)$$

となって式 (4.233) の表式と一致する.式 (4.233) 以下の議論から XY スピン系,ハイゼンベルグスピン系でも有限温度では長距離秩序(自発磁化)が消失するであろうことが想像される.式 (4.234) のハミルトニアンが式 (4.236) の形に書き換えられたのはスピン $\boldsymbol{S}$ がベクトル量であったからであり,イジングモデルのように $\boldsymbol{S}$ が 1 成分しかもたない場合には上に述べた議論は成立せず,事実,2 次元イジングモデルではある有限の転移温度以下で長距離秩序が存在することが知られている.

4.8 低次元系の相転移

次に 1, 2 次元ボーズ液体が $T > 0$ で長距離秩序をもたないことの厳密な証明に移ろう．それには式 (2.49) のボゴリュウボフの不等式を用いる．1, 2 次元ボーズ液体がボーズ凝縮しないことを示すには，二つの演算子 $A_k(t), B_{k'}(t)$ として

$$A_k(t) = i\frac{\partial}{\partial t}\rho_k(t) \tag{4.237}$$

$$B_k(t) = a_k(t) \tag{4.238}$$

と選び，ボゴリュウボフ不等式の両辺を計算する．まず容易にわかるように，式 (2.49) の左辺は

$$\langle [B_k, B_k^\dagger]_+ \rangle = 2\langle a_k^+ a_k \rangle + 1 = 2n_k + 1 \tag{4.239}$$

である．$\mathrm{Re}\, G^{R-}_{A_{-k}A^\dagger_{-k}}$ に関しては総和則を用いる．ここで総和則とは，式 (2.27) で定義した $\rho^-_{AB}(\omega)$ に対し，

$$\frac{1}{2\pi}\int_{-\infty}^{\infty}\omega\rho^-_{\rho_k\rho_k^\dagger}(\omega)d\omega = \hbar\frac{k^2 n}{m} \tag{4.240}$$

が成り立つことを指す．

まずはこの総和則の証明をしておこう．容易に示せるように，$\boldsymbol{k}$ 空間での密度演算子 $\rho_{\boldsymbol{k}} = \displaystyle\sum_{\boldsymbol{q}} a^\dagger_{\boldsymbol{q+k}} a_{\boldsymbol{q}}$ とハミルトニアンとの間の交換関係は

$$[\rho_{\boldsymbol{k}}, H] = \sum_{\boldsymbol{q}}(\epsilon_{\boldsymbol{q}} - \epsilon_{\boldsymbol{q+k}})a^\dagger_{\boldsymbol{q+k}}a_{\boldsymbol{q}} \tag{4.241}$$

となる．ここで $\epsilon_{\boldsymbol{q}} = \hbar^2 q^2/2m$ は自由粒子の運動エネルギーである．これをさらに $\rho^\dagger_{\boldsymbol{k}}$ との交換関係にすると，

$$[[\rho_{\boldsymbol{k}}, H], \rho^\dagger_{\boldsymbol{k}}] = \sum_{\boldsymbol{q}}(\epsilon_{\boldsymbol{q-k}} + \epsilon_{\boldsymbol{q+k}} - 2\epsilon_{\boldsymbol{q}})a^\dagger_{\boldsymbol{q}}a_{\boldsymbol{q}}$$

$$= \hbar^2\frac{k^2 n}{m} \tag{4.242}$$

と書ける．ここで n は粒子数密度である．さらに左辺は $i\hbar[\partial\rho_{\boldsymbol{k}}/\partial t, \rho^\dagger_{\boldsymbol{k}}]$ と書けるが，そのフーリエ変換が

$$\int_{-\infty}^{\infty}i\hbar\left[\frac{\partial\rho_{\boldsymbol{k}}}{\partial t}, \rho^\dagger_{\boldsymbol{k}}\right]e^{i\omega t}dt = \hbar\omega\int_{-\infty}^{\infty}[\rho_{\boldsymbol{k}}, \rho^\dagger_{\boldsymbol{k}}]e^{i\omega t}dt$$

$$= \hbar\omega \rho^{-}_{\rho_{\bm{k}}\rho^{\dagger}_{\bm{k}}}(\omega) \tag{4.243}$$

であるため,結局,式 (4.242) は

$$\frac{1}{2\pi}\int_{-\infty}^{\infty}\omega\rho^{-}_{\rho_{\bm{k}}\rho^{\dagger}_{\bm{k}}}(\omega)d\omega = \hbar\frac{k^2 n}{m} \tag{4.244}$$

となって総和則を得る.

式 (4.240) は式 (4.237) を使うと

$$\hbar\frac{k^2 n}{m} = P\int_{-\infty}^{\infty}\frac{d\omega}{2\pi}\frac{\rho^{-}_{A_{-\bm{k}}A^{\dagger}_{-\bm{k}}}(\omega)}{\omega} \tag{4.245}$$

と書ける. これはさらに式 (2.42) を用いて

$$\hbar\frac{k^2 n}{m} = -\mathrm{Re}\, G^{R-}_{A_{-\bm{k}}A^{\dagger}_{-\bm{k}}}(\omega = 0) \tag{4.246}$$

となる. さらに,

$$\begin{aligned}
\mathrm{Re}\, G^{R-}_{A_{-\bm{k}}B^{\dagger}_{\bm{k}}}(\omega = 0) &= -P\int_{-\infty}^{\infty}\frac{d\omega}{2\pi}\frac{\rho^{-}_{A_{-\bm{k}}B^{\dagger}_{\bm{k}}}(\omega)}{\omega}\\
&= -\int_{-\infty}^{\infty}\frac{d\omega}{2\pi}\rho^{-}_{\rho_{-\bm{k}}B^{\dagger}_{\bm{k}}}(\omega)\\
&= \langle [a^{\dagger}_{\bm{k}}(t), \rho_{-\bm{k}}(t)]\rangle\\
&= -\langle a_0 \rangle
\end{aligned} \tag{4.247}$$

である. かりに長距離秩序があるならば, $\langle a_0 \rangle$ は有限の値 $\sqrt{n_0}$ を与える. 以上をボゴリュウボフの不等式 (2.49) に代入すると, 結局

$$n_k \geq -\frac{1}{2} + \frac{k_B T}{\hbar^2 k^2/m}\frac{n_0}{n} \tag{4.248}$$

となる. $\bm{k} \neq 0$ に対する粒子数密度

$$n - n_0 = \int \frac{d\bm{k}}{(2\pi)^d} n_k \tag{4.249}$$

を計算すると,式 (4.248) 右辺第 2 項は次元 d が 3 のときは有限にとどまるが, 1, 2 次元では $T = 0$ あるいは $n_0 = 0$ でないかぎり発散してしまい不等式が

成立しなくなる．よって 1, 2 次元のボーズ液体は，有限温度で $\langle a_0 \rangle = 0$ となり非対角長距離秩序は現れない．これを**ホーエンベルグの定理**（Hohenberg's theorem）という．また，ある次元以下で，このように有限温度で長距離秩序が現れることのできない場合，その次元を**下部臨界次元**（lower critical dimension）という．いまの例では，下部臨界次元は 2 である．

以上の証明は $T = 0$ での長距離秩序や，$T > 0$ での相転移の可能性については何も示していないことに注意すべきである．そして次節に示すように，2 次元系ではトポロジカルな相転移が確かに有限温度で起こりうるのである．

ボーズ液体以外の系，たとえばフェルミ液体での超伝導に関連する長距離秩序やハイゼンベルグスピン系，結晶の長距離秩序も存在しないことが証明されている（スピン系に関しては，証明した人の名をとって，マーミン–ワグナーの定理とよばれる．参考文献 (4-11)）．

上述の証明において A_{-k}, B_k の二つの演算子として $i(\partial/\partial t)\rho_{-k}(t)$ と $a_k(t)$ を選んでいるが，この積は $i(\partial/\partial t)\rho(r)\psi(r')$ を $r - r'$ の関数（すなわち系が空間的に一様）と仮定した場合の波数表示である．よって空間的に一様でない系に対しては上に述べた証明をそのまま適用することはできず，場合によっては $T > 0$ でも長距離秩序が存在しうることが指摘されている．もっと一般的にいえば，系が連続群の対称操作に対し不変でなければ $T > 0$ でも長距離秩序が存在しうる（上の例では，空間的に一様なボーズ液体は並進操作に対し不変であるが，イジングモデルなどは連続的な回転対称性が存在しない）．

4.8.2 コステリッツ–サウレス転移

低次元系で長距離秩序が有限温度で存在しないからといって，そのことが相転移の存在を否定するとは限らない．その一例が 2 次元系におけるコステリッツ–サウレス転移である．

4.1 節で議論したように，長距離秩序は相関関数 $C(r)$ のふるまいで決められる．$C(r)$ はボーズ系であれば $\langle \psi(r)^\dagger \psi(0) \rangle$，スピン系であれば $\langle S(r)S(0) \rangle$ といったものである．一般に $C(r)$ は $r \to \infty$ で次の 3 通りのふるまいを示す．

$$C(\boldsymbol{r}) \sim \begin{cases} e^{-r/\xi} \\ r^{-\eta} \\ 定数 \neq 0 \end{cases} \tag{4.250}$$

$C(\boldsymbol{r})$ のふるまいが上式の 3 番目の場合，その系には長距離秩序がある．このことは，少なくとも $\langle \psi(\boldsymbol{r}) \rangle$ あるいは $\langle \boldsymbol{S}(\boldsymbol{r}) \rangle$ が有限の定数値をとれば，相関関数は 3 番目のふるまいをすることになるので容易に理解できよう．逆に，相関関数が指数関数的に急速に減衰する 1 番目の場合には，長距離秩序は存在しない．2 番目のべき乗的な減衰は，$r \to \infty$ で 0 になることから長距離秩序は存在しないが，感受率を計算すると（実空間で相関関数を積分すると），$L^{d-\eta}$ 程度の大きさになる．そのため $d > \eta$ の場合は長距離秩序はなくとも感受率が発散していることになる．相関距離 ξ は上式の 1 番目で定義されるものなので，べき乗型減衰の場合には $\xi = \infty$ である．このことから，相関関数がべき乗的に減衰するときには，**準長距離秩序**（quasi-long range order）あるいは**べき乗型長距離秩序**（algebraic long range order）があるとよぶことがある．3 次元系の通常の相転移では，相関関数は転移温度を境にして指数関数型から定数型に移りかわる．それに対して 2 次元系では，$T = 0$ 以外では長距離秩序が存在しないので，有限温度で相関関数が定数型に転移することはなく，可能性としては指数関数型からべき乗型への転移が考えられる．

系のハミルトニアンが式 (4.233) あるいは式 (4.236) で与えられるときの相関関数 $C(\boldsymbol{r})$ は，全温度領域でべき乗型になることをまず示そう．まず，

$$C(\boldsymbol{r}) \propto \langle e^{i(\theta(\boldsymbol{r}) - \theta(0))} \rangle \tag{4.251}$$
$$= \frac{1}{Z} \int [d\theta(\boldsymbol{r})] e^{i(\theta(\boldsymbol{r}) - \theta(0))} e^{-\beta H} \tag{4.252}$$

である．Z は分配関数で

$$Z = \int [d\theta(\boldsymbol{r})] e^{-\beta H} \tag{4.253}$$

で与えられる．さらに，

$$i(\theta(\boldsymbol{r}) - \theta(0)) - \beta H = -\frac{J\beta}{2} \int d\boldsymbol{r}' \{(\nabla' \theta(\boldsymbol{r}'))^2$$

$$
\begin{aligned}
&\quad -\frac{2i}{\beta J}\theta(\boldsymbol{r}')(\delta(\boldsymbol{r}'-\boldsymbol{r})-\delta(\boldsymbol{r}'))\} \\
&= -\frac{J\beta}{2}\int d\boldsymbol{r}'\left[\left\{\nabla'\theta + \frac{i}{\beta J}\nabla'(g(\boldsymbol{r}'-\boldsymbol{r})-g(\boldsymbol{r}'))\right\}^2\right. \\
&\left.\quad +\frac{1}{(\beta J)^2}\{\nabla'(g(\boldsymbol{r}'-\boldsymbol{r})-g(\boldsymbol{r}'))\}^2\right] \quad (4.254)
\end{aligned}
$$

と変形できる．ここで，式 (4.233) あるいは式 (4.235) のハミルトニアンの係数 $\gamma' = \rho_s(\hbar/m)^2/2$ あるいは $JS^2/2$ は，統一して $J/2$ に置き換えた．∇' は $\partial/\partial\boldsymbol{r}'$ を表す．$g(\boldsymbol{r})$ はラプラシアンに対するグリーン関数

$$\nabla^2 g(\boldsymbol{r}) = \delta(\boldsymbol{r}) \quad (4.255)$$

であり，2 次元では近似的に

$$g(\boldsymbol{r}) \sim \frac{1}{2\pi}\ln\frac{r}{r_0} + a \quad (r \gg r_0) \quad (4.256)$$

と書ける．ここで a は定数，r_0 はカットオフであり，格子系の場合には格子定数程度の大きさである．θ の原点をずらせば，θ 積分は結局 Z を与えるので

$$C(\boldsymbol{r}) \propto \exp\left[-\frac{1}{2\beta J}\int d\boldsymbol{r}'\{\nabla'(g(\boldsymbol{r}'-\boldsymbol{r})-g(\boldsymbol{r}'))\}^2\right] \quad (4.257)$$

となり，部分積分を 1 回行って

$$C(\boldsymbol{r}) = \exp\left(-\frac{1}{\beta J}g(\boldsymbol{r})\right) \quad (4.258)$$

を得る．よって相関関数 $C(\boldsymbol{r})$ は全温度領域で

$$C(\boldsymbol{r}) \underset{r\to\infty}{\longrightarrow} r^{-\eta} \qquad \eta = \frac{k_B T}{2\pi J} \quad (4.259)$$

というべき乗型であることがわかった．先に述べたように，この場合有限温度 ($\eta > 0$) で長距離秩序は存在しないが，$0 < \eta < 2$ のとき感受率は発散する．なお，式 (4.233) を求める際に自由エネルギーに寄与する項のうち $\langle\psi(\boldsymbol{r})\rangle$ の絶対値をきめる項が支配的 ($|\alpha'|, |\beta| \gg |\gamma|$) としたが，そうではない場合，すなわち $|\langle\psi(\boldsymbol{r})\rangle|$ も空間的にゆらぐ場合でも，それがゆるやかなゆらぎであれば相関

関数 $C(r)$ の形は η が少々変わるだけでやはりべき乗型になることが示されている.

以上の議論を正しいとすれば,相関関数をみる限り相転移は起きないことになる.ところがハミルトニアン式 (4.233) または式 (4.236) を作る際に見落していた励起が 2 次元系で存在する場合がある.その励起が**トポロジカルな励起**（topological excitation）といわれるものである.ある 2 次元系では式 (4.233) や式 (4.236) のような位相のゆらぎ（スピンの言葉でいえばスピン波）という励起のほかにトポロジカルな励起が存在し,前者は上に示したように長距離秩序を壊す働きをするが相転移を起こさず,後者が相転移を引き起こす役割をするのである.このようなトポロジカルな励起が引き起こす相転移をトポロジカルな相転移といい,最初にその存在を指摘した人の名前をとって,**コステリッツ−サウレス転移**（Kosterlitz-Thouless transition,以下 KT 転移と書く）とも呼ばれる.

トポロジカルな励起とは,オーダーパラメターが連続的に分布している中で,周囲のオーダーパラメターをいかに連続的に変形させても取り除くことのできない（トポロジカルに安定な）欠陥の生成を指す.XY スピン系を例にとると,図 4.13 に示したようなスピン配列において黒点で表されたところがトポロジカルに安定な欠陥である.周囲のスピンをいくら連続的に動かしてもこの欠陥を消すことはできない.図中の q は渦度（vorticity）あるいは**トポロジカルな電荷**（topological charge）とよばれるもので,その欠陥を特徴づける量である.欠陥の周囲を左周りに 1 周しながらスピンの方向に注目すると,スピンも左周りに q 回転している.同じ q に属する欠陥は,一見異なるようでも連続変形に

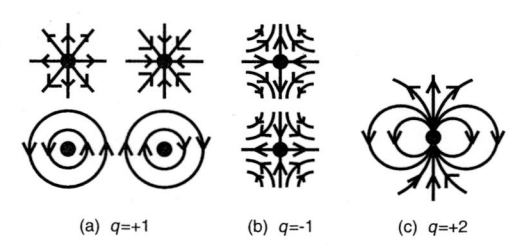

(a) $q=+1$　　(b) $q=-1$　　(c) $q=+2$

図 4.13　$q = +1, -1, +2$ の欠陥
スピンの向きを流線で表した.

よりたがいに移り変われるものどうしである．すなわち図 4.13 の (a) に描いてある 4 つの欠陥はトポロジカルには同じ仲間であり，(b) の 2 つの欠陥についても同様である．XY スピン系の q は整数をとりうるので，ここの図にあげたもの以外にもそれぞれの q に対応する欠陥が存在する．しかしそれはトポロジー的な可能性に過ぎず，あとで示すようにエネルギー的には，$|q|$ が大きいほど欠陥を取り巻くスピン配列のひずみエネルギーは大きい．そのため，最もエネルギーの低い欠陥は，図 4.13 の (a) や (b) にあげたような $q = \pm 1$ の欠陥のみとなる（ただしその欠陥でさえ，単独ではスピン配列のひずみが系全体に広がるために，ひずみのエネルギーは非常に大きいものとなる）．q は通常の電荷と同じように和法則を満たし，q_1 と q_2 で特徴づけられる二つの欠陥を合成すると $q_1 + q_2$ で表される欠陥が出来上がる．そのため $q = 1$ の欠陥と $q = -1$ の欠陥を近づけると欠陥は消滅してしまい，逆にいえば均一なスピン配列から連続的に $q = 1$ と $q = -1$ の欠陥を対でつくりだすことができる．$q = 1$ と $q = -1$ の欠陥対は両者の間隔が多少離れていても十分遠方からは結合しているように見え，そのことはこの欠陥対によるスピン配列のひずみが遠方にまで及ばないことを意味する．よって $q = 1$ と $q = -1$ の欠陥対は，有限のひずみエネルギーしか生み出さず，容易に熱励起されうる．温度を上げてゆくとこのような欠陥対が多数熱励起され，ある温度で欠陥対の束縛状態は壊れて欠陥が単独で動きまわるようになることが予想される．これが KT 転移のあらましである．このことは，低温では束縛状態を作っていた $+q$ と $-q$ の電荷が，高温でばらばらになってプラズマ状態になる非金属–金属転移を想像すれば容易に理解できよう．

　KT 転移が起こりうるためにはトポロジカルに安定な点欠陥（2 次元でいう"点"欠陥であり，3 次元空間では"線"欠陥に対応する）の存在が前提になる．たとえば 2 次元ハイゼンベルグスピン系では，トポロジカルな欠陥は存在しない．なぜならハイゼンベルグスピンは 3 次元方向のスピン成分ももっているため，スピンを徐々に紙面に垂直に立ててゆけばそれまで欠陥だったところでスピンは連続的につながってしまい，欠陥は消滅してしまうからである．KT 転移が起こる代表的な系がボーズ液体，XY スピン系，2 次元固体である．ボーズ液体の場合は，オーダーパラメター $\langle \psi(\boldsymbol{r}) \rangle$ の位相をスピンの向きと解釈す

れば上述の議論がそのまま当てはまる．2次元固体におけるトポロジカルな欠陥は**転位**（dislocation）である．以下，ふたたびボーズ液体（超流動相）を例にとってKT転移を解析してゆく．

まず，図 4.13 (a) の渦が原点に一つだけある場合のエネルギーを求めてみよう．このときのオーダーパラメーターの配列は $\theta(\boldsymbol{r}) = \phi$ （ϕ は極座標での角度を表す）である．これより

$$|\nabla \theta| = \frac{1}{r} \tag{4.260}$$

なので，エネルギー $(J/2) \int d\boldsymbol{r} (\nabla \theta)^2$ は $\pi J \ln(L/r_0)$ となる．さらに，$\theta(\boldsymbol{r}) = q\phi$ のとき（渦のまわりを1周すると位相が $2\pi q$ 変化する），$|\nabla \theta| = q/r$ となり，エネルギーは $\pi J q^2 \ln(L/r_0)$ となる．

これをさらに一般的に議論しよう．トポロジカル電荷 q の欠陥（渦）の周囲では，オーダーパラメター $\langle \psi(\boldsymbol{r}) \rangle$ の位相 $\theta(\boldsymbol{r})$ が q 回転することから，

$$\oint_C d\boldsymbol{r} \nabla \theta(\boldsymbol{r}) = 2\pi q \tag{4.261}$$

と書くことができる．ここで積分経路 C は渦の中心を取り囲むようにとるものとする．局所的には

$$\nabla \times (\nabla \theta(\boldsymbol{r})) = 2\pi q \delta(\boldsymbol{r} - \boldsymbol{r}_0) \hat{z} \tag{4.262}$$

と書き表せ，ガウスの定理を用いればこの式は式 (4.261) を満足することがわかる．$\hat{z}$ は2次元面に垂直な方向の単位ベクトル，$\boldsymbol{r}_0$ は渦の中心位置を表す．$\nabla \times \nabla$ が 0 を与えないのは $\theta(\boldsymbol{r})$ が多価関数で $\boldsymbol{r} = \boldsymbol{r}_0$ に特異点をもっているからである．複数の渦が存在する場合は，渦密度を $\rho_v(\boldsymbol{r}) = \sum_i q_i \delta(\boldsymbol{r} - \boldsymbol{r}_i)$ とすると式 (4.262) は

$$\nabla \times (\nabla \theta(\boldsymbol{r})) = 2\pi \rho_v(\boldsymbol{r}) \hat{z} \tag{4.263}$$

と一般化される．式 (4.255) のグリーン関数 $g(\boldsymbol{r})$ を用いると式 (4.263) の解は次のように表される．

$$\nabla \theta(\boldsymbol{r}) = \nabla \phi(\boldsymbol{r}) + 2\pi \hat{z} \times \nabla \int d\boldsymbol{r}' g(\boldsymbol{r} - \boldsymbol{r}') \rho_v(\boldsymbol{r}') \tag{4.264}$$

ここで ϕ は特異点をもたない位相関数であり, $\nabla \times \nabla \phi = 0$ である (式 (4.260) 上の ϕ とは無関係である). $\nabla \times (\hat{z} \times \nabla) = \hat{z} \nabla^2$ であることから, 式 (4.264) が式 (4.263) を満たすことは容易に確かめられる. 式 (4.264) の第 1 項は式 (4.233) で考慮していた部分であり, 第 2 項が渦の存在により新たに加わったものである. この表示から, $g(r)$ の漸近形 (4.256) に現れるカットオフ r_0 は, 渦の中心核の半径という物理的意味をもつ.

式 (4.264) を用いるとハミルトニアンは

$$\begin{aligned} H &= \frac{J}{2} \int d\bm{r}(\nabla \theta)^2 \\ &= \frac{J}{2} \int d\bm{r}(\nabla \phi)^2 \\ &\quad + (2\pi)^2 \frac{J}{2} \int d\bm{r} \int d\bm{r}_1 \int d\bm{r}_2 \rho_v(\bm{r}_1) \rho_v(\bm{r}_2) \nabla g(\bm{r}-\bm{r}_1) \nabla g(\bm{r}-\bm{r}_2) \\ &\quad + 2\pi J \int d\bm{r} \int d\bm{r}' \nabla \phi \cdot \hat{z} \times \nabla g(\bm{r}-\bm{r}') \rho_v(\bm{r}') \end{aligned} \quad (4.265)$$

となる. 第 3 項は部分積分から $\nabla \times \nabla \phi$ が生じて 0 となる. 第 2 項は, やはり部分積分により

$$\begin{aligned} &-\pi J \int_{|\bm{r}-\bm{r}'|>r_0} d\bm{r}d\bm{r}' \rho_v(\bm{r}) \rho_v(\bm{r}') \ln \frac{|\bm{r}-\bm{r}'|}{r_0} \\ &+ \pi J E_c \int_{|\bm{r}-\bm{r}'|<r_0} d\bm{r}d\bm{r}' \rho_v(\bm{r}) \rho_v(\bm{r}') \\ &- 2\pi^2 a J \left\{ \int d\bm{r} \rho_v(\bm{r}) \right\}^2 \end{aligned} \quad (4.266)$$

となる. ここで, 式 (4.256) を使い, $|\bm{r}-\bm{r}'|<r_0$ の領域については $g(\bm{r}-\bm{r}')$ の寄与をすべて E_c に押し込めた. グリーン関数 $g(\bm{r})$ の定数部分 a は任意であるが, ここでは単独の渦のエネルギーが $\pi J q^2 \ln(L/r_0)$ に一致するように $a = -(2\pi)^{-1} \ln(L/r_0)$ ととる. E_c は正の定数であり, 渦の核のエネルギーを表す.

$$\int_{|\bm{r}-\bm{r}'|<r_0} d\bm{r}d\bm{r}' \rho_v(\bm{r}) \rho_v(\bm{r}') \sim r_0^2 \int d\bm{r} \rho_v^2(\bm{r}) \quad (4.267)$$

であるから, まとめると $H = H_{\text{fluc}} + H_v$,

$$H_{\text{fluc}} = \frac{J}{2} \int d\bm{r}(\nabla \phi)^2 \quad (4.268)$$

$$H_v = -\pi J \int_{|\bm{r}-\bm{r}'|>r_0} d\bm{r}d\bm{r}' \rho_v(\bm{r})\rho_v(\bm{r}') \ln\frac{|\bm{r}-\bm{r}'|}{r_0} + \pi J E_c \int d\bm{r} \rho_v^2(\bm{r})$$
$$+\pi J \ln\frac{L}{r_0}\left\{\int d\bm{r}\rho_v(\bm{r})\right\}^2 \qquad (4.269)$$

となる.ここで $r_0^2 E_c$ をあらためて E_c と定義した.H_v の中の ρ_v を q_i で書き表せば,

$$H_v = -\pi J \sum_{i\neq j} q_i q_j \ln\frac{|\bm{r}_i-\bm{r}_j|}{r_0} + \pi J E_c \sum_i q_i^2 + \pi J \ln\frac{L}{r_0}\left(\sum_i q_i\right)^2 \qquad (4.270)$$

となる.式 (4.233) で考慮に入れていなかったトポロジカルな励起を記述するものが H_v である.H_v の第 1 項は,トポロジカル電荷間に対数関数的相互作用が働くことを示している.これは 2 次元のクーロン相互作用と一致しており,"電荷" という名のゆえんでもある.第 3 項はトポロジカル電荷 q をもつ渦の単独でのエネルギーが $q^2 \pi J \ln L/r_0$ であることを示しており,先に述べたように $|q|$ が大きくなればなるほど渦のエネルギーは $|q|$ の 2 乗に比例して増大し,その比例係数は $\pi J \ln L/r_0$ という非常に大きなものであることがわかる.この比例係数の大きさから,$\left\{\int d\bm{r}\rho_v(\bm{r})\right\}^2 = \left(\sum_i q_i\right)^2 = 0$,すなわち全トポロジカル電荷の中性がエネルギー的に要請される.H_v の第 2 項はトポロジカル電荷 q_i の渦をつくるための化学ポテンシャルを表すと解釈できる.結局 H_v は,2 次元面内でクーロン相互作用している荷電粒子系を記述するものにほかならない.

まず非常に粗い見積りから KT 転移の転移温度を導いてみよう.一つの渦を系に生じさせると,エネルギーは $\pi J \ln L/r_0$ だけ増加する.一方 πL^2 の面積内に πr_0^2 の面積をもつ渦の核を配置することからくるエントロピーは $k_B \ln(\pi L^2/\pi r_0^2)$ である.よって $F = E - TS$ は $T > \pi J/2k_B$ で負になり,渦が自発的に生じることができるようになる.この温度 $T_{KT} = \pi J/2k_B$ が KT 転移温度である.

渦が複数生じると対数的相互作用が渦間に作用するため,転移温度を正確に計算するにはこの相互作用の影響を正確に取り入れなければならないが,あとで示すような繰り込み群の計算によると,結論はほとんど変わらない.

2次元ボース液体の場合，とくに物理的に興味深い結果が得られるので以下にそれを示す．まず，超流動状態を流体力学的に扱うと，超流動成分の運動エネルギーは

$$\frac{1}{2}\rho_s \int d\boldsymbol{r}(\boldsymbol{v}_s)^2 = \frac{1}{2}\rho_s \int d\boldsymbol{k}|\boldsymbol{v}_s(\boldsymbol{k})|^2 \tag{4.271}$$

と書けるため，

$$\int d\boldsymbol{r}\langle \boldsymbol{v}_s(\boldsymbol{r})\boldsymbol{v}_s(0)\rangle = \langle |\boldsymbol{v}_s(\boldsymbol{k})|^2\rangle_{k=0}$$
$$= \frac{2k_BT}{\rho_s} \tag{4.272}$$

と書ける．ここで $\boldsymbol{v}_s$ は，超流体成分の速度ベクトルである．

次に式 (4.272) の左辺を直接計算する．超流体成分の速度ベクトル $\boldsymbol{v}_s$ は，オーダーパラメーターの位相の空間微分，すなわち，式 (4.264) で定義される $\nabla\theta$ で与えられる；$\boldsymbol{v}_s = (\hbar/m)\nabla\theta$．よって，

$$\left(\frac{m}{\hbar}\right)^2 \langle \boldsymbol{v}_s(\boldsymbol{r})\boldsymbol{v}_s(\boldsymbol{r}')\rangle = \langle \nabla\phi(\boldsymbol{r})\nabla'\phi(\boldsymbol{r}')\rangle$$
$$+4\pi^2 \int d\boldsymbol{r}_1 d\boldsymbol{r}_2 \nabla g(\boldsymbol{r}-\boldsymbol{r}_1)\nabla' g(\boldsymbol{r}'-\boldsymbol{r}_2)\langle \rho_v(\boldsymbol{r}_1)\rho_v(\boldsymbol{r}_2)\rangle \tag{4.273}$$

となる．渦がない場合は右辺は第1項のみである．$\nabla\phi$ と渦密度 ρ_v との結合項がないのは，ハミルトニアンが $\nabla\phi$ 項と ρ_v 項とに分離しているため，

$$\langle \nabla\phi\rho_v\rangle = \langle \nabla\phi\rangle\langle \rho_v\rangle = 0 \tag{4.274}$$

となるからである．式 (4.273) 右辺第2項を運動量空間で書き直すと

$$(2\pi)^2 \int d\boldsymbol{q} \frac{\langle \rho_v(\boldsymbol{q})\rho_v(-\boldsymbol{q})\rangle}{q^2} e^{i\boldsymbol{q}(\boldsymbol{r}-\boldsymbol{r}')} \tag{4.275}$$

となる．ここでラプラシアンに対するグリーン関数のフーリエ変換 $g(\boldsymbol{q}) = -1/q^2$ を用いた．以上を式 (4.272) に代入し，

$$\left(\frac{m}{\hbar}\right)^2 \frac{2k_BT}{\rho_s(\text{渦あり})} = \left(\frac{m}{\hbar}\right)^2 \frac{2k_BT}{\rho_s(\text{渦なし})} + (2\pi)^4 \left.\frac{\langle \rho_v(\boldsymbol{q})\rho_v(-\boldsymbol{q})\rangle}{q^2}\right|_{\boldsymbol{q}=0} \tag{4.276}$$

を得る．

つぎに ρ_v の相関関数を q で展開し，

$$\langle \rho_v(\boldsymbol{q})\rho_v(-\boldsymbol{q})\rangle = A_0 + A_1 q^2 + O(q^4) \tag{4.277}$$

とする．ここで係数 A_0, A_1 は

$$A_0 = \langle \rho_v(\boldsymbol{q})\rho_v(-\boldsymbol{q})\rangle|_{\boldsymbol{q}=0} = \frac{1}{(2\pi)^2}\int d\boldsymbol{r}\langle \rho_v(\boldsymbol{r})\rho_v(0)\rangle$$

$$A_1 = \frac{1}{4}\nabla_q^2 \langle \rho_v(\boldsymbol{q})\rho_v(-\boldsymbol{q})\rangle|_{\boldsymbol{q}=0} = \frac{-1}{4(2\pi)^2}\int d\boldsymbol{r}\, r^2 \langle \rho_v(\boldsymbol{r})\rho_v(0)\rangle$$

となるが，トポロジカル電荷の中性条件 $\left(\int d\boldsymbol{r}\rho_v = 0\right)$ より，$A_0 = 0$ である．したがって式 (4.276) は

$$K_R^{-1} = K^{-1} - \pi^2 \int d\boldsymbol{r}\, r^2 \langle \rho_v(\boldsymbol{r})\rho_v(0)\rangle \tag{4.278}$$

となる．ここで

$$K_R = \hbar^2 \rho_s(\text{渦あり})/(m^2 k_B T)$$
$$K = \hbar^2 \rho_s(\text{渦なし})/(m^2 k_B T)$$

である．さらに $\langle \rho_v(\boldsymbol{r})\rho_v(0)\rangle$ については，その定義通り求める．ハミルトニアン (4.270) における J は超流動の場合，$\rho_s(\hbar/m)^2$ であるため，これを K の定義を用いて書き直すと，

$$\langle \rho_v(\boldsymbol{r})\rho_v(0)\rangle = \sum_{ij}\langle q_i q_j\rangle \delta(\boldsymbol{r}-\boldsymbol{r}_i)\delta(\boldsymbol{r}_j)$$
$$= r_0^{-4} \frac{\sum_{q_i q_j} q_i q_j \exp\{2\pi K q_i q_j \ln(r/r_0) - \pi K E_c(q_i^2 + q_j^2)\}}{\sum_{q_i q_j} \exp\{2\pi K q_i q_j \ln(r/r_0) - \pi K E_c(q_i^2 + q_j^2)\}}$$
$$\tag{4.279}$$

となる．ここで $\sum_i$ は $r_0^{-2}\int d\boldsymbol{r}_i$ に置き換えた．$\ln(r/r_0)$ の係数に 2 がついたのは，$\pi K(q_i q_j + q_j q_i)\ln(r/r_0)$ をまとめたからである．

$KE_c \gg 1$ の極限では，$y = \exp(-\pi KE_c)$ を小さいパラメータとみなし，$\langle \rho_v(\boldsymbol{r})\rho_v(0) \rangle$ を y で展開する．$KE_c \gg 1$ なので，式 (4.279) における q_i, q_j (整数値をとる) は $0, \pm 1$ のみを考慮し，さらに両者が同符号の場合よりも異符号の方がエネルギーが低いため，分子では $q_i = -q_j = \pm 1$ のみ取り入れる．よって

$$\langle \rho_v(\boldsymbol{r})\rho_v(0) \rangle \sim r_0^{-4} \frac{-2\exp\{-2\pi K \ln(r/r_0)\}y^2}{1 + O(y^2)}$$
$$= -2y^2 r_0^{-4} \left(\frac{r}{r_0}\right)^{-2\pi K} \qquad (4.280)$$

となる．これを式 (4.278) に代入すると，

$$K_R^{-1} = K^{-1} + 4\pi^3 y^2 \int_{r_0}^{\infty} \frac{dr}{r_0} \left(\frac{r}{r_0}\right)^{3-2\pi K} + O(y^4) \qquad (4.281)$$

が得られる．ここで $\boldsymbol{r}$ の角度積分は実行してしまっている．

つぎにこの方程式から繰り込み群方程式をつくる．まず積分範囲を

$$\int_{r_0}^{\infty} = \int_{r_0}^{r_0 e^\delta} + \int_{r_0 e^\delta}^{\infty}$$

と分割する．これにより

$$K_R^{-1} = (K')^{-1} + 4\pi^3 y^2 \int_{r_0 e^\delta}^{\infty} \frac{dr}{r_0} \left(\frac{r}{r_0}\right)^{3-2\pi K} + O(y^4) \qquad (4.282)$$

と書ける．ここで

$$(K')^{-1} = K^{-1} + 4\pi^3 y^2 \int_{r_0}^{r_0 e^\delta} \frac{dr}{r_0} \left(\frac{r}{r_0}\right)^{3-2\pi K} + O(y^4) \qquad (4.283)$$

である．$\delta \ll 1$ とすれば

$$(K')^{-1} \sim K^{-1} + 4\pi^3 y^2 \delta \qquad (4.284)$$

となる．積分変数 r を $re^\delta \to r$ とスケール変換すれば

$$K_R^{-1} = (K')^{-1} + 4\pi^3 (y')^2 \int_{r_0}^{\infty} \frac{dr}{r_0} \left(\frac{r}{r_0}\right)^{3-2\pi K} + O((y')^4) \qquad (4.285)$$

と書け，
$$y' = e^{(2-\pi K)\delta} y \tag{4.286}$$
で与えられる．式 (4.281) と比較すると
$$K \to K'$$
$$y \to y'$$
の変換があるのみで同じ表式になっている．K', y' は渦の核の半径を $r_0 e^\delta$ としたときの K, y に相当するので，一般に核の半径を $r_0 e^l$ にしたときの K, y の値 $K(l), y(l)$ は式 (4.284)，(4.286) より次式から決まる．
$$\frac{dK^{-1}(l)}{dl} = 4\pi^3 y^2(l) + O(y^4(l)) \tag{4.287}$$
$$\frac{dy(l)}{dl} = (2 - \pi K(l))y(l) + O(y^3(l)) \tag{4.288}$$
この繰り込み群方程式の流れ図（図 4.14）より，固定点は $(y, K^{-1}) = (0, \pi/2)$ であることがわかる．こうして
$$\lim_{T \to T_{KT}-0} K_R^* = \lim_{T \to T_{KT}-0} \frac{\hbar^2 \rho_s(T)}{m^2 k_B T} = \frac{2}{\pi} \tag{4.289}$$
である．$T > T_{KT}$ では $\rho_s = 0$ なので $\rho_s(T)/T$ は $T = T_{KT}$ で膜厚などのパラメターによらないユニバーサルな値 $(2/\pi) m^2 k_B/\hbar^2$ の跳びを示すことが結果として得られた．この跳びを**ユニバーサルジャンプ**（universal jump）という．

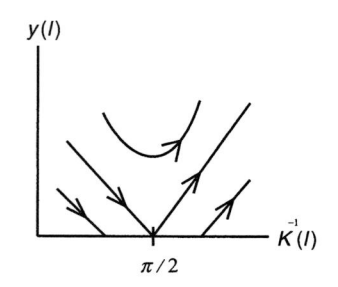

図 4.14 繰り込み群方程式の流れ図

4.8 低次元系の相転移

転移点(固定点)付近の性質を調べよう．K および y の固定点からのずれを

$$X = \pi K - 2$$
$$Y = 4\pi y$$

の二つのパラメーターで表す．X, Y を用いると，式 (4.287), (4.288) は，

$$\frac{dX}{dl} = -\left(1 + \frac{X}{2}\right)^2 Y^2 \tag{4.290}$$

$$\frac{dY^2}{dl} = -2XY^2 \tag{4.291}$$

と書けるが，固定点付近を考えて X, Y を小さいとみなせば，

$$\frac{dX}{dl} = -Y^2 \tag{4.292}$$

$$\frac{dY^2}{dl} = -2XY^2 \tag{4.293}$$

となる．これから，$dX^2 = dY^2$ が得られ，積分して

$$X^2(l) - Y^2(l) = C \tag{4.294}$$

という解が得られる．これを図に描くと，C の符号に応じて図 4.15 のようになる (Y は定義より正である)．この図は単に図 4.14 を読み直したものに過ぎない．$C = 0$ のとき，X と Y は固定点に流れてゆくので，C を $(T - T_{KT})/T_{KT} \equiv t$ で表すと $C(t=0) = 0$ である．また X を負の方向へ流す(温度を高温側へ流す) $C < 0$ のケースは，$C(t > 0) < 0$ を表す．$C(t)$ を t の解析関数とすると，以上のことから $t \sim 0$ で

$$C = -C_0 t \quad (C_0\text{は正の定数}) \tag{4.295}$$

と展開できる．

$T \leq T_{KT}$ のとき，すなわち $C \geq 0$ のときは，繰り込みの流れは l の増加とともに X, Y をそれぞれ $\sqrt{C}, 0$ に向かって押し進める．そして $l \to \infty$ で流れが止まる．その間，何の質的変化も起きない．すなわち繰り込みによって長さ

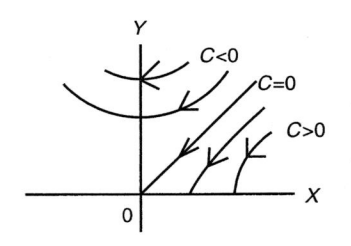

図 4.15 l を増加させたときの $X(l), Y(l)$ の流れ方向

のカットオフ r_0 を大きくしていっても，途中で系の特徴的長さ（つまり相関距離 ξ）に出会わないということである．これは $T \leq T_{KT}$ のとき $\xi = \infty$ であることを意味する．

つぎに $T \geq T_{KT}$ の場合を考えよう．このとき l を増加させていくと，はじめは減少していた $Y(l)$ が $l = l^*$ で増加に転じる．繰り込み群方程式の導出では，Y すなわち y を小さいパラメターとして展開していたので，$Y(l)$ が増大するということは，そこで繰り込み群方程式が破綻するということである．それは別の言い方をすれば，カットオフ r_0 が $r_0 e^l$ にしたがって大きくなってゆくうちに，$r_0 e^{l^*}$ で系の特徴的長さ ξ に出会ったことで質的に変わったと解釈できる．これにより，

$$\xi \sim r_0 e^{l^*} \tag{4.296}$$

となる．さて l^* を求めよう．式 (4.292)〜(4.295) より，

$$\frac{dl}{dX} = -\frac{1}{X^2 + C_0 t} \tag{4.297}$$

と書け，これを積分して

$$l = \frac{1}{\sqrt{C_0 t}} \tan^{-1} \frac{\sqrt{C_0 t}}{X} + 定数 \tag{4.298}$$

を得る．$l \sim l^*$ で $X(l^*) \sim 0$ なので，

$$l^* = \frac{1}{\sqrt{C_0 t}} \frac{\pi}{2} \tag{4.299}$$

となり，相関距離 ξ は $t \to +0$ で

$$\xi \sim e^{A/\sqrt{t}} \tag{4.300}$$

の形で発散することがわかる．ここで A はユニバーサルでない定数である．このように KT 転移では，通常の 2 次相転移にみられるような $\xi \sim t^{-\nu}$ の形にはならない．

4.8.3　朝永–ラッティンジャー液体

3 次元電子系の金属状態のほとんどが，自由粒子と断熱的につながっているフェルミ液体として記述できるのに対し，1 次元系では非フェルミ液体が実現される．たとえばフェルミ液体では相関関数の減衰の仕方に粒子間のミクロな相互作用の大きさは反映しないが，1 次元系の非フェルミ液体では相互作用の大きさによって相関関数の減衰の仕方などが変化する．さらに，フェルミ液体では 1 粒子的励起（準粒子）が重要な役割を演じるが，1 次元系ではこのような励起は存在せず，集団励起のみが発生しうる．これは 2, 3 次元では粒子は他の粒子とさほどぶつからずに系の中を走ることができるのに対し，1 次元では粒子が動こうとすると必ず他の粒子にぶつかってしまい，一つの粒子の運動が残りの全粒子の運動へと波及してしまうからである．

1 次元系における非フェルミ液体的ふるまいは，4.6.2 項で行ったように電子間相互作用を摂動論的に扱って繰り込み群解析をしても窺い知ることができるが，ボゾン化法とよばれる手法を用いることによりさらに明解に解析することが可能である．通常このような非フェルミ液体を**朝永–ラッティンジャー液体**（Tomonaga-Luttinger liquid）とよぶ．

ボゾン化法

簡単のためにスピンのない 1 次元フェルミオン系を考える．運動エネルギーハミルトニアンは

$$H_0 = \sum_k \epsilon_k a_k^\dagger a_k \tag{4.301}$$

で記述される．ϵ_k は $\hbar^2 k^2/2m - \epsilon_F$ である．このエネルギー分散関係を図 4.16 に示した．一方，次のハミルトニアン（分散関係は図 4.17）を考えてみよう．

$$H_0 = v_F \sum_k [(k-k_F)a_{k+}^\dagger a_{k+} + (-k-k_F)a_{k-}^\dagger a_{k-}] \tag{4.302}$$

ここで a_{k+} と a_{k-} は右向きに走る粒子（図 4.17 の正の傾きの分散）と左向

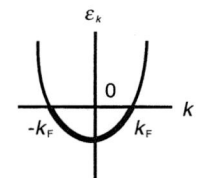

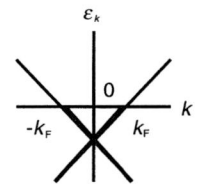

図 4.16 自由粒子系のエネルギー分散関係   **図 4.17** 線形化したエネルギー分散関係

きに走る粒子（図 4.17 の負の傾きの分散）をそれぞれ表す．二つのハミルトニアンはどちらもフェルミ波数付近の分散は近似的に同じであり，したがって基底状態からの低エネルギー励起を考える限り，どちらのハミルトニアンから出発しても同じ結果を与えるはずである．しかし式 (4.302) のハミルトニアンは，以下にみるように式 (4.301) のハミルトニアンに比べて相互作用を加えた際の解析が圧倒的に容易である．よって今後は式 (4.301) の代わりに式 (4.302) のハミルトニアンを出発点にとる．

式 (4.302) のハミルトニアンの便利な点は，それが密度演算子 $\rho_q^\pm = \sum_k a_{k+q\pm}^\dagger a_{k\pm}$ の 2 次形式で書き直せるということである．$\rho_q^\pm$ は次の交換関係を満たす．

$$[\rho_{-q}^+, \rho_{q'}^+] = [\rho_q^-, \rho_{-q'}^-] = \delta_{qq'}\left(\frac{qL}{2\pi}\right) \quad (4.303)$$

$$[\rho_q^+, \rho_{q'}^-] = 0 \quad (4.304)$$

式 (4.303) の $q = q'$ の場合以外について示すことは簡単なので，ここでは $q = q'$ の場合について交換関係を証明しておく．まず，

$$[\rho_{-q}^+, \rho_q^+] = \sum_k (\hat{n}_{k-q} - \hat{n}_k) \quad (4.305)$$

である．ここで $\hat{n} = a^\dagger a$ である．つぎに，ある波数ベクトル k_0 ($< k_F$) 以下のエネルギーレベルにはすべて粒子がぎっしりつまっており，k_0 以上ではところどころホールがあるものと仮定する．すると $\sum_{k<k_0}(\hat{n}_{k-q} - \hat{n}_k) = 0$ である

から，

$$[\rho^+_{-q}, \rho^+_q] = \sum_{k \geq k_0} (\hat{n}_{k-q} - \hat{n}_k) = \left(\sum_{k \geq k_0-q} - \sum_{k \geq k_0}\right) \hat{n}_k$$
$$= \sum_{k_0-q \leq k \leq k_0} \hat{n}_k = \sum_{k_0-q \leq k \leq k_0} 1$$
$$= \frac{Lq}{2\pi} \tag{4.306}$$

となる．この結果は k_0 の値にはよらないため，一般的に式 (4.303) が成立する．式 (4.303), (4.304) は $\sqrt{2\pi/(qL)}\rho^\pm_q$ がボゾンの演算子であることを示している．この $\rho^\pm_q$ でハミルトニアンを書き表すことから，この手法が**ボゾン化法**（bosonization technique）とよばれる．

つぎに

$$[H_0, \rho^\pm_{\pm q}] = v_F q \rho^\pm_{\pm q} \tag{4.307}$$

という関係が成立することに注目する．これはすなわち H_0 の基底状態に $\rho^\pm_{\pm q}$ を演算させた状態がやはり H_0 の固有状態（固有エネルギー $v_F q$）であることを示している．したがって H_0 は $\rho^\pm_{\pm q}$ の 2 次形式で書き表すことができ，

$$H_0 = \frac{2\pi v_F}{L} \sum_{q>0} [\rho^+_q \rho^+_{-q} + \rho^-_{-q} \rho^-_q] \tag{4.308}$$

となる．これは H_0 がボゾンで表示可能であることを表す．

つぎに相互作用が加わる．粒子の衝突によって互いの粒子の進む方向が変化しない前方散乱をまず考える．

$$H_1 = \frac{1}{2L} \sum_q [2g_2(q)\rho^+_q \rho^-_{-q} + g_4(q)\{\rho^+_q \rho^+_{-q} + \rho^-_{-q} \rho^-_q\}] \tag{4.309}$$

ここで，$g_2(q)$ は反対方向に向いて走っている粒子間の相互作用を表し，$g_4(q)$ は同じ向きどうしの粒子間相互作用を表す．g_2, g_4 の符号についてはとくに制限しない．

相互作用を含めた $H_0 + H_1$ は $\rho^\pm$ の 2 次形式で書けており，$\rho^\pm$ の線形結合

を用いて対角化できる．その結果，得られるエネルギースペクトル $\omega(q)$ は

$$\omega(q) = |q|\sqrt{\left(\frac{v_F + g_4(q)}{2\pi}\right)^2 - \left(\frac{g_2(q)}{2\pi}\right)^2} \tag{4.310}$$

となる．ここで重要なことは，任意の大きさの（前方散乱の）相互作用 g_2, g_4 を含めて対角化できてしまったことである．対角化されたハミルトニアンはボゾンのハミルトニアンであり，原理的にどんな物理量でも計算できる．しかし実際には以下のようにもともとの（実空間での）フェルミ演算子 $\psi(x)$ を上で登場したボーズ演算子で書き表しておくと便利である．そのためにはまず次の二つの場の演算子を導入する．

$$\phi(x) = -\frac{i\pi}{L}\sum_{q\neq 0}\frac{1}{q}\exp(-\alpha|q|/2 - iqx)[\rho_q^+ + \rho_q^-] - \frac{N}{L}\pi x \tag{4.311}$$

$$\Pi(x) = \frac{1}{L}\sum_{q\neq 0}\exp(-\alpha|q|/2 - iqx)[\rho_q^+ - \rho_q^-] - \frac{J}{L} \tag{4.312}$$

ここで右（左）方向に進む粒子の数を N_+ (N_-) と書けば $N = N_+ + N_-$ であり，$J = N_+ - N_-$ である．また，N と J の偶奇性は同じである．カットオフパラメターの α $(\to 0)$ は，和を収束させるために入れてある．式 (4.311) の形から，$-(\partial_x\phi)/\pi$ が局所粒子密度のゆらぎを表すことがわかる．この $\phi(x)$ と $\Pi(x)$ は互いに共役な関係にある．

$$[\phi(x), \Pi(y)] = i\delta(x-y) \tag{4.313}$$

$\Pi(x) = (1/\pi)\partial_x\theta(x)$ で $\theta(x)$ を定義すると

$$\theta(x) = \frac{i\pi}{L}\sum_{q\neq 0}\frac{1}{q}\exp(-\alpha|q|/2 - iqx)[\rho_q^+ - \rho_q^-] + \frac{J}{L}\pi x \tag{4.314}$$

と書け，この θ と ϕ を用いてフェルミ演算子 $\psi(x)$ は

$$\psi_\pm(x) = \lim_{\alpha\to 0}\frac{1}{\sqrt{2\pi\alpha}}U_\pm\exp[\pm ik_F x \mp i\phi(x) + i\theta(x)] \tag{4.315}$$

と書ける．実際このように定義された ψ_+ (ψ_-) はフェルミオンの反交換関係を満たす．$U_\pm$ は ψ_+ と ψ_- の反交換関係を再現するために導入したもので，選

び方はいろいろあるが，たとえば

$$U_\pm = e^{i\lambda_\pm N_\pm} \tag{4.316}$$

$$\begin{cases} N_\pm = \int_0^L dx\, \psi_\pm^\dagger(x)\psi_\pm(x) \\ \lambda_+ - \lambda_- = (\text{奇数})\times\pi \end{cases} \tag{4.317}$$

ととればよい．

さて $H_0 + H_1$ は $g_2(q), g_4(q)$ の q 依存性を無視すれば，実空間で

$$\begin{aligned} H_0 + H_1 =&\ (\pi v_F + g_4) \int dx \{(\rho^+(x))^2 + (\rho^-(x))^2\} \\ &+ 2g_2 \int dx\, \rho^+(x)\rho^-(x) \end{aligned} \tag{4.318}$$

と書ける．さらに式 (4.311), (4.312) より

$$\rho^+(x) + \rho^-(x) = -\frac{1}{\pi}\partial_x \phi \tag{4.319}$$

$$\rho^+(x) - \rho^-(x) = \Pi(x) \tag{4.320}$$

なので，結局

$$\begin{aligned} H_0 + H_1 =&\ \int dx \left[\frac{(\pi v_F + g_4)}{2} \left\{ \left(\frac{1}{\pi}\partial_x \phi\right)^2 + \Pi^2 \right\} \right. \\ &\left. + g_2 \left\{ \left(\frac{1}{\pi}\partial_x \phi\right)^2 - \Pi^2 \right\} \right] \\ =&\ \int \frac{dx}{2\pi} \left[uK(\pi \Pi(x))^2 + \frac{u}{K}(\partial_x \phi(x))^2 \right] \end{aligned} \tag{4.321}$$

と記述される．ここで，

$$u = \sqrt{\left(v_F + \frac{g_4}{2\pi}\right)^2 - \left(\frac{g_2}{2\pi}\right)^2} \tag{4.322}$$

$$K = \sqrt{\frac{2\pi v_F + g_4 - g_2}{2\pi v_F + g_4 + g_2}} \tag{4.323}$$

である．式 (4.321) は，弦の振動を表すハミルトニアンであり，振動モードが密度ゆらぎのモードを表している．フェルミ演算子 ψ を複数掛け合わせて書

かれる物理量などは，式 (4.315) を用いて Π や ϕ で表し，式 (4.321) のハミルトニアンからその期待値を計算できる．式 (4.323) より，自由粒子系の場合，$u = v_F$, $K = 1$ である．相互作用が斥力の場合 $(g_2, g_4 > 0)$ は $K < 1$, 引力の場合は $K > 1$ である．

物理量の計算

いくつかの物理量を求めておこう．すでに述べたように $\partial_x \phi = -\pi \rho(x)$ なので，式 (3.336) より，$(\partial_x \phi)^2$ の係数である u/K は圧縮率の逆数に比例する．つまり圧縮率 κ は

$$\frac{\kappa}{\kappa_0} = \frac{v_F K}{u} \tag{4.324}$$

で与えられる．ここで κ_0 は自由粒子系での圧縮率である．

同じように，式 (4.312) より $\Pi(x)$ は物理的には電流のゆらぎを表す $(j(x) = uK\Pi(x))$．したがって Π^2 の係数 uK はドゥルーデの重みを与え（式 (3.329) 参照），電気伝導率 $\sigma(\omega)$ は

$$\sigma(\omega) = uK\delta(\omega) \tag{4.325}$$

と与えられる (3.3.6 項参照)．おもしろいことに，式 (4.323) から，$g_2 = g_4$ の場合は相互作用の大きさに関わらずつねに $uK = v_F$ である．

圧縮率や伝導率に関しては，通常のフェルミ液体ととくに変わりはない．相互作用の効果は，u と K というパラメターの値に反映されるだけである．一方グリーン関数を計算すると，1 次元系の非フェルミ液体的性質がみえてくる．ψ_+ に関する遅延グリーン関数 $G^R(x,t)$ は

$$\begin{aligned} G^R(x,t) &= -i\theta(t)\langle [\psi_+(x,t), \psi_+^\dagger(0,0)]_+ \rangle \\ &= -\frac{\theta(t)}{\pi} e^{ik_F x} \mathrm{Re}\left\{ \frac{1}{ut-x} \left[\frac{\alpha^2}{(\alpha+iut)^2 + x^2} \right]^{\delta/2} \right\} \end{aligned} \tag{4.326}$$

となる．ここで $\delta = (K + 1/K - 2)/4$ である．これより k_F 付近の運動量分布関数は

$$n_k \sim n_{k_F} - (\text{定数}) \times \mathrm{sgn}(k - k_F)|k - k_F|^\delta \tag{4.327}$$

で与えられ，1粒子状態密度は

$$N(\omega) \sim |\omega|^\delta \tag{4.328}$$

となる．したがって，運動量分布関数は $k = k_F$ で傾きは発散しているものの，フェルミ液体の場合のように跳びがない．しかも $k \sim k_F$ 付近のふるまいはパラメター K すなわち相互作用の強さに依存している．同様に状態密度もフェルミレベルで定数ではなく，べき乗の特異性をもっている．運動量分布関数に跳びがないということは，1粒子グリーン関数の極として表される準粒子的描像が成り立たないことを意味する．

分布関数，状態密度の k_F 付近でのふるまいがパラメター K により決定されているのと同様にして，相関関数も K に依存する．たとえば波数が $2k_F$ の密度ゆらぎ

$$\begin{aligned}\rho_{2k_F} &= \psi_-^\dagger(x)\psi_+(x) \\ &= \lim_{\alpha \to 0} \frac{1}{\pi\alpha} e^{2ik_F x} e^{-2i\phi(x)}\end{aligned} \tag{4.329}$$

に対する相関関数は

$$\langle \rho_{2k_F}^\dagger(xt)\rho_{2k_F}(00)\rangle = A(x^2 - u^2 t^2)^{-K} \tag{4.330}$$

で与えられる．A は定数である．これをさらにフーリエ変換して感受率 χ_{CDW} を計算すると，

$$\chi_{CDW} \sim T^{2K-2} \tag{4.331}$$

となる．T は温度である．よって $K < 1$（つまり斥力相互作用）では，$2k_F$ の密度ゆらぎが低温で増大することがわかる．

以上は簡単のためにスピンのないフェルミオン系を考えてきたが，スピンの自由度を取り入れた場合にも同様の記述ができる．とくにスピンモードと電荷モードが分離するという非常に興味深い特徴が現れるが，その詳しい説明については章末の参考文献にゆずるとし，ここでは式 (4.321) について考えを進める．

ウムクラップ散乱

式 (4.321) のように可解な形にまとめられたのは，相互作用として g_2, g_4 のような前方散乱のみを考慮したからである．粒子が衝突によりその進行方向を

逆転させる後方散乱や，衝突の前後で粒子の運動量が保存しないウムクラップ（Umklapp）散乱などが存在すると，式 (4.321) にさらに非線形な項が付け加わる．スピンがない場合は後方散乱は存在しない．左右からやってきた粒子が衝突してそのまま方向を変えずに通り過ぎていく前方散乱と，衝突後にもとの道を引き返していく後方散乱とは，すべての粒子に区別がないために同等だからである（スピンの自由度を入れれば後方散乱が発生する）．そこでここではウムクラップ散乱について考える．

上のモデルにウムクラップ散乱を表す項を手で入れてもよいが，式 (4.321) が格子系のモデルからも得られることを示す目的も含め，1 次元格子上の tight-binding モデルから出発しよう．

$$H = -t\sum_i a_i^\dagger a_{i+1} + h.c. + V\sum_i n_i n_{i+1} \tag{4.332}$$

t は隣の格子点へ跳び移る遷移エネルギー，V は粒子間の相互作用を表す．また，$a^\dagger, a$ はフェルミ演算子である．いま粒子はハーフフィルドの状態，すなわち全格子点のちょうど半分に粒子が存在しているとする．その場合フェルミ波数 k_F は $\pi/2c$ となる．ここで c は格子定数である．この系に関してもボゾン化の方法で書き換える．すなわち分散関係 $\epsilon = -2t\cos kc$ を $\pm k_F$ のところで線形化し，右向き粒子と左向き粒子という二つの分散に分解する．格子点 j から粒子を消す a_j は，右向き粒子を消す場合と左向き粒子を消す場合との和で書き表せて，

$$\begin{aligned}a_j &= \psi_+(j)e^{ik_F jc} + \psi_-(j)e^{-ik_F jc} \\ &= i^j \psi_+(j) + i^{-j}\psi_-(j)\end{aligned} \tag{4.333}$$

となる．これを連続変数に直して $\psi_\pm(x) \equiv \psi_\pm(j=x/c)/\sqrt{c}$ を用いると，式 (4.332) は $H = H_0 + H_1 + H_V$:

$$\begin{aligned}H_0 &= i2tx\int dx(\psi_+^\dagger \partial_x \psi_+ - \psi_-^\dagger \partial_x \psi_-) \\ H_1 &= cV\int dx[(\psi_+^\dagger \psi_+)^2 + (\psi_-^\dagger \psi_-)^2 + 4\psi_+^\dagger \psi_+ \psi_-^\dagger \psi_-] \\ H_V &= -cV\int dx[\psi_+^\dagger(x)\psi_-(x)\psi_+^\dagger(x+c)\psi_-(x+c)\end{aligned} \tag{4.334}$$

$$+\psi_-^\dagger(x)\psi_+(x)\psi_-^\dagger(x+c)\psi_+(x+c)]$$

と書き直せる．微分項に関しては $\psi_\pm$ が空間的にゆっくりと変化していると仮定して最低次のみ残した．さらに $(-1)^i$ のような振動を含む項は，i の和をとる段階でゼロとした．H_0 はフーリエ空間で式 (4.302) と同じ形をしており，H_1 は式 (4.309) と同じ形をしている．したがって $H_0 + H_1$ は以前同様，ϕ と Π を用いて式 (4.321) の形に帰着できる．ただし $v_F = 2tc, g_2 = 2cV, g_4 = cV$ である．

残る H_V であるが，これは二つの右（左）向き粒子を消して二つの左（右）向き粒子を生成するので，運動量が保存しないウムクラップ散乱を表す項である．式 (4.315) を用いて $\psi_\pm$ を ϕ と Π で書き直すと，H_V は次のようになる．

$$H_V = -\frac{cV}{(2\pi\alpha)^2}\int dx \cos(4\phi(x)) \quad (4.335)$$

よって，全ハミルトニアンは

$$H = \int \frac{dx}{2\pi}\left[uK(\pi\Pi)^2 + \frac{u}{K}(\partial_x\phi)^2 - \frac{cV}{2\pi\alpha^2}\cos(4\phi)\right] \quad (4.336)$$

となる．これは 4.6.1 項に登場したサイン–ゴルドンモデルと同形である．そこでの結果 (4.177) より，

$$\frac{dV}{dl} = 2(1-2K)V \quad (4.337)$$

$$\frac{dK^{-1}}{dl} = \mu V^2 \quad (4.338)$$

という繰り込み群方程式が得られる．これより，$K > 1/2$ では V は irrelevant で cos 項は系の性質に影響せず，系は朝永–ラッティンジャー液体のままである．一方，$K < 1/2$ では，V は relevant で，cos 項が効く．したがって変数 ϕ はエネルギーを下げるために $\phi = 0$ になろうとする（位相がロックされると表現する）．ϕ のゆらぎを考えると，$\phi \sim 0$ として，$\cos(4\phi) \sim 1 - 8\phi^2 + \cdots$ から，ハミルトニアンは定数項を除いて

$$H = \int \frac{dx}{2\pi}\left[uK(\pi\Pi)^2 + \frac{u}{K}(\partial_x\phi)^2 + \Delta^2\phi^2\right] \quad (4.339)$$

と書ける．Δ は V を用いて書き表せる量である．ハミルトニアンから作用に移ると，

$$S = \frac{1}{2\pi K} \int\int dx d\tau [u^{-1}(\partial_\tau \phi)^2 + u(\partial_x \phi)^2 + \Delta^2 \phi^2]$$
$$= \frac{1}{2\pi K} \beta^{-1} \sum_{nk} (u^{-1}\omega_n^2 + uk^2 + \Delta^2)|\phi(k\omega_n)|^2 \quad (4.340)$$

となる．長さと時間のスケールを調節して $u=1$ とすると，同時刻相関関数 $\langle \phi(xt)\phi^*(x't)\rangle$ は

$$\langle \phi(xt)\phi^*(x't)\rangle = \sum_k e^{-ikx} \langle |\phi(k0)|^2\rangle$$
$$= \int_{-\infty}^{\infty} dk \frac{K}{k^2 + \Delta^2} e^{-ikx}$$
$$\sim e^{-|\Delta|x} \quad (4.341)$$

となって，$|\Delta|^{-1}$ が相関距離 ξ に対応していることがわかる．また式 (4.340) より，分散関係は $\omega = \sqrt{k^2 + \Delta^2}$ であり，励起にギャップ $|\Delta|$ があることがわかる．サイン-ゴルドンモデルの解析で示したように，相関距離 ξ は $K\,(<1/2)$ が $1/2$ に近づくにつれ，

$$\xi \sim \exp\left(\frac{A}{\sqrt{1/2 - K}}\right) \quad (4.342)$$

で発散する．A はユニバーサルではない定数である．したがって励起ギャップ $|\Delta| = \xi^{-1}$ は，

$$|\Delta| \sim \exp\left(-\frac{A}{\sqrt{1/2 - K}}\right) \quad (4.343)$$

にしたがって 0 に近づいてゆく．$|\Delta| \neq 0$ であるような相を**モット型絶縁体**（Mott insulator）とよぶ．その状態は，ギャップの存在により，$\partial \rho/\partial \mu = 0$ という非圧縮状態である．

ボゾン系とスピン系

ここまではフェルミオン系から出発して低エネルギー状態を記述する有効ハミルトニアン (4.321) を導いた．しかし式 (4.321) のハミルトニアンの形に帰着

するのはフェルミオン系だけではない．ボゾン系，スピン系も同様に式 (4.321)
(あるいはそれにさらにいくつかの項がつけ加わったもの) の形へ書き換えることができる．スピン系に関しては後ほどふれることにして，ボゾン系についてそのことをみてみよう．

ボゾンの場の演算子 $\Psi_B^\dagger$ を振幅と位相で書き表すと，

$$\Psi_B^\dagger(x) = \rho^{1/2}(x)e^{i\phi(x)} \tag{4.344}$$

となる．ここで密度演算子 $\rho(x)$ と位相演算子 $\phi(x)$ は共役な関係にある．

$$[\phi(x), \rho(y)] = i\delta(x-y) \tag{4.345}$$

いま密度の平均値 (ρ_0) からのゆらぎのうち，ゆっくりとした変化を表す部分を $\Pi(x)$ とする．

$$\rho(x) \sim \rho_0 + \Pi(x) \tag{4.346}$$

ただし，$\rho(x)$ は x が粒子の存在する場所を通過するたびに不連続に変化する量なので，その不連続性は $\Pi(x)$ には取り込まれていない．それを表すためにまず

$$\partial_x \theta(x) = \pi(\rho_0 + \Pi(x)) \tag{4.347}$$

で $\theta(x)$ を定義する．両辺を全系で積分することにより，$\theta(x+L) = \theta(x) + \pi N$ という境界条件を $\theta(x)$ がもっていることがわかる．式 (4.347) より $\theta(x)$ は x が粒子の位置を通過するたびに π だけ増加していく．逆にいえば，θ が π の整数倍のところに粒子が存在する．よって密度演算子 $\rho(x)$ は

$$\begin{aligned}\rho(x) &= (\rho_0 + \Pi(x))\frac{1}{\pi}\sum_n \delta(\theta(x) - n\pi) \\ &= (\rho_0 + \Pi(x))\sum_{n=-\infty}^{\infty} \exp[i2n\theta(x)]\end{aligned} \tag{4.348}$$

と書ける．相互作用しているボゾン系のハミルトニアンを

$$H = \frac{\hbar^2}{2m}\int dx\, |\partial_x \Psi_B|^2 + \frac{1}{2}\int dxdy\, \rho(x)V(x-y)\rho(y) \tag{4.349}$$

とすると，第1項から $(\hbar^2\rho_0/2m)(\partial_x\phi)^2$ という項が出て，さらに第1項と第2項から密度ゆらぎ $\Pi(x)$ の2次の項が得られる．Π の2次の項の係数は圧縮率 $\kappa\,(=\partial\rho/\partial\mu)$ の逆数なので，結局，式 (4.321) と同様のハミルトニアン

$$H = \int \frac{dx}{2\pi}\left[uK(\pi\Pi)^2 + \frac{u}{K}(\partial_x\phi)^2\right] \tag{4.350}$$

の形に書ける．ここで $\pi uK = \kappa^{-1}, u/(\pi K) = \hbar^2\rho_0/m$ である．式 (4.345) の関係から ϕ と Π は共役な関係である．

$$[\phi(x), \Pi(y)] = i\delta(x-y) \tag{4.351}$$

$(\pi K)^2 = m/(\rho_0\kappa)$ なので，K は圧縮率が小さくなるほど（つまり粒子間の斥力が強まるほど）大きくなる量である．$\kappa = \infty$ の自由ボソン系は，$K = 0$ の点で表される．

スピン系からも同じようなハミルトニアンが導かれる．スピン間の交換相互作用が x,y 成分に関して等しいという XXZ モデル

$$\begin{aligned}H &= \sum_i \{J(S_i^x S_{i+1}^x + S_i^y S_{i+1}^y) + J_z S_i^z S_{i+1}^z\} \\ &= \sum_i \left\{\frac{J}{2}(S_i^+ S_{i+1}^- + S_i^- S_{i+1}^+) + J_z S_i^z S_{i+1}^z\right\}\end{aligned} \tag{4.352}$$

を考えよう．このモデルに対し**ヨルダン–ウィグナー（Jordan-Wigner）変換**

$$\begin{aligned}S_j^+ &= \exp\left(-i\pi\sum_{l=1}^{j-1} a_l^\dagger a_l\right) a_j^\dagger \\ &= \left[\prod_{l=1}^{j-1}(1-2a_l^\dagger a_l)\right] a_j^\dagger \\ S_j^z &= a_j^\dagger a_j - \frac{1}{2}\end{aligned} \tag{4.353}$$

を行う．ここで a はフェルミオンの演算子である（S_j^- は S_j^+ のエルミート共役として定義される）．式 (4.353) の $a_j^\dagger$ にかかっている因子は，1から $j-1$ までの格子点上に存在する全粒子数の偶奇により ± 1 の値をとる．

式 (4.353) を使って式 (4.352) を書き直すと，定数項を除いて

$$H = \sum \left\{ \frac{J}{2}(a_i^\dagger a_{i+1} + a_{i+1}^\dagger a_i) + J_z a_i^\dagger a_i a_{i+1}^\dagger a_{i+1} \right\} \quad (4.354)$$

となり，結局相互作用している（スピンのない）フェルミオン系の問題 (4.332) に帰着する．あとはすでに述べたボゾン化の手続きで朝永–ラッティンジャー型のハミルトニアンに変形されるのである．ちなみに，式 (4.353) は

$$\begin{aligned} a_j^\dagger &= -\left(\prod_{l=1}^{j-1} 2S_l^z\right) S_j^+ \\ a_j^\dagger a_j &= S_j^z + \frac{1}{2} \end{aligned} \quad (4.355)$$

と書けるので，これを用いて1次元フェルミオン系の問題をスピン系の問題に焼き直すことも可能である．スピンの演算子 S^+, S^- はボゾンの交換関係を満たすので，ヨルダン–ウィグナー変換は1次元におけるボゾン–フェルミオンの統計変換を施すものである．そのような変換は，式 (4.353) からもわかるように，局所的に決定されるものではなく，他の粒子の位置に依存して決まるものである．

参考文献

- 4.1 節
  多くの示唆を含んだ本として
  (4-1) P.W. Anderson: Basic Notions of Condensed Matter Physics (The Benjamin Cummings, 1984)
  を挙げる．

- 4.2～4.4 節
  相転移の専門書として有名なものに，
  (4-2) H.E. Stanley: Introduction to Phase Transitions and Critical Phenomena (Oxford Univ Press, 1997)
  (4-3) S.-K. Ma: Modern Theory of Critical Phenomena (Addison Wesley Pub, 1976)
  (4-4) N. Goldenfeld: Lectures on Phase Transitions and the Renormalization Group (Frontiers in Physics, 85), (Perseus Pr, 1997)
  (4-5) G. Parisi: Statistical Field Theory (Perseus Books (Sd), 1998)
  (4-6) J.J. Binney, *et al*: The Theory of Critical Phenomena : An Introduction to the Renormalization Group (Oxford Science Publications), (Clarendon Pr., 1992)

(4-7) D.J. Amit: Field Theory, the Renormalization Group, and Critical Phenomena (World Scientific Pub, 1984)
(4-8) ゲプハルト，クライ：相転移と臨界現象（好村滋洋訳：吉岡書店，1992）
などがある．

- 4.5〜4.7 節
上の相転移の専門書には例外なくスケーリング，繰り込み群の解説が出ている．また，フェルミオン系の繰り込み群解析に限れば，
(4-9) R. Shankar: *Rev. Mod. Phys.* **66**, 129 (1994)
がていねいに書かれたよいレビューである．シミュレーションにおける有限サイズスケーリングの方法については
(4-10) V. Privman ed: Finite size scaling and numerical simulation of statistical systems (World Scientific, 1990)

- 4.8 節
低次元系での長距離秩序の有無については，原論文として
(4-11) P.C. Hohenberg: *Phys. Rev.* **158**, 383 (1967); N.D. Mermin and H. Wagner: *Phys. Rev. Lett.* **17**, 1133 (1966); S. Coleman: *Commun. Math. Phys.* **31**, 259 (1973)
を挙げておく．
コステリッツ–サウレス転移については原論文，レビューとして
(4-12) J.M. Kosterlitz and D.J. Thouless: *J. Phys.* C, **6**, 1181 (1973); J.M. Kosterlitz: *ibid* **7**, 1046 (1974)
(4-13) D.R. Nelson: Phase Transitions and Critical Phenomena (ed. by C.Domb and M.S.Green), Vol. 4, P. 1 (Academic Press, 1974)
を読まれたい．
1次元系のボソン化法については，
(4-14) J. Sólyom: *Adv. Phys.* **28**, 201 (1979); V.J. Emery: Highly Conducting One-dimensional Solids (ed. by J. T. Devreese *et al*), p.247 (Plenum, 1979)
などのレビューのほかに，和書として
(4-15) 川上則雄，梁成吉：共形場理論と1次元量子系（岩波書店，1997）
がある．

5

乱れの統計力学

　系に何らかの不規則性がある場合，その取り扱いには特別な技法が必要となる．不規則性の種類はたくさんあるが，本章では，電子系におけるランダムポテンシャルを主に扱う．そのポテンシャルの影響をどのように理論に取り込むかは簡単な問題ではない．以下では，いくつかの具体的な問題に対し，不規則性を取り扱う手法を紹介している．ただしこの分野も非常に広く，ここで述べるのはそのごく一部に過ぎないことはあらかじめおことわりしておく．

　なお，本章で扱うランダムポテンシャルは**クエンチ型**（quenched）とする．クエンチ型とは，ランダムポテンシャルの位置，大きさなどが不変のものであり，その系の分配関数もしたがってランダムポテンシャルの位置や大きさの関数となっている場合である．一方，クエンチ型に対して，**アニール型**（annealed）のランダムポテンシャルがある．後者では，ランダムポテンシャルが平衡状態へ向けて動き回ることができる．したがって，その系の分配関数は，ランダムポテンシャルの位置や大きさに関してもトレースをとる必要がある．

　なお，クエンチ型の乱れの場合，分配関数やそこから導かれるあらゆる物理量は，ランダムポテンシャルの形や大きさに直接依存する．実際の物質では，系は非常に大きいため，それを無数の部分系に分割しても，その部分系はやはりマクロな大きさといってよい．よって系全体に対する物理量は，その部分系に対する物理量の統計平均値ととらえることができる．つまり，ランダムポテンシャルのランダムネスについて平均をとった物理量が，実験で観測される物理量とみなしても差し支えないだろう．このように，系が非常に大きいため，ランダムネスに関して物理量の平均をとることができることを**自己平均**（self average）

ができるという．

5.1　不純物のダイアグラム的取り扱い

　系に存在する不純物ポテンシャルが弱いとして，ダイアグラムを用いた摂動論形式でそれを扱おう．ここでは簡単のために，粒子間相互作用は考えない．そのときの系を記述するハミルトニアンは，運動エネルギー項 H_0 と不純物ポテンシャル項 V_imp との和で書き表せる．V_imp は

$$V_\mathrm{imp} = \int d\boldsymbol{r} d\boldsymbol{r}' \rho(\boldsymbol{r}) u(\boldsymbol{r}-\boldsymbol{r}') \rho_\mathrm{imp}(\boldsymbol{r}') \tag{5.1}$$

と書ける．ここで $\rho(\boldsymbol{r}) = \psi^\dagger(\boldsymbol{r})\psi(\boldsymbol{r})$ は粒子密度演算子，$u(\boldsymbol{r}-\boldsymbol{r}')$ は $\boldsymbol{r}'$ に存在する不純物がつくるポテンシャル，$\rho_\mathrm{imp}(\boldsymbol{r})$ は

$$\rho_\mathrm{imp}(\boldsymbol{r}) = \sum_{i=1}^{N_\mathrm{imp}} \delta(\boldsymbol{r}-\boldsymbol{R}_i) \tag{5.2}$$

で与えられ，局所不純物密度を表す．$\boldsymbol{R}_i$ は不純物の存在する場所を表し，N_imp は不純物の数を表す．いま $u(\boldsymbol{r})$ は固定し，不純物としてすべて同一種のものを考える．V_imp をフーリエ空間で書けば

$$V_\mathrm{imp} = \frac{1}{V} \sum_{\boldsymbol{k},\boldsymbol{q}} u_{\boldsymbol{q}} \rho_\mathrm{imp}(\boldsymbol{q}) a^\dagger_{\boldsymbol{k}+\boldsymbol{q}} a_{\boldsymbol{k}} \tag{5.3}$$

と書ける．V は系の体積である．$u_{\boldsymbol{q}}$ は $u(\boldsymbol{r})$ のフーリエ変換であり，$\rho_\mathrm{imp}(\boldsymbol{q})$ は

$$\rho_\mathrm{imp}(\boldsymbol{q}) = \sum_i e^{i\boldsymbol{q}\cdot\boldsymbol{R}_i} \tag{5.4}$$

である．不純物の種類はすべて同一なので $u(\boldsymbol{r})$ は固定しているが，不純物の位置はランダム変数であるとする．したがって，不純物のランダムネスは $\rho_\mathrm{imp}(\boldsymbol{q})$ の中に含められている．簡単のため，ランダム変数 $\boldsymbol{R}_i$ が系内の任意の点にくる確率はいつも $1/V$ とする．これより，$\boldsymbol{R}_1, \boldsymbol{R}_2, \cdots \boldsymbol{R}_{N_\mathrm{imp}}$ の任意の関数 $A(\boldsymbol{R}_1, \boldsymbol{R}_2, \cdots \boldsymbol{R}_{N_\mathrm{imp}})$ のランダムネスに対する統計平均は

$$\overline{A} = \int \prod_{i=1}^{N_\mathrm{imp}} \left(\frac{d\boldsymbol{R}_i}{V}\right) A(\boldsymbol{R}_1, \boldsymbol{R}_2, \cdots \boldsymbol{R}_{N_\mathrm{imp}}) \tag{5.5}$$

により与えられる．たとえば $\rho_{\rm imp}(\bm{q})$ 自身の統計平均は

$$\overline{\rho}_{\rm imp}(\bm{q}) = \sum_{i=1}^{N_{\rm imp}} \int \prod_{j=1}^{N_{\rm imp}} \left(\frac{d\bm{R}_j}{V}\right) e^{i\bm{q}\cdot\bm{R}_i}$$
$$= N_{\rm imp}\delta_{\bm{q},0} \tag{5.6}$$

である．

さて，以上のことを使って $H = H_0 + V_{\rm imp}$ で記述される系の物理量を，2.2 節のダイアグラム技法を用いて計算することを考える．ただし，2.2 節では，粒子間相互作用に対する摂動展開を行っていたが，ここでは不純物ポテンシャルを摂動として扱うのである．したがって 2.2 節での $K_1(\tau)$ を，ここでは

$$K_1(\tau) = V_{\rm imp}(\tau)$$
$$= \int d\bm{r}\,\psi_I^\dagger(\bm{r}\tau)\psi_I(\bm{r}\tau)\sum_i u(\bm{r}-\bm{R}_i) \tag{5.7}$$

ととればよい．なお，$V_{\rm imp}$ に含まれるランダム変数 $\bm{R}_i$ についての統計平均をとらなければならないが，摂動展開の $V_{\rm imp}$ の1次の項に対しては，式 (5.6) を用いて書き表せばよい．$\overline{V}_{\rm imp}$ のダイアグラムは，ふつう運動量空間表示で図 5.1 のように描く．×印の不純物と $\bm{k}, \omega_n$ で入射してくる粒子とが相互作用 (点線) しているイメージである．式 (5.6) より，$V_{\rm imp}$ の1次の項では，粒子の運動量の変化は起きない．

$V_{\rm imp}$ の2次の項の統計平均については，

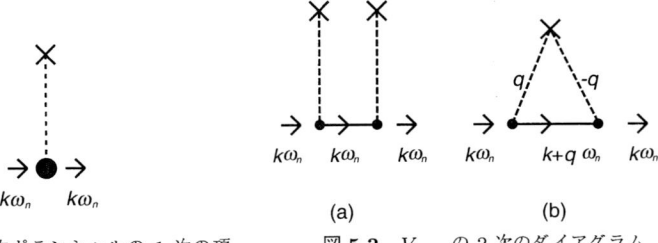

図 5.1 不純物ポテンシャルの1次の項 (ランダムネスの統計平均はすでにとってある)

図 5.2 $V_{\rm imp}$ の2次のダイアグラム

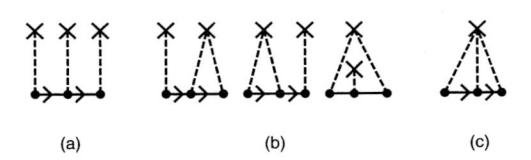

図 5.3 V_{imp} の 3 次の項
×印の数が N_{imp} の次数をそのまま表す．

$$\begin{aligned}
\overline{\rho_{\mathrm{imp}}(\boldsymbol{q})\rho_{\mathrm{imp}}(\boldsymbol{q}')} &= \overline{\sum_{i\neq j} e^{i\boldsymbol{q}\cdot\boldsymbol{R}_i}e^{i\boldsymbol{q}'\cdot\boldsymbol{R}_j}} + \overline{\rho}_{\mathrm{imp}}(\boldsymbol{q}+\boldsymbol{q}') \\
&= N_{\mathrm{imp}}(N_{\mathrm{imp}}-1)\delta_{\boldsymbol{q},0}\delta_{\boldsymbol{q}',0} + N_{\mathrm{imp}}\delta_{\boldsymbol{q}+\boldsymbol{q}',0} \\
&\simeq \overline{\rho}_{\mathrm{imp}}(\boldsymbol{q})\overline{\rho}_{\mathrm{imp}}(\boldsymbol{q}') + N_{\mathrm{imp}}\delta_{\boldsymbol{q}+\boldsymbol{q}',0} \qquad (5.8)
\end{aligned}$$

を用いればよい．ここで，最後の行へは，N_{imp} が大きいとして $N_{\mathrm{imp}}(N_{\mathrm{imp}}-1) \simeq N_{\mathrm{imp}}^2$ とおいた．統計平均をとった V_{imp}^2 の項は，ダイアグラムで図5.2のように描く．(a) は式 (5.8) 第 1 項を表しており，単に図 5.1 が 2 回登場しているだけである．(b) は式 (5.8) の第 2 項を表現したものである．図 5.1, 図 5.2 のどちらも，×印には N_{imp} という重みが与えられている．式 (5.8) の計算をさらに V_{imp} の高次の項に対して行えば，N_{imp} のあらゆる次数の項の和として書き表せることは想像がつく．それをダイアグラムで描けば，たとえば V_{imp} の 3 次の項からは図 5.3 のようなものがでてくる．

さて，以上をふまえて，温度グリーン関数 $\tilde{G}(z,z')$ を K_1 (すなわち V_{imp}) のべきで展開する．それは式 (2.191) にしたがって展開してゆけばよい．式 (2.191) 以下の「つながったダイアグラム，つながっていないダイアグラム」の議論がやはりここでも成り立ち，結局，式 (2.198) で与えられるつながったダイアグラムのみ考慮すればよい．なお正確にいえば，ランダムネスに対する統計平均は，式 (2.191) 全体にかかるのであって，その分子分母に別々に統計平均を施すわけではないので，式 (2.191) から式 (2.198) へもっていく議論においては，上で描いたダイアグラム（すなわち統計平均をとったあとのダイアグラム）を使ってはいけない．統計平均をとる前の V_{imp} を表すダイアグラムを定義して式 (2.198) を導かなければならないのである．

さて，$\tilde{G}$ の低次の項を具体的に書き下すと，運動量空間表示で

$$\tilde{G}(\boldsymbol{k},\omega_n) = \tilde{G}^{(0)}(\boldsymbol{k},\omega_n) + \hbar^{-1}\frac{N_{\mathrm{imp}}}{V}u_{\boldsymbol{q}=0}(\tilde{G}^{(0)}(\boldsymbol{k},\omega_n))^2$$
$$+\hbar^{-2}\left[\frac{N_{\mathrm{imp}}^2}{V^2}u_{\boldsymbol{q}=0}^2(\tilde{G}^{(0)}(\boldsymbol{k},\omega_n))^3\right.$$
$$\left.+\frac{N_{\mathrm{imp}}}{V}\int\frac{d\boldsymbol{q}}{(2\pi)^3}|u_{\boldsymbol{q}}|^2(\tilde{G}^{(0)}(\boldsymbol{k},\omega_n))^2\tilde{G}^{(0)}(\boldsymbol{k}+\boldsymbol{q},\omega_n)\right]$$
$$+\cdots \tag{5.9}$$

となる．N_{imp} と同じ次数だけ V の逆数が掛ってくるのは，ランダムネスに対する統計平均をとるたびに現れるクロネッカーのデルタに対し

$$\int\frac{d\boldsymbol{q}}{(2\pi)^3}\delta_{\boldsymbol{q},0} = \frac{1}{V}\sum_{\boldsymbol{q}}\delta_{\boldsymbol{q},0} = V^{-1} \tag{5.10}$$

といった計算が毎回行われるためである．この低次の項をダイアグラムで表せば，図 5.4 に描かれたようになる．ファインマンダイアグラムから具体的表式を書き下す際の規則としては，粒子間相互作用の場合とほとんど同じであるが，異なる点として，不純物ポテンシャルは振動数 ω_n を運ばないので，粒子線はどれも外線と同じ振動数をもつということがあげられる．そのため内部振動数についての和をとる必要がない．また，n 次の項に掛ける因子は，$(2\pi)^{-3m}\hbar^{-n}$ である．m は積分をとるべき内部運動量の数である．これはボゾン，フェルミオンどちらでも共通である．さらに，$\boldsymbol{q}$ を運ぶ点線（不純物との相互作用線）には，$u_{\boldsymbol{q}}$ を割り当て，×印には $n_{\mathrm{imp}} = N_{\mathrm{imp}}/V$ を割り当てる．×印では，そこにつながっているすべての点線の $\boldsymbol{q}$ の和が 0 になるようにする．これらが粒子間相互作用のファインマンダイアグラムのルールと異なる点である．

さて 2.2.11 項で導入した既約自己エネルギーを利用しよう（ここでも以下では既約の文字は取り去って，単に自己エネルギーとよぶことにする）．

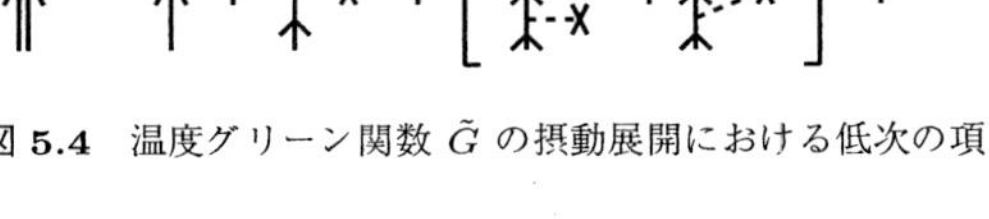

図 5.4 温度グリーン関数 $\tilde{G}$ の摂動展開における低次の項

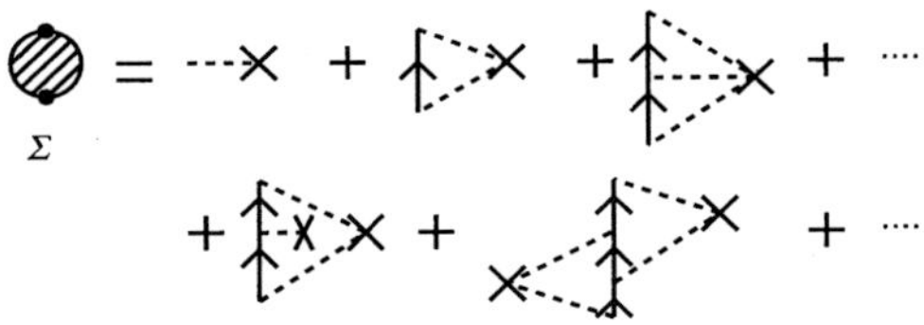

図 5.5 自己エネルギー Σ

$$\tilde{G} = \frac{1}{(\tilde{G}^{(0)})^{-1} - \Sigma} \tag{5.11}$$

により自己エネルギー Σ は定義される．Σ は粒子線を 1 本切っても二つに分離しないような自己エネルギーを表しており，ダイアグラムでは，図 5.5 のように描かれる．Σ の第 1 項は $N_{\mathrm{imp}} u_{q=0}$ なので，定数である．したがって，これは式 (5.11) において，$(\tilde{G}^{(0)}(\boldsymbol{k}, \omega_n))^{-1} = \omega_n - (\varepsilon_{\boldsymbol{k}} - \mu)/\hbar$ の化学ポテンシャル μ に吸収させてしまうことができる．そのため，以下でこの定数は考慮しない．

2.2.12 項に書いたように，$|\mathrm{Im}\,\Sigma^R|^{-1}$ は励起状態の寿命を表す．いま仮定として，不純物濃度が希薄 ($n_{\mathrm{imp}} \to 0$) で，不純物がつくるポテンシャル u が弱いとすると，図 5.5 において前者の仮定により×印が一つのダイアグラムだけを残し，後者の仮定から点線が 2 本のものまでを残すことにする．したがって自己エネルギーとして図 5.5 の第 1，2 項のみを考慮する（第 1 項は，先に述べた理由から実際には無視する）．この近似を**ボルン近似**（Born approximation）という．すると Σ の表式は

$$\Sigma_{\mathrm{Born}}(\boldsymbol{k}, \omega_n) = \hbar^{-2} n_{\mathrm{imp}} \int \frac{d\boldsymbol{q}}{(2\pi)^3} |u_{\boldsymbol{q}}|^2 \tilde{G}^{(0)}(\boldsymbol{k}+\boldsymbol{q}, \omega_n) \tag{5.12}$$

となる．さらに簡単のために，不純物のつくるポテンシャル $u(\boldsymbol{r})$ が短距離型として，$u(\boldsymbol{r}) = u_0 \delta(\boldsymbol{r})$ というデルタ関数で書けるとすると，$u_{\boldsymbol{q}} = u_0$ となる．よって $T \to 0, \omega \sim 0$ に対し，

$$\begin{aligned}
\mathrm{Im}\,\Sigma_{\mathrm{Born}}^R(\omega \sim 0) &= \mathrm{Im}\,\Sigma_{\mathrm{Born}}(\omega_n)|_{i\omega_n = i\eta} \\
&= -\pi \hbar^{-1} n_{\mathrm{imp}} u_0^2 \int \frac{d\boldsymbol{q}}{(2\pi)^3} \delta(\varepsilon_{\boldsymbol{q}} - \varepsilon_F) \\
&= -\pi \hbar^{-1} n_{\mathrm{imp}} u_0^2 N(\varepsilon_F) = (2\tau)^{-1}
\end{aligned} \tag{5.13}$$

により与えられる．ここで $N(\varepsilon)$ は，自由電子系の 1 スピンあたりの状態密度であり，τ はボルツマン方程式で計算した緩和時間 (3.177) である．なお，$\Sigma_{\mathrm{Born}}^R(\boldsymbol{k},\omega)$ の実部は一電子エネルギー $\varepsilon_{\boldsymbol{k}}$ への補正を与えるだけなので，いまは無視すると，

$$\Sigma_{\mathrm{Born}}(\boldsymbol{k},\omega_n) \sim -\mathrm{sgn}(\omega_n)i/2\tau \tag{5.14}$$

と書ける．これを式 (5.11) に代入すれば，近似的に

$$\tilde{G}(\boldsymbol{k},\omega_n) \sim \frac{1}{i\omega_n - (\varepsilon_{\boldsymbol{k}} - \mu)/\hbar + \mathrm{sgn}(\omega_n)i/2\tau} \tag{5.15}$$

と書くことができる．

さらに例として，ダイアグラムを使って電子系における電気伝導度を計算してみよう．電子間相互作用は無視して，単純に系内にばらまかれた不純物ポテンシャルが生む抵抗を評価することにする．簡単のために波数 $\boldsymbol{q}=0$ での電気伝導度の実部を求めることにすると，3.3 節での議論より，

$$\begin{aligned}
\mathrm{Re}\,\sigma_{ii}(\boldsymbol{q}=0,\omega) &= -\frac{1}{\omega}\,\mathrm{Im}\,K_{ii}(\boldsymbol{q}=0,\omega) \\
&= -\frac{1}{\hbar\omega}\,\mathrm{Im}\int_0^{\beta\hbar}\langle Tj_{pi}(\boldsymbol{q}=0,\tau)j_{pi}(\boldsymbol{q}=0,0)\rangle \\
&\quad \times e^{i\omega_n\tau}d\tau|_{i\omega_n=\omega+i\eta}
\end{aligned} \tag{5.16}$$

と与えられる．さらに

$$\boldsymbol{j}_p(\boldsymbol{q}=0) = -\frac{e\hbar}{m}\sum_{\boldsymbol{k}}\boldsymbol{k}\psi_{\boldsymbol{k}}^\dagger\psi_{\boldsymbol{k}} \tag{5.17}$$

より，

$$\begin{aligned}
\mathrm{Re}\,\sigma_{ii}(\boldsymbol{q}=0,\omega) &= \frac{\hbar}{\omega}\left(\frac{e}{m}\right)^2\mathrm{Im}\sum_{\boldsymbol{k}\boldsymbol{k}'}k_ik_i'\int_0^{\beta\hbar}\tilde{G}_2(z_1z_2;z_2z_1) \\
&\quad \times e^{i\omega_n\tau}d\tau|_{i\omega_n=\omega+i\eta}
\end{aligned} \tag{5.18}$$

$$\tilde{G}_2(z_1z_2;z_3z_4) = -\langle T\psi(z_1)\psi(z_2)\psi^\dagger(z_3)\psi^\dagger(z_4)\rangle \tag{5.19}$$

と書ける．ここで $z_1=(\boldsymbol{k},\tau), z_2=(\boldsymbol{k}',0)$ である．2 粒子温度グリーン関数 $\tilde{G}_2(z_1z_2;z_2z_1)$ は，ランダムネスに対する統計平均をとると，ダイアグラムで

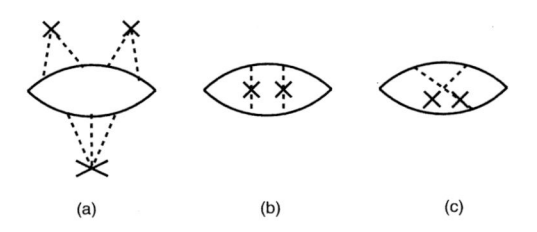

図 5.6 電気伝導度を与えるダイアグラムの例

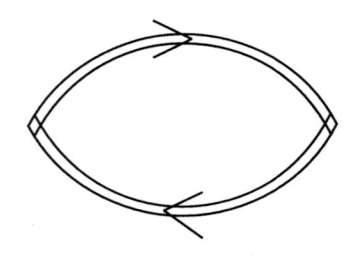

図 5.7 グリーン関数に自己エネルギーを取り込んで電気伝導度を計算する

は図 5.6 のようなものが現れる．(a) のようなダイアグラムは，式 (5.11) で与えられる 1 粒子温度グリーン関数を用いれば，図 5.7 の形にまとめられる．図 5.6 の (b) の形のダイアグラムは，不純物ポテンシャル $u(\boldsymbol{r})$ としてデルタ関数型を用いる限りは 0 を与えるが，一般の $u(\boldsymbol{r})$ に対しては 0 ではなく，そのときは τ への補正として寄与する（たとえば参考文献 (2-3)）．図 5.6 の (c) の形のダイアグラムはここでは考えないが，2 次元系での電子局在の理論で重要な働きをすることが知られている（参考文献 (5-1)）．以下では，図 5.6 の (a) のダイアグラム，すなわち図 5.7 のダイアグラムで電気伝導度を計算する．

図 5.7 の 2 重線は，自己エネルギーを含んだ温度グリーン関数 (5.11) を表すが，Σ として先にボルン近似で求めたものを使えば，1 粒子温度グリーン関数は式 (5.15) で与えられる．これより式 (5.18) は

$$\begin{aligned}
&\mathrm{Re}\,\sigma_{ii}(\boldsymbol{q}=0,\omega) \\
&= \frac{\hbar}{\omega}\left(\frac{e}{m}\right)^2 \mathrm{Im}\sum_{\boldsymbol{k}\boldsymbol{k}'} k_i k_i' (\beta\hbar)^{-1} \sum_{m,s,s'} \delta_{\boldsymbol{k},\boldsymbol{k}'} \tilde{G}_{ss'}(\boldsymbol{k},\omega_m) \\
&\quad \times \tilde{G}_{s's}(\boldsymbol{k},\omega_m+\omega_n)|_{i\omega_n=\omega+i\eta}
\end{aligned}$$

$$= \frac{2}{\beta\omega}\left(\frac{e}{m}\right)^2 \operatorname{Im} \sum_{\boldsymbol{k}} k_i^2 \sum_m \frac{1}{i\omega_m - (\varepsilon_{\boldsymbol{k}} - \mu)/\hbar + \operatorname{sgn}(\omega_m)i/2\tau}$$
$$\times \frac{1}{i(\omega_m + \omega_n) - (\varepsilon_{\boldsymbol{k}} - \mu)/\hbar + \operatorname{sgn}(\omega_m + \omega_n)i/2\tau}\bigg|_{i\omega_n = \omega + i\eta} \quad (5.20)$$

となる．ここでスピン自由度も含めた．系の等方性を仮定し，k_i^2 を $k^2/3$ で置き換え，さらに $\boldsymbol{k}$ 積分を状態密度 $N(\varepsilon)$ を使ってエネルギー積分にすると，

$$\operatorname{Re} \sigma_{ii}(\boldsymbol{q} = 0, \omega)$$
$$= \frac{2}{3\beta\omega}\left(\frac{e}{m}\right)^2 \frac{2m}{\hbar^2} \operatorname{Im} \sum_m \int d\varepsilon\, \varepsilon N(\varepsilon)$$
$$\times \frac{1}{i\omega_m - (\varepsilon_{\boldsymbol{k}} - \mu)/\hbar + \operatorname{sgn}(\omega_m)i/2\tau}$$
$$\times \frac{1}{i(\omega_m + \omega_n) - (\varepsilon_{\boldsymbol{k}} - \mu)/\hbar + \operatorname{sgn}(\omega_m + \omega_n)i/2\tau}\bigg|_{i\omega_n = \omega + i\eta} \quad (5.21)$$

となる．$\omega_n > 0$ と仮定すると，ε 積分に対する被積分関数は，$\omega_m < 0$, $\omega_m + \omega_n > 0$ のときのみ極が複素平面の上下に一つずつ分かれ，積分値は有限になる．ω_m に対するこの条件は，整数 m に対して $-n \leq m < 0$ という条件を意味する．ε 積分を実行し，

$$\operatorname{Re} \sigma_{ii}(\boldsymbol{q} = 0, \omega) \simeq \frac{4e^2 \varepsilon_F N(\varepsilon_F)}{3\beta\omega m \hbar^2} \operatorname{Im} \sum_{m=-n}^{-1} \frac{2\pi i \hbar}{-i\omega_n - i/\tau}\bigg|_{i\omega_n = \omega + i\eta}$$
$$= -\frac{4e^2 \varepsilon_F N(\varepsilon_F)}{3\omega m} \operatorname{Im} \frac{i 2\pi n/\beta\hbar}{i\omega_n + i/\tau}\bigg|_{i\omega_n = \omega + i\eta}$$
$$= -\frac{4e^2 \varepsilon_F N(\varepsilon_F)}{3\omega m} \operatorname{Im} \frac{i\omega_n}{i\omega_n + i/\tau}\bigg|_{i\omega_n = \omega + i\eta} \quad (5.22)$$

を得る．ここで $T \to 0$ を仮定し，μ を ε_F で置き換えた．$\varepsilon_F = \hbar^2 k_F^2 / 2m$, $N(\varepsilon_F) = mk_F/2\pi^2\hbar^2$, $k_F^3 = 3\pi^2 \rho_0$ を代入すれば，

$$\operatorname{Re} \sigma_{ii}(\boldsymbol{q} = 0, \omega) = \frac{\rho_0 e^2 \tau}{m} \frac{1}{1 + \tau^2 \omega^2} \quad (5.23)$$

となる．この式は，$\omega \to 0$ で，ボルツマン方程式から求めた表式 (3.168) に一致する．

5.2 電子局在

1958年にアンダーソンは，ランダムポテンシャル中の電子の波動関数が局在する可能性をはじめて指摘した．それ以後，乱れによる電子局在は**アンダーソン局在**（Anderson localization）とよばれ，実験的にも理論的にも精力的に研究が進められてきた分野の一つとなっている．そのあらましを紹介するだけでも新たな本が出来上がるほどであり，またすでに多くの本に記述されていることなので，それは章末の参考文献をみていただくことにして，本節では局在問題の中でも，電子相関と局在の関係に話題を絞ることにする．その中でもとくに扱いが容易で（かつ厳密に近い）対象である1次元系を取り上げることにする．すでに前章でみたように，1次元系は電子間相互作用の取り扱いが比較的容易であり，不純物ポテンシャルのようなランダムネスと電子間相互作用との絡みを議論するのに便利な対象なのである．もちろん，1次元系の解析で得られた知見が2, 3次元の系にもそのまま通用するわけではないのはあらかじめ承知しておかなければならないが，一つの解析可能なモデルとして，解析手法の練習もかねてここで紹介することにする．

熱平衡系におけるランダムネスに対する統計平均をとる際に用いる手法の一つに**レプリカ法**（replica method）がある．熱平衡系の物理量の基礎となる量は自由エネルギーである．つまりランダムネスに対する平均をとらなければならない量は，自由エネルギー $F = -k_B T \ln Z$ であって，たとえば分配関数 Z などではない．したがって $\overline{\ln Z}$ の計算をしなければならない．この問題に対し，エドワードとアンダーソンは以下のようなレプリカ法という手法を用いた．もともとはスピングラスに対して適用されたものであるが，そのアイデアは広く応用されている．

この方法のトリックは

$$\ln Z = \lim_{n \to 0} \frac{1}{n}(Z^n - 1) \tag{5.24}$$

という関係を用いることである．これにより $\overline{\ln Z}$ の計算は $\overline{Z^n}$ の計算にすり替えられる．もちろん $\overline{Z^n}$ を計算する際は n を整数と考え，そのあとで $n \to 0$

へ外挿する．分配関数は，経路積分で書き表すと，一般に作用 S を使って

$$Z = \int \mathcal{D}\phi e^{-S(\phi)} \tag{5.25}$$

という形をもつことから，

$$Z^n = \int \left(\prod_{i=1}^n \mathcal{D}\phi_i\right) \exp\left(-\sum_{i=1}^n S(\phi_i)\right) \tag{5.26}$$

であり，

$$\overline{Z^n} = \int \left(\prod_i \mathcal{D}\phi_i\right) \overline{\exp\left(-\sum_i S(\phi_i)\right)} \tag{5.27}$$

である．スピングラスに対してレプリカ法を用いた計算を行う詳しい手順については，多くのレビューや書籍で取り上げられている (参考文献 (5-5)～(5-7))．

さて，4.8.3 項で示したように，ウムクラップ散乱を考えなければ，1 次元のスピンなしのフェルミオン系やボゾン系などはすべて次の形のハミルトニアンで記述される．

$$H_0 = \int \frac{dx}{2\pi}\left[\frac{u}{K}(\pi\Pi)^2 + uK(\partial_x\phi)^2\right] \tag{5.28}$$

ここで ϕ と Π は共役な量（$[\phi(x), \Pi(y)] = i\delta(x-y)$）である（4.8.3 項の K は，ここでは $1/K$ とした）．一般化座標における経路積分（1.3.3 項）と対応させて，ここでも経路積分で分配関数を表すと，

$$Z = \int \mathcal{D}\phi e^{-S_0}$$
$$S_0 = \frac{K}{2\pi}\int dxd\tau[u^{-1}(\partial_\tau\phi)^2 + u(\partial_x\phi)^2] \tag{5.29}$$

と書ける．一方，不純物ポテンシャルは，ハミルトニアンで書けば

$$H_{\text{imp}} = \int dx\, V(x)\rho(x) \tag{5.30}$$

$$= \sum_{kq} V_q C^\dagger_{k+q} C_k \tag{5.31}$$

となる．ここで $V(x)$ と V_q は実空間および波数空間でのランダムポテンシャルを表す．前節では，ある形のポテンシャルを生む不純物がランダムな位置に

存在しているモデルを考えたが，ここでは粒子が感じるポテンシャル $V(x)$ がランダム変数であるとする．以下の議論では，フェルミオン系を念頭において解析を進める．

いま低エネルギー励起を考えて波数 $\pm k_F$ 付近の粒子のみ考慮すれば，式 (5.31) は $q \sim 0$ と $q \sim \pm 2k_F$ の二つの部分からの寄与に大まかに分けられる．密度ゆらぎの $q \sim 0$ の成分については，式 (4.319) より，$\rho(x) \to \rho^+(x) + \rho^-(x) = -\pi^{-1}\partial_x \phi$ と書ける．また $q \sim \pm 2k_F$ 成分の密度ゆらぎは，式 (4.315) を使って $\rho(x) \to \psi^\dagger_\pm(x)\psi_\mp(x) \propto \exp(2i\phi(x))$ で与えられる．したがって式 (5.30) は

$$H_{\rm imp} = \int dx\, \eta(x)\partial_x\phi + \int dx(\xi(x)e^{i2\phi(x)} + {\rm c.c.}) \tag{5.32}$$

と書ける．ここで $\eta(x)$ は $q \sim 0$ 付近の不純物ポテンシャルからの寄与であり，$\xi(x)$ は $q \sim \pm 2k_F$ 付近の不純物ポテンシャルからの寄与である．$\eta(x)$ は実数だが，$\xi(x)$ は一般に複素数である．

いま簡単のために，不純物ポテンシャルがガウス型のランダム変数であると仮定し，

$$\begin{aligned}
\overline{\eta(x)} &= \overline{\xi(x)} = 0, \\
\overline{\eta(x)\eta(x')} &= \Delta \delta(x - x'), \\
\overline{\xi(x)\xi(x')} &= W \delta(x - x')
\end{aligned} \tag{5.33}$$

を満たすものとする．すなわち η，ξ ともに

$$\begin{aligned}
P_\eta &= \exp\left\{-(2\Delta)^{-1}\int \eta^2(x)dx\right\} \\
P_\xi &= \exp\left\{-(2W)^{-1}\int \xi^2(x)dx\right\}
\end{aligned} \tag{5.34}$$

という確率分布をもつものとする．ガウス型を仮定することで，このあとの積分が容易になるのである．

ここでレプリカ法を用いよう．式 (5.26) における i 番目のレプリカを表す作用 $S(\phi_i)$ は，不純物ポテンシャルを含めて，

$$S(\phi_i) = \frac{K}{2}\int dxd\tau[u^{-1}(\partial_\tau\phi_i)^2 + u(\partial_x\phi_i)^2]$$

$$+ \int dxd\tau\, \eta(x)\partial_x\phi_i + \int dxd\tau (\xi(x)e^{i2\phi_i} + \text{c.c.}) \quad (5.35)$$

と書ける．しかし $\eta(x)$ の項に関しては

$$\phi_i \to \phi_i - \frac{\pi}{uK}\int^x dy\, \eta(y) \quad (5.36)$$

の変数変換により，S_0 の中へ吸収してしまうことができる．残るランダム変数 $\xi(x)$ に関してガウス分布を使って式 (5.27) のように平均をとると

$$\overline{\exp\left(-\sum_i S(\phi_i)\right)} = \frac{\int d\xi\, P_\xi \exp\left(-\sum_i S(\phi_i)\right)}{\int d\xi\, P_\xi}$$
$$\equiv e^{-S_{av}} \quad (5.37)$$

を得る．ここで，

$$S_{av} = \sum_i \frac{K}{2\pi}\int dxd\tau [u^{-1}(\partial_\tau\phi_i)^2 + u(\partial_x\phi_i)^2]$$
$$-\sum_{ij} W \int dxd\tau d\tau' \cos\{2(\phi_i(x\tau) - \phi_j(x\tau'))\} \quad (5.38)$$

である．

つぎにこの作用 S_{av} に対して繰り込み群の操作を行い，不純物ポテンシャル項（すなわち W）の影響を調べる．まずエネルギーの単位を $u=1$ となるように選ぶ．そして，4.6.1 項でサイン–ゴルドンモデルに対して行ったように，$\Lambda/b < |q| < \Lambda$ の範囲に入る速い振動成分については先に積分してしまう．その積分は以下のように行われる．まず $S_{av} = S_{av}^0 + S_{av}^R$

$$S_{av}^0 = \beta^{-1}\sum_i \sum_{k\omega} \frac{K}{2\pi}(k^2+\omega^2)|\phi_i(k\omega)|^2 \quad (5.39)$$

$$S_{av}^R = -\sum_{ij} W \int dxd\tau d\tau' \cos\{2(\phi_i(x\tau) - \phi_j(x\tau'))\} \quad (5.40)$$

とし，さらに S_{av}^0 を $|q| < \Lambda/b$ の遅い振動部分 S_{av}^{0s} と，$\Lambda/b < |q| < \Lambda$ の速

い振動部分 S_{av}^{0f} とに分ける．$L, \beta \to \infty$ を仮定すれば，

$$S_{av}^{0s} = \sum_i \frac{K}{2\pi} \int_{-\Lambda/b}^{\Lambda/b} \frac{dk}{2\pi} \int \frac{d\omega}{2\pi} (k^2 + \omega^2)|\phi_i|^2 \qquad (5.41)$$

$$S_{av}^{0f} = 2\sum_i \frac{K}{2\pi} \int_{\Lambda/b}^{\Lambda} \frac{dk}{2\pi} \int \frac{d\omega}{2\pi} (k^2 + \omega^2)|\phi_i|^2 \qquad (5.42)$$

となる．そして

$$\overline{Z^n} = \int \left(\prod_i \mathcal{D}\phi_i\right) e^{-S_{av}} = \left[\int \left(\prod_i \mathcal{D}\phi_i^f\right) e^{-S_{av}^{0f}} e^{-S_{av}^R}\right] \left(\prod_i \mathcal{D}\phi_i^s\right) e^{-S_{av}^{0s}} \qquad (5.43)$$

の中の"速い"部分の ϕ（ϕ^f と書く．遅い部分に関しては ϕ^s と書く．$\phi(x) = \phi^f(x) + \phi^s(x)$ である）について積分を実行する．$e^{-S_{av}^{0f}}$ を重みとした ϕ^f に関する積分を $\langle \cdots \rangle_f$ と表すと，式 (5.43) は

$$\overline{Z^n} = \langle e^{-S_{av}^R}\rangle_f \int \prod_i d\phi_i^s e^{-S_{av}^{0s}} \qquad (5.44)$$

と書ける．あとは $\langle e^{-S_{av}^R}\rangle_f$ を計算すればよい．キュムラント展開より，

$$\ln\langle e^A \rangle = \langle A \rangle + \frac{1}{2}(\langle A^2 \rangle - \langle A \rangle^2) + O(A^3) + \cdots \qquad (5.45)$$

なので，不純物ポテンシャルの平均的大きさを表す量 W が十分小さいとすれば

$$\langle e^{-S_{av}^R}\rangle_f \simeq e^{-\langle S_{av}^R \rangle} e^{(1/2)(\langle (S_{av}^R)^2 \rangle - \langle S_{av}^R \rangle^2)} \qquad (5.46)$$

と書ける．

$$\langle e^{2i(\phi_i^f(x\tau) - \phi_j^f(x\tau'))}\rangle_f$$
$$= \left\langle \exp\left\{2i \int_{\Lambda/b}^{\Lambda} \frac{dk}{2\pi} \int \frac{d\omega}{2\pi} (e^{i\omega\tau - ikx}\phi_i^f(k\omega) - e^{i\omega\tau' - ikx}\phi_j^f(k\omega) + c.c.)\right\}\right\rangle_f$$
$$= \begin{cases} b^{-2/K} & (i \neq j) \\ b^{-2/K} \exp\left[\dfrac{4\pi}{K} \displaystyle\int_{\Lambda/b}^{\Lambda} \frac{dk}{2\pi} \frac{1}{k} e^{-k|\tau - \tau'|}\right] & (i = j) \end{cases} \qquad (5.47)$$

より，

$$\langle S_{av}^R\rangle_f = -Wb^{-2/K}\sum_{ij}\int dxd\tau d\tau' \cos\{2(\phi_i^s(x\tau)-\phi_j^s(x\tau'))\}$$
$$\times\left[1-\delta_{ij}+\delta_{ij}\exp\left\{\frac{4\pi}{K}\int_{\Lambda/b}^{\Lambda}\frac{dk}{2\pi}\frac{1}{k}e^{-k|\tau-\tau'|}\right\}\right] \tag{5.48}$$

となる.

ここでスケールを元に戻し, $k \to b^{-1}k$, $\omega \to b^{-z}\omega$, $\phi_i(k\omega) \to b^{-g}\phi_i(k\omega)$ とする. z と g は, S_{av}^0 が固定点となるように決める. ただし g については, $g=-z-1$ と先に決めてしまい, 残る z をあとで決めることにする. なお, このとき実空間での $\phi_i(x\tau)$ は, スケール変換により不変であることに注意しよう. これにより

$$S_{av}^{0s} \to \sum_i \frac{K(b)}{2\pi}\int_{-\Lambda}^{\Lambda}\frac{dk}{2\pi}\int\frac{d\omega}{2\pi}(k^2+b^{2-2z}\omega^2)|\phi_i|^2 \tag{5.49}$$

$$\langle S_{av}^R\rangle_f \to -W(b)\sum_{ij}\int dxd\tau d\tau'\cos\{2(\phi_i(x\tau)-\phi_j(x\tau'))\}$$
$$\times\left[1-\delta_{ij}+\delta_{ij}\exp\left\{\frac{2}{K}\int_{\Lambda}^{b\Lambda}\frac{dk}{k}e^{-k|\tau-\tau'|}\right\}\right] \tag{5.50}$$

と変換される. ここで

$$K(b)=Kb^{z-1}$$
$$W(b)=Wb^{1+2z-2/K} \tag{5.51}$$

である. 式 (5.50) の積分において, $i=j$, $\tau\sim\tau'$ の部分からは

$$\cos\{2(\phi_i^s(x\tau)-\phi_i^s(x\tau'))\} \sim 1-2(\partial_\tau\phi_i^s(x\tau))^2(\tau-\tau')^2 \tag{5.52}$$

が現れるため, S_{av}^{0s} へ寄与する. $\tau\sim\tau'$ とすると, 式 (5.50) の [ ] 内は $1-\delta_{ij}+\delta_{ij}b^{2/K}$ と近似される. よって, 式 (5.49) と式 (5.50) を合わせると, 結局繰り込まれた作用 $\tilde{S}_{av}$ として

$$\tilde{S}_{av}^s = \sum_i \frac{K(b)}{2\pi}\int_{-\Lambda}^{\Lambda}\frac{dk}{2\pi}\int\frac{d\omega}{2\pi}$$
$$\times\left\{k^2+b^{2-2z}\left(1+\frac{2\pi A}{K(b)}W(b)(b^{2/K}-1)\right)\omega^2\right\}|\phi_i|^2$$
$$-W(b)\sum_{ij}\int dxd\tau d\tau'\cos\{2(\phi_i(x\tau)-\phi_j(x\tau'))\} \tag{5.53}$$

が得られる．ここで A は正の定数である．以上より $\ln b \ll 1$ とし，

$$z = 1 + \mu \frac{W(b)}{K(b)} \tag{5.54}$$

と選べば（μ は正の定数である），

$$\tilde{S}_{av} = \sum_i \frac{K(b)}{2\pi} \int_{-\Lambda}^{\Lambda} \frac{dk}{2\pi} \int \frac{d\omega}{2\pi} (k^2 + \omega^2)|\phi_i|^2$$
$$- W(b) \sum_{ij} \int dx d\tau d\tau' \cos\{2(\phi_i(x\tau) - \phi_j(x\tau'))\} \tag{5.55}$$

となって，式 (5.38) と同じ形に戻る．ただしその係数は速いモードを繰り込んだ結果，$K(b), W(b)$ という形をとっている．（なお，ここでは $u=1$ として z に繰り込みの影響を持たせたが，$z=1$ として u に繰り込ませても同様である．）式 (5.51) において，W が小さいとしてその 2 次の項を無視し，$l \equiv \ln b$ とすれば，

$$\frac{\partial K(l)}{\partial l} = \mu W(l) \tag{5.56}$$

$$\frac{\partial W(l)}{\partial l} = \left(3 - \frac{2}{K}\right) W(l) \tag{5.57}$$

という繰り込み群方程式が得られる．

この式からわかるように，$K < 2/3$ のときは $W(l)$ は 0 へ近づいてゆき，ランダムな不純物ポテンシャルは系に影響をもたない．すなわち，系は局在化しない．しかし $K > 2/3$ のときは W は ∞ へ繰り込まれ，系はアンダーソン局在した絶縁体となる．この結論は $W(l=0)$ を小さいと仮定して得た繰り込み群方程式から導かれるものである．$W(l=0)$ がある程度大きい場合には，$K < 2/3$ であっても絶縁体になることは予想がつく．さらに $K=0$ の点はボゾン系でいえば相互作用のない自由ボゾン系に対応するので，どんなに弱い不純物ポテンシャルであっても系は局在するはずである（低次元自由粒子系の局在問題については文献 (5-1)～(5-4) を参照）．したがって相図は図 5.8 の形になると考えられる．ボゾン系の場合の自由粒子系が $K=0$ に相当し，粒子間の斥力相互作用が強いほどパラメター K は大きな値になることから，図 5.8 は，

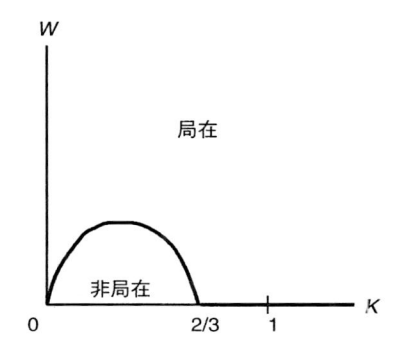

図 5.8 ランダムな不純物ポテンシャルを伴う1次元ボゾン系あるいはスピンレスフェルミオン系の相図. W は不純物ポテンシャルの大きさの目安を与える.

ボゾン間の斥力が弱いうちは少々ランダムなポテンシャルがあってもそれが弱い限りは超流動性を保つが, 斥力が強い ($K > 2/3$) と, どんな弱い不純物ポテンシャルでも粒子を局在化させてしまうことを意味する.

式 (5.56), (5.57) の繰り込み群方程式は, 式 (4.287), (4.288) の KT 転移に対する繰り込み群方程式に近い形をしているが, K の繰り込みが W の 1 次で与えられている点が異なる. したがって KT 転移では, 相関距離が $\xi \sim \exp(A/\sqrt{t})$ であったが, 同じ手続きにしたがってここでの相関距離 ξ を見積もると, $K \to K_c + 0$ の極限で

$$\xi \sim \exp \frac{A}{K - K_c} \tag{5.58}$$

という形で発散することがわかる.

ここでさらに, 4.8.3 項で言及したウムクラップ散乱の効果を考えてみよう. ウムクラップ散乱が relevant になるような粒子密度では, 電荷励起にギャップ (モットギャップ, Mott gap) が開いて絶縁体となる. そこに不純物ポテンシャルが存在すると, 系はそのまま**モット型絶縁体** (Mott insulator) にとどまるのか, あるいは局在による**アンダーソン型絶縁体** (Anderson insulator) になるのかという問題が現れる.

たとえば最隣接格子点上の粒子間に斥力 V が働くスピンレスフェルミオンモデルの場合, 格子点間の遷移エネルギーを t とすると, $V/2t \geq 1$ のとき粒子

が格子点に一つおきに並ぶ電荷密度波 (CDW) 状態が安定となり，励起にモットギャップが生まれるということが厳密解から知られている．この状態にランダムな不純物ポテンシャルが加わると，系は直ちに局在化したアンダーソン型絶縁体に移り変わる．これは系が CDW 状態にあるということを使えば次のようにして理解できる．粒子の有無をスピンの上下で表すことにすると，格子点に一つおきに粒子が並んだ状態は，そのスピンの言葉でいえば反強磁性状態にある．さらに S_i を $(-1)^i S_i$ と書き直せば強磁性状態とみなせる．ランダムな不純物ポテンシャルは，ランダムな局所磁場に対応する．いま，ランダム磁場がない状態では，スピンはすべて上向きに揃っているとする．どのスピンを反転させてもモットギャップ Δ に相当するエネルギーを損する．ランダム磁場を加えると，それによるゼーマンエネルギーを下げるためにスピンが下を向いた領域が系内に現れうる．その領域の両端では，隣接するスピンが反対方向を向いているため Δ 分のエネルギーを損するが，ゼーマンエネルギーで得する分がそれを上まわれば，こうした下向きスピンの領域ができるはずである．ではゼーマンエネルギーを得するとはどういうことか．ランダム磁場 H がいま $H = \pm h$ という二つの値をとるものとする．当然全系での平均は $\overline{H} = 0$ である．しかし長さ L の有限領域での平均は 0 ではなく，領域によってばらつき，そのばらつきの程度は（格子点あたり）$h/\sqrt{L}$ 程度である．したがって長さ L の領域の全スピンを反転させると，両端で Δ だけエネルギーを損するが，領域内で $h\sqrt{L}$ のオーダーのエネルギーを得するため，十分長い L に対してスピンは反転しうる．こうして基底状態の強磁性はこわれ，スピンが上向きの領域と下向きの領域が混在する．その一つの領域の境界スピンを反転させて領域の大きさを格子点一つ分だけ大きく（小さく）すると，Δ に関わるエネルギーに変化はないので，全エネルギーの変化分はゼーマンエネルギーによる $\pm h$ だけである．これはつまり，励起エネルギーがもはやモットギャップ Δ ではなく，ランダム磁場 h によって支配されていることを意味する．ランダム磁場が $\pm h$ ではなく 0 を含む連続的な値をとるとすれば，励起エネルギーは 0，すなわちギャップレスである．こうしてスピンレスフェルミオンの場合，モット型絶縁体は不純物ポテンシャルの存在によりただちにアンダーソン型絶縁体に切り替わるのである．ボゾン系，XXZ スピン系に対しても同様のことがいえる．

5.3 コヒーレントポテンシャル近似

　前節では1次元系という理想化された系の話をしたが，現実の3次元物質にランダム性が含まれている場合は問題ははるかに解析が困難である．そのため通常はさまざまな近似法が適用される．不純物ポテンシャル下での輸送現象などを議論する際は，その不純物ポテンシャルが弱いと仮定できるならば，それを摂動として扱うことができる．この摂動展開は5.1節のダイアグラム技法を利用することで，さまざまな物理量が計算できる．

　一方摂動展開をせずに，ある意味の平均場近似的アプローチをする方法もある．本節では，その一つである**コヒーレントポテンシャル近似**（coherent potential approximation, 略してCPAと呼ぶ）を紹介する．

　同程度の大きさの金属原子を数種類用意し，それらを混ぜあわせて一つの合金を作るとする．できあがった合金を微視的にみれば，原子配列は規則的な格子を形成しているが，各格子点上の原子の種類はランダムになっているというようなことはしばしば起こることである．このような乱れを"置き換え型の乱れ"という．この場合，格子点の位置は規則的な配列をなしているいるため無秩序の中にも秩序がある．あるいは秩序（単一原子からなる金属結晶）に一部分無秩序性を導入したものと言い換えた方がいいかもしれない．置き換え型の乱れに対し，原子配列そのものの乱れを"構造型の乱れ"という．構造型の乱れをもつ系も，現実に存在する系では秩序系と何らかの点で共通する構造上の特徴をもつ場合が多い．たとえばアモルファス半導体などでは，原子の位置は確かに規則的配列からはずれているが，原子の化学的性質による制限のため，配位数は結晶の場合と変わらない．このように構造型の乱れといっても完全にランダムというよりは，結晶の長距離秩序のみを壊し，短距離秩序はある程度保ったものが多い．

　以下では置き換え型の乱れの系に対して，その近似理論であるコヒーレントポテンシャル近似について述べる．例として扱う系には，格子上の電子系をとり，格子点における電子の軌道エネルギーが格子点ごとにランダムな値をとるものとする．ただし格子点間の遷移エネルギーは一定にとる．温度は絶対零度

を仮定する．したがって，5.2 節のように，物理量の熱平均のランダムネス平均をとる必要がなく，レプリカ法は用いない．

この系のハミルトニアンは，

$$H = \sum_i \epsilon_i c_i^\dagger c_i + \sum_{i \neq j} t_{ij} c_i^\dagger c_j \tag{5.59}$$

と書ける．ここでスピンの自由度は無視した．ϵ_i は i によって変わるランダムな変数である．一粒子的性質を知るにはグリーン関数 G を求めればよいが，ランダム変数があることから G の空間平均 $\bar{G}$ が必要である（以下この節では ⁻ は空間平均，$\langle \cdots \rangle$ は量子力学的期待値を表す）．G をオペレーター表示すると

$$G(z) = \frac{1}{z - H} \tag{5.60}$$

となる．さらに

$$\bar{G}(z) = \frac{1}{z - H_{\text{eff}}} \tag{5.61}$$

により H_{eff} を定義すると，H_{eff} は結晶の並進対称性をもつことから，

$$H_{\text{eff}} = \sum_i \mu c_i^\dagger c_i + \sum_{i \neq j} t_{ij} c_i^\dagger c_j \tag{5.62}$$

と書けるであろう．ここで μ は何らかの平均操作を受けたポテンシャルエネルギーであり，これをコヒーレントポテンシャルとよぶ．ϵ_i は実数だが，μ は一般に複素数であり，式 (5.61) を通して定義されるため z の関数でもある．こうして，$\bar{G}$ を求めるということは $\mu(z)$ を求めることに他ならない．

まずはじめに，単純にコヒーレントポテンシャルをランダムな原子準位の平均値と考えたらどうであろうか．すなわち，

$$\mu = \bar{\epsilon}_i$$

ととるのである．こうすると H_{eff} は単一バンドのハミルトニアンとなり，μ を中心に t のオーダーでひろがったバンドを形成する．しかしこれはつぎの例を考えると明らかによい近似ではないことがわかる．簡単のため 2 元合金を考え，ϵ_i は ϵ_A, ϵ_B （$\epsilon_A < \epsilon_B$）の二つの値をとるものとする．$\epsilon_B - \epsilon_A$ が十分に大き

5.3 コヒーレントポテンシャル近似

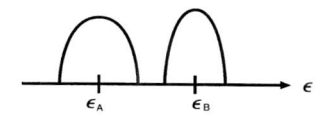

図 5.9 2元合金 ($\epsilon_i = \epsilon_A, \epsilon_B$) で $\epsilon_A - \epsilon_B \to \infty$ の極限での電子のバンド予想図

い場合，電子は A 原子上のみを動きまわれる低エネルギー状態と，B 原子上のみを動きまわる高エネルギー状態の二つのバンドを形成するであろう（図 5.9）. $\mu = \bar{\epsilon}_i$ とした H_{eff} ではこの二つのバンドを再現することはできない．したがってもっと理にかなった手法で μ を求める必要がある．

そこで μ をつぎのようにして決める．まずハミルトニアン H をコヒーレントな運動を記述する H_{eff} とそこからのずれ ΔH とに分ける．

$$H = H_{\text{eff}} + \Delta H \tag{5.63}$$

G は

$$\begin{aligned} G &= \bar{G} + \bar{G}\Delta H\bar{G} + \bar{G}\Delta H\bar{G}\Delta H\bar{G} + \cdots \\ &= \bar{G} + \bar{G}T\bar{G} \\ T &= \frac{\Delta H}{1 - \bar{G}\Delta H} \end{aligned} \tag{5.64}$$

と書けることから，式 (5.64) の両辺の空間平均をとることにより

$$\bar{T} = 0 \tag{5.65}$$

が必然的に要請される．これがポテンシャル μ を決めるセルフコンシステントな方程式であるが，一般に $\langle T \rangle = 0$ を解くことは無理である．そこで CPA では $\bar{T} = 0$ に対する近似式を求め，それを μ を決定するための式として採用する．

$$\begin{aligned} \Delta H &= \sum_i (\epsilon_i - \mu) c_i^\dagger c_i \\ &\equiv \sum_i \Delta H_i \end{aligned} \tag{5.66}$$

により ΔH_i の定義とすると，式 (5.64) は

$$G = \bar{G} + \bar{G}\sum_i t_i \bar{G} + \bar{G}\sum_i t_i \bar{G}\sum_{j(\neq i)} t_j \bar{G} + \bar{G}\sum_i t_i \bar{G}\sum_{j(\neq i)} t_j \bar{G}\sum_{l(\neq j)} t_l \bar{G} + \cdots$$

$$t_i = \frac{\Delta H_i}{1 - \bar{G}\Delta H_i} \tag{5.67}$$

と書けることが容易に示せる．したがって

$$\begin{aligned}T = &\sum_i t_i + \sum_i t_i \bar{G}\sum_{j(\neq i)} t_j \\&+ \sum_i t_i \bar{G}\sum_{j(\neq i)} t_j \bar{G}\sum_{l(\neq j)} t_l + \cdots\end{aligned} \tag{5.68}$$

である．よって $\bar{t}_i = 0$ であれば明らかに $\bar{T} = 0$ となる．そしてこの $\bar{t}_i = 0$ が CPA の基本となる条件式である．

この式 $\bar{t}_i = 0$ の物理的意味を考えてみよう．式 (5.67) は $\bar{G}$ を無摂動系のグリーン関数，ΔH_i を摂動とみなして G を展開したものと考えることができる．すなわち i 番目の格子点以外の各格子点に一様に割当てられたコヒーレントポテンシャル μ の上を運動している電子が，i 点のランダムな摂動ポテンシャル ΔH_i により散乱されているという描像である．そして i 点のランダムポテンシャル $\epsilon_i - \mu$ による散乱を表す t 行列が t_i である．コヒーレントポテンシャル μ には，もともとのランダムポテンシャル ϵ_i からのランダムな散乱の効果が平均として取り込まれているので，そのずれからの散乱 t_i は平均としてゼロにならなくてはセルフコンシステントではない．したがって $\bar{t}_i = 0$ が要請される．このことからわかるように，CPA は本質的に平均場近似である．

つぎに具体例に対し CPA を適用してみよう．例として上述の A, B 二つの物質を混ぜ合わせた 2 元合金を考える．まず容易にわかるように A の濃度を c とすると

$$\overline{t_i} = \frac{c(\epsilon_A - \mu)c_i^\dagger c_i}{1 - \overline{G}(\epsilon_A - \mu)c_i^\dagger c_i} + \frac{(1-c)(\epsilon_B - \mu)c_i^\dagger c_i}{1 - \overline{G}(\epsilon_B - \mu)c_i^\dagger c_i} \tag{5.69}$$

となる．$\overline{t_i}$ は対角成分しか存在しないため，CPA 条件式 $\overline{t_i} = 0$ は

$$\frac{c(\epsilon_A - \mu)}{1 - \langle i|\bar{G}|i\rangle(\epsilon_A - \mu)} + \frac{(1-c)(\epsilon_B - \mu)}{1 - \langle i|\bar{G}|i\rangle(\epsilon_B - \mu)} = 0 \tag{5.70}$$

となる．これより
$$\langle i|\bar{G}|i\rangle = \frac{c\epsilon_A + (1-c)\epsilon_B - \mu}{(\epsilon_A - \mu)(\epsilon_B - \mu)} \tag{5.71}$$
が得られる．一方，H_{eff} の並進対称性より
$$\begin{aligned}\langle i|\bar{G}|i\rangle &= \frac{1}{N}\sum_i \langle i|\bar{G}|i\rangle \\ &= \frac{1}{N}\operatorname{Tr}\bar{G}\end{aligned} \tag{5.72}$$
と書ける．さらにこれはブロッホ状態 $|k\rangle$ を用いて
$$\begin{aligned}\langle i|\bar{G}|i\rangle &= \frac{1}{N}\sum_k \langle k|\bar{G}|k\rangle \\ &= \frac{1}{N}\sum_k \frac{1}{z-(\mu+t_k)}\end{aligned} \tag{5.73}$$
となる．ここで H_{eff} を波数表示して
$$H_{\text{eff}} = \sum_k (\mu + t_k) c_k^\dagger c_k \tag{5.74}$$
と書けるものとした．状態密度 $\rho_0(\epsilon)$ を
$$\rho_0(\epsilon) = \frac{1}{N}\sum_k \delta(\epsilon - t_k)$$
で定義すると，2元合金に対する CPA 条件式 (5.71) は，最終的に
$$\int d\epsilon\, \rho_0(\epsilon) \frac{1}{z-\mu-\epsilon} = \frac{c\epsilon_A + (1-c)\epsilon_B - \mu}{(\epsilon_A - \mu)(\epsilon_B - \mu)} \tag{5.75}$$
となる．これを解けば $\mu(z)$ が求まり，グリーン関数の空間平均 $\bar{G}$ が決定する．CPA の近似の精度を上げるには，上述した t 行列で記述する散乱点の数を増やせばよいが，$\mu(z)$ を数値的にせよ求めるのは非常に複雑な計算となり，実際はなかなか容易には実行できない．しかしいずれにしても，$\bar{G}$ がかりに求まれば，少なくとも系の1粒子的性質に関しては計算することができる．

なお，不純物ポテンシャルの効果を 5.1 節のようにダイアグラムで描き表したときに，この CPA という近似ではどのようなダイアグラムが取り込まれているかということにも興味があるが，その点については章末の参考文献を読まれるとよい．

5.4 パーコレーション

前節の 2 元合金の問題で,$\epsilon_B - \epsilon_A \to \infty$ の極限では物理的にどのようなことが起こると予想されるであろうか.電子はエネルギーの低い A 原子上のみを動き回り,B 原子上には存在しなくなるであろう.電子は隣の格子点へのみ遷移できるとすると,B 原子に取り囲まれた A 原子上の電子は身動きがとれず局在してしまう.A 原子がとなりどうし並んで存在する場合,それらを一つのクラスターとしてみなすと,無限大のクラスターがないかぎり,電子は系の端から端まで伝導することはできない.A 原子の無限大のクラスターが存在する確率は当然 A 原子の濃度に依存する.A 原子濃度が十分低ければ無限大クラスターは存在せず,濃度がある臨界値をこえてはじめて無限大クラスターが出現し伝導が可能になると考えられる.もちろんこの臨界値は格子の形によって異なるであろう.

このように,ある格子系の格子点上に粒子をランダムにばらまき,粒子数密度と無限大クラスターが現れるふるまいとの関係を探る問題を**サイトパーコレーション**(site percolation)の問題という.クラスターは,粒子により占有されている格子点が互いに格子のボンドにより結びついているとき,それらの格子点は同じクラスターに属するとして定義される.無限大クラスターが現れる臨界濃度を**パーコレーションしきい値**(percolation threshold)という.サイトパーコレーションに対し**ボンドパーコレーション**(bond percolation)という問題も考えることができる.そこでは各ボンドに占有,非占有の状態を割り当て,二つの占有されたボンドが同一の格子点で結びついている場合,それは同じクラスターに属するとし,ボンドのクラスターと定義する.そして占有ボンドの割合と無限クラスターの出現との関係を探るのがボンドパーコレーションの問題である(図 5.10).

パーコレーションの問題は物理の分野だけでなく,果樹園での病気のひろがり,山火事などさまざまな領域にまでその応用範囲がひろげられている.また相転移の簡単なモデルとしても詳しく研究されている.

以下ではサイトパーコレーションを中心に話を進める.まずつぎのように記

5.4 パーコレーション

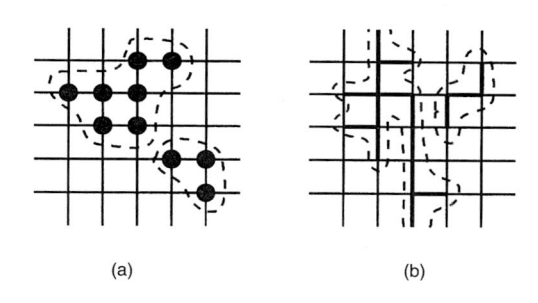

図 5.10 (a) サイトパーコレーションの問題(黒点が占有された格子点である.点線はクラスターを表す)と (b) ボンドパーコレーションの問題(太線が占有されたボンドを表す.点線はクラスターを表す)

号の定義をしておく."格子点"を"ボンド"と読みかえればボンドパーコレーションになる.

N: 全格子点数

p: ある格子点が占有されている確率

N_s: 有限の s 個の格子点からなるクラスターの数

n_s: $n_s = N_s/N$

M_k: $M_k = \sum_s s^k n_s$

w_s: ある占有格子点が属しているクラスターが s 個の格子点からなるクラスターである確率

$\bar{s}$: クラスターに含まれる格子点数の平均 $\left(\bar{s} = \sum_s s w_s\right)$

p_∞: ある格子点が無限大クラスターに属する確率

R_s: s 個の格子点からなるクラスターの平均半径

$g(r)$: ある占有点から r だけ離れたところにある点が同じ有限クラスターに属する確率

ξ: 同じクラスター内に属する2点間平均距離(相関距離)

s 個の格子点からなるクラスターをすべて集めると,その中には $N_s s$ 個の格子

点が含まれる．したがってある格子点が s 個の格子点からなるクラスターに属する確率は $N_s s/N = n_s s$ である．任意の "占有" 格子点は必ずクラスターに属するので

$$p = p_\infty + \sum_s n_s s \tag{5.76}$$

が成立する．また，容易にわかるように w_s は $N_s s$ に比例するはずなので，規格化し，

$$w_s = \frac{n_s s}{\sum_s n_s s} \tag{5.77}$$

と書ける．また，R_s は重心 $\boldsymbol{r}_0 = \sum_{i=1}^s \boldsymbol{r}_i/s$ を用いて

$$R_s^2 = \sum_{i=1}^s \frac{|\boldsymbol{r}_i - \boldsymbol{r}_0|^2}{s} \tag{5.78}$$

で定義される．容易に示せるように，

$$2R_s^2 = \sum_{ij} \frac{|\boldsymbol{r}_i - \boldsymbol{r}_j|^2}{s^2} \tag{5.79}$$

が成立する．さらに，$g(r)$ の定義から

$$\sum_r g(r) = \bar{s} \tag{5.80}$$

が成立し，ξ の定義からは

$$\xi^2 = \frac{\sum_r r^2 g(r)}{\sum_r g(r)} \tag{5.81}$$

で ξ が与えられることがわかる．任意の点が占有された点である確率は p なので，任意の点とそこから r だけ離れたところにある点が共に占有点であり同じクラスターに属する確率は $pg(r)$ である．$\sum_s N_s \sum_{i,j=1}^s |\boldsymbol{r}_i^{(s)} - \boldsymbol{r}_j^{(s)}|^2$ はすべて

表 5.1　種々の格子系に対するパーコレーションしきい値

格子	サイト	ボンド
1 次元	1*	1*
三角格子	0.5*	$2\sin(\pi/18) \sim 0.34729$
正方格子	0.5930	0.5*
はちの巣格子	0.6962	$1 - 2\sin(\pi/18) \sim 0.65271$
かごめ格子	0.6527*	0.5244
ベーテ格子（最隣接格子点数 z）	$1/(z-1)$*	
2 次元ペンローズ格子	0.5837	0.4770
2 次元ペンローズ格子の裏格子	0.6381	0.5233
立方格子	0.3117	0.2492
BCC	0.245	0.1785
FCC	0.198	0.119
ダイアモンド格子	0.428	0.388
d 次元立方格子（$d \to \infty$）	$1/(2d-1)$*	

*は厳密解.

のクラスターに対しその内部の点間の距離の 2 乗をたしあげたものなので，これは $Np\sum_r r^2 g(r)$ に等しい．したがって

$$\xi^2 = \frac{2\sum_s R_s^2 s^2 n_s}{\sum_s s^2 n_s} \tag{5.82}$$

となる．

　パーコレーションしきい値 p_c は無限大のクラスターが存在できる最小の p，すなわち p_∞ が $p < p_c$ では 0 で $p > p_c$ で有限の値をとるような p_c として定義される．表 5.1 にサイトパーコレーション，ボンドパーコレーションの場合について求められている p_c の値の一部をあげた．

　表中の裏格子とは，任意の格子系に対しつぎの手順で作られるものである．

1. 元になる格子系のすべての最小セル（ボンドにより囲まれる最小のセル）の中心に新しい格子点をおく．

2. 二つの新しい格子点を結ぶ直線がもとの格子点のボンドを 1 回だけ横切る場合のみ，その直線を新しい格子点の間をつなぐ新しいボンドとみなす．

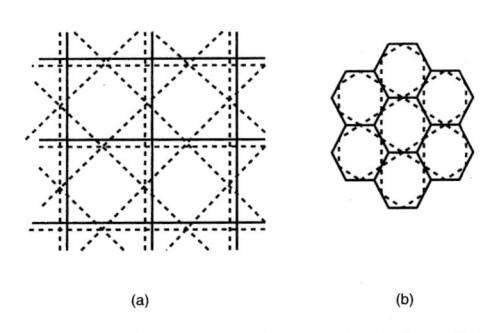

図 5.11 (a) 正方格子の被覆格子と (b) はちの巣格子の被覆格子

3. もとの格子を消す．

明らかにある格子の裏格子の裏格子はもとの格子である．正方格子の裏格子は正方格子であり，三角格子の裏格子ははちの巣格子である．

p_c に関するいくつかの厳密な関係式を導くために，裏格子のほかに被覆格子，マッチング格子を定義しておく．ある格子 L の被覆格子 L_c の格子点は，L の各ボンドの中心に存在する．そして L の同一の格子点から出ているボンド上の L_c の格子点は，すべて L_c のボンドでつなぐ．正方格子の被覆格子は図 5.11 (a) の点線で示したような格子であり，はちの巣格子の被覆格子は図 5.11 (b) にあるようにカゴメ格子である．被覆格子の被覆格子はもとの格子にはならない．

マッチング格子はもう少し複雑である．ある格子内で，格子点を頂点にもち，ボンド 1 本が一つの辺に対応するような多角形に注目する．その中で他の多角形と重なるようなものを除いたものをモザイクと呼ぶ．つまりモザイクをすべて並べれば全格子をちょうど埋めつくす．図 5.12 の例では，四角形 ABDC, CDFE のみがモザイクである．四角形 ABFE は，辺 AE, BF が 2 本のボンドから成っておりモザイクではない．また三角形 ACD なども他の三角形（たとえば ABC など）と重なっているのでモザイクではない．モザイクはつぎの 2 種類に分けられる．

a. 可能なすべての対角線が内部に引かれている．

b. 内部に対角線がない．

当然三角形のモザイクには b 型しかありえない．そこでマッチング格子の定

図 5.12 黒点が格子点
AD, BC の交差点は格子点ではない．

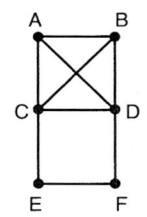

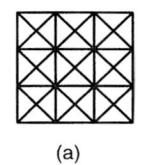

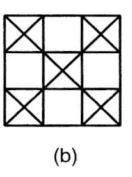

図 5.13 (a) 正方格子のマッチング格子と
(b) 自己マッチング格子
どちらも格子点は正方格子の格子点のみとし，正方形の内部の交差点は格子点ではない．

義であるが，ある格子 L のマッチング格子 L_M とは，L のすべてのモザイクに対し，a 型モザイクは内部の対角線を取り去り b 型に，b 型モザイクに対しては内部に対角線を引き a 型に変えたものである．この定義からマッチング格子のマッチング格子はもとの格子に戻る（$(L_M)_M = L$）．三角格子は三角形の b 型モザイクしかもたないので，そのマッチング格子も三角格子である（このようなものを自己マッチング格子という）．正方格子には正方形の b 型モザイクしか存在しないので，そのマッチング格子は図 5.13 (a) のような格子である．また図 5.13 (b) には自己マッチング格子の別の例を示した．

以上登場した裏格子 L_d，被覆格子 L_c，マッチング格子 L_M には，容易に確かめられるように，つぎのような重要な関係がある．

$$\begin{array}{ccc} L_c & \overset{\text{マッチング}}{\leftrightarrow} & (L_d)_c = (L_c)_M \\ \text{被覆}\uparrow & & \uparrow \text{被覆} \\ L & \overset{\text{裏}}{\leftrightarrow} & L_d \end{array} \quad (5.83)$$

さて，ある格子とそのマッチング格子とに対するサイトパーコレーションの p_c の関係式を導く．以下簡単のために，占有された格子点を黒点，占有されていない格子点を白点とよぶことにする．平面図形にはオイラーの定理により，クラスター数 n，頂点の数 S，辺の数 b，面の数 f の間に

$$f = b - S + n \quad (5.84)$$

の関係がある．一般に b 型モザイクしか存在しない図形（三角格子，正方格子など）に対するパーコレーション問題では，黒点（占有されている格子点）が

つくるクラスターの集合に対し上式が成立する．しかしa型モザイクが存在すると，そこには面内にさらに対角線という"辺"が存在し，上式は不十分となる．α 角形の面内の対角線の数は $\alpha(\alpha-3)/2$ なので，上のオイラーの定理に相当する式は一般的に

$$\left(f + \sum_{\text{a型}} 1\right) = \left(b + \sum_{\text{a型}} \alpha(\alpha-3)/2\right) - S + n \tag{5.85}$$

と書きかえられる．ここで f は b型モザイクのクラスターがつくる面の数であり，和は a型モザイクのクラスターに対してとる．この式は a型と b型のモザイクが共存した任意の2次元格子上で黒点がつくるクラスターに対し成立する．クラスターがつくる面は，面内に格子点をもつ場合ともたない場合とがあるので，前者の数を f_1，後者の数を f_0 とすると上式は

$$f_1 = \phi + n \tag{5.86}$$

と書ける．ここで $\phi = b + \sum_{\text{a型}} (\alpha^2 - 3\alpha - 2)/2 - S - f_0$ である．黒点（占有されている点）があるクラスターを形成しているとき，白点（占有されていない点）もまたあるクラスターを形づくる．ある格子上の黒点クラスターとマッチング格子上の白点クラスターの間には，つぎの関係式が成立する．

$$f_1(\text{L}) = n'(\text{L}_\text{M}) \tag{5.87}$$

ここで n' は白点クラスターの数である．f_1 は黒点クラスターの面のうち，内部に格子点をもつものの数であるが，その格子点は当然占有されていない白点である．したがって $f_1(\text{L}) = n'(\text{L})$ かというとそうではない．例として図 5.14 を考えよう．黒点がつくるクラスター内には二つの白点があるが，この正方格子上では二つの白点はボンドで結ばれておらず，クラスターを形成していない．よって $f_1(\text{正方}) = n'(\text{正方})$ は成立しない．しかし正方格子のマッチング格子を考えれば対角線も結合手となるため二つの白点はクラスターをつくり $f_1(\text{正方}) = n'(\text{正方のマッチング})$ となる．同様にして，もし黒点が正方格子のマッチング格子上にのっているならば，図 5.14 のクラスター

5.4 パーコレーション

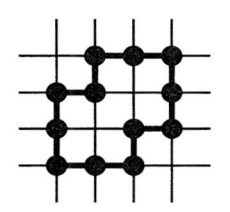

図 5.14 正方格子上のクラスターの一例

は中央のくびれた部分がつながり，二つのクラスターとみなされる．そしておのおののクラスター内部に一つずつの白点が存在することとなり，やはりf_1(正方のマッチング) $= n'$(正方) が成立する．以上より

$$n'(\mathrm{L_M}) = \phi(\mathrm{L}) + n(\mathrm{L}) \tag{5.88}$$

が得られる．ある濃度 p で黒点を配置したときにできる可能なクラスターに対し上式の平均をとると

$$M_0(1-p; \mathrm{L_M}) = \Phi(\mathrm{L}) + M_0(p; \mathrm{L}) \tag{5.89}$$

と書ける．ここで

$$M_0(p; \mathrm{L}) = \langle n(\mathrm{L}) \rangle / N$$
$$\Phi(p; \mathrm{L}) = \langle \phi \rangle / N$$

である（一般に M_k ははじめに定義したように $M_k = \sum_s s^k n_s$ である）．また，白点の濃度は $1-p$ なので $\langle n'(\mathrm{L_M}) \rangle / N = M_0(1-p; \mathrm{L_M})$ となる．L と $\mathrm{L_M}$ に対する p_c の関係式はこの式 (5.89) で決まる．$M_0(p; \mathrm{L})$ は $p = p_c$ のところのみで特異性をもつであろう（実際あとでみるように，パーコレーションを強磁性転移と類似させて考えると p は温度，M_0 は自由エネルギーに相当することがわかる）．一方 Φ は $\langle b + \sum_{\text{a 型}} (\alpha^2 - 3\alpha - 2)/2 - S - f_0 \rangle / N$ なので，有限項からなる p の多項式であることは推察がつく（たとえば $\langle S \rangle / N = p$ であり，$\langle b \rangle / N \propto p^2$ である）．したがって式 (5.89) が示していることは，p の関

数として $M_0(p; L)$ と $M_0(1-p; L_M)$ とは同じ p に特異点をもつということである．よって

$$p_c(\text{サイト}; L) + p_c(\text{サイト}; L_M) = 1 \tag{5.90}$$

が得られる．ここで $p_c(\text{サイト}; L)$ は格子 L におけるサイトパーコレーションのしきい値を表すものとする．この関係式が成立するならば

$$p_c(\text{ボンド}; L) + p_c(\text{ボンド}; L_d) = 1 \tag{5.91}$$

が成立しなければならない．なぜなら式 (5.83) の位置関係により，式 (5.91) が成立しないと式 (5.90) も成立しないからである．

三角格子のマッチング格子はやはり三角格子なので，式 (5.90) より $p_c(\text{サイト}; \text{三角}) = 1/2$ となる．また，正方格子の裏格子は正方格子であることから，式 (5.91) より $p_c(\text{ボンド}; \text{正方}) = 1/2$ である．そのほかの裏格子に対する式 (5.91) の関係式は表 5.1 により確かめられる．

そのほか証明は省くが p_c に関係する厳密な不等式として

$$\begin{aligned} p_c(\text{サイト}; L) &\geq p_c(\text{ボンド}; L) \\ p_c(\text{サイト}; \tilde{L}) &\geq p_c(\text{サイト}; L) \\ p_c(\text{ボンド}; \tilde{L}) &\geq p_c(\text{ボンド}; L) \end{aligned} \tag{5.92}$$

が成り立つ．ここで $\tilde{L}$ は L からいくつかのボンドを取り去ってできる格子をあらわす．たとえば図 5.15 のように三角格子から一定方向のボンドを取り去ると正方格子とトポロジカルに等しい格子ができ，正方格子からいくつかのボンドをとるとはちの巣格子になる．同様にして出発点を fcc とすると fcc→bcc→ 立方格子 → ダイアモンド格子という関係が成り立つ．これらに対する式 (5.92) で表される p_c の大小関係は表 5.1 からも確かめられる．

さらに p_c に関しては格子の形によらないつぎの経験則が知られている．

$$\begin{aligned} \bar{z} p_c(\text{ボンド}) &= \frac{d}{d-1} \quad (d : \text{次元}) \\ f p_c(\text{サイト}) &= \begin{cases} 0.45 & (2\,\text{次元}) \\ 0.15 & (3\,\text{次元}) \end{cases} \end{aligned} \tag{5.93}$$

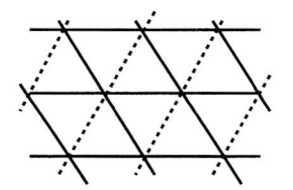

図 5.15 三角格子から点線部分を取り去ると，実線部分が残る．これは正方格子を傾けたもので，トポロジカルには正方格子といってよい

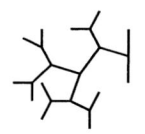

図 5.16 配位数 3 のベーテ格子

ここで $\bar{z}$ は平均配位数，f は充填率である．証明はないものの，数値計算では，配位数一定の格子だけでなく，複数の配位数をもつ格子，ペンローズ格子のような周期性のない格子に対してもかなりの精度でこの関係が成立することが確かめられている．

p_c に関しては以上のような関係式から厳密に求まる格子系もいくつかあるが，そのほかの $p_\infty, \bar{s}, n_s$ などの量については厳密に求まるものは数少ない．その数少ない格子系の一つにベーテ格子がある．ベーテ格子は図 5.16 のようにある点から決まった配位数 z（図では $z=3$）の手をのばし，その先でまた z 本の手をのばすといった繰り返しでつくられているものである．始めに選んだ点は，できあがったベーテ格子全体からみれば特別な点ではなく，どの格子点も同等であることは容易にわかる．このベーテ格子はある意味で無限次元の格子とみることができる．それを調べるために，ある点を $n=1$，その点をとりまく z 個の隣接点を $n=2$，その先の隣接した $z(z-1)$ 個の格子点を $n=3$ というように，番号づけしてゆくと，1 から n 番目までの格子点は合計 $1+z+z(z-1)+\cdots+z(z-1)^{n-1} = \{z(z-1)^n - 2\}/(z-2)$ 個存在する．最外殻の n 番格子点は $z(z-1)^{n-1}$ 個なので，ベーテ格子の（表面積）/（体積）は $n \to \infty$ で $(z-2)/(z-1)$ という定数になる．空間次元 d を (表面積)^d = (体積)$^{d-1}$ で定義すると表面積と体積とが比例するベーテ格子の場合，無限次元ということになるのである．

ベーテ格子は 1 次元格子（1 次元格子は厳密に解ける数少ない例の一つである）と同様に，ある格子点から出発してボンドをたどっていっても決してもと

の格子点に戻ることはないが，このことがパーコレーションの問題を解くうえではきわめて解析を容易にするのである．以下ではその解析をみてみよう．

まず p_c についてであるが，ある格子点が占有されているとき，そのまわりの z 個の最隣接格子点のうち zp 個は占有されている．そのうちの一つに進むと，その先の $z-1$ 個の隣接点のうち $(z-1)p$ 個は占有された点である．こうして占有された点に次々と進んでゆき，無限遠まで到達できる確率は $zp\{(z-1)p\}^\infty$ である．したがって $(z-1)p<1$ ではこの確率は 0 になり，

$$p_c(\text{サイト};\text{ベーテ格子}) = \frac{1}{(z-1)} \tag{5.94}$$

が得られる．また，ボンドパーコレーションの場合も同様に考えることができる．ある占有されたボンドから出発しそのとなりの $z(z-1)$ 本のボンドのうち占有されているのは $2(z-1)p$ 本である．そのうちの1本に進むとその先には $(z-1)p$ 本の占有ボンドがある．これをくりかえし無限遠へ到達する確率は $2(z-1)p\{(z-1)p\}^\infty$ となり

$$p_c(\text{ボンド};\text{ベーテ格子}) = \frac{1}{(z-1)} \tag{5.95}$$

であることがわかる．以下サイトパーコレーションの場合についてのみさらに考えることにする．

この節のはじめに定義した，任意に選んだ格子点が無限クラスターに属する確率 p_∞ を p の関数として求めてみよう．そこである一つの格子点に注目する（図5.17参照）．その点が無限クラスターに属するためにはまずその点自身が占有された点でなければならず，その確率は p である．さらにそれを取り囲む z 個の最隣接格子点のうちのどれかは，その無限クラスターに属していなければならない．占有された点のとなりの点が無限クラスターに属さない確率を q_∞ とすれば，上に述べたことは

$$p_\infty = p(1-q_\infty^z)$$

と書ける．占有された点のとなりの点が無限クラスターに属さないためには，その点自身が占有された点でないか（確率 $1-p$），あるいは占有されてはいるが

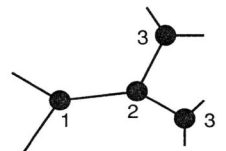

図 5.17 1：注目している点．この点が無限クラスターに属する確率が p_∞．2：占有された点 1 のとなりの点．3：占有された点のとなりの点である点 2 に隣接する $z-1$ 個の点

その先の $z-1$ 個の点がどれも無限クラスターに属していない（確率 $p \times q_\infty^{z-1}$）ことが必要である．したがって

$$q_\infty = 1 - p + pq_\infty^{z-1} \tag{5.96}$$

が得られる．この q_∞ の $z-1$ 次方程式の解を q_0 とすると p_∞ は

$$p_\infty = p(1 - q_0^z) \tag{5.97}$$

として求まる．$p < p_c$ では当然 $p_\infty = 0$ であるが，これは式 (5.96) の $q_\infty = 1$ という解に相当する．$p = p_c$ で $q_0 = 1$ なので $p \gtrsim p_c$ で $q_0 = 1 + \alpha(p - p_c)$ とする．これを式 (5.96) に代入することにより $\alpha = 2p_c/(p_c - 1)$ と求まる．したがって式 (5.97) より p_c の近傍で p_∞ は

$$p_\infty \xrightarrow[p \to p_c]{} 2p_c \frac{1 + p_c}{1 - p_c}(p - p_c) \tag{5.98}$$

のようにふるまうことがわかる．

つぎにベーテ格子に対する平均クラスターサイズ $\bar{s}$（クラスターに含まれる格子点数の平均値）を求める．一つの占有されている点に注目する．注目している点からは z 本の枝が出ているわけだが，それぞれの枝の先に平均して大きさ $\bar{s}'$ のクラスターがひろがっているとする．中心の注目している点を含めると，このクラスターの大きさは $1 + z\bar{s}'$ である．注目している点が占有されている確率は p なので，平均クラスターサイズは $p(1 + z\bar{s}')$ である．注目している点と隣り合う z 個の格子点には，やはりそれぞれその先に $z-1$ 本の枝がのびているわけだが，枝先についているクラスターサイズの平均値が $\bar{s}'$ であるの

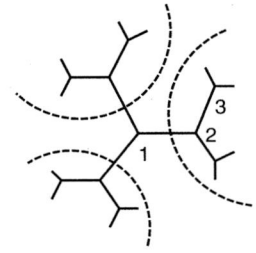

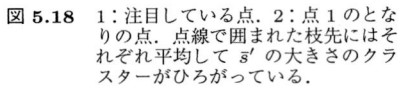

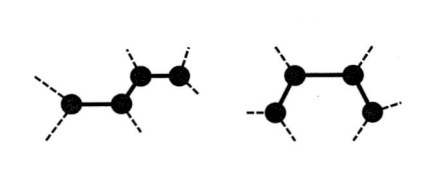

図 5.18 1：注目している点．2：点1のとなりの点．点線で囲まれた枝先にはそれぞれ平均して $\bar{s}'$ の大きさのクラスターがひろがっている．

図 5.19 大きさ4のクラスターの形はこの2通りのみ．よって $g_4 = 2$．

で，各 $z-1$ 本の枝先にもやはり $\bar{s}'$ の大きさのクラスターがひろがっている．つまり図5.18でいえば，点1に注目した場合に点2の先にひろがる平均クラスターサイズを $\bar{s}'$ としたわけだが，点2に注目すれば同様に点3の先にひろがるクラスターサイズの平均値も $\bar{s}'$ である．点2の先には $z-1$ 本の枝がのびているので

$$\bar{s}' = p(1 + (z-1)\bar{s}') \tag{5.99}$$

という関係式が得られる．これを解き $\bar{s} = p(1 + z\bar{s}')$ に代入すれば

$$\bar{s} = p_c p(1+p)(p_c - p)^{-1} \tag{5.100}$$

となる．ここで $p_c = 1/(z-1)$ を用いた．

n_s は以下のようにして求まる．いま，大きさ s（格子点を s 個含む）のクラスターの形が g_s 通りあるとする（図5.19参照）．大きさ s のクラスターができるためには，その s 個の点が占有され（確率 p^s），それをとりまく t 個の点が占有されていない（確率 $(1-p)^t$）ことが必要である．t は

$$t = (z-2)s + 2$$

で与えられる．なぜなら $s=2$ のとき $t = 2(z-1)$ であり，s が一つ増えるごとに t は $z-2$ ずつ増えるからである．よって

$$n_s = g_s p^s (1-p)^{(z-2)s+2} \tag{5.101}$$

となる．これより

$$\frac{n_s(p)}{n_s(p_c)} = \left(\frac{1-p}{1-p_c}\right)^2 \left[\frac{p}{p_c}\left(\frac{1-p}{1-p_c}\right)^{z-2}\right]^s \tag{5.102}$$

である．この s 依存性を $A\exp(-cs)$ を書くことにすると $p \to p_c$ で

$$c \to \frac{1}{2p_c^2(1-p_c)}(p-p_c)^2 \tag{5.103}$$

となることがわかる．

以上配位数 z のベーテ格子に対するサイトパーコレーションの結果をまとめると

$$\begin{aligned}
p_c &= \frac{1}{z-1} \\
p_\infty &= p(1-q_0^z) \quad (q_0 \text{は } x = 1-p+px^{z-1} \text{の解}) \\
\bar{s} &= p_c p(1+p)(p_c-p)^{-1} \\
n_s(p) &= n_s(p_c)\left(\frac{1-p}{1-p_c}\right)^2 \exp(-cs) \\
&\left(\begin{array}{l} c = -\ln\dfrac{p}{p_c}\left(\dfrac{1-p}{1-p_c}\right)^{z-2} \\ \stackrel{p \to p_c}{\to} \dfrac{1}{2p_c^2(1-p_c)}(p-p_c)^2 \end{array}\right)
\end{aligned}$$

となる．p の関数としてこれらの物理量をながめると，p_∞ は $p > p_c$ で有限の値をもち p が大きくなるにつれ単調に増加し 1 に近づく．$\bar{s}$ は $p = p_c$ で発散する．このようなふるまいは他の格子系でも共通してみられる．もちろん厳密に解ける場合はほとんどないので，モンテカルロ計算による数値解析では各物理量に表 5.2 のような p 依存性があり，その依存性を決める $\alpha, \beta \cdots$（臨界指数という．詳しくは相転移の 4 章を参照）は格子の形によらず次元のみで決まる普遍的なものであることが確認されている．

とくに

$$\begin{aligned}
n_s(p) &= s^{-\tau} f[(p-p_c)s^\sigma] \\
R_s &= s^{1/D} g[(p-p_c)s^\sigma]
\end{aligned} \tag{5.104}$$

表 5.2　各種の臨界指数

	ベーテ格子	2 次元の場合の理論予想値
$M_0 \propto |p - p_c|^{2-\alpha}$	$\alpha = -1$	$\alpha = -2/3$
$p_\infty \propto (p - p_c)^\beta$	$\beta = 1$	$\beta = 5/36$
$\bar{s} \propto |p - p_c|^{-\gamma}$	$\gamma = 1$	$\gamma = 43/18$
$\xi \propto |p - p_c|^{-\nu}$	$\nu = 1/2$	$\nu = 4/3$
$R_s = s^{1/D} g[(p - p_c) s^\sigma]$	$D = 4$	$D = 91/48$
	$\sigma = 1/2$	$\sigma = 36/91$
$n_s(p) = s^{-\tau} f[(p - p_c) s^\sigma]$	$\tau = 5/2$	$\tau = 187/91$

表 5.3　スケーリング則

$\alpha + 2\beta + \gamma = 2$
$2 - \alpha = (\tau - 1)/\sigma$
$\gamma = (3 - \tau)/\sigma$
$\beta = \nu(d - D)$

からは臨界指数間に成立する関係式（表 5.3）が導け，表 5.2 にあるすべての臨界指数はどれもこの n_s, R_s を決定する τ, σ, D の三つから求められる．

$$M_k \equiv \sum_s s^k n_s$$
$$= |p - p_c|^{(\tau - k - 1)/\sigma} \int_0^\infty dx \, x^{k-\tau} f(x^\sigma)$$
$$\propto |p - p_c|^{(\tau - k - 1)/\sigma} \tag{5.105}$$

より

$$M_0 \propto |p - p_c|^{(\tau - 1)/\sigma} \tag{5.106}$$

なので $2 - \alpha = (\tau - 1)/\sigma$ が求まる．さらに

$$\bar{s} \propto M_2 \propto |p - p_c|^{(\tau - 3)/\sigma} \tag{5.107}$$

より $\gamma = (3 - \tau)/\sigma$ が求まり，

$$p_\infty = \sum_s (n_s(p_c) - n_s(p)) s$$
$$= \sum s^{1-\tau}(1 - f[(p - p_c) s^\sigma])$$
$$\propto |p - p_c|^{(\tau - 2)/\sigma} \tag{5.108}$$

より $\beta = (\tau - 2)/\sigma$ が得られる．また，ξ の定義式 (5.82) すなわち

$$\xi^2 = \frac{2\sum_s R_s^2 s^2 n_s}{M_2} \tag{5.109}$$

に R_s, M_2 を代入することにより

$$\xi \propto |p - p_c|^{-1/D\sigma} \tag{5.110}$$

となり，$D = 1/\sigma\nu$ が求まる．

最大クラスターの半径 $R_{s,\max}$ は $p = p_c$ では系の一辺の長さ L 程度の大きさをもつ．式 (5.104) より $p = p_c$ では $R_s \propto s^{1/D}$ であるので，$s_{\max}(p = p_c) \propto L^D$ となる．この関係は $p < p_c$ であっても L が有限でかつクラスター内の 2 点間平均距離 ξ よりもかなり小さければ成立するであろう．($\xi \gg L$ ということは，系の大きさを超えるクラスターが存在し得るということを意味するので，それは無限系でパーコレートした状態に対応するからである．) 逆に $\xi \ll L$ のときは $s_{\max} \propto p_\infty L^d$ であろう．L または ξ（すなわち p）を変化させたとき，この両極限の式が $L \sim \xi$ のところでスムーズにつながることを想定すれば $L^D \propto p_\infty L^d$ という関係が得られる．したがって $p_\infty \propto L^{D-d} \propto \xi^{D-d}$ より，$\beta = \nu(d - D)$ という次元 d を含んだ表 5.3 の最後のスケーリング則が求まる．このようにしてみてくると，パーコレーション問題は他の相転移現象と類似していることに気づく．強磁性の相転移と対比して考えてみると，つぎの読み変えをすればその類似性がよくわかる．

$p \leftrightarrow$ 温度 T （ただし $p \to 0$ で $T \to \infty$, $p \to 1$ で $T \to 0$ とする）

$p_\infty \leftrightarrow$ 磁化 M

$\bar{s} \leftrightarrow$ 磁化率 χ

$M_0 \leftrightarrow$ 自由エネルギー F

高温領域 ($p < p_c$) では磁化 p_∞ は 0 であるが，臨界温度 p_c を下まわる ($p \geq p_c$) と有限値をもちはじめ，絶対零度 ($p = 1$) で p_∞ は最大値をとる．臨界温度付近での磁化 p_∞ の立ち上がりは $(p - p_c)^\beta$ のべき乗則にしたがう．

磁化率 $\bar{s}$ は臨界温度近傍で $|p-p_c|^{-\gamma}$ にしたがい，臨界点で発散する．このようなふるまいは 4 章でとりあげた強磁性相転移現象で現れるものである．

参考文献

- 5.1 節

ランダムポテンシャルのダイアグラムによる取り扱いは，(2-3), (2-5) などの多体問題の本も参考になる．

電子系におけるランダムポテンシャルの影響に関する有名なレビューとして

(5-1) P.A. Lee and T.V. Ramakrishnan: *Rev. Mod. Phys.* **57**, 287 (1985)

がある．

- 5.2 節

電子局在に関しては，

(5-2) 長岡洋介他：現代の物理学 18，局在・量子ホール効果・密度波（岩波書店，1994）

(5-3) 福山秀敏他編：大学院物性物理 3，新物質と新概念（講談社，1996）

(5-4) 福山秀敏編：シリーズ物性物理の新展開，メゾスコピック系の物理（丸善，1996）

などが読みやすい．

スピングラスにレプリカ法を適用する話については，たとえば

(5-5) 高山一：スピングラス（丸善，1991）

(5-6) 西森秀稔：スピングラス理論と情報統計力学（岩波書店，1999）

(5-7) 鈴木増雄：現代の物理学 4，統計力学（岩波書店，1994）

およびその中の参考文献を参考にするとよいだろう．本節で扱った 1 次元系については，

(5-8) T.Giamarchi and H.J Schulz: *Phys. Rev.* B **37**, 325 (1988)

が参考になる．

- 5.3 節

レビューとして

(5-9) F. Yonezawa and K. Morigaki: *Prog. Theor. Phys.* Suppl. **53**, 1 (1973).

がある．また，和文で書かれた解説が

(5-10) 松原武生ほか：現代物理学の基礎，物性 I（岩波書店，1978）

にある．

- 5.4 節

パーコレーションを中心に扱っている専門書として

(5-11) D. Stauffer and A. Aharony: Introduction to Percolation Theory (Taylor & Francis, 1994)

（小田垣孝訳：物理学叢書〈54〉浸透理論の基礎，吉岡書店，1988）

が有名である．

索　引

ア　行

RPA 近似　129, 146
圧縮率　206
圧力–ストレステンソル　156
アニール型　323
アンダーソン型絶縁体　339
アンダーソン局在　332
鞍点法　143

異常次元　259
1 粒子分布関数　151
1 ループ　282

ウィックの定理　79, 105, 133, 234
ヴィーデマン–フランツ則　183
ヴラソフ方程式　169
ウムクラップ散乱　315, 339
裏格子　349

H 関数　158, 162
H 定理　159, 162
N–積　133
エンスコグ–チャプマン近似　167
エンスコグ–チャプマン方程式　167
エントロピー　158

応答関数　187
置き換え型の乱れ　341
オーダーパラメター　230

オンサガーの相反定理　193
温度グリーン関数　43, 64, 220
音波　165

カ　行

ガウス近似　253
確率集団　3
渦度　298
カノニカル集団　13
カノニカル相関　186
カノニカル分布　13, 22
下部臨界次元　295
感受率　220, 239
緩和関数　186
緩和時間　177
緩和時間近似　177

ギブスのパラドクス　12
既約自己エネルギー　108
ギャップ指数　260
キュムラント展開　268
協力現象　238
ギンツブルグの条件　257
ギンツブルグ–ランダウのハミルトニアン　250
ギンツブルグ–ランダウ–ウィルソンの
　　ハミルトニアン　250

クエンチ型　323
クラスター　346

グラスマン数　31
クラマース–クローニッヒの関係
　　　191, 212
グランドカノニカル集団　16
グランドカノニカル分布　16, 24
繰り込み因子　114
繰り込み群　262
繰り込み群方程式　266
繰り込み変換　265
グリフィスのスケーリング則　262
クーロンゲージ　199

経路積分　26, 39
ゲージ不変　201
ゲージ変換　198
結節点　88
現象論的相転移理論　249

構造因子　210
構造型の乱れ　341
コステリッツ–サウレス転移　295, 298
固定点　266
コヒーレント状態　26
コヒーレントポテンシャル近似　341
混合状態　19

サ 行

サイトパーコレーション　346
サイン–ゴルドンモデル　269, 317
散乱項　152

時間順序演算子　43, 53
時間平均　1
次元解析　257
自己エネルギー　108, 327
自己平均　323
自己マッチング格子　351
実時間グリーン関数　64
集団平均　1
シュレディンガー表示　50
純粋状態　19

準長距離秩序　296
準粒子　115
詳細つりあい　160, 175
常磁性電流　200
状態密度　6
衝突項　152
上部臨界次元　257
ジョセフソンのスケーリング則　290

スクリーニング　224
スケーリング　257
スケーリング仮説　260
スケーリング関数　260
スケーリング則　260
　グリフィスの—　261
　ジョセフソンの—　290
　フィッシャーの—　260
　ラッシュブルックの—　261
スケール変換　258
ストラトノビッチ–ハバード変換　142
スペクトル関数　67

正準方程式　2
積分核　200, 208
線形応答理論　183
線形化されたボルツマン方程式　164
先進グリーン関数　65

相関距離　240, 255, 275, 287, 318
相互作用表示　51
相転移　230, 238
総和則　211

タ 行

対称性の破れ　229
ダイソン方程式　109, 222
代表点　1
大分配関数　17, 24
縦成分　195
単純固定点　287

遅延グリーン関数　65
秩序変数　230
中立的　267
中立的有意　267
中立的有意でない　267
長距離秩序　230

ツリーレベル　282

デバイ長　173
転位　301
電荷保存　201
電気伝導　174
電気伝導度　203
電気伝導度テンソル　179

等重率の原理　5
動的指数　240
ドゥルーデの重み　205, 218, 314
トポロジカルな電荷　298
トポロジカルな励起　298
トーマス–フェルミの遮蔽距離　130
朝永–ラッティンジャー液体　275, 309
ドリフト項　151

ナ　行

南部–ゴールドストーンの定理　235
南部–ゴールドストーンボゾン　236

ニュートン–ストークスの法則　167
2粒子温度グリーン関数　220
2ループ　282

ネーターの定理　227, 236
熱起電力　182
熱伝導度　182
熱力学的極限　1
熱力学ポテンシャル　17, 24, 70, 117

ハ　行

ハイゼンベルグ表示　51

パーコレーション　346
パーコレーションしきい値　346
バーテックス関数　118
ハートリー–フォック近似　122, 150
ハートリー–フォック–ボゴリュウボフ近似　133
反磁性電流　200

非対角長距離秩序　233
非フェルミ液体　309
被覆格子　350
微分散乱断面積　153
ヒルベルト変換　190

ファインマンダイアグラム　84, 221
フィッシャーのスケーリング則　260
フェルミ分布関数　26
フォン・ノイマン方程式　21, 194
複素アドミッタンス　189
複素感受率　189
プラズマ振動　169, 174, 225
プラズマ振動数　173, 225
ブリリュアン関数　243
分極　125
分散式　192
分子場　241
分子場近似　241
分配関数　14, 23, 39

平均場近似　241
べき乗型長距離秩序　296
ベーテ近似　245
ペルティエ係数　183
ヘルムホルツの自由エネルギー　23

ポアソン括弧式　4
ホーエンベルグの定理　295
母関数　227
ボゴリュウボフの不等式　59
ボゴリュウボフ変換　137
ボゴロン　137
補助場　142

ボーズ分布関数　26
ボゾン化法　309, 311
ボルツマン方程式　151
　　線形化された —　164
ボルン近似　328
ボンドパーコレーション　346

マ 行

マクスウェル分布　14
マクスウェル方程式　195
マッチング格子　350
松原周波数　62
マーミン–ワグナーの定理　295

ミクロカノニカル集団　5
ミクロカノニカル分布　5, 21
密度行列　20, 232

モザイク　350
モット型絶縁体　318, 339
モットギャップ　339

ヤ 行

有意　267
有意でない　267
有限サイズスケーリング　261
有効質量　116
有効質量テンソル　179
有効相互作用　125
誘電率　207

誘電率テンソル　204
ユニバーサリティー　240
ユニバーサルジャンプ　306

揺動散逸定理　190
横成分　195
ヨルダン–ウィグナー変換　320
弱い普遍性　240

ラ 行

ラッシュブルックのスケーリング則　261
ランダウ減衰　174
ランダウ理論　249

リウビル演算子　4
リウビルの定理　4
リウビル方程式　4, 194
臨界現象　238
臨界固定点　287
臨界指数　239
リンドハルドの式　224

レプリカ法　332
レーマン表示　59

ローレンツゲージ　199
ロンドン方程式　205

ワ 行

ワード–高橋の恒等式　130

著者略歴

西川恭治（にしかわきょうじ）
1934年　東京都に生まれる
1957年　東京大学理学部卒業
現　在　広島大学名誉教授
　　　　Ph. D

森 弘之（もりひろゆき）
1961年　東京都に生まれる
1989年　慶應義塾大学大学院
　　　　理工学研究科博士課程修了
現　在　首都大学東京准教授
　　　　理学博士

朝倉物理学大系 10
統 計 物 理 学　　　　　　　　　定価はカバーに表示

2000 年 5 月 10 日　初版第 1 刷
2016 年 8 月 25 日　　　第 5 刷

著　者　西　川　恭　治
　　　　森　　　弘　之
発行者　朝　倉　誠　造
発行所　株式会社　朝　倉　書　店
　　　　東京都新宿区新小川町 6–29
　　　　郵便番号　1 6 2 – 8 7 0 7
　　　　電　話　0 3（3 2 6 0）0 1 4 1
　　　　F A X 0 3（3 2 6 0）0 1 8 0
　　　　http://www.asakura.co.jp

〈検印省略〉

Ⓒ2000〈無断複写・転載を禁ず〉　　　　三美印刷・渡辺製本
ISBN 978-4-254-13680-7 C 3342　　　　Printed in Japan

JCOPY　〈(社)出版者著作権管理機構 委託出版物〉
本書の無断複写は著作権法上での例外を除き禁じられています。複写される場合は、
そのつど事前に、(社) 出版者著作権管理機構（電話 03-3513-6969, FAX 03-3513-
6979, e-mail: info@jcopy.or.jp) の許諾を得てください。

朝倉物理学大系

荒船次郎・江沢　洋・中村孔一・米沢富美子編集

1	解析力学 I	山本義隆・中村孔一
2	解析力学 II	山本義隆・中村孔一
3	素粒子物理学の基礎 I	長島順清
4	素粒子物理学の基礎 II	長島順清
5	素粒子標準理論と実験的基礎	長島順清
6	高エネルギー物理学の発展	長島順清
7	量子力学の数学的構造 I	新井朝雄・江沢　洋
8	量子力学の数学的構造 II	新井朝雄・江沢　洋
9	多体問題	高田康民
10	統計物理学	西川恭治・森　弘之
11	原子分子物理学	高柳和夫
12	量子現象の数理	新井朝雄
13	量子力学特論	亀淵　迪・表　實
14	原子衝突	高柳和夫
15	多体問題特論	高田康民
16	高分子物理学	伊勢典夫・曽我見郁夫
17	表面物理学	村田好正
18	原子核構造論	高田健次郎・池田清美
19	原子核反応論	河合光路・吉田思郎
20	現代物理学の歴史 I	大系編集委員会編
21	現代物理学の歴史 II	大系編集委員会編
22	超伝導	高田康民